动物科学职教师资本科专业培养资源开发项目（VTNE060）特色教材

畜禽生态养殖
规划与管理

张　玉　肖调义　钟元春◎编著

中国农业科学技术出版社

图书在版编目（CIP）数据

畜禽生态养殖规划与管理／张玉，肖调义，钟元春
编著 .--北京：中国农业科学技术出版社，2021.11
ISBN 978-7-5116-5262-1

Ⅰ.①畜⋯　Ⅱ.①张⋯ ②肖⋯ ③钟⋯　Ⅲ.①畜禽-
生态养殖　Ⅳ.①S815

中国版本图书馆 CIP 数据核字（2021）第 060619 号

责任编辑	李　华　崔改泵
责任校对	李向荣
责任印制	姜义伟　王思文

出 版 者	中国农业科学技术出版社
	北京市中关村南大街 12 号　邮编：100081
电　　话	（010）82109708(编辑室)　（010）82109702(发行部)
	（010）82109709(读者服务部)
传　　真	（010）82106650
网　　址	http://www.castp.cn
经 销 者	各地新华书店
印 刷 者	中煤(北京)印务有限公司
开　　本	185 mm×260 mm　1/16
印　　张	19
字　　数	427 千字
版　　次	2021 年 11 月第 1 版　2021 年 11 月第 1 次印刷
定　　价	85.00 元

《动物科学职教师资本科专业培养资源开发项目（VTNE060）特色教材》

编 委 会

主　任： 肖调义　　钟元春

副主任： 苏建明　　欧阳叙向　　刘振湘

　　　　　张　玉

委　员： 陈清华　　戴荣四　　　李铁明

　　　　　夏金星

《畜禽生态养殖规划与管理》
编写人员

主 编 著：张　玉　　肖调义　　钟元春

副主编著：满　达　　彭慧珍

编著人员：张佐忠　　娜仁花　　斯日古楞

何　俊　　张佩华　　唐　家

前　言

职业教育是现代国民教育体系的重要组成部分，在实施科教兴国战略和人才强国战略中具有特殊的重要地位。

进入 21 世纪，随着生产活动和社会活动的深入发展，出现了全球性的人口激增、能源匮乏、粮食短缺、资源危机和环境污染五大问题，这种挑战要求人们研究并提出解决问题的途径与方法。中国人口众多，加上区域发展的不平衡，资源的人均占有水平还是居发展中国家水平，动物生产产值在经济发展中的比重份额偏低，特别是生产力水平以及名优产品的数量和质量与先进国家相比还有一定的差距。怎样加快我国动物生产的步伐呢？按照我国的国情、资源特点和市场销售规律走适合中国人自己的道路，那就是生态畜牧业的道路。动物科学职教师资本科专业培养资源开发项目（VTNE060）组适时提出了撰写《畜禽生态养殖规划与管理》教材的计划，教材的撰写也就成为项目的重要成果之一。

根据生态系统原理，利用自然界物质循环规律，在一定的养殖空间和区域内，通过相应的技术和管理措施，使生态畜牧健康发展，提高养殖效益是畜禽生态养殖的实质。也是根据我国生态养殖经济系统的特征，在吸取国外畜牧业可持续发展理念的同时，继承我国传统农业的技术精华，充分发挥现代科技的作用，创造出具有中国特色的畜牧业可持续发展的生态养殖模式和技术的具体实践。实现畜牧业可持续发展目标，基本点是保证社会经济发展与生态环境保护相协调，这也是可持续发展的基本内涵。生态养殖运用生态学和经济学的原理，以先进适用的畜牧业技术为基础，以保护和改善生态环境为核心，以优化畜牧业生产结构、增加农牧民收入为目标，充分利用当地的自然资源，采用各种加工手段，实现有机物的多次利用，既可为人类创造出更多的可利用产品，又为人类提供优美的生活环境。因此，大力发展生态养殖业，是实现畜牧业可持续发展的必经之路。

《畜禽生态养殖规划与管理》包括生态养殖概述、生态养猪规划与管理、生态养禽规划与管理、生态养牛规划与管理、生态养羊规划与管理和生态养兔规划与管理等内容，既有生态养殖的规划、生态养殖管理等基本理论，又有畜禽生态养殖的典型案例，较系统地介绍了生态养殖在现代畜牧业生产中的应用，叙述了畜禽与环境相互关系的发展以及生态系统基本理论，为探讨今后畜牧业发展过程中如何实现生物与环境和谐、动物健康、安全生产、资源与环境保护、健康系统构建与管理、节能减排，实现畜牧业可持续发展奠定了理论基础。

　　本书在撰写过程中参考了大量的文献，在此表示感谢。另外在撰写上，因时间仓促和写作水平有限，缺点和错误在所难免，欢迎广大读者批评指正。

编著者

2020 年 12 月

目　录

第一章 生态养殖概述

2007 年后中国畜牧业生产进入了快速发展时期，畜牧业对农业增长的贡献率越来越大，科技水平普遍提高，产品产量持续增长，规模化养殖稳步推进，产品质量安全水平不断提高。但是，中国现代畜牧业依然面临着畜产品供求进入紧平衡阶段、畜产品生产进入高成本阶段、动物疫病防控形势依然严峻、产品质量安全隐患长期存在、现代畜禽种业体系建设滞后、养殖环境污染问题日益突出、科学技术支撑能力仍显不足的严峻挑战。如何破解新形势下的发展难题? 只有靠提高资源利用率、提高劳动生产率、提高市场占有率、提高科技贡献率、体制机制创新等生态养殖模式和措施来解决集约化畜禽饲养与环境、资源等问题。本章从生态养殖基本知识、生态养殖业的发展、生态养殖系统设计、畜禽生态养殖管理、生态养殖的产业化、环境污染及其治理、健康养殖与生态安全等方面阐述了畜禽生态养殖对畜牧业生产的主要意义，以期在现代养殖业中，把生态养殖规划及管理与生产效益结合起来，保障现代养殖业的健康、持久和稳定的发展。

第一节 生态养殖基本知识

一、何谓生态养殖

（一）生态养殖

生态养殖是指根据不同养殖生物间的共生互补原理，利用自然界物质循环系统，在一定的养殖空间和区域内，通过相应的技术和管理措施，使不同生物在同一环境中共同生长，实现保持生态平衡、提高养殖效益的一种养殖方式。生态养殖有两个方面的含义：一是倡导生态养殖，就是构建良性循环的生产系统，使系统内的物质和能量被有效循环利用，使规模养殖场粪污等废弃物减量化、无害化、资源化。二是倡导健康养殖，就是落实规模化养殖各项生物安全措施，遵循畜禽生物特性实施科学养殖、福利养殖，增强畜禽机体自身免疫力和抵抗力，提高畜禽健康水平，安全用药，提升产品质量和养殖效益。与传统养殖模式不同，生态养殖能合理利用土地和环境资源，有效防止养殖污染，变废为宝、综合利用，既保护了环境，又提高了产出，实现经济效益、社会效益、生态效益的同步发展。

（二）生态养殖业

生态养殖业是在整体论的指导下，根据畜禽生态学和生态经济学原理，遵循和利用生态学规律，应用现代科学成果和系统工程方法，进行无废物、无污染的养殖业生产，使养殖业生产向着高产、优质、高效稳定协调方向发展的一个产业。为了实现生态养殖业必须分区域地进行畜牧生态工程，要应用生态养殖业原理，引入人工辅助能量和物质，建成以畜禽为基本组分的养殖业生产工艺体系，这种工艺体系是一种科学的人工生态系统，它具有整体性、系统性、地域性、集约性、高效性、调控性等特点（邢延铣，1999）。

（三）生态养殖业的理论基础

生态养殖业的理论基础是整体论，生态金字塔理论，物质循环、能量流通、信息传递的食物链原理，畜禽生态位理论，原始合作原理，生物与环境的协同进化原理和生态经济学原理。

二、研究生态养殖的意义

养殖业发展进入转型期后，随着社会经济的快速发展，工业化、城镇化逐步加快，生态环境保护要求不断提高，养殖业发展受土地和环保制约的问题日益显现。出现了养殖业发展与环境保护的矛盾，如何破解这一难题？生态养殖成为养殖业发展的趋向，引起了农业部门的重视。面对养殖业发展的现实问题，各地积极探索，在规模养殖场开展了畜牧生态健康养殖示范创建活动，取得了显著的经济效益和社会效益，解决了畜禽产品生产与消费需求，养殖用地与耕地保护，畜禽粪便污染与维护生态环境之间的矛盾。在推进养殖业规模养殖增加总量的同时，提高了质量安全，转变了养殖业生产方式，维护了公共卫生安全。因此，养殖业转方式调结构要坚持因地制宜、农牧结合，走生态养殖可持续发展之路。

生态养殖的研究是根据我国农业生态经济系统的特征，在吸取国外农业可持续发展技术精华的同时，摒弃不符合我国国情的做法，继承我国传统农业的技术精华，充分发挥现代科技的作用，创造出具有中国特色的农业可持续发展模式和技术。持续农业的含义是管理和保护自然资源基础，调整技术和体制变化的方向，以便确保获得和持续满足目前和今后世世代代的需要。可持续养殖业将是 21 世纪世界农业生产的主要模式。基本特征是：在强调养殖业发展的同时，重视自然资源的合理开发利用和环境保护。要达到的战略目标：一是要积极增加食物生产，并注意食物安全。二是要努力促进农村综合协调发展，增加农民收入，消除农村贫困状况。三是要合理利用、保护、改善自然资源和生态环境。实现可持续农业战略目标的方法是：采取农业生态技术，具体包括立体种养技术、物质循环利用技术、农村能源综合建设和庭院经济与开发利用技术等。其研究的意义在于：一是优化农业和农村经济结构，促进农牧渔、种养加、贸工农有机结合，把农业和农村发展联系在一起，推动农业向产业化、社会化、商品化和生态化方向发展。二是发展多种经营模式、多种生产类型、多层次的农业经济结构，有利于引导集约化生产和农村适度规模经营。三是注重保护资源和农村生态环境，在现代食物观念引导下，确保国家食物安全和人民健康。四是进一步依靠科技进步，以继承中国传统养殖业技术精华和吸收现代高新科技相结合，以科技和劳力密集相结合为主，逐步发展成技术、资金密集型的农业现代化生产体系。五是重视提高农民素质和普及科技成果应用，切实保证农民收入持续稳定增长。

三、生态养殖的内涵

（一）高效转化与再生

根据市场规律、环境资源特点，调整动物产业结构，优化动物生产组合，突出生产重点，形成一个适应市场发展需要，符合资源环境特点的高效益、多功能的动物产业生产体系，达到资源与产业结构的平衡，市场发展与产业规模平衡。畜牧产业是物质和能量的转换者，也是物质的再生产者，它是利用初级生产制造的有机物进行能量的转化与物质生产的。我国地域广阔，各地自然条件、自然因素各不相同，其环境资源、饲料品种数量不一；各地市场容量、消费水平、生活习惯又不相同，动物产业应从资源与商品结合型出发，调整其产业结构，优化动物品种组合。同时对品种结构、年龄结构、生产规模结构进行调整，形成高效益、多功能的转化体系。

（二）多层利用与循环

根据不同地区特点，形成多层次利用模式。做到饲料多层次利用，能量多层次转化，这是生态养殖业重要内涵之一。把动物产业与其他产业联系起来，形成统一整体，互为补偿，互为促进，根据不同区域资源特点，商品流通规律，形成具有特色的最佳模式，实现无废物、无污染生产，提高动物产业总体的经济效益和生态效益。全国各地都已出现了许多生态养殖业发展典型。出现了一批稻—畜—鱼、草—牛、鹅—鱼、粮—鸡—猪—沼、加工—真菌—畜禽—鱼、畜禽加工—毛皮动物等生产模式。这些模式都充分利用了饲料资源的潜力，多层次促进能量的转化，提高了能量的转化率、蛋白质利用率，节省了饲料，充分挖掘利用各种资源的潜力，同时减少了污染，做到经济效益好，生态环境美。

（三）减少浪费与污染

生态养殖重要的内涵就是减少浪费与污染。我国各地动物生产还存在着资源浪费与污染环境的现象。浪费现象主要表现在 4 个方面：一是部分地区还存在粮食单一转化。

二是配合饲料量少质次，大多仍是有啥喂啥，以原粮为主。三是品种结构不合理，出现资源与品种结构的不平衡。四是个体生产性能低，群体效益差。同时还存在着污染环境的现象，一些较大型的企业，粪便处理不及时，不科学，造成了环境的污染。生态养殖业就是针对上述存在的问题，完善推广高效转化技术体系，减少饲料的浪费，减少器具的损耗，降低生产投入，提高饲料转化率、固定资产投资的利用率，达到低耗高产的目的。如广泛地推广动物防疫保健程序化技术，减少动物死亡率；淘汰劣质品种、个体，推广优良品种与杂交改良；推广饲料配方、饲料添加剂等全价饲养技术、直线育肥出栏等；推广二元种植结构、高产饲料的种植及青贮、氨化、盐化、微贮技术的普及；大型养殖企业的粪便再生利用技术等，这些都可以有效地减少浪费与污染，实现低耗高产。

四、生态养殖的性质

（一）战略性

动物生产必须充分了解当地的自然、社会、经济的现状，才能配置最合适的牧业生产结构，发挥生物与环境的最高生产力，达到高产、稳产、低耗的效果。因此牧业生产实际上是生态与经济相结合的区域性体系，提高畜牧业生产效果必须做到：一是缩短物质、能量的循环与转换周期，提高能量利用效率。二是有效地选择优良的生物种群、全价饲料和管理等技术措施。三是有效地利用科学成果，减少劳力投资和无效劳动。

（二）整体性

养殖业是整体农业的一个组成部分，是大农业中各业相互联系不可分割的一个有机整体。因此在研究畜牧业生态系统时，必须建立一个整体的系统观点，应用系统科学的方法，加以研究并探讨最优化的组合，应用生态学的基本理论，从物质、能量的运转上认识养殖业，分析从资源到农畜产品之间的因果联系、转化控制原理及其调节体系，以不断地提高其生产力。畜牧业生产所希望实现的效果不是单一指标，而是一组指标体系，它是多目标的整体系统，要保持系统生产力的多目标效益。

（三）多样性

多样性是指生物物种的多样性。我国地域辽阔，各地的自然条件、资源基础的差异较大，造就了我国丰富的生物物种资源。发展生态养殖，可以在我国传统养殖的基础之上，结合现代科学技术，发挥不同物种的资源优势；在一定的空间区域内组成综合的生态模式进行养殖生产。例如，稻田养鱼的生态种养模式。

生态养殖模式充分考虑到物种的生态、生理以及繁殖等多个方面的特性，根据各个物种之间的食物链条，将不同的动物、植物以及微生物等，通过一定的工程技术（搭棚架、挖沟渠等）共养于同一空间地域。这是传统的单独种植和养殖所不能比拟的。

（四）层次性

层次性是指种养结构的层次性。因为生态养殖涉及的生物物种比较繁多，所以养殖者要对各个物种的生产分配进行有层次的合理安排。层次性的体现形式之一就是垂直的立体养殖模式。例如，在水田生态养殖模式中，可以在水面养浮萍，水中养鱼，根据鱼生活水层的不同，在水中进行垂直放养；还可以在田中种植稻谷，在田垄或者水渠上搭架种植其他的瓜果作物，充分发挥水稻田的土地生产潜力，增加养殖的层次。

生态养殖就是充分利用农业养殖自身的内在规律，把时间、空间作为农业的养殖资源并加以组合，进而增加养殖的层次性。各个生物品种间的多层次利用，能够使物流和能流得到良好的循环利用，最终提高经济效益。

（五）综合性

生态养殖是一门综合性很强的科学，它以宏观和微观相结合来探讨畜牧业生产的客观规律和内在联系，从而指导动物生产。同时，生态养殖是立体农业的重要组成部分，以"整体、协调、循环、再生"为原则，整体把握养殖生产的全过程，对养殖物种进行全面而合理的规划。在养殖过程中，需要考虑不同生产过程的技术措施会不会给其他物种的生长带来影响。因此生态畜牧科学不是具体的技术措施，也不能代替其他科学，它必须应用数学、物理、化学、牧草和饲料作物栽培学、饲养管理学、育种学、卫生学、兽医学等学科的基本理论来分析养殖业生产，提出指导性的方案。此外，综合性还体现在养殖生产的安排上，养殖要及时、准确而有序，因为各个物种的生长时间以及周期并不相同，要求养殖者安排好各个方面。

（六）统一性

生态效益与经济效益是矛盾统一体，当缺乏整体系统观点及生态学观点而进行资源管理与生产管理时，往往发生生态效益与经济效益的矛盾，因此必须加强自觉性，减少盲目性，接受系统理论的指导，通过对结构及其功能不断调节与控制来达到二者统一，保持资源的持续利用与生产水平的不断提高。

（七）高效性

生态养殖通过物质循环和能量多层次综合利用，对养殖资源进行集约化利用，降低了养殖的生产成本，提高了效益。例如，通过对草地、河流、湖泊以及林地等各种资源的充分利用，真正做到不浪费一寸土地。将鱼类与鸡、鸭等进行合理共养，充分利用时、空、热、水、土、氧等自然资源以及劳动力资源、资金资源，并运用现代科学技术，真正实现了集约化生产，提高了经济效益，还使废弃物达到资源化的合理利用。

（八）持续性

生态养殖的持续性主要体现为养殖模式的生态环保。生态养殖解决了养殖过程产出的废弃物污染问题。如禽类的粪便如果大量堆积，不但会污染环境，还易滋生及传播疾病。采用立体的生态养殖模式，用粪便肥水养鱼，或者作为蚯蚓的饲料等，如果种植作物，还可以当作有机肥料施用。因此，生态养殖能够防止污染，保护和改善生态环境，维护生态平衡，提高产品的安全性和生态系统的稳定性、持续性，利于农业养殖的持续发展。

五、生态养殖的特征

(一) 经济可持续性

经济可持续性是可持续养殖业的根本属性。它主要体现在农牧民的实际收入水平，养殖业总产值及各畜种产值比重的合理与否，养殖业生产率及畜产品商品等方面的可持续增长或完善，是其特征的反映和体现形式。

(二) 社会可持续性

随着生活水平的不断提高和膳食结构的日趋改善，满足人们对畜产品及其加工产品在数量和质量两方面的持续不断的要求，提高人们的身体素质，这是可持续养殖业的重要特征，也是养殖业可持续发展的最终目的。保证饲料和兽药与动物产品安全是养殖业可持续性的重要内容，也是当前要解决的重要问题。

(三) 生态可持续性

生态可持续性是可持续养殖业的重要属性，也是其存在和进一步发展的要求和重大举措。它主要是指人类与资源、环境协调关系的可持续性。遵循生态规律，保护并改善生态环境，走生态型发展模式，是草原饲料可持续利用的根本途径；同时也利于减轻和解决养殖业发展带来的环境污染问题，起到对环境自我净化的作用。

(四) 生产可持续性

生产可持续性是社会、经济可持续性的前提和条件。保证养殖业各生产要素及其相互间协调程度的不断提高，是生产可持续性的重要内容，主要体现为种质资源的永续利用、畜禽生产性能的保持或不断提高、饲草料的供给能力及畜产品加工开发能力的持续提高。

(五) 技术的先进性

技术的先进性是可持续养殖业的最基本特征，它是生产可持续性的直接保证和动力，是生态可持续性的主要依赖之一，是社会、经济可持续性的重要保证。技术的先进性是养殖业可持续发展的动力源泉，只有重视相关技术的研究推广与应用，把养殖业发展转到依靠科技进步上来，才能保证生产出更多更好的畜产品，满足人类的需要。

六、生态养殖的原则

(一) 遵循社会发展，兼顾全面的原则

生态养殖的根本目的就是将经济效益、生态效益与社会效益有机地协调统一起来。生态效益是进行生态养殖的前提，不能一味地追求经济效益而忽略了生态效益。只有在保证了生态效益的前提下，才能保证取得更大、更好、更持久的经济效益；而社会效益

更是人类社会可持续发展的需要，只有取得了良好的社会效益，才能取得更多的经济效益和生态效益，社会效益是经济效益和生态效益的保证。

（二）遵循全面规划，整体协调的原则

这一原则强调了生态养殖的整体性。它要求养殖生产的各个部门之间，环境资源的利用与保护之间，城市与农村的一体化之间，农、林、牧、渔等各个农业产业类型之间都要做到整体的协调统一，并且相互进行有机的整合，对养殖生产过程进行合理的规划，并按规划来实施。

（三）遵循物质循环，多级利用的原则

在养殖过程中，各个物种群体之间通过物质的循环利用，形成共生互利的关系。也就是说，在养殖的生产过程中，每一个生产环节的产出就是另一个生产环节的投入。养殖生产过程中的废弃物多次被循环利用，可以有效提高能量的转换率及资源的利用率，降低养殖的生产成本，获得最大限度的经济效益，并能有效防止生物废弃物对环境造成的严重污染。例如，通过种养结合加工的养殖方式，能够实现植物性生产、动物性生产与腐屑食物链的有机结合，养殖过程中产生的粪便等排泄物可用来肥地种植，不仅能有效解决粪便对环境的污染问题，还可降低施肥成本，大大提高资源的物质循环利用效率，利于降低生产成本并提高经济效益。

（四）遵循因地制宜，发挥优势的原则

所谓因地制宜，就是按照自己的地域特色和特有的生物品种，选择采用能发挥当地优势的生态养殖模式。根据具体的地区、时间、市场技术、资金以及管理水平等综合条件进行合理的养殖生产安排，选择适合本地的生态养殖模式，充分发挥当地的自然资源以及社会周边环境的优势。不能为了盲目追求某些模式或目标，弃优势而不顾，选择不切合当地实际的养殖模式。结果只能是事倍功半，造成严重的损失。

（五）遵循资源开发，合理利用的原则

在养殖过程中，要尽量利用有限的资源达到增值资源的目的。对于那些"恒定"的资源要进行充分利用，对可再生的资源实行永续利用，对不可再生的资源要珍惜，不浪费，节约利用。

（六）遵循物种互补，互利合作的原则

充分利用物种之间的互补性，将不同的物种种群进行互补混养，建成人工的复合物种群体。利用不同物种之间的互利合作关系，使生产者在有限的养殖生产空间内取得最大限度的经济收益。

七、生态养殖的研究方法

（一）系统调查法

系统调查法是研究生态养殖业的基本方法之一，包括实地调查和观察测算，收集原

始数据与资料。主要内容：一是自然、社会经济概况。如生态地理、环境系统诸因子，要区别主要因子与次要因子，区别直接影响与间接影响，以及相对变动与相对稳定因子（如市场、价格、饲料的供求是相对变动因子，而气候条件是相对稳定的生态条件，风俗习惯、社会经济基础等属短期内不易变的因子）。二是地区畜禽的特征与外来品种繁育情况、形状间的地区差异，可应用温湿度图比较分析、研究生物内在环境与外在环境的差异。三是各类历史资料、古文物及发掘的实物进行分析研究。四是国内外、区内外贸易、加工、交通等情况。

（二）试验分析法

实验室测定与分析，是在人工气候实验室，使畜禽处在特定需要研究的环境中，来测定畜禽对各种环境因子的表现的一种测试方法。实验室测定与分析可为集约化、工厂化饲养业提供调整环境因子的依据。也可以对环境中某些因子应用标记元素、遥感及自动追踪技术，以及红外线气体分析器、分光光度计、氧弹测热器等先进研究手段，探索生态系统的组成、结构、能量交换、物质循环、系统功能和发展规律以及环境监测、保护和治理等，使生态系统研究由定性发展到定量，由单一到综合，从静态到动态预测，为探讨养殖业生态系统开辟了新的途径。

（三）生态数学法

在调查研究掌握一定数据的基础上，进行排序、分类、明确对象属性，进行模拟、检验，最后对研究对象，应用数学模型进行描述。数学模型不仅可以表达生态系统的机能及其内部的动态关系、生产潜力，而且通过模型试验和系统模型的分析，进行预测、控制和达到最佳设计的目的。

第二节　生态养殖业的发展

一、世界生态养殖业的发展现状

（一）发展迅猛，强力推进

自 1972 年国际上一个致力于拯救农业生态环境、促进健康安全食品生产的组织——国际有机农业运动联合会（简称 IFOAM）成立后，各国纷纷兴起发展生态养殖业的浪潮。至 2001 年，全球 194 个国家中有 141 个国家开始或已经开始发展生态养殖业。据统计，目前在世界上实行生态管理的农业用地约 1 055 万 hm^2，其中澳大利亚生态农地面积最大，拥有 529 万 hm^2，占世界总生态用地面积的 50%；其次是意大利和美国，分别有 95 万 hm^2 和 90 万 hm^2。若从生态农地占农业用地面积的比例来看，欧洲国家普遍较高，大多数亚洲国家的生态农地面积较小。在全球生态农业用地中，生态牧场占地 350

万 hm^2。

（二）政府重视，助力发展

在发展生态养殖业方面，许多国家的政府出台了相关的法律、法规和政策，以鼓励和支持生态养殖业的发展。如《欧洲共同农业法》有专门条款鼓励欧盟范围内的生态养殖业发展；澳大利亚联邦政府于 20 世纪 90 年代中期提出了可持续发展的国家农林渔业战略，并推出了"洁净食品计划"；奥地利于 1995 年实施了支持生态养殖业发展的特别项目，国家提供专门的资金鼓励和帮助农场主发展生态养殖业；法国于 1997 年制定并实施了"有机农业中期计划"。另外，从 20 世纪 90 年代开始，一些发达国家开始运用经济方式补贴生态养殖业的发展，如对生态牧场和自然草场的建设给予资金扶持，对生态畜产品的科研进行资助，对生态牧场进行经营性补贴等，这些做法充分反映了政府对生态养殖业发展的高度重视。

（三）节约资源，强调利用

在养殖业资源利用方面，许多国家采取各种措施，按照"整体、协调、循环、再生"的原则，以确保畜牧资源的低耗、高效转化和循环利用。一是培育优良畜禽品种，降低饲料消耗，提高饲料转化率，加快畜禽生长速度。二是采取标准化养殖技术，对饲料配制、饲养管理、疫病防治等养殖业生产全程进行标准化科学管理。三是利用现代化新技术，向集约化方向发展，确保养殖业的低投入、高产出和高效益。四是建立"资源—产品—废弃物—资源"的闭环式经济系统，充分利用养殖业资源，如利用农作物秸秆发展节粮型养殖业，将畜禽粪便制成生物有机肥或生产沼气等以消除养殖业发展可能带来的环境污染。五是避免掠夺式利用草场，采取人工种草和围栏放牧等方式，做到以草定畜、草畜平衡，防止草原荒漠化，维护草原生态环境。

（四）制定政策，强化治污

养殖业生产带来的环境污染，是养殖业发展过程中所共同面临的严重问题，尤其是对于养殖业发展较快、人口密集的国家及地区，其污染问题和带来的威胁更为严重。因此，世界各国纷纷采取各种措施，致力于控制和降低养殖业污染和对生态环境的保护。主要表现在以下几个方面：一是制定防污染公约和法规。如英国、法国、俄罗斯、美国、日本、丹麦、荷兰、意大利等国家都先后制定了相应的养殖业污染防治法规及标准，对畜禽饲养规模、场地选择、养殖业污染的排放量及污染处理系统、设施和措施等都作出了具体要求，使养殖业污染防治走向科学化、系列化、无污染化。二是不断开发新的技术以降低畜禽粪便中的氮素污染。如通过培育优良品种、科学配料，应用酶制剂、生长素、矿物质添加剂等以及运用生物制剂处理、饲料颗粒化等方式，达到降低养殖业污染的目的。三是开发和应用畜禽用防臭剂，以减轻畜禽排泄物及其气味的污染。如应用丝兰属植物提取物、天然沸石为主的偏硅酸盐矿石、绿矾（硫酸亚铁）、微胶囊化微生物和酶制剂等，来吸附、抑制、分解、转化排泄物中的有毒有害成分，将氨变成硝酸盐，将硫化氢变成硫酸，从而减轻或消除污染。四是运用生物净化方式，实现对畜粪及其污水的净化与污染消除，主要是利用厌氧发酵原理，将污物处理为沼气和有机肥。五是实现畜禽粪便的再利用，以减少粪便污染，实现废物资源化的效果。目前已有许多国家利用鸡粪加工成饲料，德国、美国的鸡粪饲料"托普蓝"已作为蛋白质饲料出售。英国和德国的鸡粪饲料进入了国际市场，猪粪也被用来喂牛、喂鱼、喂羊等。

二、世界生态养殖业发展的基本趋势

（一）各界认可，模式受宠

随着高新技术的迅猛发展，生态养殖业得到广大消费者、政府和经营企业的一致认可，消费生态食品已成为一种新的消费时尚。尽管生态食品的价格比一般食品贵，但在西欧、美国等生活水平比较高的国家仍然受到人们的青睐，不少工业发达国家对生态食品的需求量大大超过了对本国的产品需求。随着世界生态畜产品需求的逐年增多和市场全球化的发展，生态养殖业将会成为 21 世纪世界畜牧业的主流和发展方向。

（二）规模加大，速度加快

随着可持续发展理念的深入人心，可持续发展战略也得到了各国政府的共同响应。生态养殖业作为可持续农业发展的一种实践模式和一支重要力量，进入了一个崭新的发展时期，预计在未来几年其规模和速度将不断加强，并将进入产业化发展的时期。

（三）产消互进，协调发展

随着全球经济一体化和世界贸易自由化的发展，各国在降低关税的同时，与环境技术贸易相关的绿色壁垒则日趋盛行，尤其是对与畜产品生产和贸易有关的环保技术和产品卫生安全标准要求更加严格，食品的生产方式、技术标准、认证管理等延伸扩展性的附加条件对畜产品国际贸易将产生重要影响。这就要求生态畜产品在进入国际市场前，必须经过权威机构按照通行的标准加以认证。目前，国际标准化委员会（ISO）已制定了环境国际标准 ISO 14000，与以前制定的 ISO 9000 一起作为世界贸易标准。绿色壁垒虽然在短期内对各国的贸易产生了一定的负面影响，但是从长远看，也促使各国不断提高和统一畜产品质量标准，从而进一步促进世界生态养殖业的协调发展。

（四）管理体系，趋于统一

目前，国际生态农业和生态农产品的法规与管理体系分为联合国层次、国际非政府组织层次、国家层次 3 个。联合国层次目前尚属建议性标准。在未来几年，随着生态农业的不断发展，这 3 个层次之间的标准和认证体系将彼此协调统一，逐步融合成一个国际化的生态食品标准和认证体系，各国间将逐渐消除贸易歧视，削弱和淡化因标准歧视所引起的技术壁垒和贸易争端。在养殖业将毫无疑问地遵循这一逐步融合的共同标准。

三、我国生态养殖业的发展现状

(一) 古人对生态农业的认识

我国是世界上四大文明古国之一，已有5 000年的文明史，是世界农业起源的中心，创造了光辉灿烂的农业文明。据不完全统计，古代农书有300多种，1 000多卷，数千万字，对我国和世界农业科学技术产生了深远的影响。其中不少论述和观点涉及生态学领域，虽片段且不系统，但对生态学科的形成和发展，尤其将生态与生产实践相结合作出了光辉的典范。

早在4 000多年前，就有了最早的天文历法"夏历"，并有了初步的文字。在卜辞中记载了许多关于天文历法、数学运算和生物科学、医药卫生方面的知识。在3 000年前已有了生态的概念，例如《尚书·禹贡》记载古代九州地理环境和物产，因地而异。

在中国兽医的古典中涉及阴阳五行、相生相克、五劳六气、变化万状的内外因素，将畜禽的健康和疾病与环境条件紧密联系在一起。

后魏贾思勰的《齐民要术》(公元6世纪) 提出"顺天时，量地利，则用力少而成功多。任情返道，劳而无获"告诫人们从事生产活动必须适应气候和生产条件，违者徒劳无益。

明代李时珍的《本草纲目》根据生态地理条件，对各地猪、羊的形态特征进行了高度的概括，指出"猪天下畜之，而各有不同。生青兖徐淮者耳大，生燕冀者皮厚，生梁雍者足短，生辽东者头白，生豫州者嘴短，生江南者耳小 (谓之江猪)，生岭南白而极肥"。对羊指出"生江南者为吴羊，头身相等而毛短，生秦晋者为夏羊，头小身大而毛长；土人二岁而剪其毛，以为毡物，谓之绵羊。广南英州一种乳羊，食仙茅，极肥，无复血肉之分，食之甚补人"。对异地引种的记载有："河西羊最佳，河东羊亦好，纵驱至南方，筋力自劳损，安能补益人？今南方羊多食野草、毒草，故江浙羊少味而发疾。……北羊至南方一二年，亦不中食，何况于南羊，盖土地使然也。"

清代的《三农纪》对牛的生态地理也有详细描述，例如："黄牛，北人呼牛曰黄牛，黄者，言可祀地也。又云旱牛，与水牛别也，不喜浴也。其形环目竖角，肩负肉封，颈下裙垂，尾长若帚，其声远大，色有黄、黑、赤、白、斑、黎、苍褐。其性耐寒、热暑立水中当浴、可耕、可车、可负，可任引致远，角可治器，皮可革韦，骨可造饰，乳为酥佳。"

(二) 我国生态养殖业发展史

生态学是已有百余年发展历史的学科，但蓬勃发展于20世纪60年代以后，当前已成为一个宏大的科学领域，涉及自然、经济、政治、社会各个方面，形成了众多的学科分支和交叉学科。与养殖业紧密联系的生态养殖业，是生态学原理在应用期间发展起来的分支学科，至今只不过50年的历史，其应用于实践也是近几年的事。

1. 启蒙阶段（1978 年前）

中国农业大学汤逸人先生是畜禽生态学科的先驱者，通过他的著作和译著将这一新型学科的基本理论和国外科研资料系统地介绍到国内。中国农业科学院兰州畜牧研究所杨诗兴对国外畜禽个体生态的科研资料作了系统介绍。此外，中国科学院自然资源综合考察委员会对新疆、内蒙古、宁夏、西藏进行了区域性调查，中国畜牧兽医学会对畜种资源作了较系统的整理。同时有些早期著作如张仲葛、崔重九、张松荫等涉及这方面的知识。

2. 初期阶段（1979—1983 年）

中国农业科学院北京畜牧兽医研究所郑丕留先生是 20 世纪 80 年代畜禽生态学科的带头人，在这个领域，他发表了许多专著和论文。在他的支持下由全国马匹选育协作组和豫西农业专科学校创办的《畜禽生态》杂志 1981 年问世。这个阶段我国有一批科技人员在各自原来从事学科的基础上，尝试着与畜禽生态学科交叉研究，已涉及资源生态、生态地理、气候生理、畜禽适应性等方面。

3. 发展阶段（1984—1995 年）

在前辈的引导下，我国一大批中青年科技工作者将各自原有学科的专长渗透到畜禽生态学科领域中，形成了各具特色的学科分支群，不同生态区养殖业发展战略和养殖业生态经济、畜牧业生态系统和生态养殖业、畜禽种群生态、畜牧生态地理、畜禽营养生态和地球生物化学循环、气候生理生态、畜禽适应性、畜禽繁殖生态、畜禽遗传生态、牧草引种和草地生态、畜禽疫病生态、畜禽粪便污染治理等。

4. 持续发展阶段（1996 年以后）

这个时期，畜禽生态学科在理论上、方法论上以及在推进养殖业发展、生态建设方面都取得了明显的进展。区域养殖业结构调整与优化、畜禽环境污染治理、食物污染防治、养殖业产业化、生态养殖业的理论与实践、微生物制剂应用等方面的科学研究和学术交流，推动养殖业可持续发展。江苏省海安县是发展生态畜牧县，充分利用食物链的内在联系，建立了养殖业—饲料—沼气系统工程，促进了沼气、食用菌、蚯蚓、养殖业的发展，又为畜产品加工、食品工业的发展提供了充裕的原料，反过来又促进了农业、粮食、蚕桑、种植业的发展，也刺激了商业、运输业的发展，活跃了市场经济，丰富和提高了人民生活。例如，杭州西湖浮山养殖场建立了以养殖业为中心，以沼气为纽带，带动种植业、水产养殖业、加工业并举的养殖业生态系统工程，取得了明显的生态效益、经济效益和社会效益，是具有中国特色的生态畜牧系统工程模式。

四、我国生态养殖业的功能定位

我国地域广阔，资源分布不均，加上全国各地消费偏好的不同，使得我国养殖业生产呈现出典型的区域差异性。生态养殖业作为现代养殖业发展的高级阶段，是以生产经营饲草饲料、动物及其产品为主的集自然、经济和社会交织在一起的复合生态经济系统。因此，其产业功能应依据不同的市场需求、不同的自然资源和生产条件，从市场需求、产业化发展和资源利用效率出发，尽快实现在经营方式上由粗放经营向集约化经营、在增长方式上由单一数量增长型向质量效益型、在技术方式上由传统经验型向技术依托型、在利用方式上由资源开发型向生态建设型的转变，以在满足人们对畜产品消费需求不断增长的同时，提高资源的利用效率和改善生态环境，实现经济效益、社会效益和生态效益的和谐统一。

五、我国生态养殖业的类型

从生态养殖业的功能定位出发，根据不同地区社会、经济、自然条件和养殖业经济的自身特点，可将生态养殖业划分为草地生态养殖业、山区生态养殖业、农区生态养殖业和城郊生态养殖业4个基本类型。

（一）草地生态养殖业

草地生态养殖业是以发展草原生态系统与养殖业经济系统为目标，在实现牧草生产与牲畜生产这两个自然再生产过程平衡的同时，把经济目标追求纳入系统之中，最终使之成为一个持久发展的复合型的生态经济系统。该类型的代表模式是资源配置型生产模式。

（二）山区生态养殖业

山区生态养殖业是通过实施农牧林结合，促进山区生态系统和养殖业经济系统协调发展的一个复合型生态经济系统。其重要的特征在于增加了林业产业发展的因素。该类型的代表模式是农林牧结合型生产模式。

（三）农区生态养殖业

农区生态养殖业是以种植业为依托，围绕养殖业生产这一中心，依靠沼气工程这一纽带，建立起合理的投入产出网结构，实现物质和能量循环利用的复合型生态经济系统。其实质是养殖业经济系统与农田生态系统相互结合而成的复合系统。该类型的代表模式是多级利用型生产模式。

（四）城郊生态养殖业

城郊生态养殖业是应用生态学的原理，借助工程学的技术手段，渗透人工辅助能量与物质，建成的以畜禽饲养为中心的一种人工生态经济系统。该系统具有整体性、系统性、地域性、集约性、高效性、调控性等特点，追求的目标是实现饲料（草）产量最大、畜禽生产力较高、物质和能量转化最合理、经济效益最好和生态平衡最佳。

六、我国生态养殖业的发展模式

生态养殖业作为一种以高新技术为手段，科学利用土壤、水分、各种生物和能源，按照生态链的相互关系来延伸产业链，从而与种植业和其他相关产业共同组成的注重建设和保护人、畜生态环境，在循环型的体系内进行无废弃物的清洁生产，持续、稳定地向人类提供绿色畜产品。在生产实践中，已经形成并产生了各种各样的生态养殖业模式。2020年农业部推出的中国生态农业十大模式和技术中将生态养殖业的生产模式归结为3种，即复合型生态养殖场生产模式、规模化生态养殖场生产模式和生态养殖场产业化开发模式。基于对生态养殖业类型的基本理解，结合相关的实践经验，将生态养殖业的发展模式归纳为以下4种类型。

（一）资源配置型生产模式

这一模式是指依生物生长规律的时间差和空间差，以时间争空间，以空间夺时间，组织养殖业季节性生产，推广肉畜异地育肥技术，以实现资源合理配置、草畜同步发展、经济与生态平衡目标的一种生产方式。该模式主要适用于草地生态养殖业，通过青草期多养畜、枯草期多出栏，充分发挥牧草和精饲料季节生长优势和幼龄畜增重快、肉质好的特点，进行肉牛、羔羊的短期快速育肥，以改变传统"夏肥、冬瘦、春死"的恶性循环生产方式。据报道，将传统草地养殖业的"消耗战"改为季节性的异地育肥的"阵地战"生产，大大增强了牲畜的生产能力。牛出栏周期由过去4~5年缩短到1.5~2年，羊出栏周期由2~3年缩短为当年育肥，大大节约了饲料的使用量。

（二）多级利用型生产模式

该模式主要是利用生态养殖业经济体系中各种相关产业，通过构建环环相扣的食物或者产业链，实现物质和能量的多级利用，以增加物质产品的产出量。该模式主要运用于农区生态养殖业，一般又可以细分为4种类型，即种—养结合型、养—养结合型、种—养—沼气结合型和种—养—加工结合型。如作为典型农区的湖北省荆州市通过在平原地区采用"棉—粮—猪—沼"模式、丘陵地区采用"粮（菜）—猪—沼—果"模式、城郊地区采用"猪—沼—鱼"模式、水网湖区采用"鱼—猪—鸭"模式等措施，有效地延伸了产业链条，使养殖业成为该市农业和农村经济的一大支柱产业，成为农民增收的一大亮点。

（三）综合利用型生产模式

这一模式是在种植和养殖过程中建立塑料大棚，并采取相关配套生产技术，发展养殖业的一种生产方式。该模式具有多层次综合利用资源，在延伸产业链的同时，促使价值链的增加，最终促使经济效益、生态效益和社会效益最大化。如甘肃省古浪县引黄灌区科技养殖示范园区建立的塑料大棚，内有沼气池，池上建猪舍，棚内四季种菜。由于大棚具有良好的采光保温性能，十分有利于猪的生长，使饲料报酬率提高幅度达到了20%，同时产生的猪粪直接排入沼气池并生产清洁能源，然后再将沼液、沼渣用于种菜肥田，土壤肥力明显改善，从而使蔬菜产量提高30%以上，其经济效益和生态效益十分可观。

（四）系统调控型生产模式

该模式主要是依据牛、羊等反刍家畜瘤胃微生物酶的功效，充分利用粗纤维饲料和非蛋白氮的生物学特性，通过秸秆氨化、青贮、微贮等技术，以秸秆、糠、饼、渣及牧草等光合产物饲喂反刍家畜以取得良好的经济效益和生态效益的生产方式。该模式在理论上具有极大的生产潜力和十分可观的社会效益、经济效益与生态效益。

第三节　生态养殖系统设计

养殖业生态系统是人类按照自身的需要，用一定的手段调节生物种群和非生物环境间的相互作用，通过合理的能量转化和物质循环，进行畜产品生产的生态系统。它与自然生态系统相比，具有许多不同的特点。在生态系统中，人的作用非常突出。种植哪些农作物，饲养哪些家禽和家畜，都是由人来决定的。人们还要不断地从事喂养、播种、施肥、灌溉、除草、治虫和收割等活动，只有这样，才能使生态系统朝着对人类有益的方向发展。养殖业生态系统的主要组成成分是人工种养的生物，抗逆性（抵抗不良环境的能力）较差。除按人们的意愿种养的优势物种外，其他物种通常要予以抑制或排除，导致生物种类大大减少，营养结构简单。因此，养殖业生态系统的抵抗力稳定性比较低，容易受到旱涝灾害和病虫害的影响，需要通过人为的管理进行调节。

在农牧业上，应用生态系统原理、系统科学的方法，人工模拟本地区的顶极生态系统，选择多种在生态上和经营上都有优势的生物，采用一整套生态农艺流程，按食物链关系和其他生态关系，将这些生物的栽培、饲养和养殖组成一条条生产线，并将这些生产线在时间上和空间上，多层次地配置到农牧业生态系统中去，使之既产生多种生物产品，又产生多种能源产品，获得最大的生产力和生态经济效益，它是一项极其复杂的农牧业生态系统工程建设。

一、养殖业生态系统及设计

（一）养殖业生态系统的基本概念

养殖业生态系统是指某一特定空间内养殖业生物与其环境之间，通过互相作用联结成进行能量转换和物质生产的有机综合体。人类生态系统的产生，第一阶段就是养殖业生态系统，它远远早于城市生态系统的出现。

（二）养殖业生态系统的主要特点

养殖业生态系统首先是人工、半人工生态系统，其次养殖业生态系统的能量及能源除来自太阳辐射外，目前不同程度上需消耗石油能源、依赖于工业能的投入。

养殖业生态系统（图1-1）也是一个具有一般系统特征的人工系统。它是人们利用养殖业生物与非生物环境之间以及生物种群之间的相互作用建立的，并按照人类需求进行物质生产的有机整体。其实质是人类利用养殖业生物来固定、转化太阳能，以获取一系列社会必需的生活和生产资料。养殖业生态系统是由自然生态系统演变而来的，并在人类活动的影响下形成的，它是人类驯化了的自然生态系统。因此，不仅受自然生态规律的支配，还受社会经济规律的调节。

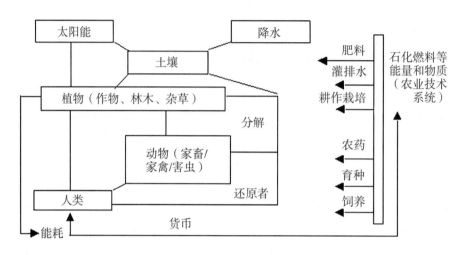

图 1-1　养殖业生态系统

养殖业生态系统是在人类控制下发展起来的，由于其受人类社会活动的影响，它与自然生态系统相比有明显不同。

（1）人类强烈干预下的开放系统。自然生态系统中生产者生产的有机物质全部留在系统内，许多化学元素在系统内循环平衡，是一个自给自足的系统。而养殖业生态系统是人类干预下的生态系统，目的是更多地获取农畜产品以满足人类的需要，由于大量农畜产品的输出，使原先在系统循环的营养物质离开了系统，为了维持养殖业生态系统的养分平衡，提高系统的生产力，养殖业生态系统就必须从系统外投入较多的辅助能，如化肥、农药、机械、水分排灌、人畜力等。为了长期的增产与稳产，人类必须保护与增殖自然资源，保护与改造环境。

（2）养殖业生态系统中的养殖业生物具有较高的净生产力，较高的经济价值和较低的抗逆性。由于养殖业生态系统的生物物种是人工培育与选择的结果，经济价值较高，但抗逆性差。往往造成生物物种单一，结构简化，系统稳定性差，容易遭受自然灾害。需要通过一系列养殖业管理技术的调控来维持和加强其稳定性。农田生态系统的初级生产力据统计农作物平均为 0.4%，高产田可达到 1.2%~1.5%，而自然界的绿色植物光能利用率不到 0.1%。

（3）养殖业生态系统受自然生态规律和社会经济规律的双重制约。由于养殖业生态系统是一个开放性的人工系统，有着许多的能量与物质的输入与输出，因此养殖业生态系统不但受自然规律的控制，也受社会经济规律的制约。人类通过社会、经济、技术力量干预生产过程，包括农产品的输出和物质、能量、技术的输入，而物质、能量、技术的输入又受劳动力资源、经济条件、市场需求、养殖业政策、科技水平的影响，在进行物质生产的同时，也进行着经济再生产过程，不仅要有较高的物质生产量，而且要有较高的经济效益和劳动生产率。因此养殖业生态系统实际上是一个养殖业生态经济系统，体现着自然再生产与经济再生产相互交织的特性。

（4）养殖业生态系统具有明显的地域性。养殖业生态系统有地域性，不仅受自然气候生态条件的制约，还受社会经济市场状况的影响，因地制宜，发挥优势，不仅发挥自然资源的生产潜力优势，还要发挥经济技术优势。因此，养殖业生态系统的区划，应在自然环境、社会经济和养殖业生产者之间协调发展的基础上，实行生态分区治理、分类经营和因地制宜发展生态养殖业。

（5）系统自身的稳定性差。由于养殖业生态系统中的主要物种是经过人工选育的，对自然条件与栽培、饲养管理的措施要求越来越高，抗逆性较差；同时人们为了获得高的生产率，往往抑制其他物种，使系统内的物种种类大大减少，食物链简化、层次减少，导致系统的自我稳定性明显降低，容易遭受不良因素的破坏。

（三）养殖业生态系统的基本结构

养殖业生态系统与自然生态系统一样，也由生物与环境两大部分组成。但是生物是以人工驯化栽培的农作物、家畜、家禽等为主。环境也是部分受到人工控制或是全部经过人工改造的环境。在养殖业生态系统中的生物组分中增加了人这样一个大型消费者，同时又是环境的调控者。

养殖业生态系统结构是指养殖业生态系统的构成要素以及这些要素在时间上、空间上的配置和能量、物质在各要素间的转移、循环途径。由此可见养殖业生态系统的结构包括3个方面，即系统的组成成分，组分在系统空间和时间上的配置，以及组分间的联系特点和方式。

养殖业生态系统的结构，直接影响系统的稳定性和系统的功能，转化效率与系统生产力。一般来讲，生物种群结构复杂、营养层次多，食物链长并联系成网的养殖业生态系统，稳定性较强，反之，结构单一的养殖业生态系统，即使有较高的生产力，但稳定性差。因此在养殖业生态系统中必须保持耕地、森林、草地、水域比例适中，从大的方面保持养殖业生态系统的稳定性。

养殖业生态系统的基本结构概括起来可以分成以下4个方面。

（1）农业生物种群结构。即农业生物（植物、动物、微生物）的组成结构及养殖业生物种群结构。

（2）养殖业生态系统的空间结构。这种空间结构包括了生物的配置与环境组分相互安排与搭配，因而形成了所谓的平面结构和垂直结构。农作物、人工林、果园、牧场、水面是养殖业生态系统平面结构的第一层次，然后是在此基础上各业内部的平面结构，如农作物中的粮、棉、油、麻、糖等作物。养殖业生态系统的垂直结构是指在一个养殖业生态系统区域内，养殖业生物种群在立面上的组合状况，即将生物与环境组分合理地搭配利用，从而最大限度地利用光、热、水等自然资源，以提高生产力。

（3）养殖业生态系统的时间结构。指在生态区域与特定的环境条件下，各种生物种群生长发育及生物量的积累与当地自然资源协调吻合状况，时间结构是自然界中生物进化同环境因素协调一致的结果。所以在安排养殖业生产及品种的种养季节时，必须考虑如何使生物需要符合自然资源变化的规律，充分利用资源、发挥生物的优势，提高其生产力。使外界投入物质和能量与作物的生长发育紧密协调。这都是在时间结构调整与安排中要给予重视的。

（4）养殖业生态系统的营养结构。生物之间借助能量、物质流动通过营养关系而联结起来的结构。养殖业生态系统的营养结构，是指养殖业生态系统中的多种养殖业生物营养关系所联结成的多种链状和网状结构，主要是指食物链结构和食物网结构。

食物链结构是养殖业生态系统中主要的营养结构之一，建立合理有效的食物链结构，可以减少营养物质的耗损，提高能量、物质的转化利用率，从而提高系统的生产力和经济效率。

（四）农牧业生态工程的设计

农牧业生态工程，是一件长期宏大的系统工程，是一种创造性工作，需要有创见性思维和创造性劳动。必须从分析当地自然和社会经济具体情况出发，根据生态学原理，对生产、生活等多项建设进行各种分析、计算和设计，从而取得最佳的环境和最好的效益。

生态工程的设计主要包括农牧业生态系统的结构设计和工艺设计。首先要确定研究对象和系统边界、范围。由于研究目的不同，研究对象可以是单一的养殖业系统、种植业系统、林业系统、渔业系统，也可以是上述各系统的其中几个或全部，构成复合农牧业生态系统。系统边界的大小，由研究的需要而确定，可以是省、地、县、乡、场、户。其次是全面、系统地进行调查研究，分析问题的因果关系，对现在系统给予充分自然资源潜力，使结构网络多样化，加速物质的循环与再生，促使生态平衡、稳定。

农牧业生态工程的设计主要有平面设计、垂直设计、时间设计、食物链设计和农、林、牧、副、渔一体化，集种植、养殖、加工于一体的配套体系。

（1）平面设计。在确定系统边界、经营范围基础上，根据当地气候、地形、地势的特点和生物种群的生物学特性，确定各业的比例和分布地点最佳水平空间结构是与当地自然资源紧密适应，同时要与当地社会需要相结合。

（2）垂直设计。根据生物的生态位和共生原理，将生理上和生态适应性不同的生物群体组成合理的复合生态系统，使环境资源，特别是空间的利用最充分、最合理。如乔、灌、草结合，农作物的套、混、间作，能多层次、最大限度地利用光、热、水、气，同时使根系在土壤中不同层次吸收养分和水分等。在养殖方面，有鲢、草、鲤、鲫的多层养殖，鱼、鳖、虾、蛤的多种搭配以及稻、萍、鱼，稻、鸭、鱼，果、畜、蚯蚓，林、畜、蚯蚓，苇、禽、鱼等和立体圈养的蜂桶（上层）、猪舍（下层）、鱼池（底层），鸡舍（上层）、猪舍（下层）、鱼池（底层）等空间配置技术。

（3）时间设计。根据各种资源的时间性节律，设计出能有效利用资源的合理格局，如浙江一带把养鸡和养蚕有机结合起来。春天用空的养蚕室养小鸡，到春蚕季节时，小鸡放养到桑园，到冬天蚕室又来养鸡，如此反复进行。

（4）食物链设计。模拟生态系统中食物链结构，在生态系统中建立良性循环，多级利用一个系统的产出（废品）是另一个系统的投入的物质良性循环系统，在有限的空间养众多的生物种群，并保持相对稳定性，充分利用自然资源，从而获得最大经济效益。如鸡粪喂猪、猪粪饵鱼或进入沼气池，鱼塘的泥（或沼气发酵的废渣）作肥料，农作物的产品又是鸡、猪的饲料。

建立农、林、牧、副、渔一体化，种植、养殖、加工相结合的配套体系。在一定区域内，根据自然资源特点，发挥资源优势，调整种、养、加的产业结构，使农、林、牧、副、渔合理规划，全面发展，以一种产业为主，带动其他产业的发展，对农牧业环境进行综合治理，使生态环境与社会经济的发展及人口的增加相协调。

从时间安排上，大体分3个发展阶段。第一阶段，大抓生态建设，保护和改造农牧业生态环境，以提高生产力为主。第二阶段，由传统农牧业向生态农牧业转化。从生产中迫切需要解决的问题入手，先易后难，对难度大、范围广、时间长的工作应做好预测分析，制定切实可行的计划，提出阶段目标，视人力、物力情况，集中力量分段进行。从定性到定量指导工作。第三阶段，经济效益、生态效益、社会效益相互协调的生态农牧业综合化成长阶段。这时应侧重于系统生态功能的完善工作，即以生态发展为主。

二、养殖业生态系统工程特点

在人类控制下的畜牧业生态系统，生物种类比自然生态系统少，食物链的结构简单，所以较不稳定，这些生物种群是经过人类长期选择的产物，凡符合人类需要的经济性状就被保留、培育，因而得到发展，否则就被淘汰。这样，对自然环境具有一定弹性的生物学性状就逐渐消失，也就表现出生物的脆弱性。要保持畜牧业生态系统处于相对稳定状态，必须依靠人力来协调、保护和控制。

畜牧业生态系统具有明显地区性，随着生态环境的不同，生物种群各异。因此生物与环境的关系，常因不同的时间和空间而差异悬殊。

人们常根据社会需要或市场价格等因素，改变生物种群，塑造更合乎人们的经济要求，具有更高生态效益和社会经济效益的生态结构。

三、提高养殖业生态系统效率的措施

生态养殖业是一个开放系统，人的决策和行为是决定系统的主要因素。正确的决策和实施方案，来源于对自然资源和社会经济现状的深入调查研究，分析资源优势、潜力和存在的问题，从而制定因地制宜的实施方案。应用各种先进技术措施提高生态系统能量的转化和物质的不断循环，是使生物量和生产量不断提高的重要措施。

（一）提高能量的转化效率

畜牧业生态系统的能流，从初级生产开始，经家畜（家禽）转化为最终产品，一般至少经历6个阶段。研究各个阶段的能流、能库、能量的分配和收支状况，从而采取各种措施，加速和缩短能流，减少不必要的能量损失，对提高能量转化效率，生产更多优质畜产品，具有十分重要的意义。

在畜牧业生态系统的能流转化各个阶段中，不难看出，低产与高产之间的转化效率变幅甚大。通过各种不同技术措施和途径，如充分利用各地水热条件，采用优良品种，合理安排耕作制度，提高复种指数等，来增加净初级生产量，可提高载畜量。增加摄食量，合理配合全价日粮，提高消化吸收率，减少不必要的能量损耗来增加总次级生产量。在牲畜排泄物中含能约占摄食能量的20%，如充分再利用（如发酵产生沼气、发展腐屑养殖业等）均能大大提高能量转化率。

从初级生产到净次级生产的能量流程见表1-1。

表1-1　家畜食物链能流过程（草原养殖业）

转化阶段	转化过程	转化率（%）		
		一般	最低	最高
	光能+无机物 ↓	1~2		
P1	植物生长量（总初级生产量） ↓		50	60
P2	可食牧草（净初级生产量） ↓	50~60	15	48
P3	采食牧草 ↓	30~80	10.5	38.4
P4	消化营养物质 ↓	30~80	0~4	32
P5	动物生长量（总次级生产量） ↓	0.6~0.9	0~2	16
P6	可用畜产品（净次级生产量）	0~50		

资料来源：康萝松（1983）。

（二）提高生产的转化效率

初级生产是畜牧业生态系统的重要组成部分，是畜禽赖以生长、发育、繁殖的物质基础。作为畜牧业生态系统的初级生产，应根据畜禽种类、生产要求和自然条件来制定相应的种植计划和耕作制度。因为种植业耕作制度的不同，直接对家畜的能量转化效率产生明显的影响。日本曾进行如下试验：在$0.1hm^2$土地上，种植相等面积的水稻和饲喂奶牛的牧草，计算其光能利用效率和最终产品，都有较大差别，其结果见表1-2。

表1-2 同等面积水稻与牧草的最终产品对比

项目	农产品产量	种植期	太阳能利用率	最终产品产量	最终产品蛋白质产量	生产者粗收入
水稻	糙米 559kg	5个月/年	0.8%	白米 551kg	31.7kg	82 100 日元（360 美元）
牧草—奶牛业	牧草 25 000kg	12个月/年	1.77% ~ 2.37%	牛奶 4.00kg	116kg	200 000 日元（900 美元）

注：据官本悦部等（1974）。

如果水稻的太阳能利用率为1，则牧草—奶牛业为1.33；如果水稻的蛋白质产量经济价值为1，则牧草—奶业为3.7。

江苏省农业科学院改变原耕作制度为麦—豆—稻和麦—玉米—稻，用所得的产品配合猪的日粮，与原来的麦—稻—稻的产品配合的猪日粮相比，其载畜量可提高14%~18%，能量转化率提高7%。

闽北地区过去实行大麦—稻—稻耕作制度，现改大麦为牧草紫云英。按大麦每0.067hm^{2}产200kg，而紫云英收割青草2 500 kg计算，每0.067hm^{2}大麦产可消化能250MJ，可消化蛋白质则为47.5kg。在能量产量相等的情况下，紫云英的蛋白质收获要比大麦高2倍多。这样既改善了土壤生态条件，又节省了劳力和肥料，经济收益得到提高。

据1977年联合国粮食及农业组织（FAO）统计，世界各国平均每66.7hm^{2}草原有牛荷兰为27.63个，新西兰为7.8个，美国为3.81个，墨西哥为4.49个，而我国只有0.64个。每66.7hm^{2}草原牧草转化为畜产品的效率：美国平均为产肉351kg、奶821kg、污毛0.9kg；新西兰产肉520.5kg、奶2.919kg、污毛141kg；而我国为产肉17kg、奶17kg、污毛2.9kg。通过上述草原生产力水平，反映我国草原生态系统的结构、功能和空间的分布存在着严重的不协调。

（三）建立合理的畜群结构

自然生态系统的演绎规律和农牧业生产实践均证明，生态系统的多样性与稳定性是相联系的，生物种群的多样性说明食物链长，食物网复杂，能量转化和物质循环的途径多，以及储存库、流通库等多样化，可以大大提高生态效益和系统的稳定性。

应当根据系统中主要生物群体的组成特点和时间、空间分布的状况，综合利用各畜种特性，使畜种间相互协调与配合，充分发挥它们的效益。因为在一定时间和单位面积内，植物的生物量是有一定限度的，因此载畜量和单位面积的生产能力，要有一个理想的比率。超过一定数值，牧草供应不足，生产力必然下降。因此，应合理规划草场各畜种载畜量，并采用混牧与轮牧的方法。如牛和山羊混牧时，牧场利用率高达80%，因牛和山羊对牧草的利用没有竞争性，且可用山羊控制灌木的生长，用牛控制牧草的生长，这样可以最有效地利用草场，而不使草原退化。

（四）培育优良的畜禽品种

提高畜禽能量转化率，历来是动物育种家们所重视的一个重要育种指标。例如美国，1938年新汉夏鸡的能量转化率仅为10.8%，蛋白质转化率为14.2%，而到1978年白来航鸡杂交种的能量转化率为25.4%，蛋白质转化率提高到88.5%；奶牛平均年产奶量由1950年的4 000kg提高到1977年的10 156kg；猪的料肉比由20世纪50年代的5∶1提高到80年代的2.5∶1。因此可以选择培育适应性好、生产性能高的品种，来提高能量转化效率。同时应组成合理的畜禽结构，提高适龄母畜的比例，减少老、弱和非生产性牲畜的比例，使整个畜群保持最佳状态。

（五）配合均衡的全价饲料

近20年来，家畜能量转化率的提高，除因采用上述各种措施外，与家畜营养问题的深入研究也有很大关系。美国用1969年的饲养标准饲喂的家畜，与1929年饲养标准的效果相比，猪的能量效率提高11%，日增重提高25%，肉用仔鸡8周龄的能量转化率提高50%。因此，按照家畜的需要，饲喂全价的饲料，可以加速家畜生长，缩短饲养期，减少维持需要，缩短能流过程，从而提高能量的转化率。

（六）开发优质的饲料资源

广泛开展有机废物的多级循环利用，是提高生物能利用率的重要措施。养殖业有机废物多级循环利用的流程是：秸秆先用来培养食用菌，在通常情况下每千克秸秆（小麦、玉米茎叶、玉米轴、稻草、谷糠等）生产出银耳、猴头菇、金针菇、草菇0.5～1kg，平菇、香菇1～1.5kg。菌渣作为畜禽的饲料，1 000kg的秸秆在出1 000kg鲜菇后，尚有800kg的菌渣。据云南省畜牧兽医科学研究所分析，菌渣的粗纤维分解达50%左右，木质素分解达30%，粗蛋白和粗脂肪提高1倍。菌渣喂牛、猪的效果与玉米粒饲料相同。菌渣（即菌糠饲料）作畜禽饲料，养蚯蚓，亦可作鸡的饲料；畜禽粪便养苍蝇以蛆喂鸡，干蛆含粗蛋白59%～63%，粗脂肪12.6%，与鱼粉的含量近似。据天津市蓟州区试验，每只鸡每天多吃10g鲜蛆，产蛋数和重量提高11%。养完蛆的粪便用来制取沼气作能源，沼渣等来培养灵芝，最后的废料再用作肥料施于农田，做到了多级循环利用。

第四节　畜禽生态养殖管理

生态养殖是一种促进养殖业可持续发展的思想，强调在维持养殖业高效生产的基础上对生态环境的保护与建设，因此生态养殖又可以看成是一种经济高效的养殖业生态工程模式与技术。

一、生态养殖管理的原则

生态养殖是由人类设计和人工控制管理的生态系统。人类的活动直接制约着资源利用、环境的保护和社会经济的发展。因此人类经营的生态养殖生产，主要着眼于系统各组成成分之间的相互协调和系统水平的最适化，使系统具有最大的稳定性和以最少的人工投入，取得最大的经济效益、社会效益和生态效益。系统的管理必须研究管理对象的内在规律，遵循的原则、程序和方法，更有效地利用资源、时间、人力、财力、物力，使其相互配合，从而达到最佳管理效果。从一定意义上说，没有科学的管理，就没有先进的技术，也不可能充分发挥其科学技术的作用，所以管理的指导思想是以生态畜牧科学、生态经济学原理为基础，把各项管理工作条理化，既有科学的工作方法和科学的依据，又有完备的数据反馈和处理系统，实现信息管理现代化。使研究、设计、生产、经营的目标方案达到最优、技术经济效果最好。

（一）遵循科学发展的原则

我国的生态养殖遵循发达国家在提出生态养殖时所坚持的发展农村经济必须与环境保护相协调的原则和生态原理，摒弃了西方生态养殖主张不用农药、化肥、机械等外部投入的非集约化养殖业技术路线的那种回归自然的倒退做法。坚持增加科技含量，合理投入，实施集约养殖业产业工程化的技术路线。第一，生态养殖是使养殖业现代化发展建立在生态合理性的基础上，其生态经济系统处于生产与生态良性而不是恶性循环的状态。第二，生态养殖是以现代科技为基础，其目的是在现代养殖业发展进程中通过科学技术及现代管理方法的投入，自觉地恢复人与环境相互协调的状态，通过对自然资源的合理开发与高效利用，寻求经济发展与环境保护相协调的切入点，发展适合当地生态经济条件的主导产业。第三，生态养殖绝不是回到传统养殖业或者回归自然，如果认为生态养殖就是回归自然，那是一种误解，这一点前面已经提到。

（二）遵循综合配置的原则

人类的经济活动与资源环境关系，可能是正效应，也可能是负效应，在制定生态养殖规划时，必须从当地的实际出发，遵循因地制宜的原则，从当地的自然环境条件、技术与经济水平和自然资源基础出发，才能制定出最佳的生态养殖规划，设计出最优的生产模式，并且具有可操作及可实施的特点。

生态养殖规划中子系统优化不等于大系统最优。例如，养殖业子系统设计涉及种植业种群结构，但要注意各作物组分之间、农林牧产业间的协同适应性，在此基础上提出相应的用地比例、劳动力配置结构、投资结构等，并建立起实现养殖业生态系统良性循环的复合结构。农林牧产业在生态养殖系统中不是大拼盘，而是在资源条件下市场下的合理量比关系，才能达到物质循环能量的畅通流动。

生态养殖规划要遵循最小因子定律。只有明确了影响当地可持续发展的障碍因子，才能确定实现可持续发展的突破口，提出相应的生态工程对策、经济开发对策，寻求新的发展模式，才可能实现良性循环的发展道路。

（三）遵循复合系统的原则

生态养殖建设要求实现生态产业化，建设相应的保障体系，就是要在国家、集体、个体各自独立经营之间建立起物质、信息、产品等的交换桥梁，使三层次在调节功能上结成链环，大、中、小三环相套，在资源、生产加工、运销方面可互补、调节适应国内外的供需形势变化，以实现生态经济的良性循环，资源高效利用，保护环境。必须考虑：第一，养殖业持续稳定协调发展的过程，涉及一个社会—经济—资源—人口相互作用的复杂体系，这四类组分的协调程度，直接关系着养殖业的发展。第二，区域内的高山、低丘、平原、洼地等应视为一个相互联系的整体，扬长补短，发挥整体效益。第三，我国现行的养殖业经营体制包括国家所有（国营农场）、集体所有（乡镇或村、场）和个体畜牧场。

（四）遵循流域管理的原则

生态养殖建设及区域生态保护必须从系统内外的全流域出发，才能取得实效。制定规划，设计生态工程时，应考虑小流域与大流域治理目标之间的矛盾，上游生态恢复与养殖业生产的关系。

（五）遵循公众参与的原则

在制定生态养殖建设规划时，既要考虑领导的意见，尊重专家的建议，还应听取群众的要求。要通过利益相关者分析，协调与调动方方面面的积极性。政府必须采取一定的措施，从宏观上建立一种利益协调机制，调动公众参与的积极性。

（六）遵循合理优化的原则

合理优化的养殖业生态系统应有以下几方面的标志。

（1）合理的养殖业生态系统结构应能充分发挥和利用自然资源和社会资源的优势，消除不利影响。

（2）合理的养殖业生态系统结构必须能维持生态平衡，这体现在输入与输出的平衡，农林牧比例合理适当，保持生态系统结构的平衡，养殖业生态系统中的生物种群比例合理、配置得当。

（3）合理的多样性和稳定性，一般地如养殖业生态系统组成成分多，作物种群结构复杂，能量转化、物质循环途径多的养殖业生态系统结构，抵御自然灾害的能力强，也较稳定。

（4）合理的生态系统结构应能保证获得最高的系统产量和优质多样的产品，以满足人类的需要。而要建立合理的养殖业生态系统结构就必须做到建立合理的平面结构，建立合理的垂直结构，建立合理的时间结构，建立合理的营养结构。

（七）遵循效益兼顾的原则

必须合理地利用田土资源，配置要合理，经济结构要专业化和商品化，处理好需与供的平衡关系。要看到，即使是在同样生态条件和原理指导下，针对不同现实情况，也会有不同目标的应用。因此，一个高明策划者，必须具有广泛和熟练的应用有关科学知识，根据生态学原理和系统科学方法，把现代科学成果与传统技术的精华相结合，构建具有生态合理性，功能良性循环的养殖业体系，卓有成效地解决各种各样实际问题和创造性及超前思维的能力。微观策划是制定具体执行计划和行动方案，不但要定性，而且要定量。如畜群种类结构、配比、食物链的组装、饲料需求、设备、物质以及技术措施、操作规程和资金预算，包括确定工作地点、时间、人员等是一项工作量大，极具科学性和严密性的工作。此外，要重视庭院生态养殖的建设。随着时代的发展，人们要求有一个舒适、美化的生活环境。由于自然条件的多样化，在不同背景、不同条件下，庭院经济结构应结合责任田，因地制宜开展种、养、加、沼气等形式的生产，与建设小康型的美丽、洁净的农户庭院景观相适应。

二、生态养殖的资源管理

（一）土地资源

我国国土总面积为 960 万 km^2，折合 9.6 亿 hm^2，其中耕地为 1 亿 hm^2，占国土面积的 10.4%，林地为 1.22 亿 hm^2，占国土面积的 12.7%，草原 3.56 亿 hm^2，占国土面积的 37.1%，其他为城镇、荒漠、高原、水域、沼泽等用地。土壤是农牧业生态系统的贮存库。土壤肥力主要由有机物质的含量多少决定，而土壤肥力对饲料、饲草的生长有着极其重要影响。但当前人们只向土壤索取，而忽视对土壤资源的保护。肥力不足是限制饲料作物产量提高的直接因素。而干旱造成土壤中有机质大量分解，肥力下降，因土壤有机质的增长与水势条件是有密切关系的。各地水土流失现象也十分严重，大量土壤和有机质被冲走，土壤肥力普遍下降，饲料作物减产。要使土壤成为一个营养库，不断持久地满足植物对营养的需要，从而可连续不断地生产更多作物产品。不要污染土壤，充分发挥其能力来抑制病虫害。随着人口增长，建设事业的发展，有限的耕地越来越紧张，保护土地和土壤的肥力，不污染土壤是刻不容缓的大事，否则贻害无穷。

（二）水资源

我国是一个缺水大国，据刘新英（1996）报道全球陆地年平均降水量为 834mm，亚洲为 740mm，而我国大陆，年平均降水量为 648mm，年平均降水明显低于世界和亚洲的平均值，而人均拥有量仅为世界人均水资源的 1/4。

我国半干旱和干旱地区面积占全国总面积的 52.5%，由于缺水而制约着养殖业的发展。水质直接制约着畜产品的产量与质量，通过饮水进入畜体，还通过土壤、植物进入畜体。保护水资源，科学用水，在我国是紧迫的任务。国家已颁布水资源保护法，在重视立法的同时，要加强对水资源的管理。

（三）品种资源

据我国（台湾地区暂缺）品种资源普查表明，已编入畜、禽品种共 280 个，其中地方品种 194 个，培育品种 44 个，引入品种（已经长期驯化）42 个。不包括驼、兔及特种经济动物如鹿、麝、豹、鸽等品种。我国畜禽品种不仅数量多，而且其中不少品种以其独特的遗传性状和经济价值而著称于世，如太湖猪以性成熟早、产仔多、繁殖率高而著称于世，而金华猪以皮薄肉细、肉质鲜美而闻名中外。优良的畜禽品种是人们从事畜牧业的生产对象，是活的生产工具。品种的好坏，直接影响产品的产量和质量以及经济效益，对国民经济的发展，人民生活的改善起着积极、直接的作用。有特点、特色的畜禽是不可多得的丰富多彩的基因宝库。要千方百计设法保存，这是人类的财富，对今后遗传育种工作具有十分重要和难以预料的影响。

（四）饲料资源

1. 青绿多汁饲料

所谓青绿多汁饲料，是指在植物生长繁茂季节收割，在新鲜状态下饲喂牲畜。这类饲料一般鲜嫩适口，富含多种维生素和微量元素，是各种畜禽常年不可缺少的辅助饲料。根据不同性质、特点，可分为青割（刈）饲料，青贮饲料，块根、块茎饲料，瓜类饲料，野草、野菜及枝叶饲料，水生饲料。

2. 粗饲料

粗饲料是各种家畜不可缺少的饲料，对促进肠胃蠕动和增强消化力有重要作用，它还是草食家畜冬、春季节的主要饲料。粗饲料的特点是纤维素含量高（25%~45%），营养成分含量较低，有机物消化率在70%以下，质地较粗硬（秸秆饲料）和适口性差（栽培牧草例外）。粗饲料种类很多，其品质和特点差异也很大。主要有野干草、栽培牧草干草、秸秆饲料3类。

3. 精饲料

精饲料又称"精料"或"浓厚饲料"。一般体积小，粗纤维含量低，是消化能、代谢能或净能含量高的饲料。精饲料是各种畜禽生长、繁殖和生产畜产品必不可少的饲料。根据其性能与特点，可分为禾谷类饲料、豆类与饼粕饲料、糠麸类饲料、糟渣类饲料。

4. 矿物质饲料

矿物质饲料，主要是钙、磷、钠、氯和铁等无机元素的补充饲料。经高压蒸煮过的骨粉，其主要成分为磷酸钙，其中钙38.7%、磷20%。贝壳粉及石灰石，主要成分为碳酸钙。植物性饲料，大多缺少钠和氯，所以在畜禽日粮中要添加食盐。

5. 维生素饲料

维生素是生物生长和代谢所必需的微量有机物。已知的有20余种维生素，分为脂溶性和水溶性两大类。脂溶性维生素能溶于脂肪，包括维生素A、维生素D、维生素E、维生素K等；水溶性维生素能溶于水，主要有B族（B_1、B_2、B_6、B_{12}）维生素和维生素C。当动物缺乏维生素时，就不能正常生长，并可发生特异性病变——维生素缺乏症。当畜禽饲料中缺乏某种维生素时，可以用人工制造的维生素补充。

6. 添加剂

添加剂指添加到饲料中的微量物质。大致可分为5类：一是营养物质添加剂，如各种维生素、氨基酸与微量元素，以补充饲料中这类营养物质的不足。二是生长促进剂，如某种抗生素、激素、砷制剂和喹多星等。三是驱虫保健添加剂。四是抗氧化剂，可防止饲料中维生素 A、维生素 E、维生素 D 及胡萝卜素与叶黄素因氧化而破坏，也可阻止动物脂肪因氧化而酸败。五是其他添加剂，如促产乳、提高适口性、防霉、去臭、镇定等添加剂。饲料添加剂一般用量微小，仅占日粮的百万分之几，在使用时必须用性能良好的混合搅拌机，充分搅拌均匀，才能保证饲用安全。

7. 其他特殊饲料

除上述这些常规饲料之外，还有某些特殊饲料，如饲料酵母，是造纸工业和制糖工业的副产品。它是经过酵母培养大量繁殖的，所以蛋白质含量高，一般为 45%～65%，无氮浸出物 25% 以上，粗脂肪 20% 以上。特别是含维生素 B 族丰富，是优质蛋白质和维生素的补充饲料。

三、生态养殖的劳动管理

生态养殖劳动是人与生物、环境及工具相结合，生产各种农牧产品的社会活动过程。而人的劳动是起决定性作用的因素，由于人的积极性和创造性不同，在相同的生态环境和物质条件下会得到不同数量和质量的产品及经济效果。因此劳力不但只是以能量的形式作用于牧业生态系统，而且含有科学内容，不同科学水平的劳力对生态系统作用效率也不一样。因此，随着科学技术的发展，劳动力数量将因采用新技术装备及社会分工与协作的加强而逐步减少，对劳动力质量的要求将越来越高，这是必然的发展趋势。因此智力投资，提高劳动力的科学技术水平和操作技能，显得十分重要。

（一）劳动利用和劳动效率

任何生产活动都是由劳动者进行，因此要实现劳动管理的任务，就必须充分发挥劳动者的积极性、创造性，合理地组织劳动。

1. 劳动力利用率

劳动力利用率是反映劳动力资源利用程度的参数，衡量劳动力利用率的指标如下。

（1）实际参加生产的劳动数占可参加生产的劳动数的比值。

（2）劳动者实际参加生产劳动天数，占应参加生产劳动天数的比值。

上述两个指标，主要反映劳动力的出勤率。

（3）劳动者在班工作日中，纯工作时间占班工作时间的比值。它主要反映劳动力的工作时间利用率，反映劳动实际利用情况。

劳动利用率越高，表明劳动力的使用越充分，为社会生产的农牧业产品越多，应贯彻按劳分配的原则，但必须注意劳逸结合，关心群众生活，保护劳动力。

2. 劳动生产率

劳动生产率是指劳动者在单位劳动时间内所生产的产品数量，也即指生产单位产品所消耗的劳动时间。计算公式：

$$劳动生产率 = \frac{畜产品产量或产值}{活劳动时间}$$

也可用其倒数=活劳动时间/畜产品产量或产值

上式中畜产品产量或产值，代表有效劳动成果的实物量或价值量；而活劳动时间，则指劳动消耗中的活劳动消耗。

畜产品的劳动消耗，应包括劳动消耗和物化劳动消耗两方面。但计算畜产品的物化劳动时间，要把过去凝结在物质资料上的劳动时间计算出来，是非常复杂和困难的。一般在物质消耗变动不大的情况下，可不计算物化劳动时间，也能反映劳动生产率情况。活劳动时间常用"人年""人日""人时"作单位来计算劳动生产率。

用畜产品数量表示的劳动生产率，反映了单位劳动时间内所创造的使用价值，但只限于同类产品的比较。对不同产品之间，由于使用价值不同，只能用产值来比较，它反映了单位劳动时间内所创造的价值。但产值容易受市场价格变动的影响，因此计算时可采用国家规定的不变价格。

为了防止单纯追求高的劳动生产率，只顾节约活劳动时间，而忽视物资消耗，出现增产不增收，甚至减收的不正常现象。因此以净产值（产值减去物质消耗）代替以产值计算劳动生产率，公式如下：

$$劳动生产率 = \frac{畜产品产值-已消耗生产资料的价值}{活劳动时间}$$

在计算畜产品的产量或产值时，一般均在生产周期结束后才能进行。为了能及时了解日常劳动力的利用效果和劳动生产率的变化趋势，可应用"劳动效率指标来进行考核。

$$劳动效率 = \frac{某作业工作量}{活劳动时间}$$

指劳动者在单位时间内，按一定质量要求所完成的工作量。所谓"作业工作量"是指完成作业的数量、面积、重量等。

（二）劳动组织与劳动定额

1. 劳动组织

保证牧业生态系统中能量流动和物质循环在各营养级之间畅通，使系统的净生产量得到提高，科学地组织生产，就要在生产过程中使劳动力、劳动手段、劳动对象，得到最合理的分工和协作，才能取得最好效果。因此必须正确处理人们在劳动过程中的相互关系和合理组织生产力，达到节约劳动耗费，提高劳动生产率的目的。

因此编制劳动力计划是合理安排和使用劳动力的重要工作。劳动力计划主要包括劳动力资源和劳动力需要量。劳动力资源，按实际能参加生产的人数计算；劳动力需要量，按劳动定额和编制人员计算。劳动计划主要是劳动力资源与劳动需要量的平衡，如劳动力出现季节性不足，除挖掘内部潜力外，可安排临时工或合同工，以利生产计划的完成。

2. 劳动定额

劳动定额是组织生产，加强经营管理的科学方法，是提高劳动生产率的有效手段，是计算过去报酬，贯彻按劳分配的依据，是贯彻生产责任制的必备条件。

制定劳动定额，必须根据牧业生态系统的生产特点，按生产部门、生产用途和管理条件来确定，具体方法如下。

（1）经验统计法。以过去的统计资料和实践经验以及当前生产条件，确定出一个先进平均数作为定额标准而制定劳动定额的一种方法。另一种是根据生产经验，结合不同时期的生产条件，对各项作业估计出一个中等劳动力所能承担的劳动数量，作为作业的定额标准。此法适用于手工操作的作业。

（2）试验法。对某项工种组织一个或几个中等劳动力进行实地操作，根据操作结果制定定额的一种方法。

（3）技术测定法。对某项工种的各个环节和因素的操作程序、操作方法、工时消耗以及劳动数量和质量进行详细观察、记载和分析，而制定劳动定额的一种方法。这种方法适用于制定各种机械操作的定额。

劳动定额是定额管理的开始，要使定额在生产中发挥作用，要有严格质量检查和验收制度，要把劳动定额管理与劳动报酬和生产责任制有效地结合起来。对定额明显不合理的，要分析原因，认真研究后修改。

3. 建立生产责任制

按照劳动分工与协作的客观要求，从提高经济效益出发，对所属劳动组织或劳动者个人，规定应尽的经济责任，把经济权力和应得的经济利益有效地结合起来。只有责任，没有权力，责任就会落空；只有权力，没有责任，责任制就没有意义。因此责任、权力和利益三者要统一。

生产责任制，主要内容包括：一是生产任务指标。在一定时期内必须完成的作业或产品的种类质量或产值等任务指标。二是活劳动和物化劳动指标。主要指用工数量和生产费用定额后，要保证承包者对劳动力和生产资料的需要；同时承包者要按照规定要求，实行包干。三是奖惩制度。即规定超额完成任务，可获得奖励，完不成任务，必须惩戒。

四、生态养殖的项目管理

（一）生态养殖项目策划

生态养殖策划不仅要有丰富、翔实的内容，而且要有清晰、翔实的数据与图表。策划书的内容，包括如下几个方面。

（1）生态、社会、经济概况（特点及问题）。

（2）指导思想与目标。

（3）各系统的结构与功能、特点。

（4）各项生产指标、措施等的经济预算及效益分析。

（5）建设的基本条件、设施等。

（6）具体措施与步骤等。

为了保证策划方案的合理性和高成功率，排除策划者个人因素如能力、才干、经历和阅历等因素的限制，应该组织有关同行专家进行评审，并根据反馈信息，进行相应的调整和修改。

（二）生态养殖项目编制

生态养殖项目可行性研究编制大纲包括以下内容。

（1）总论。项目背景、项目概况、问题与建议。

（2）市场预测。产品市场供应预测、产品市场需求预测、产品目标市场分析、价格现状与预测、产品市场竞争力分析、市场风险分析。

（3）建设规模与产品方案。建设规模、产品方案。

（4）场址条件。场址地点与地理位置、占地面积、土地利用现状、建设条件、技术方案、设备方案和工程方案。

（5）原材料燃料供应。一是种畜、种禽供应。包括品种、年需要量、价格、来源及运输方式等。二是饲料供应。包括品种、年需要量、价格、来源及运输方式等。三是燃料供应。包括品种、年需要量、价格、来源及运输方式等内容。

（6）项目总体布置。

（7）节水措施、水耗指标分析。

（8）环境影响评价。项目所在地环境现状、项目产生的污染物对环境的影响、环境保护设施与投资、环境影响评价。

（9）经营管理。项目法人组建方案、管理机构设置方案、专业技术人员培训、经营方式（产、供、销）。

（10）项目实施进度。建设工期、项目实施进度安排、项目实施进度表（横线图）。

（11）投资估算与资金筹措。

（12）财务评价。项目财务评价、农户收支状况分析、财务评价结论。

（13）风险分析。项目主要风险因素识别、风险程度分析、防范和降低风险措施。

（14）研究结论与建议。推荐方案总体描述、推荐方案优缺点描述、结论与建议。

第五节　生态养殖产业化

生态养殖产业化是根据生态学与生态经济学原理，以改善养殖业生态环境、提高人民生活质量、实现农业可持续发展为目标，以科技进步为推动力，遵循自然规律和经济规律，按照资源优化配置、循环再生利用的原则，在大力加强生态建设、改善养殖业生产条件的同时，充分发挥区位优势，调整养殖业结构，实施农产品高价位化、生产区域化、专业化及产品无害化战略，加强产业间的废弃物作为原料间的网状链接，促进养殖业生态经济系统良性循环。发展生态养殖产业化的基本原则是统筹规划、分步实施；突出重点，因地制宜；发挥科技优势，依靠科技进步。

一、生态养殖产业化的基本知识

生态养殖产业化是养殖业产业化的一个分支，而畜牧产业化是畜牧产业一体化的简称。畜牧产业一体化是指养殖业经济再生产过程的诸环节，即产前、产中、产后，结为一个完整的产业系统。其基本内涵是以市场为导向，以经济效益为中心，以骨干企业为龙头，以千家万户为基础，以合作制等中介组织为纽带，对一个区的畜牧主导产业实行饲料养殖加工、产供销、牧工商、牧科教紧密结合的一条龙生产经营体制。其核心是形成畜产品生产与经营一体化的体系。共同利益是实现一体化的基础，也是发展一体化的根本动力。所以，一体化中各参与主体是否结成经济利益共同体，是衡量某种经营是否实现了产业化的基本条件。其表现为生产专业化、布局区域化、经营一体化、服务社会化、管理企业化等综合特征。

（一）生态养殖产业化的概念

生态养殖产业化就是指生态养殖作为一个独立的产业部门发展过程，按照市场经济规律，通过有效的产业组织与运作，以产业化的经营方式，按照市场经济的内在要求，以提高生态养殖经济效益为中心，在横向上实行资金、技术、土地、劳动等生产要素的集约化，在纵向上以市场为导向，以加工或合作经济组织为依托，以广大农牧户为基础，以科技服务为手段，通过将生态养殖再生产过程的产前、产中、产后诸环节联结为一个完整的产业系统。实现种养加、产供销、牧工商一体化经营，使分散的农牧户小生产转变为社会化大生产，系统内的"非市场安排"与系统外的市场机制相结合来配置资源，带动生态养殖的成长，实现生态养殖自我积累、自我调节和自我发展。

（二）生态养殖产业化的内涵

农业产业化的内涵，是指对区域性主导产业进行专业化生产、系列化加工、企业化管理、社会化服务，农业生产逐步形成种养加、科工贸一体化生产经营体系，使农业走上自我积累、自我调节、自我发展的农业良性发展轨道。农业由种植业、林业、养殖业和渔业组成，因此，养殖业产业化是农业产业化的重要组成部分。养殖业作为一个相对独立的传统产业由来已久，而养殖业产业化是一个全新的概念，它主要突出的是"化"字。"化"具有变革、创新、改进之意，"化"是一个从量变到质变的过程，即把一个旧事物发展成一个新事物。因此，养殖业产业化就是要把在计划经济体制下形成的养殖业产业体系改造成适合社会主义市场经济体制的养殖业产业体系。在传统的计划经济体制下，养殖业产业体系的各环节把不同的行政部门分割成条条块块，彼此之间不能有机地衔接起来。养殖业产业化就是要在社会主义市场经济条件下找到一种行之有效的途径，把在计划经济体制下被分割成条条块块的产业链条重新组合起来，把养殖业的产前、产中、产后诸环节完整合为一个完整的产业体系。养殖业产业化体系由两个最基本的要素构成，一是要有一个健全的农民组织体系，二是要有一个完善的社会化服务体系。健全的农民组织体系是社会化服务体系的载体，社会化服务体系是连接农户与产业链的纽带。农民组织兴办各种经济实体，经济实体向农民提供社会化服务。通过社会化服务这条纽带，可以实现个体农民与企业、商业、贸易、市场及政府部门的对接，从而把"小生产"纳入了"大市场"的体系。

（三）生态养殖产业化的特征

生态养殖产业化包括养殖业生产、流通、消费过程和农业、农村全方位的内容，其主要特征如下。

1. 生产专业化

生态养殖产业化要求养殖业生产专业化。现代的社会分工很细，农牧民就是要做某一道工序。我们不是说用工业的理念来搞农业吗，就是专业化生产。社会分工越细，它的水平就越高，社会化程度也就越高。家庭分散经营较之单纯的集中统一经营虽然经营规模小了，但联产承包责任制使农牧民逐步走上了富裕之路，这为农业现代化发展准备了必要的物质条件，且提出了使用机械和推广科学技术的要求。实践证明，农牧户家庭分散经营是产业化的基础，小规模的家庭分散经营只要同社会化的专业分工结合起来，就可以成为社会化大生产的一个重要组成部分。

2. 产品市场化

生态养殖产业化是以市场为导向，在畜产品的生产和流通过程中实现生产、加工、销售一条龙，在经济利益上依据平均利润率的产业化组织原则实现产加销一体化，即形成生产和流通利益共同体，把农户与市场联结在一起。产业化不同于计划经济条件下的生产经营方式，要求以市场需求为导向，优化调整结构，生产适销对路的产品，按市场机制配置生产要素，并要求农业产业化经营的各个环节和过程按市场机制组织活动。

3. 生产规模化

没有规模就没有市场和效益，产业化发展必须形成一定的规模。养殖业产业要加强与有关部门的协调，鼓励有条件的企业委托加工和异地生产，促进养殖业生产、加工、销售企业联合、兼并、重组，以加快养殖业生产结构调整和实现生产要素优化配置，通过科技服务体系建设，提高养殖业集约化经营水平，尽快形成畜产品商品生产的规模化、专业化、产业化、市场化和国际化，形成集聚效应，促进区域经济发展。

4. 管理科学化

养殖业作为一个产业，其生产经营形式必须企业化，即以市场要求安排生产经营计划，把养殖业生产当作农业产业链的第一环节或"车间"来进行科学管理，及时组织产前的生产资料供应和全过程的服务，又能在畜产品适时获取后，分类筛选，妥善贮藏，精心加工，提高产品质量和档次，扩大增值和销售，从而实现高产、优质、高效的目标。

5. 布局区域化

生态养殖要从培育优势主导畜产品入手，努力推进养殖业布局的区域化。根据绿色农业的产业定位，坚持有所为有所不为，做强做大特色产业、生态产业，拓展养殖业功能。要着力实施优势畜产品主导战略，组织开展优势主导农产品布局规划和建设，依托优势产业区和特色产品区，实行跨区域整合。要以原产地保护和品牌经营为手段，通过建设一批现代农业示范园区、效益养殖业产业区和特色农业基地，逐步减少零星种养经营，促使优势产业、特色产品向优势区域集中，形成具有较高知名度的产业带。

（四）生态养殖产业化的作用

发展养殖业的根本出路在于产业化。这是因为畜牧产业化是解决目前养殖业所面临的一些深层次矛盾的关键所在，是保证养殖业可持续发展，进而实现中国特色养殖业现代化的发展道路。

1. 化解市场矛盾

产业化有利于解决小生产与大市场的矛盾。面对千变万化的市场，农牧民遇到的最大难题是生产与市场的连接问题，由于产销脱节所引起的生产反复大起大落严重影响农牧民的生产积极性。而畜牧产业化经营一头连着国内外市场，一头连着千家万户，使生产、收购、加工、贮藏、运输、销售等一系列过程紧密衔接环环相扣，可以有效地将分散的个体生产与市场联结起来，解决了小生产与大市场的矛盾，加速了养殖业的商品化、市场化进程。

2. 建立补偿机制

通过产业化建立养殖业内部的利益补偿机制，有利于增加农民收入，壮大集体经济实力。解决养殖业比较利益低的根本出路，在于走专业化规模经营和加工增值的自我良性循环发展的道路。推进产业化，产、加、销直接连接和在不打破家庭经营的情况下，扩大区域规模，既调动了农民生产积极性，又发挥了规模效益，相应降低了畜产品单位生产成本，又通过加工进一步增值。更为关键的是一体化经营形式，通过合同或契约（也有的是股份制），将农牧民与其他参与主体结成了较稳定的"利益均沾、风险共担"的经济共同体。即加工和流通企业可通过提价让利、生产贷款贴息、生产资料赊销、提供无偿或低偿服务、保护价收购等措施，将畜产品加工、销售环节等实现的多次增值向农牧民部分返还，使一体化经营体系内部做到利益互补，缓解工农业产品剪刀差扩大、畜产品生产比较利益下降以及增产不增收等矛盾，最终使养殖业持续发展具有基本的动力源泉。

3. 适合规模化生产

产业化有利于促进生产的适度规模和提高专业化、集约经营水平，加速养殖业现代化进程。当前我国养殖业主要由分散的农民进行小规模经营，这是实现养殖业现代化的最大障碍，经过多年探索但未能找到很好的解决办法。在专业化生产体系中，加工企业或畜产品直销部门，为了获得批量、均衡、稳定和高质量的货源，必须推动生产基地的规模化生产，而农户借助龙头企业的配套服务，尽可能扩大生产能力，获得规模效益。这两方面的结合，促使生产规模适度。同时为了降低成本，提高产品竞争力，又必然要增加投资，使用现代的技术装备，并形成一种新型的现代科技成果推广运用体系，这样产业化经营就在小规模农牧户基础上实现了养殖业的规模经营和集约经营，促进了传统养殖业向现代养殖业的转变，走出一条具有中国特色养殖业现代化的发展道路。

4. 益于要素组合

产业化有利于促进生产要素合理流动与组合，加快城乡一体化的进程。畜牧产业化以建立高效养殖业体系为核心，注重发展畜产品的深度加工，还可延伸到储藏、运销等环节，带动农业剩余劳动力向产前、产后环节转移，形成了对农业剩余劳动力很强的吸纳能力，缓解了农村劳动力过剩的压力。同时畜牧产业化还可促使农村乡镇加工企业布局上的相对集中和总体水平的提高，形成畜产品生产的规模优势。畜产品附加值的不断增加，又为农村经济的发展提供积累，推动着农村小城镇的形成，缩短实现农村城市化和城乡一体化的进程。

5. 促进职能转变

产业化有利于促进管理体制的深化改革和政府职能的转变。产业化是一个系统工程，需要一套与市场经济和产业化组织形式配套联动的经济运行和管理新机制，这既是产业化的效应，也是产业化本身的要求。传统的计划经济时期形成的宏观管理体制是部门"条条""块块"分割管理体制，妨碍市场经济的发展，是产业一体化体制的障碍。产业一体化的发展将促进对旧体制的改革，使其朝供产销一体化管理方向发展。同时也将促进政府职能转变，即由过去行政干预为主，逐步转向政策、法规等间接调控手段为主的轨道上来。

（五）生态养殖产业化的形式

产业一体化是动态的，具有不断发展演进的性质，按联结和发育程度看，目前养殖业产业化经营有 3 种类型。

1. 松散型

龙头企业只凭其传统信誉为农牧户提供各种服务，联结基地和农户，主要是市场买卖关系，没有其他约束关系，该种类型可谓产业化雏形，有希望向一体化过渡，实质没有形成一体化经营。

2. 紧凑型

龙头企业与农牧户或基地有契约关系，但不够稳定，属过渡类型。

3. 紧密型

龙头企业与农牧户或基地有较稳定的合同（契约）关系或股份合作关系、股份制关系等约束方式，进行一体化经营。可以认为，紧密型从内涵上属真正意义的一体化经营，而且有合同产权关系，属于高级紧密型的产业一体化。

二、国外生态养殖产业化的发展概况

国外生态产业主要是有机食品（产品）的发展。有机食品是指不施用任何人工合成化学品和生长调节剂的经过专门机构认证的产品及其加工品。目前欧盟、美国、日本已成为世界上主要的有机食品消费市场，并且自 20 世纪 90 年代以来相继建立了国家（或地区）标准，此外全球生态产业领域最大的非政府组织——国际有机农业运动联合会（IFOAM）已制定了有机食品基本标准，从而形成了目前全球四大有机食品标准体系。

（一）荷兰农业产业化经营的基本模式

荷兰农业产业化经营的基本模式主要有市场与农户连接型、社团与农户连接型、企业与农户连接型 3 种。

1. 市场与农户连接型

市场与农户连接型是荷兰农业一体化经营的重要形式。市场与农户的连接具体表现为"拍卖市场"与农户连接和超级市场与农户连接两种模式。"拍卖市场"在荷兰农业一体化经营中发挥着非常重要的作用，在国际上也享有盛名。"拍卖市场"与农户的连接是荷兰农业一体化经营最富特色的模式。"拍卖市场"的具体运作程序是：农户将所生产的产品按照质量标准规定进行分类、分级和包装并经检验合格后，送入拍卖大厅，购买者（一般是大批发商）按照规则进行竞价，出价高者获得产品，成交后市场内部系统自动结算货款和配发产品。拍卖市场的最大优点就是交易效率很高，一般在几个小时之内就可完成全部的交易。

拍卖市场在农业一体化经营中发挥的主要作用是：实现了生产者与购买者的直接见面，有效地解决了农产品的销售问题，尤其是保鲜周期很短的农产品的销售问题，使农户与市场直接连接起来；用严格的质量标准引导农户实现标准化生产，提高了农产品的质量和农业的标准化水平；拍卖过程公开、公平，充分自由竞争，可以形成合理的价格，有助于保护农民的利益，合理真实的价格信号还有助于调节市场供求，实现资源的优化配置等。除"拍卖市场"为中心的一体化经营外，以"超级市场"为中心的农业一体化经营在荷兰也很盛行。

2. 社团与农户连接型

荷兰的农业社团（即合作社）不仅存在于农业生产领域，而且广泛存在并发挥作用于农产品加工、销售、贸易和农业信贷、农业生产资料供应等领域。荷兰农业合作制度的基本点是：合作社完全基于农民之间的协定，完全基于自愿原则，完全按照民主方式进行管理，参加合作社的农民对自身的生产决策和生产过程享有完全的责任和独立性；合作社完全独立于政府，其活动不受政府的干预；合作社实行多重会员制，即一个农民可以同时是几个合作社的社员；合作社的层次分为基层合作社、地区合作社和全国性合作社，为了保护合作社的利益，全部农业合作社都被组织于"全国农业合作局"（NCR），NCR 的职责主要是代表合作社的利益，协调合作社之间的关系，协调合作社与其他经济组织之间的关系，推动合作社事业的发展。合作社在农业技术交流、农产品加工和销售等方面发挥着重要作用，通过合作社的加工、销售活动，使农户与合作社之间形成了紧密联系，发展了农业的一体化经营。

3. 企业与农户连接型

在这种形式中，一些大的农产品加工企业或贸易企业，直接与农户连接，进行农产品生产、加工和销售的一体化经营。由于荷兰的农产品销售系统非常发达，农产品标准化程度很高，加工企业和贸易企业所需要的货源大都能从拍卖中获得，因此，企业与农户直接连接的一体化经营未能成为荷兰农业一体化经营的主要模式。

（二）美国农业产业化经营的基本模式

美国农业产业化经营的主要组织形式有各类公司、按合同制组成的联合企业和合作型的联合企业 3 种形式。一是垂直一体化农业公司，即把农工商置于一个企业的领导之下，组成农工商综合体。二是大企业或大公司与农场主通过合同建立起合同型农业和加工企业。三是农场主自己建立加工增值和销售的企业、商业组织。通过这些形式，美国农业形成了一个产前、产中、产后各环节有机联系的一体化经营体系，从而使美国农业在加深分工和提高专业化水平的基础上，加强了各部门的协作。

1. 垂直一体化联合企业

大多是工商资本或金融资本直接投资兴办的规模比较大的产供销一条龙工厂式的农业企业，这种类型的联合企业产生的历史不长为数也不多。但这类企业的行为活动对美国农业的发展起了重大作用。如美国的农业机械制造业是实现农业产业化、集中化、专业化和最终实现现代化的基础。在美国这类大公司虽为数不多，但资本集中垄断程度却相当高，它们都有自己的庞大的销售集团和网络。有些公司还直接同农场主签订生产供应合同，研制农场主需要的新型拖拉机和机器。又如化肥生产部门，其一体化可分为 3 种：一是化肥生产部门内部的横向一体化。二是农场主合作社向零售、批发和生产部门的"逆向"渗透，这种"逆向"一体化的销售量，出售给农业部门的总量可达 30%。三是专营施肥公司，它们实行独立经营，按必要配方制备肥料、农药和实施植物保护等业务。这些公司有的同工业部门，有的同农场主合作社实行一体化经营。

2. 契约组成的联合企业

这类企业是不完全的垂直一体化，是美国普遍采用的形式，实质上是合同经营。一般由工商公司与农场主签订协作合同，将产供销（或产加销）联合为一个有机整体，它们主要分布在养禽、牛奶、果蔬、甜菜加工等生产部门。合同制是指私人公司通过与农场主签订合同，在明确双方严格的经济责任的基础上，以直接的业务往来向农场主提供服务的一种经营方式。其特点包括：农业生产与私人工商企业是独立的经营主体；农业生产的合同销售以期货交易为主；合同的内容非常规范、标准；合同制适应面广泛；农场主与农业合作社之间、与私人公司之间、与各种行业管理委员会之间都可以采取合同方式明确双方的权利和义务，保证产品的销路或收购。

3. 农场主联合制合作社

由农场主联合投资创办的供应生产资料和销售农产品的合作社，在美国的一体化农业服务体系中占有重要的地位。在家庭经营占绝对优势的美国，为了解决单个农场难以办到的问题，需要非营利的合作社提供各种服务，降低生产成本。

三、我国的生态养殖产业化

中国的生态产业广义地讲包括生态农业、无公害食品、绿色食品、有机食品 4 个层次，初步形成了一个金字塔结构体系，其中绿色食品发展最为成功，已经初步建立了由土地到餐桌的全程质量控制体系，并逐步成为我国生态产业的重点。而中国生态农业由于不同于国外的生态农业，允许使用农用化学品，对产品没有具体的质量和环境要求，因此只能视为生态产业发展的基础和起步阶段，其产品不能作为生态类产品出售。有机食品的发展在中国刚刚起步，产品主要是面向出口，1999 年出口总额为 1 200 万美元，1999 年 11 月在中国举行了首届国际有机食品展。目前，国内生态产业的发展存在两大问题：一是生态农业、无公害食品、绿色食品、有机食品内部没有一个统一的标准体系，在相当程度上造成了混乱。二是没有与国际标准接轨。我国政府和生产者、消费者对生态环境问题日益关注，生态产业发展方兴未艾。同时，中国加入 WTO 后，生态类产品的开发尤其是有机食品的发展必将明显提高中国农产品的国际竞争力。

（一）我国养殖业产业化发展的历程

1. 产业化萌芽阶段（1980—1985 年）

该阶段以牧工商联合企业的诞生为主要标志。在这一时期，由于我国家庭联产承包责任制的实行以及国家开始允许农民出售完成配购任务以外的剩余畜产品，极大调动了广大农民发展养殖业的积极性。为了改革计划经济条件下畜产品生产、加工和流通相互割裂的状况，四川省于 1981 年率先在全国成立了第一个牧工商联合企业，即四川省若尔盖牧工商联合企业，由此拉开了全国养殖业产业化的序幕，与此同时也使养殖业产业化远远走在了全国农业产业化的前列。随后，国家开始允许有证集体和个体商贩经营农牧民完成派购任务后的畜产品，并取消了牛羊肉和禽蛋的统一派购制度，进一步促进了以畜产品经营和加工为主企业的快速发展，为随后的养殖业一体化经营打下了良好的基础。到 20 世纪 80 年代中期，全国牧工商企业已经达到 600 多个，有的已经初步成为养殖业企业集团，如中国牧工商总公司，以多种形式同全国 70 多个牧工商企业、畜牧场和畜产品加工企业建立了联营关系，1986 年的销售总额达 5 亿多元，实现销售利润 3 032.25 万元。

2. 产业化起步阶段（1985—1990 年）

主要特征为养殖业一体化经营和一体化管理逐步发展。在这一时期，由于我国粮食生产在 1984 年获得了历史最高产量，为了进一步促进养殖业的全面发展，1985 年起，国家全面放开畜产品市场，养殖业生产和经营出现了多成分并存，多渠道流通的格局。全国养殖业重点户、专业户不断涌现，但随之而来的问题是，农户分散饲养与千变万化大市场之间的矛盾日益突出。为此，全国各地出现了一系列的畜产品一体化经营企业。各地畜牧科技服务组织开始积极进行综合办站，以站带户，走经营服务型道路；许多畜禽加工和饲料企业也主动与农户结成多种多样一体化经营模式。与此同时，为了使养殖业管理体制更加适应养殖业一体化经营的发展，各地也对养殖业管理体制进行了改革和试验，涌现出天津模式（禽蛋和猪肉归农户统一经营管理）、沈阳模式（将畜牧部门与肉蛋类经营部门合并成立畜牧食品局）、四川简阳模式（将食品公司划归畜牧局管理）和四川郫县模式（将畜牧兽医站和食品公司合并成立畜牧生产经营公司）。据初步估计，到 20 世纪 80 年代末期，全国采用牧工商一体化经营的企业已有 11 000 个，产值达到 120 亿元，占全国养殖业产值的 16%～17%。管理一体化改革试点单位 100 多个，并取得了良好效果。

3. 产业化发展时期（1990 年至今）

这一时期的主要标志是养殖业龙头企业大量涌现。伴随着农业产业化的发展，我国养殖业产业化也已经成功走过了它最初的起步阶段，逐步进入了一个快速发展的时期。到目前为止，我国已经形成的养殖业产业化组织形式多种多样，但按照组织的紧密程度可大体分为松散型、半紧密型、紧密型 3 种类型。按带动主体可分为企业带动型、市场牵动型、企业集团型、主导产业带动型、科技带动型和中介服务组织带动型等。

（二）我国产业化发展中存在的问题

1. 产业化内部利益分配机制不完善

在利益分配方面，当前存在的主要问题：一是企业与农民签订的经济合同不规范。一些企业往往凭借其自身的强大经济优势，在与农民签订合同时故意损害农民利益，使所订立的合同条款尽量有利于企业。二是利益主体双方不守信誉。有些地方，当产品市场价高、产品畅销时，农民往往违背合同，不愿将产品卖给企业，导致企业停工待料；而市场价低、产品滞销时，农民愿意把原料都卖给企业，但企业又不愿意按原定合同收购，有时即使愿意收购也经常压级压价，导致农民利益严重受损。三是违约追索成本高。

2. 产业化管理条块分割、服务不到位

经过机构改革，我国养殖业产业化发展的管理体制虽然有了很大改善，但仍然存在部门分割、产销脱节的问题。到目前为止，畜牧部门只管生产，加工和流通则由其

他部门管理，各行政部门为了维持原有的利益格局，往往各行其是。政府部门对养殖业生产、加工和流通缺乏统一管理，严重影响了养殖业产业化的健康发展。政府在养殖业产业化发展的引导方面，则存在两种极端倾向：一是个别地方政府出于促进产业化发展的需要，往往不顾经济规律，简单采用行政命令，人为制造产业化企业和组织；二是有些地方一方面强调要大力发展养殖业产业化，另一方面却对养殖业产业化企业在投资和融资方面设置了许多障碍，现在很多中小型民营企业反映得不到政府投资和银行贷款。

3. 产业化链条龙头企业优势不明显

养殖业龙头企业经过 20 多年的发展，虽然有所壮大和发展，并在农业产业化中处于领先地位，但面对日益竞争激烈的国内外市场，仍然存在许多问题：一是企业规模小，产品质量差，管理制度落后，竞争力不强。二是大型龙头企业科技和制度创新能力不足。许多大型企业仍然依靠粗放扩张的经营模式，严重忽视新技术和新产品的研发，在市场竞争中缺乏自己的名牌产品和优势产品。在企业管理中，没有及时采用现代经营管理制度，存在产权不明晰、决策不科学的问题，仍然依靠传统家族式的管理方法来管理集团企业，企业长远发展受到很大影响。三是龙头企业的一体化、集团化程度不高。一些企业严重缺乏稳定的原料基地，一些企业市场营销渠道不畅，企业开拓国内外市场的能力和手段有待进一步提高。

4. 产业化产品加工严重滞后无精品

养殖业产业化要求养殖业产前、产中和产后要有机联合，但我国的养殖业产业化却存在产中、产前发达，产后加工严重滞后的格局，畜产品加工业与发达国家存在巨大差距。发达国家畜产品加工量占畜产品生产总量的比重高达 60%～70%，而我国肉类加工比重不到 5%，且加工技术较落后，企业规模较小，还存在着加工深度不够、花色品种较少和优质高档品种比重低等问题。

（三）生态养殖产业化发展的途径

推进生态畜牧产业化是关系国家改革、发展、稳定的大事，是实现养殖业增长方式的两个根本性转变的战略举措。更与养殖业主管部门、每一个畜牧企业、畜牧事业单位有着直接的、密切的关系。根据各地实践经验，推行生态养殖产业化必须抓好以下几个环节。

1. 抓好生产基地建设

生产基地是产业化的基础，是龙头企业的依托。只有生产形成一定的规模，才有利于资金投放和技术指导，亦有利于给龙头企业和市场提供质高、量大且稳定的环境。所以，要重视建设覆盖面大，辐射力强的商品生产基地。在基地建设上要注意做到"一稳"，即在稳定家庭经营的基础上，还要做到"六化"：做到生产规模化、布局区域化、经营集约化、服务系列化、产销合同化、保护法制化。

2. 培育壮大龙头企业

龙头企业，既是生产中心、加工中心，又是信息中心、服务中心、科研中心，可以对农民实施全方位的带动。各地产业化的实践表明，龙头企业在产业化中的主导作用已越来越明显。培养龙头企业总的原则是要突出"大、高、外、强"四字方针。

大。就是大规格，围绕主导产业或拳头产品，培植及信息传递、技术推广、深度加工、贮运销售等多种功能于一体的大型企业集团或合作经济组织，使之成为一些产业或产品的主体。高。就是起点高、标准高。不管是新上项目，还是老企业改革，不管是传统产品，还是新开发产品，都要注意做到高附加值、高科技含量、高市场占有率。外。就是外向型，不但要占领本地市场，还要占领外地市场；不但要站稳国内市场，还要开拓国际市场，扩大出口创汇。强。就是龙头企业的牵引力要强，辐射能力强，服务功能强。

3. 协调企业牧户利益

能否正确处理好产业化经营组织各环节、各方面的利益关系，是产业化经营组织生存和发展的关键。实践证明，唯有运用市场规律，建立利益共享、风险共担的新机制，方能为产业化的发展提供重要保证和创造内在动力。

4. 开拓市场促进流通

养殖业及其产品只有进入市场才能实现其价值。所以，可以说"市场"是产业化的"总龙头"，背离了市场，龙头抬不高，则龙身舞不起，龙尾摆不动，也就是背离了市场，则生产加工存在盲目性，产业化不能健康发展。必须把培育和建设市场置于推进养殖业产业化的首位。开发生产特色品种，找准市场切入点，做好营销，开发市场，进而占领市场；在市场竞争中，开展科技创新，使消费者认可喜爱，从而发展壮大自身，着力树立名牌，力争扩大市场占有份额。现在国内外畜产品交易中，买方市场占据主导地位，市场需求瞬息万变，除了及时准确地掌握市场信息以指导生产经营，还须建立市场体系，开拓国际市场。除了健全本地市场体系，还必须以产销合同等方式与大中城市建立供销关系，在沿海、沿边口岸和区域性中心城市设立窗口，通过开展补偿贸易、契约供销和期货贸易等多种形式，形成生产和销售相连接、内地与外地相沟通、国内与国际相接轨的大流通格局，使产品能有稳定的销路。

5. 加大科技创新力度

养殖业产业化的根本出路在于科技进步。现代农业是建立在现代高新技术基础之上的，应该坚持把科技进步和提高劳动力素质作为加速农业产业化的首要推动力。具体地，一是要加强以改良品种为主的农业科技攻关。二是进一步建立健全农业科技推广网络，加快科技成果的推广应用。三是全面提高农民的科技素质。四是大力提高乡镇企业的技术素质，促进乡镇企业上规模、上档次、上水平。有条件的企业要组建自己的研究开发机构，加速科技成果的转化。加入世贸组织后，我国农业之所以受到的冲击最大，就是因为我国农业的科技含量低，劳动生产率低，在国际市场上缺乏竞争力。特别是近两年来不时出现的餐桌污染，更凸显了我国农产品的质量安全问题。所以，当前要特别注意抓好农产品质量标准和认证体系建设，加强农产品质量安全管理工作，建立农产品质量检测检验体系。龙头企业要率先执行国家制定的农产品质量标准，主动把执行质量标准及相应的技术和农艺要求导入农户，带动农户和基地的标准化生产，创造一大批优质农产品和名牌产品。同时，要加强监管，严格市场准入。

6. 做好服务体系建设

做好养殖业产业化离不开社会服务，首先是科技服务，还有信息、交通、运输、仓储等服务。其中科技服务和信息服务是关键，尤其是信息服务。信息资源是一种潜在的生产力，现在社会应用十分广泛。将信息化发展与养殖业产业化经营紧密结合，能增强经营者的预期信心和市场竞争。通过网络，建立并加强信息的沟通和联系，谋求更广阔的发展天地。实施产业化与社会化服务体系建设和科学技术的推广应用有机结合起来，全方位服务于"三农"，才能更好地促进农村牧区经济发展。

7. 发挥行业协会作用

要成立涉及养殖和养殖业产品加工以及流通、服务等领域的养殖业联合会，加强行业自律。行业协会是代表成员企业利益，在企业与政府之间发挥"桥梁"和"纽带"作用的民间组织，行政上不受政府约束，但有义务向政府提供行业的有关情况，向协会成员宣传贯彻政府的方针政策，并要求成员企业执行政府所作出的决策。政府转变职能，从管理微观经济事务中解脱出来，实现政企分开、政事分开、政社分开，一些职能要相应地还给企业或转移给市场、社会，这就需要有相应的市场、社会组织来承担。在完善的市场经济体制中，行业中介组织和社会自律组织具有行业自律、维护竞争、行业管理等功能。因此，为了实现政府职能转变的目标，必须加快建立健全各种市场化的行业协会，并充分发挥它们的功能。

8. 转变政府管理职能

实现养殖业产业健康发展，离不开政府部门的管理和服务，养殖业产业化涉及方方面面，牵动环节也多，必须坚持打破地区、部门和所有制的界限，因地制宜多种形式发展。在充分发挥市场机制作用的同时，政府应适当运用经济的、法律的、行政的手段、推动产业化健康发展。对产业化经营系统自身不能解决的问题，组织各方面的力量协作配合，排除障碍。同时要求各级政府逐步转换职能，由单纯管理型变为管理服务型，切忌不符合经济发展规律的瞎指挥、乱干涉和硬捏合。从长远考虑，政府对农业，尤其对养殖业产业化发展的支持，应加大在农业科技教育、信息服务、环境保护和基础设施等方面的力度，进一步改善养殖业的生产条件，提高其综合生产能力，降低生产成本，从而增加综合经济效益。

9. 建立专项风险基金

建立养殖业专项风险基金和贴息储备制度，用来平衡供需矛盾，调控市场价格，缓解畜产品收购资金不足的问题。在资金筹集和管理方面，加大改革创新力度。加大政府投入，设立政府专项基金；广开资金渠道，设立养殖业开发基金；降低研发风险，设立养殖业科技风险基金。改变现有的养殖业资金投入方式，合理调整投入结构，对投入的要素进行优化组合，确立新的集经济效益、生态效益、社会效益于一体的综合性的评价标准，并通过制定相应的法规和实施必要的政策措施，使养殖业科技、教育、人才投入有必要的保证。

10. 实施永续发展战略

实施养殖业产业化应坚持合理利用各种当地的资源特别是各种自然资源，保证自然资源永续利用。必须避免在养殖业产业化经营中再加剧对草地资源破坏的因素，必须避免在农业产业化经营中再加剧对土地资源的破坏进程，要特别注意制止以推进养殖业产业化之名乱占耕地的行为。可持续的农业产业化绝不应该是以牺牲生态环境为代价的发展过程，要给牧民赖以生存的草地资源、休养生息的人为环境。因此，在养殖业产业化经营中，应按可持续发展的要求对养殖方式和养殖技术进行改造和创新，达到既提高自然资源利用率，又维持生态系统平衡的目标。应通过养殖业产业化的实施大力推行生态农业和清洁生产模式。在自然资源利用方面，要依靠科学技术实施对自然资源的综合开发与利用，发展具有较高产业层次与技术水平的深度加工产品，以改变我国农业产业中的粗放经营模式，提高农业产业的经济素质。在自然资源及生态环境的保护方面，首要的问题是要严禁对草地的掠夺式经营，制止有可能加速草场退化和土地荒漠化进程的养殖业项目及生产经营方式的实施，促进养殖业产业化健康、有序地发展。

四、生态养殖产业化经营的模式

生态养殖产业化在我国起步较早，基础也较好，许多地方积累了一些经验。目前国内畜牧产业化经营模式主要有以下几种。

（一）企业带动型

以实力较强的企业为"龙头"与畜产品生产基地和农户结成紧密的产、加、销一体化生产体系。其主要的和最普遍的联结方式是契约式，签约双方规定责权利。企业对基地和农户具有明确的扶持政策，提供全过程服务，设立产品最低保护价，并保证优先收购。农户按合同规定定时、定量向企业交售优质畜产品由"龙头"企业加工并出售产品。这种形式目前在外向型创汇养殖业中较为流行，各地都有比较普遍的发展。例如，山东省诸城市的山东尽美食品有限公司是最早的实行肉鸡产加销一体化经营的外贸企业，现已发展成为一个集社会生产、收购加工、冷藏调动、出口销售、科研服务于一体的综合性企业集团。

（二）市场牵动型

以专业市场或专业交易中心为依托，拓宽商品流通渠道，带动区域专业化生产，实行产加销一体化经营。

（三）企业集团型

以畜产品生产为基地，以加工、销售企业为主体，以综合技术服务为保障，把生产、加工、销售、科研和生产资料供应等环节纳入统一经营体内，成为比较紧密的企业集团。内蒙古阿鲁科尔沁旗在养殖业方面建立了三个一体化企业集团，均属这种类型。即以旗土畜产工贸公司为龙头的绒毛生产、加工、销售联合体；以旗食品公司为龙头的牛羊生产、收购、育肥、加工、销售联合体；以旗第二食品公司为龙头的猪、禽、兔生产、加工、销售联合体。

（四）产业拉动型

从利用当地资源和开发特色产品入手，逐步扩大经营规模，提高产品档次，组织产业群、产业链，形成区域性主导产业和拳头产品，走产业化之路。如山东省潍坊市寒亭区双店镇加工猪鬃的历史悠久，为了开发这一传统项目，镇上建起了猪鬃贸易集团公司，猪鬃加工得到迅速发展。

（五）科技推动型

发挥技术优势，为农牧民提供技术服务，推动养殖业生产、加工配套发展，开拓新的市场领域。如广州市江高镇以畜牧兽医站为龙头，联合镇办鸡场、村办鸡场、联合体、专业大户和饲养户5个层次，建立起一条龙的经营和生产合作网络。畜牧兽医站对参加合作网络的饲养场和农户负责提供品质优良的种苗和科学配制的饲料，提供产供销信息、饲养技术指导和防疫服务。产品销售也由畜牧兽医站委托下属部门负责。

（六）中介促动型

中介组织包括农民专业合作社、供销社以及各种技术协会、销售协会等。这类组织充分发挥在信息、资金、技术、销售等方面的优势，不仅为农民的产供销提供各种服务，而且也为加工、销售企业提供服务。同时协会还反映生产者的呼声，保护农民的利益。目前，专业技术协会类型较普遍，如有养猪协会、养鸡协会、养羊协会、养蜂协会等。

第六节　养殖业的环境污染与生态治理

养殖业中造成的环境污染主要指养殖业生产中粪便污染、畜禽产品中有毒有害物质的残留以及来自畜禽场（户）的废物。包括洗刷用具、场地消毒和饮用后的污水；死鸡、死猪；孵化残余物（蛋壳、死胚、绒毛、粪等）；含有致癌性毒素的霉变饲料；预防用的各种疫（菌）苗空瓶和抗生素药物的瓶、袋等；饲料加工粉尘；内燃机废气；屠宰场（户）的废物、污水、下水废气；苍蝇、蚊虫等昆虫。其中最主要的是畜禽粪尿污染和畜禽产品残留构成的对人类健康的困扰。据测定，一个饲养 10 万只鸡的工厂化养鸡场，每天产鸡粪可达 10t，年产鸡粪达 3 600t。1 头猪的日排泄粪尿按 6kg 计，则是人排粪尿量的 5 倍，年产粪尿约达 2.5t。如果采用水冲式清粪，1 头猪日污水排放量约为 30kg，1 000 头猪场日排泄产污水达 30t，年排污水 1 万 t。据测定成年猪每日粪尿中的 BOD（生化需氧量）是人粪尿的 13 倍，若发生污染即可达到严重污染程度。随着人类生活水平的不断提高，对肉蛋奶的需求量不断增加，致使畜禽生产规模越来越大，现代化、集约化程度越来越高，饲养密度及饲养量急剧增加，畜禽饲养及活体加工过程中产生的大量排泄物和废弃物，对人类、其他生物及畜禽自身生活环境的污染也是越来越严重。畜牧场中家畜粪尿、畜牧场污水、畜产品加工废弃物、家畜脱毛、孵化废弃物、家畜的尸体、废弃垫料、粉尘、烟尘、灰尘、有害气体、不良气味等，如不及时处理或处理不当，对环境的污染是最为严重的。粪尿、污水中含有大量营养物质，是产生污染的主要因素，但对其进行无害化处理，同时加以利用，则可化害为利，变废为宝，亦起到保护环境的作用。

一、养殖业环境污染的现状

（一）养殖业环境污染的种类

1. 畜禽排泄物的污染

畜禽排泄污染物包括从畜禽体内外排出的有害气体、粪便及其分解产生的臭气以及从体表代谢的毛屑、绒（羽）毛等。有害气体包括二氧化碳、硫化氢、氨气等。由粪尿产生的恶臭物质主要是氨、硫化氢等，这些在畜禽粪便中尤其在猪粪含量极大。在大气污染中，随着粪的焚烧处理，产生的氮氧化物和硫氧化物的释放，以及全球性的温室效应所产生的气体 CH_4、CO_2、N_2O 等直接影响家畜禽或通过土壤或水影响到畜禽，导致畜禽生产的乳、肉、蛋影响到人的健康。据测算，一只成年鸡一天排出 CO_2 大约 27kg，一只成年鸡一天大约排泄粪尿 110g；在饲养 100 头母猪的猪场内，一年通过日粮蛋白质给猪饲喂 14t 氮，其中 7.5t 会随粪便排出成为污染源。畜禽场大量的粪便和垫料分解产生的硫化氢、氨气等有害气体以及畜禽产生的毛屑、羽毛、尘埃等，不仅影响工作人员和畜禽健康，而且引起周围居民的厌恶。

畜禽粪尿的排泄量受多种因素的影响，与畜种、体重、饲喂饲料数量与质量，饲料调制方法以及健康状况、气温等因素有关。

主要畜禽粪便的化学组成及其特性见表 1-3 至表 1-6，可以看出，鸡粪与猪粪的粗蛋白含量占干物质的 28.8%~20.0%，粗脂肪占 2.44%~3.7%，并含有各种必需的营养元素，说明单胃畜禽将饲料的 1/4~1/3 随粪便排出体外。家畜粪尿的生化需氧量（Biochemical oxygen demand，BOD）排泄量均比人多而且粪比尿多，其浓度是鸡、猪含量最高。因此从净化观点出发，应尽可能把粪、尿分开处理。

表1-3　畜禽粪便排泄量

畜种	体重（kg）	饲料性质	给予量（kg/d）	粪量（kg/d）	尿量（kg/d）	合计（kg/d）
牛	600	干草与精料	18.0	25.0	6.0	31.0
马	380	混播牧草	23.0	25.3	10.0	35.3
猪	80	配合料	3.9	3.5	3.2	6.7
鸡	1.3	配合料	0.12	0.15	—	0.15

表1-4　畜禽粪的营养组成（占干物质%）

粪种	粗蛋白	粗纤维	粗脂肪	无N浸出物	粗灰分
鸡粪	28.79	13.55	2.44	31.92	25.56
牛粪	11.96	20.72	2.19	46.96	15.56
猪粪	20.00	20.89	3.79	36.51	18.71

表1-5　畜禽粪的矿物质组成（占干物质的量）

粪种	钙（%）	磷（%）	镁（%）	钠（%）	钾（%）	铁（mg/kg）	铜（mg/kg）	锰（mg/kg）	锌（mg/kg）
鸡粪	8.80	2.50	0.67	0.94	2.33	2000	15	460	463
牛粪	0.87	1.60	0.40	0.11	0.50	1340	31	147	242
猪粪	25.00	1.60	0.08	0.26	1.00	455	455	177	509

表1-6　畜禽粪尿的特性

畜种		排泄量（kg）	BOD浓度（mg/L）	BOD排泄量（g）	BOD合计（g）	与人比
乳用牛	粪	25	24 500	614	638	约43倍
	尿	6	4 000	24		
肉用牛	粪	15	24 500	368	384	约20倍
	尿	4	2 000	16		
猪	粪	3	63 000	189	204	约13倍
	尿	3	5 000	15		
鸡	粪	0.16	65 500	11	11	约0.7倍
	尿					
人	粪	1.2	12 500	15	15	
	尿					

资料来源：八木满寿雄（1978）。

2. 畜禽场废物的污染

畜禽场（户）的废物包括洗刷用具、场地消毒和饮用后的污水；死鸡、死猪；孵化残余物；含有致癌性毒素的霉变饲料；预防用各种疫（菌）苗空瓶和抗生药物的瓶、袋等；饲料加工粉尘；内燃机废气；屠宰场（户）的废物、污水、下水、废气；苍蝇、蚊虫等昆虫等。

3. 畜禽产品残留物质

（1）有机农药公害。有机农药特别是滴滴涕（DDT）、六六六（BHC）和三氯乙烯等的有机氯农药公害问题很大。以 DDT 和 BHC 为例，据日本 1970 年调查，牛肉、猪肉、鸡肉和牛奶中几乎都 100% 检出 BHC，而以牛肉含量最高，据我国近 10 年内的调查，依畜禽产品和出产地区的不同，猪肉、猪内脏、鸡肉、鸡蛋中，BHC 的检出率为 60%~100%，超标率在 3%~87%（超标 9 倍以内者居多）。DDT 的检出率在 0%~100%，超标率在 0%~74%（超标 6.5 倍以内者居多）。就残留量平均值来看，BHC 和 DDT 虽大都未超出我国食品卫生标准所规定的允许含量，但已大大超出发达国家所规定的允许含量标准而妨碍了对外输出。尽管 DDT 和 BHC 对人类的繁衍没有明显的影响，但存在致癌和损害人体健康的潜在危害性。

农药对环境污染程度决定于其化学稳定性、残留性及用量大小。其中有机氯杀虫剂（狄氏剂、艾氏剂、DDT、六六六）和有毒元素（汞、砷、铅制剂）等其他一些药剂，化学稳定性强，残留性高，对环境造成污染程度也较大。生物农药没有化学农药的残毒物质，对人、畜、饲料安全，而且能保护害虫的天敌。如青虫菌、8010、井冈霉素、菜青虫颗粒体病毒等。对高效、低毒化学农药如敌敌畏、敌杀死、速灭杀丁、甲霜灵、乙磷铝、硫菌磷，其残毒物质易被分解，对人、畜安全，防治效果好。但在使用药剂时应注意安全间隔期，即在青饲料牧草收割前或放牧前若干天，应停止施药，以确保安全。一般夏季 5~7d，秋季 7~10d，冬季 15d 以上，在未经雨水冲洗过的田间、地头或草场，不得割喂青草和放牧。严禁使用剧毒农药和残留不易分解的农药，这些农药能在环境中长期残留，造成空气、土壤、水、青饲料和牧草等的污染，畜、禽食用后，便在体内积累，随食物链影响畜、禽，特别是动物脂肪有利于有机氯农药的溶解、浓缩和富集，对人体有致癌作用。

（2）重金属公害。重金属公害问题主要有汞、铅、砷、镉等，它们不能被降解为无害物，进入水体和土壤后，部分为动植物所吸收，并有逐级富集作用，可使人、畜中毒、死亡或患癌症。

（3）饲料添加剂公害。包括有防腐剂、防尘剂、抗菌剂、抗氧化剂、抗原虫药、抗生素、激素等。这些物质因长期使用不当，畜禽产品中药剂残留和耐药菌株的产生已成为公共卫生所关切的问题。WTO（世界卫生组织）早在 1963 年就通过了大量调查证实，由于过分强调使用抗生素作饲料添加剂，在临床使用青霉素、链霉素、新生霉素时出现过敏反应的人增多了。英国、美国已明文规定禁用青霉素、四环素类、乙胺嘧啶、呋喃类药等作饲料添加剂，欧洲经济共同体欧洲理事会已同意从 1988 年起禁止对肉畜使用激素制剂，尽管对此科学界和政界还有人持反对意见，许多国家都明文规定畜禽产品中抗生素、抗寄生虫药等制剂的残留量标准。如美国食品和药物管理局（FDA）规定泰乐菌素在可食组织和蛋中的残留允许浓度为 0.2mg/kg，在乳中为 0.05mg/kg。

（二）养殖业环境污染的原因

1. 废物管理不恰当

在畜禽的排泄物和养殖业废物中，有的利用价值很高，通过科学处理可作为饲料、肥料、沼气等，有些则需通过无害化处理来减少对环境的危害。但由于资金、设备、技术等原因，绝大部分养殖业废物与工业废渣、城市垃圾等都堆积在城郊和河流的荒滩上，综合利用和处置率低，有毒有害废弃物也未经严格无害化和科学的安全处置而裸露在人们生存的环境中。

2. 经营结构不合理

我国的养殖业一向形成的是"小而全"或"大而全"，无论大型养殖公司还是小型养殖场（户），都自成体系，从幼小畜禽的培育到成年畜禽的饲养，从饲料的加工到运输都自行配套、封闭生产、封闭管理，专业分工差，给环境控制和污染治理增加了许多难度。有的养殖场，鸡舍、猪舍隔排建筑，既无隔离带，也无排污沟，净道、污道不分，严重违反卫生防疫管理规定，有的生产区、生产管理区混为一体，尤其是广大农村养殖户生产水平不高，生产条件落后，管理思想保守，使环境污染相当严重。

3. 环保意识不强

我国是发展中国家，人口众多，资源相对不足，发展畜禽养殖业从场地到设备、从饲草饲料到饮用水源、从技术水平到管理机制，与发达国家相比都有一定差距。许多养殖场（户）环保意识淡薄，急功近利，在生产和管理条件不具备的情况下，只好因陋就简，以生态环境的损坏为代价，为求得经济的快速发展或摆脱贫困，在不经意或不得已中污染了环境、破坏了环境。

（三）养殖业环境污染的危害

1. 臭气问题

畜牧场臭气的产生，主要是两类物质，即碳水化合物和含氮有机物，在有氧的条件下两类物质分别分解为 CO_2、水和最终产物——无机盐类，不会有臭气产生。当这些物质在厌氧的环境条件下，可分解释放出带酸味、臭蛋味、鱼腥味、烂白菜味等带刺激性的特殊气味，若臭气浓度不大、量少，可由大气稀释扩散到上空，不引起公害问题，若量大且长期高浓度的臭气存在，会使人有厌恶感，给人们精神带来不愉快，影响人体健康。

2. 水体问题

家畜粪尿、畜产加工业污水的任意排放极易造成水体的富营养化。据统计，年产肥猪 2 万头生产线的猪场（按 6 个月出栏）每天排污量，相当于 5 万人的粪尿的 BOD 值，如此大量的需氧腐败有机物，不经处理排入水流缓慢的水体，如水库、湖泊、稻田、内海等水域，水中的水生生物，特别是藻类，获得氮、磷、钾等丰富的营养后立即大量繁殖，消耗水中氧，在池塘威胁鱼类生存。同时，由于水生生物发育生长，溶解氧耗，植物根系腐烂，鱼虾死亡。在水底层进行厌氧分解，产生 H_2S、NH_3、硫醇等恶臭物质，使水呈黑色，这种现象称水体的"富营养化"。水体富营养化是家畜粪尿污染水体的一个重要标志，腐败有机物的污水，排入水体，人们使用此水，易引起过敏反应。

3. 传播疾病

据世界卫生组织和联合国粮农组织的资料（1958），由动物传染给人的人畜共患的传染病有 90 余种。其中由猪传染的有 25 种，由禽类传染的 24 种，羊传染的 25 种，马传染的 13 种，这些人畜共患疾病的载体就有家畜粪便及排泄物。人畜共患寄生虫病如猪、牛的绦虫病、旋毛虫病、形虫病、肉孢子病、肺吸虫病、华支睾吸虫病、孟氏双槽蚴病等，都可通过食用畜禽产品而感染人类。

4. 产品污染

滥用抗生素添加剂及饲喂霉变饲料，造成畜产品的污染。抗生素饲料添加剂被广泛应用，如果不控制用量以及畜禽在屠宰前或其产品（蛋、乳）上市前未能按规定停止用药，可使抗生素在禽产品中残留，从而通过食物链使人体产生一定的毒性反应的过敏反应。此外，长期使用某种抗生素，可使细菌对该种抗生素产生适应或遗传物质发生突变而形成耐药细菌。耐药性的出现，使这类抗生素的疗效大大降低，或饲料中的霉菌毒素如黄曲霉毒素及其代谢产物也能通过食物链，即饲料、畜、禽产品（奶、肉、蛋）对人体健康发生影响。经检测，动物食用黄曲霉毒素污染的饲料后，在肝、肾、肌肉、血、奶及蛋，可测出极微量的黄曲霉毒素 B_1 或其代谢产物，对人致癌的危险性很大。

（四）国外养殖业的环境管理

自 20 世纪 50 年代起，发达国家开始进行大规模的集约化养殖，在城镇郊区建立集约化畜禽养殖场。由于每天有大量粪便及污水产生，难以处理利用，造成了严重的环境污染。到了 60 年代，日本用"畜产公害"概念高度概括了这一问题的严重性。与此同时，许多发达国家迅速采取措施加以干预和限制，并通过立法进行规范化管理。国外对养殖业环境污染的管理主要采取了以下措施：一是国外发展畜禽养殖业，绝大多数是既养畜又种田，畜禽粪便由充足的土地进行消化。荷兰全国只有 4 个大型农场，整个农业、养殖业分散在全国 13.7 万个家庭，产生的畜禽粪由农场进行消化。丹麦则靠既种粮又养畜的自耕农业。美国虽有大型畜牧场，但在养猪方面起主导作用的是年产 200~500 头猪的小型农牧结合的农场。在日本，除了限制大型养殖场建设，规定城镇附近猪场规模不得超过 50 头，而且必须有治理排污的措施。二是对规模化的畜禽养殖场必须有一定的污染处理设施，做到达标排放，或者进入市政污水处理厂进行处理，畜禽场支付污水厂污水处理费用。三是国外由于很早就注意到畜禽环境污染的严重性。目前，发达国家对畜禽养殖有一新的动向，就是在发展中国家发展畜禽养殖业，转嫁环境污染以减少国内的环境污染。通过各种政策上的优惠和资金上的资助，鼓励养殖企业集团在国外投资兴办各类养殖企业，既满足了本国国民对肉、蛋、奶的需求，同时又避免环境污染的发生。这一点必须引起我国各级政府和环保部门的重视。就目前国内的情况看，已有不少国外的企业在我国进行养殖业项目的投资。从短期来看，这些公司对国内的畜禽业确实起到了促进作用，而且一定程度上对某一个地方的经济发展起到推动作用，但若从长远来看，对环境的破坏和对养殖业的可持续发展，有一定的消极作用。以牺牲赖以生存的环境而换取一点经济效益，无异于杀鸡取卵，是不可取的。

1. 日本的养殖业环境管理

日本由于人口稠密，并于 20 世纪 70 年代发生了严重的"畜产公害"，因此对畜禽污染的立法最多，先后制定了 7 个与畜禽污染管理控制相关的法律。其中直接相关的有《废弃物处理与清除法》《防止水污染法》和《恶臭防止法》。其中《废弃物处理与清除法》中规定，在城市规划地区，畜禽粪便必须经过处理，处理方法有发酵法、干燥或焚烧法、化学处理法等。《防止水污染法》中规定，畜禽场的污水排放标准：生化需氧量（BOD）、化学需氧量（COD）日平均为 120mg/L，最大不得超过 160mg/L；SS（固体悬浮物）日平均 150mg/L，最大不得超过 200mg/L。后来又增加了氮、磷排放标准，氮的允许浓度为日平均 60mg/L；磷允许浓度为日平均 80mg/L。规定一个畜禽场养猪超过 2 000 头、牛超过 800 头、马超过 2 000 匹时，排出的污水必须经过处理，并符合规定要求。《恶臭防止法》中规定畜禽粪便产生的腐臭气中 8 种污染物的浓度不得超过工业废气浓度。

2. 美国的养殖业环境管理

美国法律在养殖场建设中规定，超过一定规模的畜禽场，建场必须得到许可；1 000 标准头以下 300 头以上的畜禽场，其污水无论排入自身贮粪池，还是排入流经本场的水体，均需得到许可；300 标准头以下的畜禽场，无特殊情况，可不经审批。美国佛罗里达州政府为了防止畜禽污染，出钱补贴鼓励奶牛主停业。

3. 英国的养殖业环境管理

英国基本是无畜产公害的国家，虽然其人口和工业比较集中，但养殖业远离大城市，与农业生产紧密结合。经过处理后，畜禽粪便全部作为肥料，既避免了环境污染，又提高了土壤肥力。在英国，建议的粪便废水最大用量一般是 50m³/hm²，且每 3 周不超过 1 次。所有的畜禽粪便废水不管是排放到下水道还是河道，都要求得到国家河流管理署（NRA）的批准。对直接排放的废水质量指标必须参照"皇家委员会标准"，其中生化需氧量（BOD）低于 20mg/L，总悬浮固体物少于 30mg/L。

4. 德国的养殖业环境管理

德国规定畜禽粪便不经处理不得排入地上或地下水源中。在城市或公用饮水区域，每公顷土地上家畜的最大允许饲养量不得超过规定数量，牛 3 头、马 3~9 匹、羊 18 只、猪 9 头、鸡 1 900~3 000 只、鸭 450 只。德国对耕地使用的氮、磷、钾总量也进行了限制，如对氮的控制是 240kg/hm²，且每 3 周不超过 1 次。

5. 荷兰的养殖业环境管理

荷兰养殖业高度密集，为了制止畜禽粪便污染，从 1984 年起，不再允许养殖户扩大经营规模。最近的立法正根据土壤类型和作物情况，逐步规定畜禽粪便每公顷施入土地中的量。为了解决过剩粪肥的处理（全国每年约有 1/6 的畜禽粪过剩），政府制定了粪肥运输补贴计划和脱水加工成粪丸出口计划，并由国家补贴建立粪肥加工厂。政府进一步拟定在水源附近地区的土地上不得堆施粪肥。还立法规定，视直接将粪便排到地表水中为非法行为。

6. 挪威的养殖业环境管理

为了防止畜禽污水污染水资源，挪威于 1970 年颁发《水污染法》，环保部于 1973 年、1977 年、1980 年又发布了许多法规，规定在封冻和雪覆盖的土地上禁止倾倒任何牲畜粪肥，禁止畜禽污水排入河流。

7. 丹麦的养殖业环境管理

为了减少粪便污染，丹麦规定根据每公顷土地可容纳的粪便量，确定畜禽最高密度指标；施入裸露土地上的粪肥必须在施用后 12h 内犁入土壤中，在冻土或被雪覆盖的土地上不得施用粪便；每个农场的贮粪能力要达到贮纳 9 个月的产粪量。

二、养殖业环境污染的治理

随着我国养殖业的迅速发展，已使我国猪、鸡、鸭、羊、驴的存栏头（只）数均位居世界之首。但是，与养殖业发达国家相比，我们在畜禽粪污处理和利用方面才刚刚起步，差距还很大，问题的解决已刻不容缓。

（一）养殖业环境治理的基本现状

在一些较大规模的养殖场每天都有大量的污水和畜禽粪便产生。例如，一座年出栏万头的养猪场，每天排出近 100t 的污水和 2.1~3.3t 的猪粪便。由于这些废弃物的处理投资大、效益差，因此养殖业主不加任何处理就把污水直接放入河流、湖泊或农田，从而导致了河水、湖泊和地下水的污染。大量的畜禽粪便随地堆放不仅会滋生蚊蝇，在堆放中还会产生大量恶臭（NH_3、H_2S、CH_4 等）污染了空气，遇到雨天则因污水四溢常引起附近居民的极大不满。即使将这些畜禽粪便卖给农民作为有机肥施用，如不妥善加以处理也容易造成人、畜、禽传染疾病的发生。

近年来，在环保及畜产管理部门的督促下，部分资金相对雄厚的大型养殖场也相继开展了畜禽粪便处理工作，但在处理方法的选择、工艺流程设计、处理规模等方面仍存在着很多问题。例如，一些养鸡场通常采用烘干法来处理鸡粪，因处理中需消耗大量的煤或电，所以处理成本很高；同时加热处理不仅导致大量臭气散发污染空气而且易损害工人身体健康；由于处理中加热不均匀常使鸡粪产品中存活的病原菌超标；另外，除产品本身仍有恶臭外，产品返潮后散发的恶臭更大。因此，有些省份已下令禁止采用烘干法处理鸡粪。尽管有一些养殖场也采用了堆肥发酵的方法处理畜禽粪便，但由于处理中堆肥条件（如水含量、通气性等）调控不当，常使堆肥周期过长而影响粪便处理能力；处理中产生恶臭污染空气；添加作物秸秆类物质过多或处理时间短等原因使堆肥腐熟度差等。除此之外，在畜禽粪便处理上还存在很多技术误区常导致一些中小型养殖场在建设投资等方面陷入困境。由此可见，在我国畜禽养殖业的粪便处理中，除需要大力开展畜禽排泄物快速、高效化处理技术的研究外，更需要普及和推广这方面的基本知识和技术，积极开展畜禽废弃物的处理工作，改善农村生态环境。

（二）养殖业环境治理的指导思想

根据可持续发展战略和《全国生态环境建设规划》，针对畜禽养殖粪便污染严重的问题，配合环保法规实施，按照"资源化、减量化、无害化、生态化"原则，建设成功示范典型，发挥示范带动作用，提高环保工程技术水平，培养高素质环保建设队伍，引导地方"菜篮子工程"投资，探索产业化、市场化运作机制，促进养殖业可持续发展。

（三）养殖业环境治理的建设目标

解决畜禽粪便污染问题是一项长期、艰巨的任务。西方发达国家从 20 世纪 80 年代初开始，用了 15 年的时间，逐步将畜禽养殖业纳入可持续发展的轨道。为此，养殖业畜禽养殖中的环境治理的规划应立足于当前，着眼于未来，根据我国实际情况，借鉴国外经验，根据当地的养殖场发展现状、环保要求力度、自然条件及经济发展状况，选择典型养殖场建设示范工程项目，推广普及高效畜禽粪便污染治理技术，提高畜禽粪便资源化综合利用水平。加强对环保工程设计单位和施工单位的宏观管理，达到环保工程设计、施工的规范化、标准化建设。进一步增强配套体系能力建设。以显著的治污效果、良好的社会效益和企业自身的经济效益，以点带面，扩大环保工程的影响，由此带动全国的大中型禽畜养殖场粪便污染治理工作，从而在国家重点地区、水域，彻底遏制主要有机质的排放污染源。从长远角度考虑应在取得成绩的基础上逐步建立持续发展机制，通过扶持相关产业和服务体系的发展，达到配套设备生产专业化和服务社会化，以及产品的市场化，引导规模化畜禽养殖业走可持续发展道路。

（四）养殖业环境治理的基本原则

根据指导思想，为确保建设目标的实现，在养殖业畜禽养殖环境治理的实施过程中，始终要坚持以下几个基本原则。

（1）经济效益与社会效益统一的原则。在治理污染的同时，通过畜禽粪便的综合利用和产品的市场开发，提高企业自身的经济效益。

（2）依靠科技进步的原则。利用国内外的先进技术，借鉴其他行业的成功经验，在污染治理和综合利用方面不断提高水平。

（3）因地制宜的原则。根据养殖场所处的地理位置、区位条件和周边环境，确定适合养殖场自身的低投入、高效益的处理模式。

（4）点面结合的原则。示范项目着眼于推广，在建设示范项目的同时，通过宣传、培训和交流等手段，促进其他养殖场依据自身条件制定畜禽污染防治计划，推动粪污处理技术的普及和推广。

（5）调动养殖场和地方政府两个积极性的原则。在示范项目的选定上，既要考虑当地的污染状况和技术模式的有效性，也要考虑养殖场和当地政府是否有治理污染的积极性。如养殖场自身的经济实力和投资意愿，当地政府对环境治理方面的重视程度，是否为企业解决污染治理问题创造一定的条件，以及地方配套资金落实的可能性等。

（五）养殖业环境治理的基本方法

集约化养殖场畜禽粪便处理利用，其最大的问题是畜禽粪便含水量高，具有恶臭，加之处理过程中容易发生氨气的大量挥发造成氮素损失，畜禽粪便中有大量的病原菌和杂草种子等均会对环境构成威胁。因此，无害化、资源化和综合利用是处理畜禽粪便的基本方向。目前，国内外处理粪便的主要方法包括干燥法、除臭法和发酵法、青贮法等。

1. 干燥法

干燥法是利用太阳能、化石燃料或电能将畜粪中水分除去，并利用高温杀死畜禽粪便中的病原菌和杂草种子等。主要有日光干燥法、高温干燥法、低温干燥法、烘干膨化干燥法和机械脱水干燥法等。该方法的优点是投资小、占用场地面积小、简便快速、见效快。其缺点为畜粪中因含大量水分，处理过程中需消耗大量能源；处理时散发大量臭气并易造成养分损失；由于处理中还有发酵过程，施用后易出现烧苗或因处理温度过高导致肥效低；产品存在易返潮、返臭等现象，因此干燥法具有这些难以克服的缺点限制了其大规模推广应用，在许多地区已被禁止使用。

（1）自然干燥法。将新鲜的畜禽粪摊在水泥地面或塑料布上，随时翻动，让其自然干燥，之后经粉碎、过筛，除去杂物后，放置在干燥地方，可供饲用和肥用。该方法具有投资小、易操作、成本低等优点，但处理规模较小，土地占用量大，受天气影响大，阴雨天难以晒干脱水，干燥时易产生臭味，氨挥发严重，干燥时间较长，肥效较低，可能产生病原微生物与杂草种子的危害等问题，不能作为集约化畜禽养殖场的主要处理技术。但如改用塑料大棚自然干燥法，处理经过发酵脱水的畜禽粪，则具有阴雨天亦能晒干脱水，且干燥时间较短等优点，较适宜在我国部分地区采用。

（2）高温干燥法。畜禽粪中含水量较高，为 $70\% \sim 75\%$。有条件的可通过高温快速干燥机进行加热，在短时间内使其含水量降到 13% 以下。此法的优点是不受天气影响，能大批量生产，干燥快速，可同时达到去臭、灭菌、除杂草等效果，但其存在一次性投资较大，且煤、电等能耗较大，处理干燥时产生的恶臭气体耗水量大，特别是处理产物再遇水时易产生更为强烈的恶臭，以及处理温度较高带来肥效较差、易烧苗等缺点，还有处理产物成本较高、处理产物销路难等缺点。

（3）低温干燥法。将畜禽粪运入有机械搅拌和气体蒸发的干燥车间，装入干燥机中，在温度 70~100℃ 条件下进行烘干，使含水量降至 13% 以下，便于贮存和利用。

（4）烘干膨化干燥法。利用热效应和喷放机械效应两个方面的作用，使畜禽粪既除臭又能彻底杀菌、灭虫卵，达到卫生防疫和商品肥料、饲料的要求。经农业农村部和北京市几年来的研制，北京市平谷峪口鸡场已成功地研制了日处理鸡粪 3t、5t、10t 的自动烘干膨化机。据报道，一个饲养 10 万只蛋鸡的鸡场购置一台日处理 10t 鸡粪的膨化烘干机，6~8 个月便可回收成本，鸡场每年可获纯利 50 万~80 万元。该方法的缺点仍是一次性投资较大，烘干膨化时耗能较多，特别是夏季保持鸡粪新鲜较困难，大批量处理时仍有臭气产生，需处理臭气和处理产物成本较高等，从而导致该项技术的应用受到限制。

（5）机械脱水干燥法。采用压榨机械或离心机械进行畜禽粪的脱水，由于成本较高，仅能脱水而不能除臭，故效益偏低，目前仍在试验研究之中。

2. 除臭法

除臭法是通过向畜禽粪中添加化学物质、吸附剂、掩蔽剂或生物制剂（如杀菌剂）等以起到消除臭气和减少臭气释放的目的。20 世纪 90 年代初澳大利亚对粪池安装浅层曝气系统减少臭气。美国用一种丝兰属植物的提取液作饲料添加剂混入饲料中，以降低畜禽舍中的氨气浓度。近年来，我国一些大型养殖场也大量推广使用除臭添加剂和畜禽舍内撒布消臭剂以消除臭味。在处理中由于需要添加大量化学物质或杀菌剂，除了增加成本外，同样因为材料未经发酵处理而施用后易出现烧苗问题。

（1）吸收法。吸收法是使混合气体中的一种或多种可溶成分溶解于液体之中，依据不同对象而采用不同方法。

液体洗涤：对于耗能烘干法臭气的处理，常用的除臭方法是用水结合化学氧化剂，如 $KMnO_4$、$NaOCl$、$Ca(OH)_2$、$NaOH$ 等，该法能使 H_2S、NH_3 和其他有机物有效地被水气吸收并除去，存在的问题是需进行水的二次处理。

凝结：堆肥排出臭气的去除方法是当饱和水蒸气与较冷的表面接触时，温度下降而产生凝结现象，这样可溶的臭气成分就能够凝结于水中，并从气体中除去。

（2）吸附法。吸附是将流动状物质（气体或液体）与粒子状物质接触，这类粒状物质可从流动状物质中分离或贮存一种或多种不溶物质。活性炭、泥炭是使用最广的除臭剂，熟化堆肥和土壤也有较强的吸附力，国外近年来采用如 Sweeten 等（1991）、Kowalewsky（1981）等研制开发的折叠式膜（Flexible membrane）、悬浮式生物垫（Floating biomat）等产品，用于覆盖氧化池与堆肥，减少好气氧化池与堆肥过程中散发的臭气，用生物膜（Biofilm）吸收与处理养殖场排放的气体。

（3）氧化法。有机成分的氧化结果是生成 CO_2 和 H_2O 或是部分氧化的化合物。无机物的氧化则不太稳定。热的、化学的和生物的处理过程都是可以利用的。

加热氧化：如果提供足够的时间、温度、流动气体和氧气，那么氧化臭气物质中的有机或无机成分是很容易做到的，要彻底地破坏臭气，操作温度需达到 650 ~ 850℃，气体滞留时间 0.3 ~ 0.5s，此法能耗大，应用受到限制。

化学氧化：如向臭气中直接加入氧化气体如 O_3，但成本高，无法大规模运用。

生物氧化：在特定的密封塔内利用生物氧化难闻气流中的臭气物质。为了保证微生物的生长，密封塔的基质中需有足够的水分。也可将排出的气体通入需氧动态污泥系统、熟化堆肥和土壤中。臭气的减少可以通过一系列的方法，但是生物氧化却是非常重要的。生物氧化对除去堆肥中所产生的臭气起着重要的作用，是好氧发酵除臭能否成功的关键。

（4）掩蔽剂。在排出气流中可以加入芳香气味以掩蔽或与臭气结合。这种产物通常是不稳定的，并且其味可能较原有臭味还难闻，目前已很少应用。

（5）高空扩散法。将排出的气体送入高空，利用大气自然稀释臭味，适宜用于人烟稀少地区。

3. 发酵法

畜禽粪便发酵方法，常用的有自然发酵、堆积发酵、塑料袋发酵和瓦缸发酵。

（1）自然发酵。将新鲜鸡粪和麸皮以 3:2 比例或与碎大麦各半混合，水分控制在 50% 左右，装入青贮窖内密封发酵，温度保持在 5℃ 以上，20 ~ 40d 后开窖喂用。

（2）堆积发酵。首先将新鲜鸡粪收集起来，然后倒入缸内，用水泡开、搅动，待沉淀后除去上层杂质和下部泥沙，取中层纯鸡粪，沥干水分。每 10kg 鸡粪加酵母片 15 ~ 20g，糖钙片 15 ~ 20 片，土霉素 5 ~ 6 片，堆积发酵 5 ~ 6h，如用来喂猪可按猪日粮的 20% 添加。

（3）塑料袋发酵。将畜禽粪晒至七成干，每 100kg 畜禽粪掺入 10 ~ 20kg 的麸皮或米糠，拌匀后装入无毒塑料袋中密封发酵，温度控制在 60℃ 左右，夏季发酵 1d，春秋发酵 2d，发酵标准以能嗅到酒糟香为好。

（4）瓦缸发酵。将畜禽粪去杂、晒干、搓碎，加入清水（湿度以手捏成团，指缝不滴水为宜），掺入洗净的青饲料，装入缸内压紧，表层撒上 2cm 麸皮或谷糠，缸口用塑料薄膜封严，放置阴凉处（冬季置于室内），保持在 20℃ 左右，经过 10 ~ 15d 发酵即成酸香适口的饲料。

发酵法比干燥法具有省燃料、成本低、发酵产物生物活性强、肥效高、易于推广的特点，同时可达到去臭、灭菌的目的，但发酵法时间较长。发酵可分为厌气池、好气氧化池与堆肥 3 种方法。厌气池即沼气池，是利用自然微生物或接种微生物，在缺氧条件下，将有机物转化为 CO_2 与 CH_4。其优点是处理的最终产物恶臭味减少，产生的 CH_4 可以作为能源利用，缺点是 NH_3 挥发损失多，处理池体积大，而且只能就地处理与利用。为克服这些缺点，在美国的俄亥俄州立大学发展了一种厌氧消化器，该装置可以有效地控制恶臭气体产生，大大缩短处理时间，而且体积仅是厌气池的 1%。它的缺点是，需要一定的投资，且操作要十分小心。我国各地均有沼气池处理畜禽粪便，但受到一次性投资过大，沼气池长期效果受温度影响较大，冬季产气量小，夏季产气量大，集约化畜禽场远离居民点，使沼气的利用遇到困难。沼液和沼渣在管理、处理和利用上还得投资，尤其是夏天雨季和冬天封冻期不能利用，畜禽粪便的环境污染问题更为严重，导致已建的大型沼气池基本陷入困境，有的已被闲置。好气氧化池处理粪便是在有氧条件下，利用自然微生物或接种微生物将有机物转化为 CO_2 与 H_2O。它的优点在于池的体积仅为厌气池的 1/10，处理过程与最终产物可以减少恶臭气。缺点是需要通气与增氧设备，此外，处理过程中，仍有大量的 NH_3 挥发损失，处理产物仍有较浓的臭味，养分损失较为严重，影响到处理产物的肥效。为了完善畜禽粪便好气处理技术，减少处理中 NH_3 的损失与臭气，各国科学家对除臭剂选择、除臭技术以及减少 NH_3 损失的方法进行了大量研究，形成众多的除臭剂，如美国市场上出售的一种气味控制装置，专门用于除臭。Hayakawa 等（1989）筛选了两种除臭剂，一种微生物除臭剂以 0.2% 量添加到饲料中，可减少臭气浓度 82%，用处理过的粪便做堆肥，可减少臭气浓度 50%；另一种除臭剂直接加到畜禽新鲜排泄物中，可减少臭气 37%，堆肥时可减少臭气 63%。在减少 NH_3 挥发损失方面，研究表明当 pH 值低于 4 时，可以完全避免 NH_3 的挥发损失；氢氧化钙、碳酸钙、硫酸亚铁、硅石与土壤、氯化钙、过磷酸钙、农用石膏、酸化磷矿石及研磨磷矿石、泥炭及腐殖酸等物质可用作减少氨挥发的添加剂与吸附剂，然而它们在减少粪便氮素损失方面都未达到较为理想的程度。堆肥是处理各种有机废弃物的有效方法之一，调节堆肥物料的碳与氮，控制适当的水分、温度、氧与酸碱度一直被认为是堆肥的关键，但现在均认为高效发酵微生物是关键的关键。采用堆肥方法处理畜禽粪便其好处在于，处理的最终产物臭气较少，且较干燥，容易包装、撒施。缺陷是处理过程中有 NH_3 的损失，不能完全控制臭气，堆肥需要的场地大，处理时间长。有研究表明，采用自研高效微生物菌群，厌氧堆肥结合好氧发酵技术，利用自然干燥和大棚干燥技术，较好地解决了上述问题，使处理时间大大缩短，仅需 7~15d，且养分损失量较小，基本无臭，加之一次性投资很小，目前已开始在华东地区得到推广应用。日本采用鸡粪青贮发酵法制作饲料，即用干鸡粪（因干鸡粪比湿的或半湿的鸡粪好）、青草、豆饼（蛋白质来源）、米糠（促进发酵），按比例装入缸中，盖好缸盖，压上石头，进行乳酸发酵，经3~5周后，可变成调制良好的发酵饲料，适口性好，消化吸收率都很高，适于喂育成鸡、育肥猪和繁殖母猪。低等动物处理畜禽粪有机废弃物采用北京家蝇、大平 2 号蚯蚓和褐云玛瑙蜗牛等低等动物，分别喂食畜禽粪、烂残菜叶、瓜果皮、生活垃圾等有机废弃物，通过封闭式培育蝇蛆、立体套养蚯蚓、玛瑙蜗牛，达到处理畜禽粪、生活垃圾的目的，在提供动物蛋白饲料的同时，提供优质有机肥，该方法经济，生态效益显著，但由于前期畜禽粪便灭菌、脱水处理和后期收蝇蛆、饲喂蚯蚓和蜗牛的技术难度大，加之所需温度较高而难以全年生产，故尚未得到大范围的推广应用，随着有关技术的解决，预计该项技术具有良好的发展前景。

4. 青贮法

青贮方法最为简便、有效、完善。只要有足够的水分（40%～60%）和可溶性碳水化合物，畜禽粪便即可与作物的残体、饲草、作物秸秆或其他粗饲料一起青贮。青贮时，畜禽粪便与饲草或其他饲料搭配比例最好为1：1。下列配方可供参考：牛粪30%、鸡粪25%～30%、米糠5%～15%、三叶草15%～20%、豆饼5%～10%、稻壳1.5%～2.0%。如果青贮可溶性碳水化合物不足，可添加9%～12%的玉米面或1%～3%的糖蜜。纤维成分的消化率可通过添加氢氧化钠、氢氧化钾、氢氧化铵等碱性物质来提高。青贮法可提高适口性和吸收率，防止蛋白质损失，还可将部分非蛋白质转化成蛋白质，故青贮畜禽粪便比干粪营养价值高。青贮又可有效地灭菌。

三、养殖业废弃物的综合利用

(一) 畜禽粪尿还原农田

畜禽粪便作为有机肥料在农作物和饲料生产中具有重要作用，这也是我国农村的一种传统处理办法，能够形成物质良性循环。

表1-7　畜禽粪尿排泄量及其中的氮、磷含量

畜种		排泄物量 [kg/（头·d）]			氮素量 [g/（头·d）]			磷量 [g/（头·d）]		
		粪	尿	合计	粪	尿	合计	粪	尿	合计
奶牛	挤奶牛	45.5	13.4	58.9	153.0	153.0	306.0	2.9	3.0	4.2
	未经产	29.7	6.1	35.8	38.5	57.8	96.3	6.0	3.8	9.8
	成牛	17.9	6.7	24.6	85.3	73.3	158.6	4.7	1.4	6.1
肉牛	2岁未满	17.8	6.5	24.3	67.8	62.0	129.8	14.3	0.7	15.0
	2岁以上	20.0	6.7	26.7	62.7	83.3	146.0	15.8	0.7	16.5
	种牛	18.0	7.2	25.2	64.7	76.4	141.1	13.5	0.7	14.2
猪	育肥猪	2.1	3.8	5.9	8.3	25.9	34.2	6.5	2.2	8.7
	繁殖猪	3.3	7.0	10.3	11.0	40.0	51.0	9.9	5.7	15.6
蛋鸡	仔鸡			0.06			1.54			0.21
	成鸡			0.14			3.28			0.58
肉用鸡				0.13			2.62			0.29

鲜粪在土壤中经过3～5d，是微生物活动最旺盛时期，2周后有机质才被分解，其速度也逐渐降低，因此一般要避开这时期，才能播种或移植。尿是一种不平衡的肥料，含氮和钾虽比粪多，但氮易分解为氨，而缺少磷酸，因此不要直接作肥料，必须进行腐解。因此粪尿最好通过堆肥处理施用，能使养分浓缩，分布均匀，并能消灭杂草种子和病原菌，以保安全。

（二）畜禽粪便重新利用

近年来各国广泛应用畜禽粪便作饲料，引起人们的不安，他们从道德和审美观考虑问题，并从逻辑上设想畜禽粪便潜在危险，因它含有寄生虫卵，较强的细菌活性，抗代谢衍生物，非营养性排泄物、药物等，最令人关注的是粪便中聚积有常量元素、微量元素、重金属、药物（抗生素、制球虫药、特种添加剂等）、杀虫剂、除草剂、林木防腐剂、真菌素、激素以及病原体等，是否会对人、畜的健康和畜产品质量发生影响？迄今为止，经过大量试验和现场观测所得资料证实，畜禽粪便只要经过适当加工处理，并保持畜粪日粮营养的平衡，畜禽粪便再循环利用，对人的健康不会产生任何危害。联合国开发计划署在新加坡用占日粮 35% 的肉用仔鸡垫料粪喂后备母猪，证明鸡粪日粮对猪的适口性比商品日粮还好，效果可与怀孕母猪商品粮相媲美。Putuan（1977）用处理过的肉牛粪喂猪，喂量高达日粮的 85% 时，也很成功。

1. 鸡粪喂畜

鸡粪喂猪的适宜比例是：生长期占日粮总量的 5%~10%，肥育期占 10%~20%，对猪的增重无明显影响，而经济效果却较为理想。鸡粪不宜喂幼猪，肥育猪出栏前半个月也不要喂鸡粪，因鸡粪对胴体的脂肪品质有不良影响。

用鸡粪喂肉牛，当鸡粪占饲料干物质的 40% 以上时，应注意与能量饲料搭配使用；用产蛋鸡鸡粪喂奶牛，应注意补磷。绵羊对铜较敏感，用鸡粪喂绵羊时，要测定其含铜量，勿让日粮中的铜水平超过耐受量，否则会导致中毒。

2. 猪粪喂牛

用猪粪喂 5 月龄小牛，开始每天喂 50g，到末期喂 2kg。在 184d 试验中，节省精饲料 115kg，节省饲料 24%。绵羊对猪粪的干物质、有机物质及氮的消化率分别为 50%、51% 和 23%。有人用猪粪加糠接种多种菌株，制成发酵饲料直接喂猪，用量占日粮的 20%~40%，可节省饲料成本 20%。

3. 牛粪喂畜

无论是鲜喂还是干喂，最好先与其他饲料混合后密封发酵，这样适口性较好。发酵牛粪可在牛的日粮中添加 50%。将牛粪与麦秸一起青贮喂绵羊，或将牛粪烘干或用福尔马林处理后喂饲效果很好。牛粪喂鸡添加量为 10%，其饲喂效果与等量苜蓿粉相同。牛粪中纤维含量较高，用牛粪喂猪、鸡时，不要添加其他高纤维低能量饲料。

东南亚国家一些农民采用鸡—猪—鱼系统，在猪圈上方 1.5m 处设置鸡笼，既节省了鸡舍建筑费用，又可使蛋鸡粪直接落入猪圈中被猪在几秒钟内就吃光，节省了饲料费用，通常 3~7 只鸡可"供养"1 头猪，猪所采食的蛋鸡粪占日粮干物质的 6.3%~14.6%，因而 5 只蛋鸡每年可节省饲料费用 10.2 美元/头猪，再加上养鱼，除了完成 5 个闭锁的无污染循环外，每年还可收入 20~38kg 的鱼。鸡—猪—鱼这个无污染排出的循环系统，已被推广应用。笼养蛋鸡鸡粪比较纯，适于单胃动物饲用，一般在单胃动物日粮中添加 10% 为宜。而混有垫草的鸡粪，适于饲喂反刍动物，饲量可多些，因为粪中的氮主要来源于尿酸，在瘤胃中以相当缓慢的速度降解不会或很少会产生氨中毒问题，但必须补充维生素 A、维生素 D、维生素 E，从而提高鸡粪喂反刍动物的价值。泰国在泌乳牛日粮中，添加 25% 的鸡垫草对乳牛仍保持良好生产性能，其价值近似大豆粉。对未经加工、过筛的肉用仔鸡垫草在阉牛日粮中添加 25%～50%，再加 10% 糖蜜，效果也很好。

另外，应用蚯蚓和甲虫对畜禽粪便进行生物降解，据报道每 2kg 干牛粪可生产 1kg 蚯蚓，以蚯蚓或蝇的幼虫作鸡的蛋白质饲料；也有用藻类光合作用的潜力，转化为单细胞蛋白质。

随着畜禽粪便的均衡产出，而农村的季节性以及当前农村劳力结构的变化，迫切需要寻求经过某种工艺处理生产成一种低成本的、使用方便易于保存的有机复合肥或全价饲料，引起大家关注。

（三）沼气的生产与利用

畜禽粪便经过厌氧发酵后可以提供高效、洁净的气体燃料，它比城市人工煤气的热值还高。沼气工程是一个有效处理畜禽粪便的环境工程，是一个提供干净、便利燃料的能源工程，是一个实现废弃物资源化、生物质多层次利用，促进农业生态良性循环的综合工程，是实现中国农业持续发展的一个重要环节和技术措施。

沼气是农作物秸秆、杂草、人畜粪便等有机质，在厌氧的条件下，经微生物分解所产生的一种可燃性气体，又名天然瓦斯、天然气等。沼气的成分是以甲烷为主的一种混合性可燃气体，它的成分含量是变动的，受发酵条件、工艺流程、原料性质等因素的影响。一般沼气中含甲烷（CH_4）55%～70%，二氧化碳（CO_2）25%～40%，还有少量的硫化氢（H_2S）、氮气（N_2）、氢气（H_2）、一氧化碳气（CO）、氧气（O_2），有时还含有少量的高级碳氧化合物（CmHn）。甲烷是一种简单的化合物，是无色、无味、无臭、无毒、不溶于水的气体。在标准状态下（0℃，一个标准大气压）1m³ 纯甲烷，它可产生 36 819～39 330kJ 的热量。如果沼气中甲烷含量达 60%，在标准状态下，1m³ 的沼气可产生的热量为 23 012kJ。必须注意，沼气在未燃烧前，含有少量硫化氢、磷化三氢等有毒气体，对人、畜有毒害作用，易发生窒息、死亡事故。

沼气的发酵是一种复杂的生物化学过程，参与发酵反应的微生物主要有两大类：一类是不产甲烷的菌群，有好氧菌、兼性厌氧菌和专性厌氧菌，其作用主要是将复杂的大分子有机物降解成简单的小分子有机化合物，如纤维分解菌、半纤维分解菌、淀粉分解菌、蛋白质分解菌、脂肪分解菌等，为甲烷菌转化成沼气创造前提条件。另一类是甲烷菌，是利用小分子化合物产生沼气的微生物，按形态分有杆状菌、球状菌、螺旋状菌、八叠球菌四大类。上述各类菌群是在相互协调、相互制约的情况下，发挥各自的作用。

1. 沼气发酵的先决条件

（1）厌氧环境。厌氧发酵是甲烷微生物新陈代谢活动的生理特性，是产生沼气并有效地收集沼气的先决条件。

（2）原料。发酵原料要进行适当的预处理，秸秆必须粉碎或切成小段，才能入池，可避免秸秆上浮结壳，畜禽粪便是沼气发酵的重要原料。同时，要使沼气发酵正常运转，必须做到有进（新料）有出（残渣），进出料数量基本相等，一般采用先出料后进新料，上中层为渣液，底层是残渣，一般 6~10d 进出料一次，一年大换料 1~2 次（根据不同季节、不同原料和不同浓度，确定滞留期，使发酵原料能充分利用）。

（3）pH 值。沼气发酵液的 pH 值，除了由于原料配比不当而偏酸需要调整外，一般能自然平衡在 pH 值 6.8~7.5。

（4）温度。温度对沼气发酵有很大的影响，在一定温度范围内（10~60℃）温度越高，沼气池微生物分解有机物的速度越快，沼气产量越高。

根据发酵温度沼气池的温度条件分为：常温发酵（也称低温发酵）10~30℃，在这个温度条件下，池容产气率可达 $0.15~0.3m^3/（m^3·d）$。中温发酵 30~45℃，在这个温度条件下，池容产气率可达 $1m^3/（m^3·d）$ 左右。高温发酵 45~60℃，在这个温度条件下，池容产气率可达 $2~2.5m^3/（m^3·d）$。沼气发酵最经济的温度条件是 35℃，即中温发酵。

（5）浓度。发酵液的浓度范围是 2%~30%。浓度越高产气越多。发酵液浓度在 20% 以上称为干发酵。农村户用沼气池的发酵液浓度可根据原料多少和用气需要以及季节变化来调整。夏季以温补料浓度为 5%~6%；冬季以料补温浓度为 10%~12%；曲流布料沼气池工艺要求发酵液浓度为 5%~8%。

（6）接种物的培养与驯化。沼气发酵启动时，要加入 30% 左右的接种物，接种物的用量与质量及驯化程度有密切关系，不同来源的接种物，活性菌的数量和质量不同，对产气率和沼气发酵的启动时间有明显影响。以畜粪为原料的沼气发酵，启动容易，启动时间也快，而以禽粪为原料的沼气发酵，容易出现酸化，因此启动后，要逐渐增加粪量，直至正常发酵为止。

（7）发酵原料中适宜的碳、氮比例（C∶N）。沼气发酵微生物对碳素需要量最多，其次是氮素，把微生物对碳素和氮素的需要量的比值，叫做碳氮比，用"C∶N"来表示。目前一般采用 C∶N = 25∶1，但并不十分严格，20∶1、25∶1、30∶1 都可正常发酵。

2. 沼气发酵的环境作用

我国卫生部门，制定了《粪便无害化卫生标准》（GB 7959—1987）衡量沼气发酵处理粪便效果，见表 1-8。

表 1-8　沼气发酵的卫生标准

项目	卫生标准
密封贮存期	30d 以上
高温沼气发酵温度	(50±2)℃ 持续 2d

（续表）

项目	卫生标准
寄生虫卵沉降率	95%以上
血吸虫卵和钩虫卵	在使用粪液中不得检出活吸血虫卵和钩虫卵
粪大肠菌值	常温沼气发酵 10^{-1}，高温沼气发酵 $10^{-2} \sim 10^{-1}$
蚊子、苍蝇	有效地控制蚊、蝇滋生，粪液中无孑孓，池的周围无活蛆、蛹或新羽化成蝇
沼气池粪渣	需经无害化处理后方用作农肥

注：①也可用于三格化粪肥和密闭贮存方法处理粪便效果的卫生评价；②在非血吸虫和钩虫病流行区，血吸虫和钩虫卵指标可以不检。

3. 沼气的利用

沼气具有多功能的生物工程技术，在改善能源、生态环境、饲料与肥料等方面，获得多种效益，受到各国的普遍重视。据研究，1kg秸秆燃烧，只能产生 1 423kJ 热能，如转化沼气利用可产生 25 104kJ 的热能。利用沼气控制温度进行育秧、孵化、育雏、养蚕、养鱼等活动，解决燃料不足，节约开支，有重要意义。

以目前的工艺技术水平，$1m^3$ 的猪场污水（按污水中的 COD 含量为 16 000mg/L 计）约可生产沼气 $4m^3$。以一个万头猪场"能环工程"为例，在满足环保达标的前提下，厌氧消化池可产沼气 $400m^3$，年产量 146 000m^3，相当于 290t 原煤产量。如果供居民生活用气，可供 250 余户，按每立方米沼气收费 1.2 元计，年收益 17.52 万元。此外，沼气可用于发电，$1m^3$ 沼气可发 1.5kW·h，还可在畜禽生产中为孵化小鸡供暖、育仔畜舍加温、提供生产用热水等。

4. 沼渣的利用

厌氧发酵，既有效地消灭寄生虫卵和各种病原菌，其残存物的固体部分（称沼渣）含有 10%~20%腐殖酸，其中硬质纤维、木质素之类用以施肥，有松土作用，还包含许多难溶的硅酸、碳酸、磷酸盐及复盐和各种微量元素。腐殖酸是一种高分子羟酸，是一种抗生物质。试验表明，对水稻白叶枯病、纹枯病、棉花枯萎病、立枯病、瓜类霜霉病、白菜软腐病和甘薯黑斑病等有一定疗效，特别对虫害，如蚜虫、蓟马、叶螨有防治效果。据辽宁大学生物系分析，沼渣中粗蛋白为 46.09%、粗纤维为 4.6%、无氮浸出物为 0.82%、灰分为 10.4%。

（1）沼渣养鱼。鸡粪沼渣含粗蛋白 15.9%、粗脂肪 2.2%、钙 12%、磷 3.5%，并含有各种矿物元素，可作为养鱼的上好饲料。

（2）培养蚯蚓。沼渣经一星期左右的摊晾处理，使游离氨挥发，直接作蚯蚓的饲料，增重率提高 5.96%，繁殖系数提高 10%；蚯蚓富有高蛋白质，含有多种有益的酶，是畜禽的好饲料和人类有益的食品，具有营养和药用价值，用蚯蚓作添加剂使鸡、鸭生长加快 36%和 27.2%，鸡、鸭产蛋率分别提高 15%~30%，生长猪的生长速度和采食量分别增长 15%~20%。

（3）培养食用菌。据英国研究成果，一年 $1hm^2$ 耕地能生产的蛋白质比重，用传统方法生产肉牛为 12.86kg，养鱼为 110.49kg，栽培食用菌则可达 11 040~12 880kg，即食用菌的蛋白质含量的生产效率比传统渔业、养牛高达数百倍、上千倍；食用菌含蛋白质 30% 以上，而且氨基酸平衡，维生素丰富。沼渣富有速效养分，出菇快而整齐，据上海嘉定区沼气试验站经长期对比试验表明，沼渣培养的蘑菇生长快 3~4d，出菇期提早 3~7d，每平方米平均增产 6.4%，一级菇占总量的 19%~26%。

（4）沼渣肥田。猪粪沼渣含丰富的有机质和氮、磷、钾元素（表 1-9），具有优良的改良土壤作用，可直接回收用作果园和花卉肥料。

表 1-9　猪粪沼渣的养分含量　　　　　　　　　　　　　　（%）

有机质	全氮	速效氮	全磷	速效磷	全钾	速效钾
28.62	1.92	0.27	2.94	1.39	0.39	0.22

5. 沼液的利用

沼液中含有丰富的氮、磷、钾以及各种微量元素，还含有多种生物活性物质，是一种优质的有机肥料。应用沼液替代化肥，用于农作物的基肥和追肥，减少化肥用量，减低生产成本，提高作物产量和品质，同时保护了农业生态环境。例如，在浙江省浮山养殖场，应用沼肥将 200 亩① 低产田改造成高产、优质、高效的"吨粮田"。它还是一种速效溶液，含有各种低分子可溶性有机和无机盐类，如铵盐、钾盐、磷酸盐等。一般含 N 0.03%~0.08%，P_2O_5 0.02%~0.06%，K_2O 0.05%~0.1%，它表现多方面功效，如营养、抑菌、刺激、抗逆等效果。鱼塘施用沼液，可促进浮游生物的生长、繁殖，使鱼塘水的溶氧量增加、耗氧量减少、改善水质、减少鱼病的发生。如鱼的细菌性肠道病、烂鳃病等常见病由过去的 60%~70% 下降到 5% 以下，对鱼产量和质量有明显提高。

第七节　养殖场健康养殖与生态安全

随着社会经济的发展和物质生活水平的逐步提高，动物性食品的需求量在膳食性结构中的比例稳定增加，人类对生活质量的追求，要求动物性食品具有更好的品质和更高的安全性。同时，由于目前养殖业现有的生产模式和体系的局限性，生产者不规范的产品生产手段，加工流通过程的不合理性，法律法规制度的不健全等诸多方面的原因，使

---

① 1 亩 ≈ 667m^2，$1hm^2$ = 15 亩，全书同。

有些动物性食品的安全未能达到标准，甚至出现严重危害人类健康的情况，引起了消费者和社会舆论的强烈反响，形成了产品质量与市场消费之间的矛盾，制约了动物性食品生产的良性发展。普遍引起人们对动物性食品安全卫生问题的高度关注，人类正在寻找回归与自然的和谐，生态养殖、健康饲养的生产模式方兴未艾，时代正在呼唤绿色食品的到来。

一、动物健康养殖

如今随着现代科技的不断进步，先进的生产技术和生产方式被广泛应用到养殖业发展中，品种的选育、饲料的配方、生物制品和药物的研发都达到了较高的水平，客观上为养殖业的发展提供了条件和保障。同时，一种新的理念已逐步被人们所接受，那就是安全生产和健康养殖的理念。

（一）健康养殖的基本概念

"健康养殖"这一新概念出现在 20 世纪 90 年代中后期。目前尚未对健康养殖形成一致认同的概念。徐启家（2000）认为健康养殖的种类不应只限于某一种，而应包括可进行产业化养殖的所有水产动物；生产过程的病害也不能仅局限于某一种病害如某种病毒病，而应该包括影响产业化生产的多种病害；对于是否发生病害的养殖生产时间，不应只看一两年或三五年，而应该有一段较长的时间范畴。按上述内容要求，健康养殖的概念应该具有整体性、宏观性和生态性的内涵。石文雷（2000）认为，"健康养殖"是指根据养殖对象的生物学特性，运用生态学、营养学原理来指导养殖生产，也就是说要为养殖对象营造一个良好的、有利于快速生长的生态环境，提供充足的全营养饲料，使其在生长发育期间最大限度地减少疾病的发生，使生产的食用产品无污染、个体健康、肉质鲜嫩、营养丰富与天然鲜品相当。总之，健康养殖就是指以有效防治为主的措施，在养殖过程中消灭病原，改良养殖环境的各项理化因子，消除发病因素，使养殖生物能在无污染的近似自然的环境下健康生长。供给人们食用的动物产品是健康的、安全的，符合国家食品安全检查标准的绿色食品。

（二）国外健康养殖的状况

健康养殖始于 20 世纪 90 年代，以水产养殖为突破口，并延伸到其他养殖领域。当时在亚洲开发银行的支持下，亚太水产养殖网（NACA）组织实施了亚洲现行主要养殖方式的环境评估项目，对亚洲的水产养殖可持续发展研究作出了建议。澳大利亚著名微生物学家莫利亚蒂博士（Moriarty）在养殖系统内部的微生物生态学方面进行了长期的研究，提出了利用微生物生态技术控制养殖病害的可行性及其对养殖可持续发展的重要意义。美国奥本大学在养殖系统内部的水质调控技术方面进行了大量的研究，并且形成了较为成熟的技术。紧接着日本在海水养殖中加强了健康养殖的研究，特别是网箱养殖的残饵粪便形成堆积物的处理方法，时至今日仍是研究热点。同时也对网箱养殖的容纳量、养殖污染的影响作了深入研究。美国也在淡水技术中注入了健康养殖的思想，具体体现在鱼类的养殖生物学、生态环境基础理论的研究和养殖设施的提升上。

（三）国内健康养殖的状况

我国动物的健康养殖是与国际上动物养殖同步发展起来的，也起源于水产动物。自我国对虾养殖业遭受白斑综合征（WSD）病毒病的严重袭击后，20 世纪 90 年代中后期国内的海水养殖界出现了"健康养殖"这一新概念。其研究包括淡水鱼类的综合养殖技术、池塘动力学和微生物生态学等内容。与此同时，畜牧养殖和植物栽培也相继引入了"健康养殖"的思想。比如，随着养猪业规模化、产业化的发展，以及人们对猪肉质量不断提高的需求，我国养猪产业的生产形势面临着挑战，健康养殖成为养猪生产的必然趋势，并对鸡、肉鸭、奶牛等开展了健康养殖方面的专项研究。

（四）畜禽健康养殖的措施

如何使动物始终保持相对健康状态，要从多方面、多环节加以考虑。首先要在一个正常的内外环境条件下进行养殖，其次是对畜禽本身的疫病预防控制和健康保护，只有这样才能生产出安全的畜产品。

1. 建造标准场舍

畜禽养殖场地的建立和建设对健康养殖是十分重要的。在场地的选择上既要考虑畜禽的生活习性，又要考虑建场地点的自然条件和社会条件。在建筑布局上，一个结构完整的养殖场，把它分成生产区、生活区、隔离及粪便尸体处理区等。隔离及粪便尸体处理区应符合兽医和公共卫生的要求。为了加强畜禽舍自然通风，以降低畜禽舍温度和湿度，纵墙应与夏季主采风向垂直；寒冷地区强调要与冬季主风向呈 $30° \sim 60°$ 夹角。生产区四周应设围墙，凡需进入生产区的人员和车辆均需严格消毒；场区四周及各个区域之间应设置较好的绿化带，有条件的地方可设防风林。

2. 提供舒适环境

为减少和避免疫病快速传播，在养殖地周围近距离内最好没有饲养场；离饮水源较远，饮用水质要符合规定标准；饲养地离交通要道有一定距离，以减少污染和疫病传播机会；新建场最好建在"无疫区"，离公共厕所、医院、学校、居民、密集区等都要有相当距离。同时要营造良好的畜舍环境，如温度、湿度、通风、光照等。

3. 选择畜禽良种

养殖的畜禽从一开始就要注意它们的健康状况。如果是从外地引进，一定要了解种源输出地的疫情情况。除了到现场查看外，最好应从"无疫区"购进，有些病种应在当地免疫后方能引进，在购进前要与当地官方畜牧兽医机构取得联系，并由他们检疫和出具合法的检疫证明。如果必须去市场购买，除了察看动物本身的精神、食欲、饮水、体温、心跳、呼吸等情况，还必须查验是否有合法有效的检疫证明，购回后也应按规定隔离观察。

4. 配制优质饲料

饲料是畜禽生长发育、繁殖等生命活动的物质基础。根据畜禽的食性，其饲料大部分来源于植物，少部分来源于动物及矿物。饲料的化学成分主要包括蛋白质、脂肪、碳水化合物、维生素和无机盐。各种饲料中所含的化学成分并不相同，如动物性饲料一般比植物性饲料中蛋白质的含量多。健康养殖畜禽的配合饲料从感官上应无发霉、结块及异味。汞、铅、砷等矿物含量在允许的范围内。饲料配方是根据各种饲料的营养成分，参照相应的饲养标准而合理搭配的。

5. 精心饲养管理

畜禽健康养殖技术的核心在于饲养管理上。喂的饲料必须清洁、新鲜，并做好加工调制。养殖场应制定出饲喂日程，并保持稳定，不要忽早忽迟，也不能饥饱不均，注意先草后料。做到早餐早，晚餐晚，中餐精而少。要保持安静，注意卫生，要防止犬、猫、鼠、蛇等侵袭，还要注意防潮湿。

6. 注意卫生消毒

畜舍和周围环境清洁卫生及消毒工作应始终贯穿整个健康饲养的全过程。每日清除舍内粪便及污物，经常洗涮食槽、饮水用具等，不喂腐败变质饲料，保证槽内饲料不湿、不霉。定期交叉使用不同种类的消毒药物对畜舍及环境进行消毒，阻断病原的传播。选择消毒药时，要选择对人和畜安全，对设备没有破坏性、没有毒性残留的消毒剂，如2%的火碱或3%来苏儿液；妥善处理病畜的尸体；饮水要使用未受污染的井水或自来水。

7. 加强疫病防治

养殖场要建立自己的卫生防疫制度，包括疫病的预防免疫及程序，各环节的消毒制度和卫生管理制度、检疫制度、疫情监测监视和报告制度、污水污物或病死动物处理制度、人员培训管理制度等。同时要按法律法规和当地政府、主管部门的要求做好某些疫病预防免疫工作，自己有专业兽医和条件的，在当地动物防疫监督机构的监督指导下做；凡是大中型养殖场都应配备专业兽医人员，无条件的由当地动物防疫监督机构派人做。在经营上不能随便让人进场参观或进出养殖场，即使必须进场也要严格进行消毒，必要时要洗澡、换鞋、换衣等。并按免疫程序接种各种疫苗。

8. 安全使用兽药

我国从2006年1月1日起强制实施《兽药生产质量管理规范》，实行市场准入制。2006年1月1日零点起在全国实施"零点计划行动"，对未通过GMP检查验收兽药生产企业进行查封，责令停止一切生产活动，注销其全部产品批准文号，吊销生产许可证。我国兽药生产企业的数量从原先的2 700多家骤降至800多家。兽药市场的整顿，对安全使用兽药是一个很大的促进。养殖场严格按2004年11月1日实施的《兽药管理条例》，购买、使用有"兽用"标识的药品，不购买不使用假、劣兽药，不使用禁用的药品和其他化合物，不在饲料和动物饮水中添加激素类药物。用药要如实、全面地记录，必要时将处方附于其中。

9. 加大污染整治

国家环保总局先后发布了《畜禽养殖业污染防治管理办法》《畜禽养殖业污染物排放标准》《畜禽养殖业污染物防治技术规范》，详细规定了畜禽养殖场的选址要求、场区布局和清粪工艺、畜禽粪便贮存、污水处理、固体粪肥的处理利用、各类药物添加剂和消毒剂的使用、饲料和饲养管理、病死畜禽尸体处理与处置、污染物监测等污染防治的基本技术要求。要严格按照这些法规来治理养殖企业环境。

10. 提高员工素质

一方面，健康养殖必须由健康的饲养管理人员来承担，只有这样才能避免人畜共患传染病发生。比如，饲养管理人员应当没有结核病；患流感的病人应当在病愈之后再去饲养场；患传染性肝炎的人在具较强的传染力期间不应去从事健康养殖工作。另一方面，作为饲养管理及兽医人员等也应注意自身健康保护，要强化经常性的自我卫生观念和卫生措施，在场内工作时间严禁饮食，出场要洗手、洗澡、消毒、换衣等，要时刻注意保护自己和家人的健康。同时，要培养员工们健康养殖的理念，提高其综合素质，养成生产无公害畜禽产品的自觉性。

二、畜禽安全生产

食品安全是一项系统工程，涉及农产品的生产、运输、储存、加工、销售等各个环节，而生产是基础性环节，没有安全的畜产品生产，就没有动物性食品安全。按照优质、无害进行标准化生产是保证动物性食品安全的一项主要措施和途径。随着社会物质财富的日益丰富，科学技术的不断进步，生活水平的逐步提高，消费者对食品的生产、加工、贮运、销售整个过程表现出了空前的兴趣，不断要求政府和食品制造商在食品质量、食品安全、消费者保护方面承担更多的责任。在当前全球食品贸易量日益剧增的形势下，无论是进口国还是出口国，都有责任强化本国的食品管理体系，履行基于风险分析的食品管理策略。特别是进入 21 世纪以来，食品安全问题引发的社会、政治和贸易问题时有发生，世界各国的食品安全管理法规、机构、监管、信息、教育正在急剧变化，及时了解和掌握各国在食品安全管理方面的动向及相关研究成果，选择适合中国国情的食品安全管理体系，体现以人为本，实现经济和社会全面协调发展的科学发展观，是中国食品安全管理面临的主要挑战。

（一）畜禽安全的基本知识

1. 畜产品安全

食品安全是指食物有损于消费者健康的急性或慢性危害。畜产品安全，是指畜产品中不应含有危害人体健康或对人类的生存环境构成威胁的有毒、有害物质和因素。畜产品的安全涉及兽药、饲料及饲料添加剂的生产、经营、使用，动物的饲养与管理，动物疾病的防治，动物的屠宰、加工、包装、储藏、运输和销售等多个环节。概括地说也就是"无疫病、无残留、无污染"的畜产品。

2. 畜禽安全生产

畜禽安全生产是指在畜产品生产过程中，生产者所采取的一切操作应符合法律法规要求和国家或相关行业标准，以保证畜产品质量的安全、生产者的安全和生产环境的安全。

（二）畜禽安全生产的内容

（1）保证畜禽健康，避免发生传染性疾病和其他疾病。

（2）保证畜禽生产中产生的废弃物（如废气、废水、粪便、死尸等）不对环境造成污染和威胁。

（3）保证畜禽与人和其他动物不相互传染疾病。

（4）保证畜禽生产过程中不受环境的不良影响。

（5）通过综合措施，为人类提供安全的畜禽产品。

（三）畜禽安全生产的规程

1. 养殖场生产环境

养殖场应建在水源保护区、交通要道、城镇居民区、学校、医院等禁养区域以外。生产和建筑布局应符合相关工艺要求，有防疫隔离设施，生产区、生活区、缓冲区。空气质量和水质量应符合养殖业环境质量要求。

2. 养殖场生产工艺和养殖规模

养殖场应具有合理的生产工艺、先进的养殖技术，符合养殖品种的规模化、专业化生产流程，应养殖符合市场需求、生产性能优良的品种。

3. 养殖场规章制度

养殖场应遵守国家的有关法律、法规。同时，应建立、建全相应的生产、管理规章制度，并张榜明示各项生产指标与岗位责任制。整个生产过程应严格遵守养殖技术规范。所有记录档案保存完整，并应尽可能长期保存，最少应在清群后仍保存2年。

4. 投入品使用规范

（1）饲料及原料。应符合营养指标和卫生指标要求。执行国家标准 GB 13078—2001《饲料卫生标准》、农业行业标准 NY 5032—2001《无公害食品 生猪饲养饲料使用准则》。

（2）饲料添加剂。必须按照农业农村部所规定的品种和取得试生产产品批准文号的新饲料添加剂品种，并由取得饲料添加剂生产许可证的企业生产的具有产品批准文号的产品。

（3）药物饲料添加剂。应符合农业农村部发布的无公害养殖对药物使用的要求。按国家要求增加或减少药物饲料添加剂使用品种，严格执行休药期制度。

（4）药物的使用。对动物疾病进行预防、治疗、诊断所用兽药必须符合《中华人民共和国兽药典》《中华人民共和国兽药规范》《兽药质量标准》《进口兽药质量标准》和《饲料药物添加剂使用规范》的相关规定。

5. 饲养管理规范

（1）饲养人员。应定期进行健康检查，并依法取得健康证明后方可上岗工作，传染病患者不得从事饲养工作。

（2）技术人员。应有专业学历证明或经过职业培训，并取得绿色证书后方可上岗。

（3）饲养过程。应按国家和地方相关畜禽饲养等标准进行管理。

（4）饲喂过程。应按养殖技术规范进行，每次饲料添加量要适当，防止饲料污染。根据饲养工艺进行转群，做好生产计划安排，创造适宜养殖的生产环境，认真做好日常生产记录。

6. 防疫检疫规范

养殖场应建立、建全严格的防疫管理制度。定期做好养殖场所、环境和生产用具的消毒工作；实施动物免疫登记证制度，对国家和各省级兽医管理部门确定的必须免疫的动物疫病严格按免疫程序实施免疫；积极配合动物疫病检测机构对疫病进行检测和监督。确保全年无一、二类传染病发生。

（四）国内外畜产品质量安全现状

1. 美国的畜产品质量安全管理

美国养殖业高度发达，也是资金和技术密集的产业。自20世纪90年代以来，其畜产品产量占世界产量的比重一直维持在20%左右，2000年肉类产量占世界总产量的18%，其中牛肉占世界总产量的20%，猪肉占世界总产量的14%，禽肉占世界总产量的23%，奶类占世界总产量的19%，蛋类占世界总产量的12%；畜产品出口已占国内消费量的10%左右，其中肉类出口占世界出口的15%，奶类出口占世界出口的3%，蛋类出口占世界出口的8%~9%。养殖业产值在全美农业产值中所占比重为45%左右。美国畜产品产量大，竞争力强，多数年份的出口量大于进口量。这与美国大力推进畜产品出口和推进畜牧农场规模化、工业化是分不开的，更与其畜产品质量安全综合管理机制的实施分不开。美国的畜产品安全综合管理机制的重要内容包括健全的畜产品质量安全法律、法规、标准体系，对畜产品生产、加工、贮运、销售过程进行全程控制，严密的畜产品质量安全管理组织机构体系，强化生产源头控制和进出口检疫，注重资金投入和畜牧技术推广。

2. 欧盟的畜产品质量安全管理

欧盟以统一的标准为中心进行畜产品质量安全配套管理。欧盟的畜牧产业是农业的支柱产业之一，其养殖业产值占农业产值的比值一般在30%以上，但由于欧盟各国资源和技术比较优势不同，各成员国发展养殖业的具体品种也不尽相同，如丹麦以养猪为主，是世界人均肉类占有量最多的国家（1998年人均达到417kg），也是世界重要的猪肉出口大国，而英、法、德等国主要是牛、羊、禽的养殖。2000年，欧盟15个成员国的畜产品总产量占全球畜产品总产量的 20% 左右，其中肉类产量占全球肉类总产量的 18.2%，禽蛋产量占全球禽蛋总产量的 12.9%，奶类产量占全球奶类总产量的 28.4%，蜂蜜产量占全球蜂蜜总产量的 1.8%，因而欧盟在世界养殖业发展和畜产品质量安全管理中占有十分重要的地位。为保障畜产的质量安全管理，欧盟在成立必要的协调机构基础上，实施了以统一的标准为中心的畜产品质量安全配套管理措施。欧盟的畜产品安全综合管理机制的重要内容包括完善的质量控制管理机构，实施严格而统一的质量安全标准，十分重视养殖业卫生的环保控制，建立食品信息的可追踪系统，先进的科学技术和严格的管理。

3. 日本的畜产品质量安全管理

日本畜产品质量安全管理注重把好"四关"。20 世纪 30 年代，日本食品消费结构中，肉类和奶类的消费量为零，到 20 世纪 90 年代肉类和奶类消费量已占到 5%～7%，每人年均消费肉类达到 40kg 左右，奶类达到 90kg 左右。在畜产品质量安全管理方面，注重把好"四关"：一是把好法制关，保障监督和规范畜产品的生产。二是把好育种关，充分利用本地一些优质畜禽品种进行培育与改良，促进畜产品质量的提高。三是把好环保关，从法制、政策、技术上全面支持养殖业对畜禽粪尿进行生态处理，如填埋、再次作为有机肥使用等。四是把好进出口检疫关，日本有严格的进出口检疫规则和标准，由农林水产省动物检疫所执行。

4. 中国畜产品质量安全管理取得的成绩

（1）保障畜产品质量安全的法制建设。为了保障畜产品质量安全，我国从 20 世纪 50 年代初开始，先后颁布了一系列畜牧兽医和饲料方面的法律法规。1978 年农林部发布《供应港澳畜禽口岸检疫暂行规定》；1980 年国务院批转《兽医管理暂行条例》，经过多年实践修订，国务院于 1987 年正式颁发《兽医管理条例实施细则》；1985 年国务院发布了《家畜家禽防疫条例》；1985 年全国人民代表大会常务委员会通过了《中华人民共和国进出境动植检疫法》；1994 年国务院发布《种畜禽管理条例》，并授权农业部制定了《种畜禽管理条例实施细则》；1997 年经全国人民代表大会常务委员会通过，颁布了《中华人民共和国动物防疫法》；同年，国务院发布《生猪屠宰管理条例》；1999 年国务院发布《饲料和饲料添加剂管理条例》。这些法规的颁布和实施，标志着畜牧行业管理工作逐步走上法制管理的轨道。

（2）保障畜产品质量安全的标准制定。为了保障畜产品质量安全，我国从 20 世纪 80 年代以来，加强了养殖业标准的制定与实施工作。到 1996 年，中国已制定、发布养殖业国家标准 240 个，行业标准 140 个，各省（自治区、直辖市）发布地方（企业）标准 300 多个。在推行养殖业标准化、规范养殖业生产的同时，中国也加强了对产品质量的管理。制定了关于产品质量、检测方法的标准、加工技术规程、卫生规范以及生产中认证的标准。

（3）保障畜产品质量安全的畜禽改良。为了保障畜产品质量安全，我国进行良种繁育体系建设，提高畜禽生产性能。目前全国建有各级种畜禽场 1 825 个（其中 83 个为国家重点种畜禽场），包括种牛场 104 个、种猪场 585 个、种羊场 187 个、种禽场 391 个、种兔场 23 个、种蜂场 20 个、综合种畜禽场 491 个、其他种畜禽场 24 个。另建有 79 个种公牛站和 6 000 个畜禽品种改良站。国家和省级畜牧部门先后从国外引进了多批优良种畜禽，使中国畜禽良种化程度不断提高。

（4）保障畜产品质量安全的疫病监控。为了保障畜产品质量安全，我国建设完善了动物疫病控制体系。目前，从农业农村部到乡镇，各级均建有畜禽防疫机构及村级防疫员，全国防疫队伍约有 100 万人。1952 年开始，各省（自治区、直辖市）还相继建立了畜禽产地、市场和运输检疫机构。1959 年，为防止国内外畜禽疫病的传播，国家在部分口岸设立了进出口检疫站。1965 年将上海、天津、大连等 23 个检疫机构充实改建或新建为口岸动植物检疫所。1981 年成立国家动植物检疫总所，基本健全了全国动物进出口检疫体系。经过不断整顿、改造和新建，全国已有各级兽药厂 1 800 多家，生产生物药品、化学药品和添加剂药品 2 000 多个品种，其中省级以上兽医药械厂 30 多家。1952 年建立了中国兽药监察所。全国已建成 31 个省级兽医化验诊断中心，30 个省级兽药监察所。有 70% 以上的地（市）和 60% 以上的县建立了兽医卫生监督检验机构，初步形成了全国兽医卫生监督管理体系。组织体系的建立和完善，对防治、消灭畜禽疫病发挥了关键性作用。

（5）保障畜产品质量安全的质量体系。农业农村部作为农产品主管部门，对农产品质量安全监测体系建设一直都很重视。分别于 1988 年、1991 年和 1998 年规划筹建了 3 批共 179 个部级质检中心。截至 2002 年 9 月，已有 165 个部级质检中心通过了国家计量认证和农业农村部的执法检验授权认可。在建好部级质检中心的同时，农业部相继指导地方农业部门建立省级农产品质量安全检验站（所）480 余个；地、市、县级农产品质量安全检测站（所）1 200 余个，其中最终农产品质检站 400 余个。目前，农产品质量安全监测体系已成形。

5. 中国畜产品质量存在的问题

我国畜产品生产存在的安全问题主要是农药、兽药、饲料和添加剂、动物激素等的使用，为养殖业生产和畜产品数量的增长发挥了积极作用，同时也给动物性食品安全带来了隐患。

（1）兽药残留。在畜产品生产中滥用或非法使用兽药及违禁药品，使动物性食品中兽药残留超标。20 世纪 90 年代初以来，随着养殖业规模化、商业化的发展，兽药及饲料添加剂在养殖业生产中得到了广泛运用，降低了动物死亡率，缩短了动物饲养周期，促进了动物性产品产量的增长和动物性集约化养殖的发展。但由于不当或非法使用药物，过量的药物残留在动物体内。当人们食用了残留超标的动物食品后，会在人体内蓄积，产生过敏、畸形、癌症等不良后果，直接危害人体的健康及生命。

（2）农药残留。在农业生产中大量使用农药、化肥、促长剂等化学合成物增加农作物产量的同时，致农作物也含有大量农药、激素残留，从而间接对畜产品造成污染。

（3）化学污染。饲料中超量添加铜、锌和使用砷制剂等，不仅对畜产品的安全造成隐患，而且也造成了土壤和水源的污染。这些重金属有害物质及生物性有毒物质，也影响着中国畜产品质量的安全。据统计，危害人体健康的化学物质大约有400种，主要是铅、汞、镉、砷等。这些有毒物质，通过动物性食品的富集作用使人中毒。

（4）畜牧污染。在高度集约化、规模化养殖场，大量的有机肥不能有效处理和利用，已成为一大环境污染源。据调查，目前95%以上的规模养殖场没有经过处理或仅经简单处理直接排放粪便污水，污染空气，使水质恶化、鱼类等水生物死亡，土壤不能种植，恶化了生活环境。

（5）管理滞后。养殖业生产中的许多管理制度不够完善。有些养殖场没有建立完整的免疫、检疫、消毒、隔离、疫情监测、无害化处理等各项规章制度。个别养殖场时有疫病发生，造成严重的经济损失。

6. 中国畜产品质量问题解决的办法

（1）修订和完善相关法律法规。1997年我国农业部公布了《允许用作饲料药物添加剂的兽药品种及使用规定》明确制定了对饲料药物添加剂的适用动物、最低用量、最高用量及停药期、注意事项等。农业部于1998年公布了《关于严禁非法使用兽药的通知》，随后又发布了一些更具体的禁用药品品种的通知。强调严禁在饲料及饲料产品中添加未经农业部批准使用的兽药品种。1999年颁布施行《饲料和饲料添加剂管理条例》。2001年结合饲料安全新形势，修改并重新颁布施行该条例，使我国饲料安全工作步入依法行政的轨道。2001年2月公布了《饲料中盐酸克伦特罗的测定》强制性标准。要加强兽医法制体系建设，加快实施动物保护工程，加快无规定疫病区建设，减少畜禽疫病发生、流行。推行安全畜产品市场准入制，按照相关的法律、法规，对畜禽饲养、畜产品加工和上市销售等各个环节，进行有组织、有计划、有目的的监督检查，实行有效的全程监控，以违禁药物、重金属、抗生素和主要畜禽疫病的监测为重点，使生产经营者自觉按照无公害标准生产经营畜产品，让消费者放心，让老百姓满意。

（2）监督和管理饲料、兽药使用。对饲料、兽药生产经营环节，必须严格依照有关管理要求加大执法力度，做到有法必依，违法必究。只有规范畜禽饲料产品的生产、经营和使用行为，对各环节加强管理，才能保障畜禽饲料的安全卫生，保障动物性食品对人类的安全，保障养殖业的健康发展。饲料、兽药管理必须成立专门结构或指定专人负责，常抓不懈。同时要加大科技投入，开发安全饲料添加剂，建立绿色畜产品生产的技术支撑体系。饲料技术的进步是解决安全问题的核心，加速饲料新技术、新产品的研制是当前动物科学工作者的首要任务。高效、安全、无毒、无残留的新型、环保"绿色"饲料添加剂的研究与开发应用，是解决畜产品安全问题的必要条件。

（3）建立和实施基地认证体系。要制定《安全畜产品认证管理办法》，并针对饲料、养殖、屠宰加工、运输贮藏及销售等不同环节的技术管理要求，制定出相应的质量认证细则。实施标准化生产要尽快制定畜产品质量管理的相关行政法规，形成畜产品质量依法管理的基本框架，同时，行政管理部门要组织畜产品质量检测、兽医、兽药、饲料、技术监督、卫生防疫及畜产品生产等方面的专家，成立畜产品质量认证委员会，具体负责安全畜产品生产体系的认证和管理工作。在畜产品生产中推行 HACCP 系统，为了确保畜产品的安全质量，在畜禽饲料生产及畜产品生产加工过程中确定关键控制点。控制可能出现的危害，确立符合每个关键控制点的临界限，与关键控制点的所有关键组分都是畜产品安全的关键因素。同时，建立临界限的检测程序、纠正方案、有效档案记录保存体系、校验体系，以确保产品安全。确保最终畜产品的安全、卫生、无公害、无残留的生产管理。

（4）推广和应用绿色生产技术。大力推广和应用绿色养殖业生产技术，实施绿色品牌战略。充分发挥畜牧兽医技术推广机构的作用，加强畜禽优质品种的培育和普及，优化品种结构，提高现有产品品质技术的研究和开发，争取在新品种选育上有较大突破。围绕畜产品质量和安全抓好新技术、新成果、新产品的推广和技术服务。推广高效低残留的兽药、饲料和添加剂。按照标准和技术规范指导养殖户生产无公害、绿色畜禽。积极推行动物疫病综合防治技术。全面推行科学、安全饲养，努力提高畜产品质量，确保产品低药残、无激素、无公害，尽快适应国际、国内市场需求。通过集中力量，多种媒体、多种方式，加强对安全畜产品的宣传和引导，让老百姓知道什么是安全畜产品，建立起品牌意识。我国畜产品应通过创绿色品牌来提升产品质量的档次，从而使我国畜产品真正成为受市场欢迎的产品。

（5）开展和实施产品追溯体系。建立安全畜产品可追溯体系及畜产品生产预警和快速反应机制对畜产品的饲养、加工、运输、销售实行质量安全监控，建立畜产品质量安全认证制度、畜产品市场准入制度和质量安全追溯制度。建立畜产品质量安全追溯制度，逐步形成不合格畜产品的召回、理赔和退出市场流通的机制，实现对畜产品从生产到餐桌的全过程监控，确保畜产品安全。要在法制、体制和技术支撑体系逐步完善的基础上，抓紧建立和完善动物疫病预防、控制和扑灭机制。要加强外来动物疫病防治工作，提高对外来疫病的早期预警和快速反应能力。提高处理突发畜禽疫情的快速反应能力。总之，动物饲料的安全是关系畜产品和人民利益的一件大事，是全社会关注的热点，饲料安全工程，即食品安全工程，也就是人类健康工程。饲料—食品—人类健康一脉相承，动物饲料与人民生活水平和健康息息相关。

三、养殖场生态安全

经济的发展推动了社会和人类的进步，但同时也对地球带来了各种各样的环境问题和生态危机，特别是 20 世纪 50 年代以来环境污染和生态破坏日益严重，已发展到严重威胁人类生存和国家发展的关键时期，保持全球及区域性的生态安全、环境安全、经济可持续发展等已成为国际社会和人类的普遍共识。养殖业是对自然资源依赖最大的产业部门，其可持续发展研究更是得到国际社会的普遍关注。农业可持续发展问题的实质是经济、社会发展与资源、生态环境间的关系问题，资源、生态环境问题是区域农业可持续发展的核心和基础。因此，对农业生态安全的研究有着十分重要的意义。20世纪80年代以来，非洲猪瘟高致病性禽流感、牲畜口蹄疫、高致病性猪蓝耳病和链球菌病等新的畜禽疫病不断出现，畜禽疫病防控形势十分严峻。尤其是近年来，畜禽疫病的发生规律、发病特点等都出现了新情况、新变化，疫病药物控制越来越困难，防控成本越来越高，风险越来越大。建设生物安全体系，采取严格的隔离、消毒和防疫措施，通过对人和环境的控制，建立起防止病原入侵的多层屏障，使畜禽生长处于最佳状态，已成为防控畜禽疫病的重要手段。

（一）养殖业生态安全

养殖业生态安全是指养殖业赖以发展的自然资源、生态环境处于一种不受威胁、健康、平衡的状态。在这种生态安全的状态下，才能实现生产可持续性、经济可持续性和社会可持续性。

（二）养殖业生态安全的内容

农业生态安全大致包括农业环境安全、农业资源安全、农业生物安全、农业产品安全（包括数量安全和质量安全，即所谓的双重安全）几个方面的内容。

（三）养殖场生物安全

养殖场为了防止和杜绝致病的病毒、细菌、真菌及其毒素、寄生虫等侵入畜禽群，扑灭、控制、减少畜禽群内已存在的上述病原、传染源及其传播途径，以保障养殖的畜禽正常、健康地生长、发育、生产，对环境不造成污染，对消费者提供的是安全、优质、无毒、无病害、无激素、无药残的肉、奶、蛋、毛、皮等，所采取的各种有效措施。简单地说，就是一种以切断传播途径为主的包括全部良好饲养方式和管理在内的预防疾病发生的良好生产管理体系。

（四）养殖场生物安全的内容

1. 环境控制

环境控制包括养殖场地址的选择、养殖场的结构布局、养殖场畜禽舍内外环境的控制。

2. 人员控制

在畜禽养殖场，人员进出是频繁的，造成病源传入概率很大，一种是机械性带入，另一种是生物性的传播。

3. 畜禽控制

对畜禽群按照正确的免疫程序进行预防接种，才能使畜禽产生坚强的免疫力，既能达到预防传染病的目的，又能提高畜禽生产群对相应疫病的特异性抵抗力，是构建畜禽养殖场生物安全体系的重要措施之一。

4. 器具控制

对物品、设施和工具的清洁与消毒处理是为了减少畜禽环境中病原的数量及畜禽被病原感染的机会，是养殖场控制疾病的一个重要措施。清洁与消毒处理，一方面，可以减少病原进入养殖场或畜禽舍；另一方面，可以杀灭已进入畜牧场或畜禽舍内的病原。

5. 饲料控制

畜禽养殖场必须保证畜禽饮水和饲料的清洁卫生，对饮水和饲料应定期进行细菌、霉菌和有害物质的检测。养殖场使用药物饲料添加剂要符合有关规定并建立记录档案，接受畜牧兽医行政主管部门的定期检查和对人体健康危害较大饲料药物添加剂残留的抽样检验，养殖场要严格执行国家关于兽药和药物饲料添加剂使用休药期的规定。

6. 弃物控制

畜牧业生产中产生的垫料、粪尿、污水、动物尸体等废弃物，都应严格进行无害化处理。应建立生化处理设施，对垫料、粪尿、污水等进行生化处理和降解，对动物尸体应进行无害化处理。

（五）养殖场生物安全体系建设

生物安全体系是一个综合性控制疾病发生的体系，即将可传播的传染性疾病、寄生虫和害虫排除在外的所有的有效安全措施的总称，是目前比较经济的有效控制疫病的手段。生物安全体系着眼于为动物健康提供一个舒适卫生的生活环境，提高动物机体的抵抗力，尽可能使动物远离病原体的侵袭。规模化畜禽场生物安全体系就是通过各种手段以排除疫病威胁，保护畜禽健康，保证畜禽场正常生产发展，发挥最大生产优势的方法集合体系总称，总体上主要包括环境控制、科学管理、饲料营养、疫病控制等方面的内容。

1. 环境控制

环境控制主要涉及养殖场的选址、场内布局、养殖规模、养殖场小环境控制、养殖场的消毒、养殖场的人员活动和区域大环境。

2. 科学管理

科学管理中包括科学引种；加强管理，实行全进全出；病死畜禽及其废弃物处理等。

3. 饲料营养

包括饲料原料安全；科学设计饲料配方；饲料品质检测和运输贮存；科学饲喂、饮水和兽药与饲料添加剂的使用等。

4. 疫病控制

包括健康检测、疫病净化、免疫接种、抗生素和益生素的应用等。

思考题

1. 什么是生态养殖业?

2. 什么是生态养殖?

3. 研究生态养殖的意义何在?

4. 简述生态养殖的内涵。

5. 简述生态养殖的性质。

6. 简述生态养殖的特征。

7. 简述生态养殖的原则。

8. 简述世界生态养殖业发展现状。

9. 简述世界生态养殖业发展的基本趋势。

10. 简述我国生态养殖业发展史。

11. 简述我国生态养殖业的功能定位。

12. 简述我国生态养殖业的类型。

13. 简述我国生态养殖业的发展模式。

14. 简述养殖业生态系统的基本概念。

15. 简述养殖业生态系统的主要特点。

16. 简述养殖业生态系统的基本结构。

17. 如何进行农牧业生态工程的设计?

18. 试分析养殖业生态系统工程。

19. 简述提高养殖业生态系统效率的措施。

20. 简述生态养殖管理的原则。

21. 简述生态养殖的资源管理。

22. 简述生态养殖项目的策划。

23. 简述生态养殖项目计划的编制。

24. 何谓生态养殖产业化?

25. 简述生态养殖产业化的内涵。

26. 简述生态养殖产业化的特征。

27. 简述生态养殖产业化的作用。

28. 简述生态养殖产业化的形式。

29. 简述我国产业化发展中存在的问题。

30. 简述生态养殖产业化发展的途径。

31. 简述养殖业环境污染产生的原因。

32. 简述养殖业环境污染治理的指导思想。

33. 简述养殖业环境污染治理的基本原则。

34. 简述养殖业环境污染治理的基本方法。

35. 简述养殖业废弃物的综合利用方法。

36. 什么是畜禽健康养殖？

37. 什么是畜禽安全生产？

38. 什么是养殖场生物安全？

39. 简述畜禽健康养殖的措施。

40. 简述畜禽安全生产的内容。

第二章 生态养猪规划与管理

第一节 生态养猪优化设计与规划

本节主要阐述生态养猪的基本理念和意义，生态养殖的内涵、性质、特征和应遵循的原则，介绍生态养猪的方法和基本模式。

一、生态养猪概述

（一）生态养猪的概念

生态养猪学是一门应用科学，它是农业生态学的一个分支学科，是养猪生产中运用生态学、经济学和系统论的原理和方法，将养猪及与其有关的畜禽、其他动物、农作物等组合在一个农业生态系统中，使它们之间形成一个与自然生态系统相似的，具有互生、互长、互相促进、互补及竞争的关系，使每一个产业间都组成因果关系。在一个产业的生产过程中产生的副产品及废弃物，成为生态链中下一个生态位的生物的营养物质，形成一个食物链，相继传递，以达到物与能充分利用的目的，使投入的饲料和其他物质能得到充分的利用，使排污达到最低限度，以求得可持续发展的要求。

（二）生态养猪的性质和特点

1. 生态养猪的性质

生态养猪是一种半人工的生态，是人类通过劳动利用自然环境所具有的天然条件为猪本身的生存服务，并成为按生态学原理而建立的养猪生态系统，它的存在在一定程度上要受到人为的干预。

生态养猪是一种专门的生态系统，它以养猪为主，经过人为的组合，结合其他农业生物与自然环境（光、热、水、土壤、气候）及人工环境如畜舍、温室、饲料、肥料、药物管理、粪尿处理等多因素，组成了各有关产业相互间存在着有机的生存关系，这也是在人为参与下的生产过程。它的产品要进入人类的市场，所以它必然要和人的社会活动因素相联系，它是一个复杂的半人工的系统工程。

2. 生态养猪的意义

养猪生态和自然生态是不同的，养猪生态系统中往往是以某一个或几个农业生物为主的生产系统，每一个猪及家畜及其他动物和农作物等占各自的生态位，并按照所构成食物链的顺序组成一个系统，同时由于猪的产出远远高于其他非主流农业生物，因此在生产过程的能源循环中加入了大量的辅助能；生态养猪系统有大量产品输出，因此它的生态平衡状态，是与自然生态系统有着极大的差别。

养猪生态系统比自然的生态系统结构简单。生物种类少，食物链短，同时由于人的影响，因此农业生物的自然调节能力较弱，易受自然气候、疾病、虫害等因素影响。

（三）研究生态养猪的意义

近几年来，我国生猪养殖业出现了价格大幅波动、疫病发生频繁、有效供给不足等诸多问题。要使我国保持生猪养殖业的持续、稳定发展，提高食品安全和生态环境保护水平，保障消费者的健康，大力发展生态养殖是其必由之路。

我国是一个人口大国，人均资源占有量较少。我国又是一个养猪大国，养猪业在畜牧业中占有重要地位。我国人民有喜吃猪肉的习惯。猪肉人均消费还有很大潜力。因此，生态养猪对养猪业以及农业生产均具有重要意义。

（1）能充分利用自然资源。生态养猪利用生态学原理组织养猪生产各环节，使生猪生产系统结构达到最优程度。

（2）减少环境污染，有效保护生态环境。养猪业对环境污染已成为妨碍集约化、规模化、工厂化养猪发展的重要因素之一。

（3）生态养猪不仅能降低养猪生产成本，而且能生产出有利人体健康的绿色食品。

（4）生态养猪是实现养猪业可持续发展的必由之路。生态养猪业要求应用自然生态系统的生物降解途径处理养猪生产过程中的各种废弃物，变废为宝，在养猪业中尽量多用自然物质，采用消化率高、营养平衡、排泄物少的饲料配方技术，使养猪综合成本最低，并且要生产出绿色生猪产品。这样的养猪方式是可持续发展养猪业的基本方向。

（四）国内外生态养猪的现状

目前，生态养猪已受到越来越多的重视，在国内外都有不少类型的生态农场。欧美生态农场的建设都走向社会化，一种比较普遍的模式是农牧结合，土地和畜牧生产有一定的比例关系，为此还制定有专门的法规，畜牧业所产粪肥都作为农场的肥料而被消耗掉，农场生产的粮食一部分作为饲料，一部分上市作为商品。农场内宜林则林，宜果则果。产品一般都通过协会或合作社形式组织统一加工出售，然后各场按比例分成。农牧业生产一般都采用现代技术。欧美国家农村人口比例要比我国少得多，农场以家庭经营为主，养猪的规模不太大，一般不超过千头，农区的生态环境保护的比较好。

菲律宾的生态农业发展比较好。菲律宾有专门的大学院校及科研所开展生态农业的研究，同时在实践中探索生态农业的建设。像举世闻名的菲律宾玛雅农场是一个典型。

该农场首先以利用自产的麦麸开始养猪为主，并以沼气生产为纽带，形成了农、林、牧、副、渔综合发展的联合企业，农场通过有效利用有机废物，不仅农业实现了多样化，畜牧业也采取多样化发展，畜粪进行沼气发酵产生沼气作为能源，取得了生态、经济、社会三方面效益全面丰收的效果。

我国生态养猪的发展，历史也很悠久。从猪被驯养作为家畜以后的 7 000 多年以来已经发展成为一种甚为完善的小型生态养猪业，因地制宜以农、牧、渔、果、林、蚕桑的结合，发展得很好。

我国农村，养猪、养牛、种桑养蚕、种地打粮，筑起了一派具有中国特点的农村田园风光，几千年不衰，环境没有被破坏，生态状况良好，令人迷恋难忘。当然这是一种低水平的、小规模生产的、简单的生态建设。我们不应该要求再回到原来的这种生态状态，但可以从中吸取经验，使现代化生态农业建设得更好。我国农村人口很多，因此更需重视发展具有我国特色的生态农业。

近年来我国养猪业发展迅速，不少地方在发展养猪业的同时，探索了不少类型的生态养猪模式。如深圳市农牧实业有限公司的"猪—沼气—果—渔—林—肉类加工—市场"的完整的生态养猪企业，是一个比较成功的范例。在江西赣州，发展果、猪、沼以及玉山县猪、渔、沼的生态农业的模式也是一种近代生态农业模式。目前在全国农村建设中，凡是推广沼气发酵利用及对养猪业有比较好的规划，并且在规划中强调了生态农业的建设，这些地方在实践中都取得了很好的效果。可以预见不久的将来，随着我国对生态农业及生态养猪的重视及其发展，必将会获得更为可喜的成果。

二、生态养猪的设计基础

健康养猪模式的设计，应既能保证猪的健康，同时也能保证环境健康、人类健康和产业健康。健康养猪包括种猪、仔猪、生长育肥猪等不同环节养殖的健康。要使种猪具有高的遗传潜能、抗病能力强、耐粗饲性能好，其饲养过程应符合种猪的生产要求和繁殖目标，后备母猪与基础母猪保持合理的比例，无动物疫病，繁殖过程中不会传播疾病。对仔猪和生长育肥猪，须经过必要的免疫程序，其饲养过程和环境条件应符合仔猪和生长育肥猪的生产要求。生长育肥猪的健康是保障猪肉产品质量安全的基础，注重养殖过程中动物本身的生理和行为学要求，通过改善饲养环境和福利水平，降低动物应激水平，注意日粮的全价和均衡供应，提高猪自身的抗病能力，减少兽药、消毒药、添加剂的使用，防止在提高生产性能的同时，引起兽药、重金属等添加物残留量的超标，减轻对人类健康的负面影响。

健康养猪的生产环境设计应既符合猪的生长繁衍需要，还要能够改善人的作业条件。如在空间设计时，首先要考虑猪的体型尺寸和活动空间，其次考虑人体尺度和人体作业所需要的空间；在设备选型时，应满足不同生理阶段的猪的需要，避免对猪体造成损伤；在实施环境调控措施时，不能给猪造成额外的应激。将动物福利的思想引入猪的日常生产管理中，按照猪的生物学特点和行为习性进行猪群的管理和利用，体现"以猪为本""以人为本"的理念。

（一）生态养猪设计的基本原则

生态猪场的设计是运用农业生态学原理和养猪生态技术，结合养猪生产技术。使养猪生产与自然环境及社会有机结合，尽量少或不破坏原生态环境。与其他生物相互协调、互相促进，体现生物多样化的原则。保证所饲养的猪能有最佳的生存空间、最有利的防疫条件、最有利的生产条件、最合理的物能循环利用、节约能源和粮食。猪场的排污及废弃物在得到资源化处理后，其排放物达到国家排放标准的要求，排放量也达到最低限度，使猪场保持良好的环境，不仅使整个猪场的养猪生产得到发展，还要促进猪场的其他相应的种植业、养殖业和工副业得到良好的发展，获得最佳的生态效益、经济效益和社会效益。在进行猪场设计时要遵循以下原则。

1. 要尊重和保护拟发展养猪所在地区的自然及原生态状况

生态猪场的设计，一定要对当地的自然及所在地的生态状况调查清楚，不能由于某些外力的干扰而随意改变自然的原生态状况。首先要尊重原生态，在此基础上考虑如何利用原有的生态条件来取得满意的结果，要贯彻因地制宜的原则。如对水库、水源、林地等一定要加以严格的保护，绝不能污染和破坏。此外，像目前各地都有一些果园或蔬菜农场，极度需要有机肥料，需要发展养殖业以解决肥料，养猪业发展就要根据原来这些农场的实际需要考虑养猪规模和安排。但也有一些农村，因为养猪经济效益相对好一些，结果在原有一家一户的基础上，在村内盲目地、成倍地增加养猪数量，结果不仅养猪数量过多，造成居住环境的破坏，又使猪病蔓延，反而破坏了原生态，并且极大地增加了养猪的风险。

设计思想必须有整体和全局观点，不能仅从自己要发展的养猪业的一个方面进行设计。

2. 在发展养猪业时，一定要对资源的利用尽量节省、少消耗不可再生能源

要挖掘可再生能源的利用效率，以及充分利用当地资源。国外提倡生态设计中要贯彻 4R 原则，4R 是 Reduce（减量）、Reuse（重复使用）、Recycle（循环）、Recovery（回收）的首个字母。这 4R 原则是有重要意义的，生态养猪的设计要贯彻好这 4R 原则。减量以节省所使用资源，指的是能源、土地、水、生物资源、粮食的使用上，要尽可能地节约，或者是提高使用效率。要合理和充分地使用光、电、风和水资源。重复使用是指一切资源不要随意废弃，应该能重复使用的就要重复使用，节省不可再生的能源——石油、煤等。

循环主要是指在自然系统中能量及物的流动，形成一种循环的状态。大自然中没有废物，一种物的消耗并不是消失，仅仅是通过能的利用而转化为另一种物。如果不能形成这种循环，就会产生废物和垃圾，形成污染。必须将每个生态位的位置安排在最恰当食物链的环节上，使得每个生态位中所产生的生产剩余物、废物和排泄物，通过食物链

的传递，被下一个生态位的生物所充分利用。

回收主要是指生产的产品的流动过程中，使用过的物品的回收再利用，以减少对自然材料的需求，另外是避免废物转化为污染物。

除 4R 原则外，对一些山林、湖泊、河川、沼泽地等，要尽量给予保护，不要随意破坏。

在养猪业中贯彻 4R 原则，是符合农业生态学原理的，是发展生态养猪必须要遵守的原则。养猪肥料不仅是猪本身所排泄的粪尿，而且在猪粪尿中要加入一定的青草、秸秆等，以增加肥料量和改善肥料质量，猪粪尿全部用于种田或部分喂鱼。在长江流域以南地区，在冬天都要种苕子、豆科草、块根块茎类，一部分作绿肥，一部分作饲料。养猪还大量利用大自然中的野草，在北方（尤其是东北和内蒙古）很多地方在农作物秋收后，将猪放到农田中让猪自行找散失在地中的粮、薯等，节省了很多饲料粮，而猪通过秋收后的放牧，增重及增膘，并在放秋膘后，再养很短时间，气候开始变冷后就屠宰，这种形式是一种非常好的方法。近年来国家大力推广粪尿发酵沼气，沼气用作能源，而沼渣用作肥料，这种养猪方式完全符合 4R 原则。如何在规模比较大的养猪生产中应用好 4R 原则，是生态猪场设计的重要任务，只有落实了 4R 原则，才有可能建设好生态猪场。

3. 要充分利用自然生态的调节功能和机制以及对人类的服务作用

自然界的生态现象是一种生命现象，自然生态系统有自我设计和自我组织动态平衡系统的能力。在自然的生态系统内（无人类的干扰和污染），空气和水有自净功能；有废弃物的降解和脱毒功能；有土壤和土壤肥力的创造和再生能力；植物授粉传媒；大部分虫害的自然控制；种子扩散和养分的输送；生物多样性的维持；局部气候的调节能力；海浪和空气的流动，缓和极端的气温；自然的美感的维持，为人类提供人文多样性、美感等。这些都是自然生态系统所具有的功能，也是一种可以为人类服务的功能。

4. 注意在设计的生态系统内的多样性

生物多样性是生态系统中的一个特有特性。任何一个生态系统内的生物都呈现着复杂的多样性，它包括遗传基因的多样性、生物物种和生态系统的多样性。只有尊重多样性原则，才能维持生态系统的健康和高效，多样性是生态系统服务功能的基础。

如生态猪场的主业是养猪，还可以有多种多样的副业。在畜牧业方面可以养猪为主，还可以根据条件发展其他的家畜、家禽。猪的品种也不一定是以单一品种进行商品生产，而提倡养多品种的猪杂交配套系等。我国地方猪种是生物多样化的代表产物，不同的品种具有很强的对不同地区的适应性及生产性能的多样性，对养猪业的发展具有很好的可利用和开发价值，应该很好地开展研究和探讨如何保护和利用地方猪种的方法。

5. 要注意经济效益

生态养猪建设的目的是十分明确的，不仅要达到最佳生态效益和社会效益，还要获得最佳的经济效益。如果建设的生态养猪业，经济效益很差，甚至没有经济效益，那就没有任何价值和意义，也不可能持久发展，有的地方就是因为经济效益不好，结果养猪生态化无法维持而失败，这是绝对不能忽略的一项重要的指导设计原则。

在进行生态养猪业的设计中，还要保证做到以下几点。

一是必须保证养猪生产在技术上的先进性，积极应用新技术，使设计的生态系统保持强大的生命力，为猪创造最佳的生存环境。

二是要发挥所设计的整个系统的整体功能，使整个系统做到扬长避短和系统优化，不要只有养猪生产的优化，要运用生态技术，通过规划使整个系统的各项生产都表现高产，保证和提高生猪及其他农产品的安全性。

三是运用生态技术，使系统内的物质循环和能量多层次综合利用和系列化深加工，废弃物的资源化利用，尽量为农村剩余劳力增加就业机会。除农牧结合充分利用粪肥作为肥料生产农产品外，还可利用猪粪养蚯蚓、养鱼、产生沼气，而蚯蚓又可以加工成药材或动物饲料等。

四是改善农村生态环境，提高绿色覆盖率，使农村环境更趋优美。养猪必须与绿化同时进行，种树可以遮挡部分强烈的日光，吸收部分养猪污气，对臭味起阻挡作用，同时也能美化环境及调节小气候。但是种树时要考虑避免树阻挡猪场的空气流通，因此以树干高及树冠大一点的乔木较好。猪场周围还可种花种牧草，花可美化环境，牧草可作为饲料，一举多得。

（二）生猪生态养殖工艺设计中要考虑的问题

1. 规模化养猪生产存在的主要问题

（1）饲养密度过大，不符合动物福利及健康养殖的要求，也是导致猪的健康受损和猪肉品质降低的原因之一。

（2）舍内环境调控措施不当，不能满足猪的正常生理机能、活动对环境条件的要求。如舍内温度过高或过低；湿度过大引起皮肤发痒；通风不良及有害气体的蓄积等使猪产生不适感或休息不好而引发啃咬；光照过强，猪处于兴奋状态而烦躁不安，可引起猪的行为异常，从而影响生产力。

（3）设备不配套、舍内环境贫瘠而导致许多异常行为的发生，如啃栏、咬耳、咬尾、咬蹄、拱腹、啃咬异物等，造成猪群相互之间的伤害，以及对猪体的直接损伤，最终影响生产力。

（4）有些规模化猪场目前仍然采用水冲粪或水泡粪的清粪方式，从而增加了粪污量和后期粪污处理难度。虽然部分规模化猪场采用了人工清粪方式，但由于圈栏地面设计不合理，管理跟不上，舍内产生大量灰尘、有害气体，恶化了舍内空气，严重影响猪只的健康生长和生产性能的发挥。

2. 我国农户分散养猪存在的问题

受疾病等问题的困扰，这种以农户庭院分散饲养为主的养殖生产模式，普遍存在着工艺落后、经营粗放、科技参与程度低、经营管理水平不高、高耗低效，以及动物产品中有毒、有害物质的残留，饲养场对大气、土壤和水资源的污染等问题，严重制约了中国畜牧业的可持续发展及产品的国际市场占有率。加之农村养殖人、畜混居，畜禽混杂，兽医卫生工作基础较薄弱，很容易导致许多重大疫情的发生，如2005年在四川发生的猪链球菌病、2007年1—5月全国有22个省份发生高致病性猪蓝耳病疫情、2018年的非洲猪瘟疫情等，对中国畜牧业造成了严重的冲击。

3. 未来我国养猪生产的发展趋势

未来，我国的养猪生产将呈现以下趋势。

（1）现代化养猪场数量不断增加，产业化经营模式越来越多。

（2）养猪生产更加注重提高每头猪的产肉量和猪肉的品质，尤其强调猪肉的食品安全。

（3）更加重视养猪场的环境控制和环境保护措施的完善。为猪只提供良好的环境条件，保证其正常的生长和发育；同时强调清洁生产，减少环境污染的来源，对养猪场的废弃物进行有效的处理和合理的利用。

（4）福利化理念将在今后的养猪生产中得到认可和重视。

随着国际经济一体化的发展，整个国际贸易呈现出自由化的趋势。非关税壁垒中的配额、许可证等对各国进出口贸易的影响越来越小。但以保护动物和人道主义为口号的动物福利壁垒在国际贸易中被利用，并引起了世界范围内的关注。许多国家对动物产品的要求，不仅是有合格的质量和合理的价格，还要求在饲养、运输和屠宰过程中给动物以一定的"福利"。事实上，动物福利与动物的生产性能也有多方面的联系。

中国消费趋势大致经过了温饱、精致、健康几个阶段。随着人们生活水平的日益提高，人们对健康的要求也随之提高。利用生态养殖技术喂养出来的猪，符合了当今消费趋势，所生产的肉质鲜美可口、无抗生素残留的生态绿色猪肉，让消费者放心，深受消费者喜爱。

未来消费者对健康的关注度会急剧增高，对健康、绿色、安全的产品将会更加偏爱，树立生态养殖的理念，创立健康、绿色、安全的品牌形象将会给养猪业带来更多机会。

4. 猪固有的生物学特性和行为习性

家猪是由野猪进化而来的。猪在长期的进化过程中，因自然和人工选择的作用，逐渐形成了其特有的一些生物学特性。不同的猪种既有共性，又各有其独特之处。研究、认识和掌握猪的各种特性，有助于在生产实践中结合遗传学、育种学、饲养学等相关学科的最新研究成果，进一步改良和利用猪种资源，合理组织生产，获取最大的经济效益。

（1）猪的感觉。猪的嗅觉和听觉灵敏，视觉不发达。猪能凭借嗅觉准确地找到食物，识别猪群内不同个体，投宿地点和躺卧位置，以及进行母仔之间的联系。初生仔猪依靠嗅觉寻找并固定乳头，在不同性别联系中嗅觉也起着十分重要的作用。猪的听觉极其敏锐，很易通过调教形成条件反射。猪的视觉很差，视距、视野范围很小，对光的强弱、物体形态、颜色等缺乏精确的辨别能力。

（2）猪的身体结构。猪的吻突有力而灵活，好拱土觅食，因而对建筑物有破坏作用。猪的被毛稀疏、皮肤表层较薄，对外界的刺激较为敏感，体表易受到损伤而引发感染。平时，为保持皮肤的清洁，需要依靠树木、墙体等固定设施摩擦、蹭痒。

（3）猪的群体和社交行为。猪的合群性强，并形成群居位次。群饲条件下，具有很强的模仿性、争食性和竞争性。新组建的猪群通常会发生激烈的咬斗现象，一般经过24~48h会建立起明显的位次关系，而形成一个群居集体。因此，生产中应避免频繁调换不同群的猪只，以减小因争斗对生产和健康产生的不利影响。

（4）猪的活动行为。猪的活动行为有明显的昼夜节律，野猪喜欢夜间活动，家猪则在驯化过程中改变了这一特性，主要在白天活动，其活动内容主要包括采食、饮水、排泄、站立、行走等。通常，喂饲前后的活动最为强烈，夜间则基本处于安静睡眠状态。一天中，猪有70%~80%的时间为躺卧休息和睡眠，采食和饮水时间占15%~16%。

猪的昼夜活动因猪的年龄、性别、生理阶段不同而有所差异。如夜间休息时间，仔猪占60%~70%，种公猪占70%，母猪占80%~90%，生长育肥猪占75%~85%。猪的体重越大，休息时间相对越长。妊娠母猪的躺卧休息时间达到将近95%。

5. 猪对生活环境的要求

猪喜干燥，爱清洁。喜欢在高燥的地方躺卧，选择阴暗潮湿或脏乱的地方排泄粪尿。猪有极强的区域感，即使在很有限的地方，仍会留出躺卧区和排泄区。生产中，如果圈舍设计合理，管理得当，可使猪只养成定点趴卧、排泄的习惯。

6. 舍饲养猪的行为表现

舍饲条件下，大部分猪的固有行为都能得到表现，但如果舍饲环境改变，一些行为也会发生相应的改变。

（1）活动时间变化。舍饲条件下，猪无须觅食。除限饲外，猪一般都能够得到充足的日粮，因此，采食时间相应减少，休息时间相对增加。生产中，由于采用定时饲喂，故猪的采食时间和采食高峰都相对固定，各种活动行为有明显的高峰时段。

（2）群体大小、季节对猪活动行为的影响。猪群大小对猪的活动行为有一定影响。如生长育肥猪采用单独饲养与90头一群饲养相比，休息时间没有差异，但采食时间会减少（表2-1）。230头群养较90头群养下猪的活动增加将近1倍；小群饲养和大群饲养猪的躺卧时间有明显差异，如猪群为 10 头、20 头和 40 头时，其躺卧时间分别为 83.76%、82.64% 和 78.74%。在炎热的夏季，猪的夜间活动时间和采食时间则会增多。

表 2-1　单养与群养猪活动行为分类（%）

时间	单独饲养			90 头一群饲养		
	休息	活动	采食	休息	活动	采食
白天（12h）	79.4	13.6	7.0	81.8	9.8	8.4
夜间（12h）	96.2	3.6	0.2	93.4	3.1	3.4
昼夜平均	87.8	8.6	3.6	87.6	6.5	5.9

（3）争斗行为。舍饲条件下，由于饲养密度的增加，猪的活动以及群体交往行为会受到较大影响。特别是当躺卧和采食位置不足时，很容易引发争斗。

（4）舍饲饲养下的异常行为。生产中，舍饲养猪采用的建筑设施多为水泥混凝土结构或轻钢结构，地面都做了硬化处理，活动空间的狭小，猪的生存环境较差，加之饲养密度大，每天进行程式化管理，给予丰富的日粮等，使猪无所事事，容易引发各种异常行为，如咬尾、咬耳、拱腹、啃咬栏杆、恶性争斗、毁坏墙壁和圈栏、伤害仔猪等。

7. 健康养猪工艺设计中的行为利用

（1）采用群养方式。考虑到猪属于群居动物，单养不利于猪的社群行为表达，在健康养猪工艺设计时应尽可能采用群养方式。即使在不增加饲养面积的前提下，群养较单养也能使每头猪获得更多的生存空间，从而有利于猪的活动和必要行为的表达。但过大的群体可能会导致为争夺食物、躺卧地产生更为激烈的争斗，导致弱者或群体位次等级较低的猪无法满足正常的采食和躺卧需求。此外，群体过大也不利于精细化管理。

（2）躺卧区域的合理设计。猪的一生大部分时间都处于躺卧休息状态，合理的躺卧区设计，可使猪获得最大限度的舒适性。因此，健康养猪工艺设计中，对躺卧区的环境设计十分重要。如采用地板加温，可以最大限度地降低仔猪白痢；冬季，良好的地面隔热设计可减少猪的传导失热，有利于猪的增重和提高饲料利用效率；炎热季节为成年母猪提供降温地板、降温猪床，或提供浅水池、淋浴设施，可以有效缓解猪的热应激，提高母猪的繁殖性能、增加活仔数。猪的皮肤感觉灵敏，气流与皮肤之间的摩擦会使猪感觉不适，因此，即使采用漏缝地板或网上饲养的，也应将躺卧区地面设计成实体地面，或在躺卧区域铺设垫草、橡胶垫等。

（3）利用福利性设施避免环境的单调，减少异常行为发生。如在舍内提供垫草，可减少群养空怀母猪的争斗、咬尾等行为，提高育肥猪的生长率；为断奶仔猪提供橡胶软管、铁链、音乐球、金属挂件等玩具，可明显降低混群时争斗行为的发生频率，通常越容易被毁坏的材料对猪的吸引力越大。

（4）定点排泄行为的利用。利用猪喜欢在低湿角落里排泄的行为规律，把猪圈划分为休息区和排泄区，排泄区略低于休息区，并把饮水器设在其中，诱使猪只在该区排便（在预定地点先投以健康猪的猪粪加以引导，必要时进行驱赶）。要排除各种干扰因素，确保猪群在固定地点排便。相邻各圈的排泄区又能临时贯通起来形成清粪通道，便于实行机械清粪作业。我国南方地区气温高，建水帘式猪舍效果好，"无臭味猪舍"则以水帘式、部分高床、搭配猪厕所及集粪走道最为理想。经试验，猪厕所大约可以收集95%的猪粪尿，这是无臭味养猪的基础；而无臭味养猪的装置采取全封闭式处理猪粪尿，则是绿能养猪的基础。各地要因地制宜，不要生搬硬套。

总之，生态养猪工艺应充分考虑猪的生物学特性和行为需求，避免舍饲饲养条件下猪异常行为的产生，应将动物福利贯彻于工艺设计中。表2-2很好地总结了能体现健康养猪的几种生产工艺模式。可以看出，这些工艺模式具有以下共同特点：第一，饲养方式和日常管理中均很好地利用了猪的行为习性；第二，改传统限位定位饲养为舍饲散养方式，给猪提供更多的自由活动空间，并尽量为猪提供丰富的饲养环境，如垫草、玩具或可变的环境等，以减少猪的异常行为出现；第三，需要具有丰富知识和经验的人员从事饲养管理；第四，人性化设计。

表2-2　体现健康养殖的猪舍饲养方式特征描述

工艺模式	特征描述	生产性能	饲养操作要求
Thorstensson 模式	分娩母猪采用大群垫草饲养，每个圈栏15头。分娩前，母猪各自选择猪窝躺卧，且从圈栏中衔草在窝内进行"筑巢"准备产仔。每个猪窝进出门底下安装滚筒，保护母猪乳房进出不受伤害，仔猪5周后，母猪从分娩栏内转群，仔猪断奶后一直待在分娩栏内直到育肥出售。饲养完一轮以后，围栏内垫草被清除，然后消毒，搬进新的垫草以迎接下一批母猪。粪便/垫草的混合物可还田	每头母猪每年可生产21.5头仔猪	具备良好的饲养管理技术，懂得猪的行为习性
Andersson 模式	空怀妊娠母猪、怀孕小母猪和公猪可在怀孕和分娩舍自由行走，进行社交活动，而其仔猪待在其分娩栏内直到断奶。采用计算机控制的饲料运送系统，带有两个饲喂站，允许母猪在任何时间采食，但一天的采食量不能超过个体的最大食量。母猪的发情发生于哺乳期，一般在分娩后第21天。由于公猪一直与母猪混养，可随时配种	母猪在哺乳期内的发情率约为43%；母猪每年平均可产断奶仔猪数为26.4头	具备丰富的饲养管理知识和技术，懂得猪的行为习性

（续表）

工艺模式	特征描述	生产性能	饲养操作要求
母猪控制模式	一种新的改进饲养方式，母猪可以自由地离开仔猪活动区域，到单独的隔离区域内，类似于 Andersson 模式中的分娩母猪饲养方式。母猪可离开仔猪到较远的地方活动，还可与其他母猪进行社会交流，仔猪可减少断奶初期生长停滞和缓解争斗程度	缩短母猪断奶至发情的间隔时间和减少母猪哺乳期体重的下降	检查母猪躺卧行为，减少仔猪被压的可能性
多窝仔猪混养母猪控制模式	在母猪控制饲养模式上加以改善，也为仔猪提供公共的生活区域，即母猪和仔猪分别混养；母猪可远离仔猪减少不必要的哺乳，还增加参加与其他母猪的社会交流机会；仔猪则可减少断奶时体重急剧下降和缓解合群时的争斗现象，特别有利于断奶后仔猪采用大群饲养情况	缩短母猪断奶至发情的间隔时间和减少母猪哺乳期体重，减少仔猪断奶后体重损失	加强饲养管理措施，使仔猪对母猪的乳头形成固定吃奶次序
厚垫草舍饲散养模式	群养系统，通常圈栏内饲养母猪 30~40 头，采用厚垫草饲养，并为母猪提供单独的饲喂栏，以减少采食争斗；仔猪断奶后转入另一厚垫草畜舍进行饲养	减少母猪蹄病，减少仔猪的异常行为	每天照料和检查母猪情况
诺廷根（Nurtingen）暖床饲养模式	根据猪的行为习性而设计的群养系统，设暖床供其躺卧以改善躺卧区的局部环境；设干湿"自拌"料箱，夏季降温的开关淋浴系统；满足磨牙生理要求的磨牙链、拱癖槽及蹭痒用的蹭痒架等；在功能分区上设计适于猪群定点排粪的可以自行出入的"猪厕所"	育成育肥全程料肉比达到（2.7~2.5）：1，育肥猪达到 90~100kg 的日龄为 150d	每天检查猪群，对猪进行适当调教，使之形成良好的排粪行为

8. 健康养猪对猪舍环境的要求

虽然猪对环境有一定的适应能力，但不良环境所造成的应激会给养猪生产带来不利影响，因此，生产中为猪创造适宜环境是很有必要的。舍饲饲养条件下，舍内热环境对猪的健康和生产影响最大。猪对温度的要求随生理时期、性别、年龄等而不同，"大猪怕热、小猪怕冷"。此外，光环境、饲养工艺、日常管理以及猪的群居环境和生活空间环境对猪的健康和生产也有影响。由于各种环境因素是经常变化的，且各因素对猪的影响往往不是单一的。生产中若将各因素均控制在"适宜"范围内，不仅技术上难度很大，经济上也不可行。因此，在满足猪环境需求时，应加以综合考虑。表 2-3 对温度、湿度、通风、采光、空气质量以及生活空间等方面的环境要求进行了归纳。

表 2-3 猪舍环境参数要求

环境参数		猪舍种类								
		种公猪	空怀、妊娠前期母猪	妊娠母猪	哺乳母猪	哺乳仔猪	断奶仔猪	后备猪	育成猪	育肥猪
温度* (℃)		14~16	14~16	16~20	16~18	30~32	20~24	15~18	14~20	12~18
湿度 (%)		60~85	60~85	60~80	60~80	60~80	60~80	60~80	60~85	60~85
换气量 [m³/(h·kg)]	冬季	0.45	0.35	0.35	0.35	0.35	0.35	0.45	0.35	0.35
	春秋季	0.60	0.45	0.45	0.45	0.45	0.45	0.55	0.45	0.45
	夏季	0.70	0.60	0.60	0.60	0.60	0.60	0.65	0.60	0.60
风速 (m/s)	冬季	0.20	0.30	0.20	0.15	0.15	0.20	0.30	0.20	0.20
	春秋季	0.20	0.30	0.20	0.15	0.15	0.20	0.30	0.20	0.20
	夏季	≤1.00	≤1.00	≤1.00	≤1.00	≤1.00	≤1.00	≤1.00	≤1.00	≤1.00
采光系数		1/12~1/10	1/12~1/10	1/12~1/10	1/12~1/10	1/12~1/10	1/10	1/10	1/15	1/15
光照度** (lx)		75 (30)	75 (30)	75 (30)	75 (30)	75 (30)	75 (30)	75 (30)	50 (20)	50 (20)
噪声 (dB)		≤70	≤70	≤70	≤70	≤70	≤70	≤70	≤70	≤70
细菌总数 (万/m³)		6	10	6	5	5	5	5	8	8
有害气体浓度 (mg/m³)	CO_2	4 000	4 000	4 000	4 000	4 000	4 000	4 000	4 000	4 000
	NH_4	20	20	20	15	15	20	20	20	20
	H_2S	10	10	10	10	10	10	10	10	10
栏圈面积 (m²/头)		6~9	2~2.5	2.5~3	4~4.5	0.6~0.9	0.3~0.4	0.8~1.0	0.8~1.0	0.8~1.0

注:"*"哺乳仔猪的温度应为,第一周30~32℃,第二周26~30℃,第三周24~26℃,第四周22~24℃,除哺乳仔猪外,其他猪舍夏季温度不应超过25℃;"**"人工照明的光照度,括号外数值为荧光灯,括号内数值为白炽灯。

9. 健康养猪的空间需求

猪对空间的需求包括休息区、活动区、交流区3个部分。供猪躺卧、站立的休息区面积可根据公式（2-1）计算。

$$A = k \times W^{0.66} \qquad (2-1)$$

式中:A为面积(m²);W为猪的体重(kg);k为不同姿势需要的面积系数(m²/kg),站立、俯卧、侧卧时分别为0.02、0.02、0.05,为避免打架需要的空间面积系数为0.11。在实际饲养面积配置时,可根据同时饲养的猪头数来计算,其中的活动空间应将采食、排泄区等综合加以考虑。

不同饲养模式下,每头猪占有的饲养面积可以是相同的,但实际可享受的生活空间会有很大区别。与限位栏相比，母猪群养能获得更多的空间需求。包括独立于群养规模外的动物个体体型大小所需要的空间，与群养规模有关的动物共享的行为空间。随着欧盟 2013 年全面禁止妊娠母猪限位栏饲养法规的实施，妊娠母猪今后将主要采用群养方式。欧盟除了禁止采用母猪限位栏饲养外，对母猪的饲养面积也作了相应的规定；母猪和后备母猪的法定面积分别不得少于 2.25m²/头和 1.64m²/头，若猪群少于 6 头，法定面积应当相应增加 10%；当多于 40 头时，则法定面积可减少 10%。同样，在断奶仔猪、生长育肥猪饲养过程中，猪群规模大小不同，每头猪所生活的空间会有很大差异，因而有可能对猪的正常行为表达产生很大影响。

三、生态养猪的模式

许多国家从法律上对防止畜禽粪便可能形成的污染作出了明确的限制。欧美大部分国家在发展畜牧业的同时，都会以土地对畜禽排出的粪便量的可容纳程度作为允许发展畜牧业规模的法律依据，并制定相应的法律。此外，国外还十分重视动物的福利，为猪群创造良好的生活环境。下面简要地介绍几个国外发展生态养猪业的例子，可供我国发展生态养猪业参考。

第一，以菲律宾玛亚农场为代表的生态养猪业。在亚洲国家中，菲律宾的生态农业发展得比较好，并有一定的代表性，玛亚农场的生态养猪业建设很有参考价值。农场以养猪为主，饲料基本上以农场自己生产的为主，猪粪、猪尿先经过鸭取食，然后再发酵生产沼气作为生活和发电的能源，沼渣和沼液作为农业生产的有机肥料，养猪业实现了零排放，生态和经济效果良好。

第二，北美地区的生态养猪业。北美地区农业主要是以大型农场为主，养猪大部分都是和种植业结合在一起，猪粪、猪尿有很好的发酵和储存的设施。猪粪、猪尿发酵好后，作为有机肥料被利用，保证了粮食的持续高产。北美地区的法律也比较健全，每公顷土地能养多少猪，都有明确的法律条文规定。农场内除了使用相当数量的化肥外，养猪产生的猪粪、猪尿，都能被农场的土地所利用，不会造成环境的污染。因此，农业生态发展良好，是一种大规模生态农业的典范。

第三，欧洲的生态养猪业。欧洲的养猪业规模不是太大，欧洲的家庭农场的规模都在 100~200hm²，养猪的规模大部分在 1 000~2 000 头或更少。特别值得我们重视的是欧盟国家十分注意动物福利，他们已不采用定位栏养猪，并且十分重视食品的安全。和北美洲一样，欧洲也有关于按农场的土地规模限定养猪数量和畜牧业发展规模的法规，每个农场内都有比较大的储粪设施，粪、尿发酵后作为肥料。欧洲家庭农场的生态环境一般都是农、牧、林、果结合。

（一）生态养猪的基本模式

生态养猪按其繁简程度可分为简单生态养猪和综合生态养猪。综合生态养猪又叫系统生态养猪。

生态养猪的模式是多样的，它受到自然环境条件、社会生产习惯和方式的影响。在实际生产中，要因地制宜采用合理的模式。

生态养猪的基本核心是猪—沼—农（大农业）。以此为核心，根据不同地区的特点，逐渐扩展加环，增加、补充更多生态位，形成一个完整的半封闭的、基本上是人工的生态循环系统。其基本生态模式见图2-1。

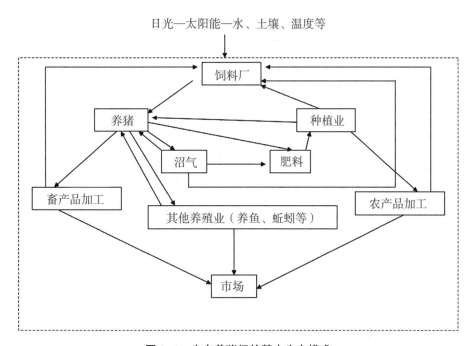

图2-1 生态养猪场的基本生态模式

沼气生产是生态养猪系统中的一个重要环节，因为养猪生产所排的废弃物资源化处理，最佳的方式是首先将这些废弃物经过厌氧沼气发酵。一方面养猪废弃物中的有机碳分解后产生沼气，另一方面这些废弃物中的氮和磷元素溶入沼渣和沼液内，使肥效提高，而且恶臭味也消除了，猪粪中的寄生虫及有害的好氧菌经过厌氧发酵基本消灭，厌氧菌由于沼气菌的大量繁殖也因而大量死亡，沼渣和沼液成了很好的肥料。但是在我国冬季比较寒冷地区，沼气发展则有困难，要积极推行猪粪肥的发酵利用。

现代生态养猪方法是有别于农村一家一户原生态散养和集约化、工厂化养殖的一种养殖方式，是介于原生态养殖和集约化养猪之间的一种规模养殖方式，它既有散养的特点——猪肉产品品质高和口感好，又有集约化养猪的特点——饲养量大、生长相对较快、经济效益高。关于现代生态养猪，虽然尚没有一个统一的饲养标准和固定的饲养模式，但倡导生态平衡、环境友好、资源节约、产品优质安全和因地制宜。

生态养猪的模式，大体分为两类，一类为原生态养猪模式，一类为现代生态养猪模式。原生态养猪模式主要有猪→粪尿→牧草→猪、鸡粪→猪→猪粪→蛆虫→鸡、猪→沼→草→猪、猪→沼→鱼、猪—沼—茶（草、林、菜）、猪—沼—果（草、林、菜）。

现代生态养猪模式，主要有舍饲散养模式、"发酵床"养猪、厚垫草饲养生产工艺、户外养猪生产工艺、诺廷根暖床养猪工艺、母猪自动化饲喂系统。

（二）生态养猪的常见模式

生态养猪与生态农业的发展相伴随。在养猪发展中，形成了以发酵床养猪、户外养猪、野外放牧、舍饲—放牧等形式，都在一定程度上符合生态发展的内涵和客观要求。

1. 发酵床生态养猪模式

将以农作物副产物、锯末等作为猪床垫料，形成发酵培养基，通过降解猪粪以及生成生物热来提高环境温度（特别是猪床的体感温度）、满足猪拱土觅食的生物学特性、缓解环境应激等，提高猪群的饲料转化率和降低对抗生素、化学药品的依赖程度，达到提高猪肉及其制品的安全和经济效益的目的。

发酵床式生态养猪模式具有降低环境污染、提高猪群健康状况、提高饲料转化率和提高经济效益等特点。但是，在生产实际中，发现发酵床式生态养猪模式存在发酵垫料的优选、发酵工艺的优化等问题，这两方面的问题成为制约发酵床式生态养猪模式进一步推广的瓶颈。

2. 野外放牧生态养猪模式

挑选符合养猪生产条件的草场、山地、林地等，以栅栏、铁丝、树篱等为场区维护，通过轮牧、固定放牧等生产方式，在场地的某一处形成中央管理区，进行养猪生产。在一定的饲养密度下，猪群通过其生物学特点保持正常的繁殖、生长，通过土地、水资源的自洁作用降解、消纳猪群产生的粪污。同时，由于野外放牧养猪模拟了猪的自然生存环境，满足了消费者对其肉质和安全的要求。

3. 舍饲—放牧生态养猪模式

舍饲—放牧形式的生态养猪主要是伴随着认证制度的发展而发展起来的。自20世纪80年代以来，世界养猪业面临疫病流行和肉质变差的压力越来越大。因此，以苜蓿、麦秸等牧草和农作物副产物为代表的、降低日粮养分浓度和集约化程度的养猪形式开始出现。但是，在仔猪生产工艺中，单纯的户外养猪对仔猪的成活、均匀度等有着较负面的影响。因此，在舍饲—放牧模式中，以公司或合作社为龙头，公司或合作社凭借技术优势完成商品仔猪的生产工作。而农户充分利用树林、山地、草场和草坡等空闲土地，依托劳动力优势完成商品猪育肥工作。在这个模式下所生产的猪肉品质满足了人们对"安全、优质"猪肉的消费需求，开创了生态养猪新模式。发挥不同生产者的优势、优化资源配置和优选自然环境，组装、整合出适合发展的生态养猪模式。

4. 沼气能源生态养猪模式

在养猪生产中，大量的粪污不但污染了环境，也浪费了能源。按照消化率平均70%估算，1头110kg的生长育肥猪每年向环境排放的能量约为4 200MJ。猪粪便的生物利用，并借此推动微循环经济的发展成为生态养猪的热点之一。

将猪粪尿注入一定形式下的沼气生产池中，通过微生物的作用，产生沼气并将沼气作为能源应用于养猪生产；通过微生物的发酵产热，杀死大部分病原体，达到减少疫源的作用；沼液作为园艺作物的灌溉营养液，提高其产量，减少农药、化肥的使用量以生产低或无农药及化肥残留的园艺产品；沼渣作为有机肥施于农作物，通过相关的规程标准生产有机农作物，供市场消费或作为猪生产的有机饲料。具体工艺流程如图 2-2 所示。

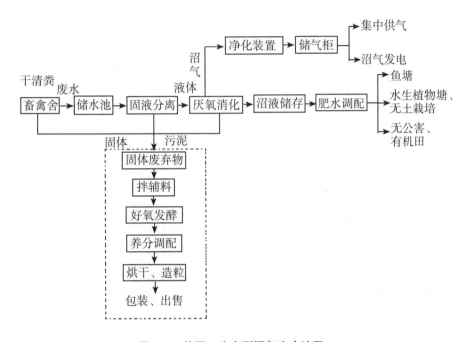

图 2-2　能源—生态型沼气生产流程

（1）猪—沼—鱼—果—粮模式。猪粪便入沼气池产生沼气，沼液流入鱼塘，最后进入氧化塘，经净化后再排到稻田灌洒。利用沼渣、鱼塘泥作肥料，施于果园。由于建立了多层次生态良性循环，构成了一个立体的养殖结构，可以有效开发利用饲料资源的再循环，降低生产成本，变废为宝，减少环境污染，防止猪流行性疾病的发生，获取最佳的经济效益。

（2）猪—沼—草模式。猪的排泄物进入沼气池进行厌氧发酵做无害化处理，沼液抽到牧草地进行灌溉。将牧草进行收割后，经过加工调制，如干燥、粉碎成草粉，或者打浆成发酵饲料饲喂猪。这样，既节省了饲养成本，又提高了猪的品质，能够取得良好的经济效益。

在我国北方，漫长的冬季是发展沼气养猪模式的主要制约因素。因此，在生产实践中，以养猪为基础，以太阳能为动力，以沼气为纽带，将日光温室、猪舍、沼气池和厕所有机地结合在一起，使四者相互依存、优势互补，构成"四位一体"能源生态综合利用体系，从而在同一块土地上实现产气和产肥同步，种植和养殖并举的发展态势。

5. 户外养猪生态模式

户外养猪生态模式的核心是放牧结合定点补饲，即在草地或收割后的庄稼地里，用栅栏等围成一个较大的围场，并提供一个让猪休息和睡眠的简易棚舍，配备完善的饮水系统和食槽，以供猪进行自由采食，如图 2-3 所示。这种饲养方式恢复了猪原来的活动状态和生态环境，可以接受大自然的锻炼，体质好、肉的品质高。同时，猪可以自由地表现其固有的行为习性，如拱鼻、舔舐、啃咬地面和外围物、靠蹭等行为，从而可有效避免规模化饲养过程中咬耳、咬尾、异食癖等现象的产生。粪污不存在堆积，随猪的活动就地施肥，就地消纳。母猪的活动面积通常大于 $5m^2$，保证母猪具有足够的活动场所，提高了发情和受胎率，有利于母猪繁殖机能的提高，并且大大减少繁殖障碍。丹麦在 1992 年 1 月至 1994 年 3 月，曾对户外养猪与舍饲条件下繁殖母猪生产力进行了研究。结果表明，户外饲养母猪卡他炎、乳腺炎、无乳综合征发病率平均为 1%，而舍饲发病率为 5%～10%。

图 2-3　户外养猪

户外养猪生态模式是一种最古老的养猪模式，因其效率低曾经被养猪企业冷落，但随着人们生活水平的提高，环境保护意识的增强，加上动物福利事业的发展，使该模式生产的猪肉受到欢迎，且价格比较高，因此又在欧洲流行起来。这种方式可以满足猪的行为习性要求，投资少，节水节能，对环境污染少。随着动物福利日益受到人们的重视，进一步推进了该模式的发展。但这种养猪模式受气候影响较大，占地面积大，应用有一定的局限性。我国南方山地草多，气温较高，在有条件的地方可以采用这种模式。

6. 诺廷根暖床生态养猪模式

诺廷根暖床养猪模式也称猪村养猪模式。该模式中，舍内有较大范围的活动面积，猪群可自由行动，自己管理自己，形成猪的"社区"——"猪村"。这种养猪新模式集猪的生理、生态、行为、习性于一体，符合猪的生物学特点和生命活动所需环境要求（图 2-4），符合动物福利，切实做到"猪得其乐，回归自然"。

该模式是德国猪行为学专家 Helmut Bugl 历经多年观察，以猪的行为习性、环境生理需求为基础，应用现代科学技术进行深入系统的研究而形成的一种舍饲福利养猪模式。该项技术的核心部分是供猪群睡卧的保温箱，即"暖床"，专供猪睡卧。其他设施

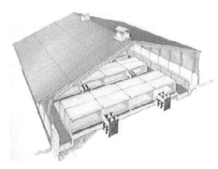

图 2-4　诺廷根养猪生产系统

设备包括适于猪群定点排粪并可自由出入的"猪厕所"、为适应猪采食拱料行为的可干可湿的"自拌"料箱、为散发体热满足水浴要求的自行开关淋浴器、克服啃咬以满足猪只磨牙生理要求的磨牙链和拱癖槽、满足猪蹭痒用的蹭痒架等装置。

　　该模式目前已在欧美各国得到推广应用。自 1992 年起，我国也相继引进和消化吸收这种养猪模式，并研究开发了适合我国国情的"暖床"养猪系统，在 Helmut Bugl 教授、中国农业大学王云龙教授指导下，山东、河北、重庆、云南等地这种养猪模式得到快速应用，效果显著。

（三）我国各地曾采用过的一些生态养猪模式

　　我国生态养猪发展的很快，各地区因地制宜，探索出不少行之有效的养猪模式。

　　1. 鸡—猪—鱼联养类型

　　在我国南方及东南亚各地，由于水面丰富，常常实行鸡—猪—鱼联养、鸡—猪—鱼—肥一条线。在猪圈上方 1.5m 的高处建造产蛋鸡鸡笼，从而节省了建鸡舍的费用。每 5~6 只鸡为一头猪服务。鸡排泄物落地后，猪在几秒内抢食干净，猪粪又冲入鱼塘，形成封闭的无污染的循环，可节约饲料 1/4~1/3。前提是没有疫病流行。

　　2. 猪—鱼—肥类型

　　辽宁省大洼县西安生态养殖场，饲养母猪 200 余头，年产仔猪 3 500 余头，肥育猪 1 500 余头。同时饲养一部分家禽，晚春、夏季和早秋 3 个时期，将猪粪尿用清水冲入鱼塘（有 900 余 t），滋养 2.6hm² 鱼虾混养塘；水面还养水葫芦、绿萍，用于喂猪，可节省饲料 200 余 t。在没有任何其他饵料的情况下，达到每公顷产鲜鱼 30t 的高水平；从鱼塘排出的水灌溉水稻，水稻又增产 11.86%，达到了高产、优质、高效、安全生产。

　　3. 猪—沼气—沼气发电综合利用类型

　　创办于 1975 年的广东四会市下布猪场，年产 12 000 头肉猪，种植水果 14hm²，鱼塘 1.2hm²，采取"养猪—沼气—种植（养鱼）业"结合，以大办沼气为纽带，农牧结合，彻底解决了全场职工的生活能源问题，保护了山林、改善了生态环境，又有利于防疫工作。利用沼气发电，沼液养鱼、种果、种西洋菜。

1991 年 8 月利用 75kW 沼气、柴油双燃料发电机成功发电，实现了全场饲料加工和生活用电基本自给。不仅降低了生产成本，还提高了仔猪成活率。生态养殖系统示意图见图 2-5。

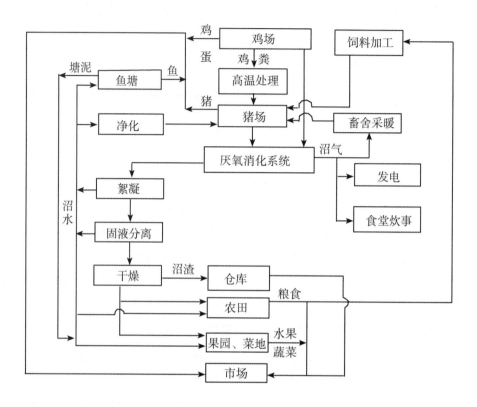

图 2-5 "养猪—沼气—种植（养鱼）业"生态养殖系统示意图

4. 鸡—猪—藕—肥类型

山东省淄博市临淄区西单村的庭院种养项目引人注目。猪圈上方是鸡窝，鸡粪落下喂猪，猪粪被水冲入墙外的荷塘肥藕。院中的葡萄架，夏天为猪群遮阳。冬天，猪圈上换上塑料薄膜，挡风透光。沼气由村里统一供应。每个庭院收入数千元到数万元。

5. 猪—沼气—林果类型

江西省永丰县兴起建沼气池，用猪粪生产沼气，共建沼气池 6 000 余座，每年节省薪柴 $6.8 \times 10^4 m^3$，保护了林果生态。农民一家建有 $8m^3$ 沼气池，利用沼气做饭、照明，沼液肥田，节能高效。

6. 猪—沼气—大棚蔬菜类型

山东省泰安市东平县梯门乡创造了猪—沼气—大棚蔬菜三位一体的生态种养类型。进入蔬菜大棚首先看到的是一个长方形的猪圈，每圈可饲养肥育猪 6~8 头；猪圈侧下方是一个沼气池，沼气为猪群和蔬菜提供温暖的环境；猪吃蔬菜的下脚料，并为蔬菜（特别是黄瓜等作物）提供二氧化碳气肥。大棚上方覆以草苫，冬防寒，夏防暑。沼气还为烧水、做饭提供能源。

7. 猪—青饲料共生类型

青岛市城阳区农村，夏季可见到猪圈顶上生长着茂盛的水葫芦，这是因为猪粪为水葫芦提供肥料，用水葫芦作为青绿饲料喂猪，促进了健康，又节省了饲料。如果养鸡笼放在猪圈上方，就是一个完整的生态形式。

8. 猪—果—林—鱼—肥—电类型

我国建设生态养猪场较好的典型是深圳农牧实业有限公司的坪山农业园。该园区位于深圳市与惠阳区交界处，离深圳市中心 50km，占地 200hm²，其中山荒田 37hm²，山林地 163hm²，年生产 3 万头种猪及肉猪。种猪场的东、南、北为山岭地，山谷稍平向西展开。目前 2.67hm² 作为种猪场，15hm² 种植果树及树苗。年生产荔枝、龙眼、柑橘、香蕉等水果达 5t，鱼 2.5t。该农业园 1987 年开始建设，目前所生产的猪、鱼、肉的单项污染指标均小于 1，水土流失减少，生物指数增加，土壤肥力增加，水果质量符合食品卫生要求，空气中氨的含量符合卫生要求，已形成了一个良性循环圈。该公司还有一个更大的绿美特农业园，能生产 10 万头肉猪的生态农场已建设成功。

9. 猪—鱼—花泥类型

在珠江三角洲一带鱼塘旁边多有养猪的，猪、鱼结合的方式很普遍。在有活水流动和安装增氧泵（0.27hm² 鱼塘一台）的条件下，0.067hm² 鱼塘可养猪 20~25 头。在干塘时，挖出的塘泥晒干，不加其他化肥，即可作为花泥出售。据珠江农场介绍，即使在肉猪供大于求、价格走低时，由于养鱼和花泥肥的出售，仍不会亏本。

10. 蚕—猪—粮—菜类型

在太湖地区，农民养蚕，蚕蛹喂猪，猪粪入沼气池，沼液灌溉稻麦、油菜和绿肥，部分猪粪作桑树的肥料，而菜叶又用于养猪。

11. 猪—沼气—草类型

厦门市集美区六兴畜牧有限公司利用猪粪尿在沼气池发酵，沼液用管道直接排放在杂交狼尾草地，年产草量达 225t/hm²。肉猪长到 30kg 时开始喂草，方法是将青草打浆后再加精料混合喂猪。随着体重增加，30~50kg 阶段：增加精料，每日 1~1.5kg，料草比 1:（1.0~1.2）；50~80kg 阶段：每日 1.5~1.7kg，料草比 1:（1.2~1.5）；80kg 到出栏：每日 1.75~2.1kg，料草比 1:（1.5~20）。喂狼尾草的猪日增重比对照组下降 60~82g，但每头猪平均获毛利比对照组高出 40.54 元。该场年产 1 万头商品猪，种植 6.7hm² 狼尾草，仅此就相对多收入 40 万元，生态效益明显。

12. 酒糟、粉渣、酱渣、豆腐渣—猪类型

酿酒的副产品酒糟，制粉皮、粉条、粉丝后的粉渣、粉浆，生产酱油时的副产品酱糟和用黄豆制豆腐时的豆腐渣用以喂猪，也是循环利用的一种方式。用这些副产品喂猪，肥育猪和母猪每天可喂 1kg。要注意与配合饲料和青绿饲料搭配好。这些副产品如产量大，一时喂不完，可以烘干或青贮备用，绝不能用腐败变质的喂猪。

13. 粪尿直接收集厌氧发酵综合利用类型

猪舍内建猪厕所，在养猪过程中不产生污染，猪粪尿不再是废水或污水，而是当作宝贵资源回收利用。此类型投资管理成本较低，便于防疫，育成率较高。

我国台湾健廷实业公司研发的"绿能养猪"就是此类型。"绿能养猪"利用猪群有定点排便的特点，在猪舍内建立猪厕所，猪厕所下设集粪装置，在猪粪尿发酵产生臭味之前，以真空吸粪车将猪粪尿吸走。为便于真空吸粪车操作需要，紧邻猪厕所必须设置安装轨道的集粪走道。由猪厕所、集粪走道和真空吸粪车3项设备构成"无臭味养猪装置"。回收猪粪尿可再利用作为昆虫饲料、沼气发电、有机液肥等资源。

绿能养猪可能产生以下几项效益：减少用水量；节省废水处理投资与操作；避免河川污染；增加沼气发电效益，减低温室效应；充分利用有机粪泥，减低农田土壤酸化；环境优化，疾病减少，育成率提高。

总之，绿能养猪投资费用较低，操作管理成本低，资源回收价值高，环境污染少，使养猪成为干净的产业。

14. 猪—沼气—湿地—鱼塘类型

浙江灯塔种猪场以"猪—沼气—湿地—鱼塘"生态综合治污，曾被列入农业部农村小型能源建设项目单位，被浙江省环境保护局列为"畜禽规模养殖场污染综合治理示范单位"。

（四）猪场设计标准

生态养猪的模式多种多样，目前尚无统一的设计标准。猪场猪舍的建设可参照中华人民共和国国家标准《中小型集约化养猪场建设》（GB/T 17824.1—1999）（见附录一），结合当地情况拟定。

（五）生态猪场的规划要求

生态猪场的规划与设计要按生态养猪的原理进行，在对所规划的地区进行充分调查的基础上，以养猪为核心建立起一个良性的生态循环圈。

1. 生态猪场生态循环圈的基本模式

生态猪场是一个半封闭的以养猪生产为主的人工生态圈，生态圈的核心是养猪生产，以农牧结合为基础的系统。维持生态圈的基本能源是以饲料为主，饲料中以青饲料和粮食为主要原料。输出的产品主要是猪（包括种猪及商品猪）。在生态养猪循环圈内，其成败的关键除了组织好养猪生产外，还有一个非常重要的问题是猪粪尿的处理。如果猪粪尿能处理好，能被充分利用，则整个生态循环圈就能有很强的生命力。

以养猪为主的生态养猪循环圈，除了以农牧结合为核心圈外，在不同的生态位上还可以扩增不少生态环，如以沼气发电、饲料加工、酿酒、养蚯蚓、屠宰厂、屠宰副产品再加工等。每个环节之间都有互生关系，都占有一个生态位，各生态位顺序之间上一个生态位对下一个生态位都形成能、物的传递和转化关系，因此在规划时一定要考虑在每一个生产环节所产生的废物都能被利用，使它们都能作为下一个下游生态位产品的原料，尽量减少废物的排放。

2. 农户庭院养猪的生态规划

目前我国正在大力推行建设美丽新农村，实施乡村振兴战略，在新农村建设中很重要的环节是养猪业的安排。由于目前我国农村还不可能消除农户庭院养猪这一生产方式，而农户养猪又是目前我国市场生猪的主要供应者，因此必须十分重视。按照我国固有的农户养猪方式，主要是在庭院的边角上，修建一个猪栏，养几头猪，这种养猪方式显然很难符合建设美丽新农村的要求。怎样既能为广大农民接受，又能改善环境，达到建设美丽新农村的标准呢？目前农村有两种做法：一种是建设生态庭院的方式，安排好猪栏，建设好沼气池，做生态庭院式的养猪以及做好卫生，这种方式农民比较欢迎。还有一种做法是建立养猪小区，在村子的附近，离居住区约数百米的地方，建一个养猪区，各个农户自有一个小的养猪区，养几头猪，每户自己在猪栏附近建一个沼气池，由于猪栏的清理不是冲洗式的，因此沼液也不太多。沼渣各个农户可用作肥料。当前不少农村的养猪小区没有很好规划，因此既不规范，又不注意防疫，不太符合养猪要求。

有的地方的养猪小区规模比较大，每一户养几十头猪，这样的养猪小区的规划更为重要。但有的农民并不欢迎养猪小区的做法，他们还是愿意在住宅边建猪舍。在新农村的建设中，一定要根据农民的意愿和习俗，规划好人居住与养猪的关系，要符合人居卫生和养猪生态的要求。

农户家庭养猪生态系统比较简单，其基本示意图如图2-6所示。

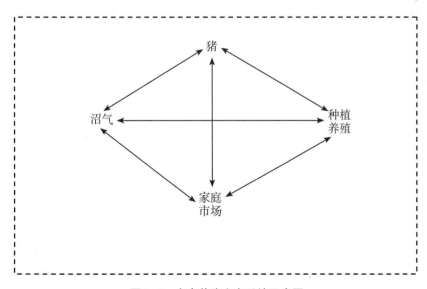

图2-6　农户养猪生态系统示意图

由于我国农村情况复杂，养猪小区的规划不可能提出统一的模型，但有几条原则必须统一。

（1）养猪小区的建设必须特别重视猪的防疫工作，要做好检疫、疫苗接种及消毒工作。为了预防疾病，小区内养的猪要统一检疫、统一购进仔猪。小区要远离交通要道及集市地。防疫工作是建设生态养猪小区的首位工作。每一个养猪小区内所购入的猪苗，一定要从无疫区购入，不能到处乱购，以免引入疫病。

（2）养猪小区有充足洁净的水源。

（3）养猪小区的沼肥易于运输到田间作肥料，因此从村到养猪小区要有专门的道路。此外，养猪小区最好建在农田的地头，便于肥料和青饲料的利用。

（4）养猪小区和居民区之间要种植隔离林带。隔离林带要有 8~10m 宽，4~5 行树。乔灌木间种。既有利于防疫，也可阻隔臭气。

（5）养猪小区应离村民居住区有一定的距离，但由于我国农民的养猪习惯，还不能太远，但至少要有 300m 的距离，有利于防疫及防止污气对居民区的污染。

（6）养猪小区要建在通风良好、朝阳、冬季不受西北风直接侵袭的地方。

（7）为便于管理，每个养猪户自己专门建一个沼气池。沼气池要根据每户养猪头数来确定体积。沼气通过管道输到自家使用。

（8）建立养猪小区一定要尊重当地农民的养猪习惯，也不要贪大求洋，要实用、就地取材、少花建筑费用。

3. 规模化生态猪场的规划

我国生态猪场的规模有小有大，小到几百头，大到几万头，不同规模化的猪场，在规划时是有区别的，因为生态要求是不同的。

（1）猪场规模的确定。猪场规模的确定要本着因地制宜的原则，充分考虑当地的具体条件。

猪场规模的确定，取决于以下诸因素。

①环境的制约。在所选择猪场的地点，是否有足够的地域容纳猪场的排污。

②规模大小对生态的影响。

③尽可能多地利用青饲料及农副产品。

④投入和产出效益是否合理。

⑤能否创造良好的防病、控病及防疫条件。

⑥所需种猪能否有可靠的、健康的、高水平的来源，因为引种最容易同时引入疾病。

（2）生态规划。在规划时首先要确定采用什么样的生态模式，主要根据当地具体条件来确定，不要逆当地的条件而主观确定，按生态养猪的要求，达到 4R 原则的标准，使养猪业可持续发展。

（3）猪场土地面积的确定。在国外发达国家有关法令规定，要求按一定面积的土地能消耗多少家畜的粪尿，来确定养猪的数量，不可盲目发展。我国在 2018 年 1 月 22 日，农业部办公厅印发了《畜禽粪污土地承载力测算技术指南》的通知，公布了区域畜禽粪污土地承载力和畜禽规模养殖场粪污消纳配套土地面积的测算方法，区域畜禽粪污土地承载力等于区域植物粪肥养分需求量除以单位猪当量粪肥养分供给量。不顾客观条件盲目扩大养猪规模和数量，危害无穷。确定猪场土地面积，首先要看猪场有多大的可能获得或可供猪场施肥的土地；其次要具备尽可能多的利用青饲料的可能性及根据猪场本身对粪肥的处理能力，如果有足够投资建立高水平的沼气设施，使排污减少，则可根据沼渣、沼液的量及含氮、磷量及土地施肥量配置土地；再如周围有大量农田需要猪场肥料，则猪场规模就有条件扩大，但是扩大量的多少一定要根据周围农田肥料可容纳量。一般来说，除了猪场本身需要的面积外，若猪粪尿仅做堆肥处理直接作肥料，则猪场周围在我国三熟地区需要每亩土地养一头猪，而一些地区则可以按 2 000m² 土地养一头猪。如果猪粪尿进行沼气发酵，则每亩土地养猪头数可增加 5 倍。因为猪粪尿经过沼气厌氧发酵后，其碳水化合物已减少80%（但氮、磷基本不减）。

猪场建设用地面积可参照 GB/T 17824.1—2008（表 2-4）。

表 2-4　猪场建设占地面积

占地面积	规模 [m²（亩）]		
	100 头基础母猪	300 头基础母猪	600 头基础母猪
建设用地面积	533（8）	13 333（20）	26 667（40）

注：①GB/T 17824.1—2008（建设用地面积不低于表中的值）；

②笔者在实践中了解到表中占地面积值有些小，应适当放大。

猪场占地面积可依此标准粗略估算（表 2-5）。

表 2-5　粗略估算猪场占地面积

猪场性质	规模	占地面积	备注
繁殖猪场	80~100 头基础母猪	75~100m²	按母猪头数计
育肥猪场	年上市 8 000~20 000 头肥猪	3~4m²/育肥猪 或 45~50m²/繁殖母猪	本场养母猪，按年上市肥猪计

按每头基础母猪建筑面积 15 ~ 20m²，则 600 头基础母猪场建筑面积 9 000~12 000m²；或按每头基础母猪占地 75~100m² 估计（按猪场建筑系数 25%估算），则 600 头基础母猪场总占地面积 36 000~48 000m²（54~72 亩）。按猪场建筑系数 35%估算，则 600 头基础母猪场总占地面积 30 000~40 000m²（45~60 亩）。

生态猪场所需的面积（表 2-6），主要是指专门生产猪的场所，并不包括整体生态场所需要的面积。

表2-6 猪场所需要的面积

生产规模（万头/年）	总建筑面积（m²）	总占地面积（m²）
0.05	500~800	2 000~3 000
0.1	1 000~1 500	5 000~6 000
0.2	2 000~3 000	10 000~12 000
0.3	3 000~4 200	15 000~18 000
0.5	5 000~5 800	23 000~27 000
1	10 000~11 000	41 000~48 000
1.5	15 000~16 000	50 000~62 000
2	18 000~21 000	70 000~85 000

（4）猪场规模的确定。在对土地、防疫条件以及猪场所排的污、废物在该地区的容纳能力调查清楚后，猪场的规模就易于确定了。当猪场所在地的排污容纳和利用的能力大，则养猪规模可以适当大一点。

根据我国情况，小规模猪场以年生产200~500头为宜，规模大的以2 000~5 000头较好。当然有条件的地方，比如有大量的土地需要施肥，又有足够的各种饲料满足供应，则可根据投资者本身所具备的技术、人才条件及财力，确定养猪的规模。

为什么对养猪规模的确定必须十分关注呢？因为养猪规模合适与否，与生态建设的关系十分密切。首先养猪排污能否成功的资源化处理，是建设生态猪场的关键；其次规模大，青饲料利用很困难；养猪密集度大，对空气的污染大，不仅对人有害，对猪也是十分有害的，容易引起呼吸道疾患；再者养猪密度大，容易引发猪的各种疾病及流行病的发生。因此，绝对不是单位猪场养猪数量越多越好，规模越大越好，必须要按照生态容纳度来决定。

（5）养猪方式的确定。目前养猪采用什么方式甚为重要。一般来说，有繁殖、保育、生长、育成同时在一个猪场中完成，采用全年均衡生产及流水生产方式。还有一种是分隔式的按生产内容分设猪场，如繁殖场单独设立或繁殖与保育猪在一起，与育成猪分开。现在国外比较提倡后一种方式，国内目前也已开始发展分隔式养猪的方式。还有一种是专门作为生产育成猪用的猪场。现分述如下。

流水方式的养猪生产工艺，按照养猪生产的内容，分为繁殖、保育、生长、育成4个饲养部分。繁殖生产中又分为公猪、配种、妊娠、分娩4个部分并实行全年分娩。猪舍的排列次序也基本按照上述生产内容排序。生产流程基本如图2-7所示。

专门化、分隔式、多点式养猪方式，这种养猪方式在国外目前比较普遍。其核心是养猪生产中，繁殖、保育及育成的饲养分在不同猪场或区域进行。棚户之间都间隔至少500m以上，或者是建立专业化生产。但也有将繁殖部分单独建立，保育和生产结合在

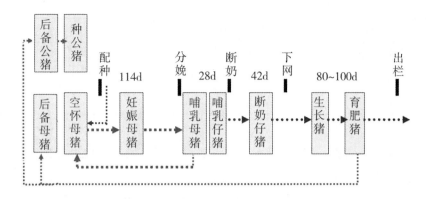

图 2-7　流水线式养猪生产工艺流程

一起进行生产的。

采用分离式养猪，最主要的是从防疫和保健，或是从专业化的角度考虑，通过分隔方式，阻断了母猪与保育猪、生长猪之间疾病的相互感染。对保育猪便于采用特殊的防疫及保健措施，此外便于饲养的专业化。

我国还有一种比较好的生态养猪模式，就是专业农户结合种果、种菜、养鱼或其他农业，规模几百头猪。有的养一部分母猪，有的就单养肉猪。猪粪肥经过沼气发酵后作肥料，多余粪肥发酵后再作肥料。

以上 3 种养猪方式在我国都存在，但都应实行全进全出、全年均衡生产的原则。

（6）场址的选择。合理的正确的场址与建筑的规划及布局，是生态猪场成功建设的关键。它是生态建设、生产管理、良好的防疫条件的基础。

在经过全面调查并综合分析的基础上，要做好下述几项工作。

第一，要确定拟建猪场周围一定要有足够的农田、蔬果、水面，以利用经过资源化处理后的猪场废物及防护林带的建设。猪场绝不能脱离农业而独立生产，一定要贯彻农牧（大农业）结合的原则。

第二，猪场要求建在背风向阳、高燥之处，排水良好，夏季通风良好。

第三，要有足够面积，避免养猪密度过大。

第四，要有足够而优良水质的水源。

不同种类的猪冲洗水及饮水量的需求见表 2-7。

表 2-7　各类猪每天需水量

各类猪名称	冲洗水（L）	饮水（L）
种公猪	40	10
空怀及妊娠母猪	40	12
泌乳母猪	75	20

（续表）

各类猪名称	冲洗水（L）	饮水（L）
保育猪	5	2
生长猪	15	6
育成猪	25	6

表2-7水量为参考数，当水比较缺乏时，冲洗水量可减少而代之以其他方式清除猪粪尿，保持猪舍的清洁。

对于饮水的水质，必须保证符合饮用水的质量标准。表2-7所列的饮水量比较大，因为包括饮水时流失的量。

第五，猪舍的位置要选择略高于沼气池，便于猪场的污水可以自流进入沼气的设施，避免增加输送污水的成本。

第六，要避免在旧猪场上重建新的猪场。规模较大的猪场周围1km之内不能有其他猪场，如有良好的天然隔离屏障，则距离可以适当缩小。此外猪场离居民区要有500～1 000m，规模万头以上的猪场，还要更远一些。

猪场的交通要比较方便，猪场到公路必须有可通5t以上的卡车的道路，但离国家2级以上的公路应有500m以上的距离，以利于防疫。

（7）猪场的布局。猪场内需设一部分行政区（管理区）、生活区及生产区，此外必须设一隔离区，功能区必须分设不同区域，有利于人的生活健康，有利于经营管理，并和总体的生态规划结合在一起考虑。

生产区　生产区是养猪场的主要区域。生产区包括繁殖区、保育区、生长育成区。如果规模合适，应提倡各个区要分隔设立，这样便于防疫和疾病的阻断。最佳的选择是建立专业场区。

生产区必须附设消毒更衣室，凡进入生产区必须更衣、洗涤、消毒。

生产区和行政区及生活区必须有500m以上的间隔。生产区和隔离区不仅要有500m以上的间距，还必须有较好的隔离手段。如要有防疫沟、防疫林或防疫墙间隔。

生产区要设在通风、向阳之处，但要在行政区及生活区之下风处。

生产区中猪舍的朝向十分重要，我国各地的主导风向是受季候风影响，夏季以东南风为主，冬季以西北风为主，春、秋两季是风向转变较多的季节。此外，也会有东北风及西南风，但都不是主导风向。东南沿海4月以后逐渐进入台风季节，一直到11月台风才结束。因此在规划时一定要按主风方向确定猪场的拟建猪舍的方向。中国建筑设计研究院颁发了我国建筑朝向的地区要求，见表2-8，可参照安排。

表 2-8　我国部分地区畜舍最佳朝向

地区	最佳朝向	适宜朝向	不宜朝向
武汉	南偏西 15°	南偏东 15°	西、西北
广州	南偏东 15°，南偏西 5°	南偏东 25°，南偏西 5°	西
南京	南偏东 15°	南偏东 25°，南偏西 10°	西、北
济南	南，南偏东 10°~15°	南偏西 30°	西偏北 1°~5°
合肥	南偏东 5°~15°	南偏东 15°，南偏西 5°	西
郑州	南偏东 15°	南偏东	西北
长沙	南偏东 10°左右	南	西、西北
成都	南偏东 45°，南偏西 15°	南偏东 45°，东偏北 30°	西、北
昆明	南偏东 25°	东至南至西	北偏东 35°，北偏西 35°
重庆	南，南偏东 10°	南偏东 15°，南偏西 50°	东、西
拉萨	南偏东 10°，南偏西 5°	南偏东 15°，南偏西 10°	西、北
上海	南，南偏东 15°	南偏东 30°，南偏西 15°	北，西北
杭州	南偏东 10°~15°，北偏东 6°	南，南偏东 30°	北、西
厦门	南偏东 5°~10°	南偏东 22°，南偏西 10°	南偏西 25°，西偏北 30°
福州	南，南偏东 5°~10°	南偏东 15°以内	西
北京	南偏东、偏西 30°以内	南偏东、偏西 45°以内	北偏西 30°
沈阳	南，南偏东 20°	南偏东至东，南偏西至西	东北、东至西北、西
长春	南偏东 30°，南偏西 10°	南偏东 45°，南偏西 45°	北、东北、西北
哈尔滨	南偏东 15°	南至南偏东 15°，南至南偏西 15°	西、西北、北

供应饲料的饲料加工厂或饲料库是必不可少的，饲料加工厂应设在运输比较方便处，有专门向场内运输饲料的道路，不要和其他道路重叠、交叉。饲料厂离猪场要有 300~500m 间隔。

生产区要设有专门出售猪的地方。这个地方距离猪场不能太远，因为出售的猪一般体重比较大，运猪要特别注意减少对猪的应激，但是又必须有良好的隔离条件，因为到场购猪的人都是来自其他地方，因此必须特别注意防疫问题。所以出售猪的地方除了要有好的隔离条件外，还必须有完善的消毒设施，运输猪通道必须和运饲料及猪场人员出入的道路分开，不能混杂。在进入出猪通道前，购猪的车和人员都要消毒。售猪的地方还要有一个临时养猪的地方，因为当准备出售的猪出了猪场后，绝不允许再回猪场，但每天不一定都能将赶出的猪售出，剩余的猪就必须在售猪点临时饲养几天。

猪舍的地势要高于污水处理区，尽量使猪场排的粪尿、污水能自流入污水处理设施。

隔离区 规模大一点的猪场必须设有隔离猪舍、兽医检查室、尸体剖检室及尸体处理设施。这个区域的防疫、隔离及消毒的要求更为严格，一般要规划在猪场的最下风处，还要注意该区的污水一定要处理后才能排放。

生活区及行政区 这部分区域主要是猪场经营管理和技术决策中心，财经、供销部门、活动的主要地点。生活区主要是职工生活、食宿、文化等活动地点。这个区域要接近主要的公路和铁路站点。

这两个区域要选择地势高燥及猪场的上风向之处。要优化环境建设，做好绿化建设，做到园林化，并在周围建立绿色屏障。

第二节　生态养猪的管理

本节介绍猪群结构、主要的经济技术指标及计算方法，阐述生态养猪对环境的要求和生态养猪的管理技术。

一、猪群结构

（一）猪群类别的划分

依生产功能、工艺流程，可将猪群划分如下类群。

（1）成年公猪群。直接参与生产的公猪，组成成年公猪群。实行人工辅助（本交）配种的养猪场，种公猪应占生产母猪群的 2.0%~5.0%；实行人工授精配种的养猪场可降低到 1.0% 以下。

（2）后备公猪群。由为更新成年种公猪而饲养的幼猪组成，占成年公猪群的 30%~50%，一般选留比例为 10∶2。

（3）生产母猪群。由已经产仔的母猪组成，占猪群总存栏量的 10%~12%。

（4）后备母猪群。由用于更新生产母猪的幼猪组成，占生产母猪群的 25%~30%，选留比例为 2∶1。

（5）仔猪群。指出生到断奶后的哺乳仔猪，占出栏猪数 15%~17%。

（6）保育猪群。指断奶后仔猪，在网床笼内（一般指 35~70 日龄仔猪）或地面饲养，而后转入生长发育猪群。

（7）生长发育（育成、肥育）猪群。经保育阶段以后，转入地面饲养，依体重可分为育成期（体重 20~35kg）、肥育前期（体重 30~60kg）和肥育后期（体重 60~100kg）。

（二）猪群存栏头数和结构

猪群的存栏头数和结构与猪场的规模有关，猪场规模可按饲养成年生产母猪数量和年产商品猪出栏头数表示。小型猪场，饲养生产母猪300头以下，年产商品肉猪5 000头以下；中型猪场，饲养生产母猪300~600头，年产商品肉猪5 000~10 000头。

中小型集约化养猪场在正常运营情况下，以出栏商品猪头数计算猪群结构，划分4种规模（表2-9）。

表2-9　猪群结构

群别	规模（头）			
	1 000	3 000	5 000	10 000
成年公猪	2~3	7~8	11~12	22~25
后备公猪	1~2	2~4	4~8	8~10
生产母猪	50~60	170~200	280~300	560~600
后备母猪	17~20	50~60	83~90	167~200
哺乳仔猪	100以上	320以上	530以上	1 000以上
保育猪	100以上	310以上	510以上	1000以上
生长发育猪	300以上	930以上	1 540以上	3 000以上
合计存栏	590以上	1 800以上	2 960以上	5 900以上
年产商品肉猪	1 000以上	3 000以上	5 000以上	10 000以上

二、主要经济技术指标

（一）繁殖指标

生产母猪繁殖指标见表2-10。

表2-10　生产母猪繁殖指标

项目	指标
生产母猪年平均产仔窝数（窝）	2.0以上
平均每窝产仔数（头）	11.0以上
平均窝产活仔猪数（头）	10.0以上
仔猪断奶日龄（d）	35.0以上
哺育率（%）	95.0以上
每头母猪年成幼猪数（头）	19.0以上

（二）生长育肥指标

生长发育指标见表 2-11。

表 2-11　生长发育指标

项目	指标
断奶时（35 日龄）体重（kg）	7.0 以上
保育期（70 日龄）（kg）	22.0 以上
育成率（%）	96.0 以上
生长育肥期（22~90kg）平均日增重（g）	60.0 以上
体重达 90kg 日龄（d）	180 以下
肥育率（%）	98.0 以上
平均每头生产母猪年产商品肉猪（头）	18.0 以上

（三）饲料报酬指标

商品肉猪和全群即含种公猪、种母猪以及后备公、母猪等非直接生产猪群消耗饲料两项指标见表 2-12。

表 2-12　饲料消耗指标

项目	指标
商品肉猪每千克增重耗料（kg）	3.3 以下
商品肉猪每千克增重群耗料（kg）	4.0 以下

（四）综合评定指标

以商品猪出栏率来表达，不应小于 160%。

三、主要经济技术指标的计算方法

（一）生产母猪年平均产仔窝数

生产母猪年平均产仔窝数 = 年总产仔窝数/ 年实际饲养母猪头数

注：不计流产头数。

（二）仔猪哺育率

仔猪哺育率（%）= 断奶时成活仔猪数/初生时窝产活仔数×100

（三）仔猪保育率

仔猪保育率（％）＝保育期末（70 日龄）仔猪成活头数/断奶时仔猪头数×100

（四）育成、肥育率

育成、肥育率（％）＝育成、肥育猪头数/保育期幼猪头数×100

（五）总育成率

总育成率（％）＝总育成期商品猪头数/总产活仔猪头数×100

（六）出栏率

出栏率（％）＝全年出栏商品猪头数/年初存栏猪头数×100

四、生态养猪对环境的要求

（一）猪舍空气温度和相对湿度

猪舍内空气温度和相对湿度应符合表 2-13 的规定。

表 2-13　猪舍内空气温度和相对湿度

猪群类别	空气温度（℃）	相对湿度（％）	猪群类别	空气温度（℃）	相对湿度（％）
种公猪	10~25	40~80	哺乳仔猪	28~34	40~80
成年母猪	10~27	40~80	培育仔猪	16~30	40~80
哺乳母猪	16~27	40~80	肥育猪	10~27	40~85

注：①表中的温度和湿度范围为生产临界范围，高于该范围的上限值或低于其下限值时，猪的生产力可能会受到明显的影响。成年猪（包括肥育猪）舍的温度，在最热月份平均气温≥28℃的地区，允许将上限值提高 1~3℃；最冷月份平均气温低于-5℃的地区，允许将下限值降低 1~3℃。

②表中哺乳仔猪的温度标准系指 1 周龄以内的生产临界范围，2 周龄、3 周龄和 4 周龄时下限温度可分别降至 26℃、24℃和 22℃。

③表中数值均指猪床床面以上 1m 高处的温度或湿度。

猪舍空气温度、湿度的控制还要考虑猪的年龄阶段和季节变化等因素，做到以下几点。

（1）哺乳母猪和哺乳仔猪的温度不同，建议对哺乳仔猪采取局部供暖措施。

（2）夏季猪舍气温高于生产临界范围上限值时，除采取适当提高日粮浓度、保证充足和清凉的饮水、早晚凉爽时喂饲，以及喷雾、淋浴并加强通风等促进猪体蒸发散热等饲养管理措施外，还应考虑遮阳绿化，必要时采取湿帘降温等措施。

（3）冬季猪舍气温低于生产临界范围下限值时，除采取保障饲料营养水平、早饲提前、晚饲延后或增加夜饲、及时清除粪尿、保持圈栏干燥、控制风速及防止贼风等饲养管理措施外，必要时还应采用热水、热风或其他供暖设备。

（4）新建场应根据当地气候特点，从场址选择、场区绿化以及猪舍的样式、材料、朝向和保温隔热性能等方面，考虑防寒保温或防暑降温。

（5）猪舍湿度过大时（特别是冬季），应尽量减少饲养管理用水，并在标准范围内适当加大通风量，必要时供暖。

（二）猪舍通风

（1）猪舍通风量和风速应符合表 2-14 的规定。

（2）表 2-14 标准适用于机械通风猪舍，可供自然通风和自然与机械混合通风猪舍设计时参考。

（3）猪舍通风主要包括自然通风、负压机械通风（横向或纵向）和正压机械通风。跨度小于 12m 的猪舍一般宜采用自然通风。跨度大于 8m 的猪舍以及夏季炎热地区，自然通风应设地窗和屋顶风管，或采用自然与机械混合通风或机械通风。为克服横向和纵向机械通风的某些缺点，可考虑采用正压机械通风。采用横向通风的有窗猪舍，设置风机一侧的门窗应在风机运转时关闭。

（4）猪舍通风须保证气流分布均匀，无通风死角；在气流组织上，冬季应使气流由猪舍上部流入，而夏季则应使气流流经猪体。

表 2-14　猪舍通风

猪群类别	通风量［$m^3/(h \cdot kg)$］			风速（m/s）	
	冬季	春、秋季	夏季	冬季	夏季
种公猪	0.45	0.65	0.70	0.20	1.00
成年母猪	0.35	0.45	0.60	0.30	1.00
哺乳母猪	0.35	0.45	0.60	0.15	0.40
哺乳仔猪	0.35	0.45	0.60	0.15	0.40
培育仔猪	0.35	0.45	0.60	0.20	0.60
育肥猪	0.35	0.45	0.65	0.30	1.00

注：表中风速指冬季通风以满足有害气体和水汽的排放为限（即最大通风量），不宜过大，因通风与保温是矛盾的；夏季可大，以舒适为度。在最热月份平均温度 ≥28℃ 的地区，猪舍夏季风速可酌情加大，但不宜超过 2m/s，哺乳仔猪不得超过 1m/s。

（三）猪舍光照

（1）猪舍自然光照或人工照明设计应符合表 2-15 的要求。

表 2-15 猪舍采光

猪群类别	自然光照		人工照明	
	窗地比	辅助照明（lx）	光照强度（lx）	光照时间（h）
种公猪	1：（10~12）	50~75	50~100	14~18
成年母猪	1：（12~15）	50~75	0~100	14~18
哺乳母猪	1：（10~12）	50~75	50~100	14~18
哺乳仔猪	1：（10~12）	50~75	50~100	14~18
培育仔猪	1：10	50~75	50~100	14~18
育肥猪	1：（12~15）	50~75	30~50	8~12

注：窗地比是以猪舍门、窗等透光构件的有效透光面积为 1，与舍内地面面积之比；辅助照明是指自然光照猪舍设置人工照明以备夜晚工作照明用；人工照明一般用于无窗猪舍。

（2）猪舍光照须保证均匀。自然光照设计须保证入射角≥25°，采光角（开角）≥5°，入射角指窗上沿至猪舍跨度中央一点的连线与地面水平线形成的夹角。采光角（开角）指窗上、下沿分别至猪舍跨度中央一点的连线之间的夹角。

人工照明灯具设计宜按灯距 3m 左右布置。

（3）猪舍的灯具和门窗等透光构件须经常保持清洁。

（四）猪舍空气卫生要求

猪舍空气中的氨（NH_3）、硫化氢（H_2S）、二氧化碳（CO_2）、细菌总数和粉尘含量不得超过表 2-16 的规定。

表 2-16 猪舍空气卫生要求

猪群类别	氨（mg/m³）	硫化氢（mg/m³）	二氧化碳（%）	细菌总数（万个/m³）	粉尘（mg/m³）
种公猪	26	10	0.2	≤6	≤1.5
成年母猪	26	10	0.2	≤10	≤1.5
哺乳母猪	15	10	0.2	≤5	≤1.5
哺乳仔猪	15	10	0.2	≤5	≤1.5
培育仔猪	26	10	0.2	≤5	≤1.5
育肥猪	26	10	0.2	≤5	≤1.5

为保持猪舍空气卫生状况良好，必须进行合理通风，改善饲养管理，采用合理的清粪工艺和设备，及时清除和处理粪便和污水，保持猪舍清洁卫生，严格执行消毒制度。

（五）猪舍噪声

各类猪舍的生产噪声或外界传入的噪声不得超过 80dB，并避免突然的强烈噪声。

（六）群养猪组群要求

各类猪群每头所需猪栏面积按 GB/T 17824.1 执行。群养猪以公猪 1 头、后备公猪 2~4 头、空怀及妊娠前期母猪 4~6 头、妊娠后期母猪 2~4 头、哺乳母猪（带哺乳仔猪 1 窝）1 头为宜。培育仔猪、肥育猪以原窝（8~12 头）饲养为宜，合群饲养时每群也不宜超过 2 窝（20~25 头）。

（七）猪场饮用水卫生

猪场用水量按 GB/T 17824.1 执行；水质须达到 GB 5749 的要求。

（八）猪场粪便和污水处理利用要求

（1）几个概念

固体悬浮物（SS）：水中不溶解的固体物质。

化学耗氧量（COD）：用化学氧化剂氧化水中有机物时消耗的氧化剂折算为氧的量（mg/L）。我国规定用重铬酸钾作化学氧化剂。

生化需氧量（COD）：水中微生物分解有机物时消耗的氧的量（mg/L）。

（2）新建猪场的粪便和污水处理设施须与猪场同步设计、同期施工、同时投产，其处理能力、有机负荷和处理效率最好按本场或当地其他场实测数据计算和设计。以下参数可供参考：存栏猪全群平均每天产粪和尿各 3kg；水冲清粪、水泡粪和干清粪的污水排放量平均每头每天分别约为 50L、20L 和 12L；每千克猪粪和尿的 BOD_5 排泄量分别为 63g 和 5g；猪场污水的 pH 值为 7.5~8.1；悬浮物（SS）为 5 000~12 000 mg/L，BOD_5 为 2000~6 000mg/L，猪场耗氧量（CODcr）为 5 000~10 000mg/L，氨态氮为 100~600mg/L，硝酸盐态氮为 1~2mg/L，细菌总数为 $1×10^5~1×10^7$ 个/L，蠕虫卵数为 5~7 个/L。

（3）猪场粪便须及时进行无害化处理并加以合理利用，处理后应符合 GB 7959 的要求。污水处理后的排放应符合 GB 8978 的要求，如灌溉农田或肥塘养鱼，须分别达到 GB 5084 和 GB 11607（国家渔业水质卫生标准）的要求。

（4）猪场场区必须做好绿化，保持清洁卫生，并定期对道路、地面进行消毒。

（5）猪场应把灭蝇、灭蚊和灭鼠列入日常性工作。

（九）猪场的环境监测

（1）各项环境参数须定期进行监测，至少冬、夏各进行 1 次，根据监测结果作出环境评价，提出环境改善措施。

（2）新建场场址选择时，应请环境保护部门对拟建场场地的水源、水体进行监测并作出卫生评价，应选择符合 GB 5749 要求的水源，对不符合标准的水源，必须进行净化消毒后使用。对发生过疫情的场地，须对场地土壤进行细菌学监测并作出卫生评价，评价标准可参考表 2-17，场址应选择"清洁"或"轻度污染"的土壤。

表 2-17　猪场建设用地土壤生物学卫生指标

污染情况	寄生虫孵数 （个/kg）	细菌总数 （万个/g）	大肠杆菌值*
清洁	0	1	1 000
轻度污染	1~10	—	—
中等污染	10~100	10	50
严重污染	>100	100	1~2

注："*"大肠杆菌值为检出 1 个大肠杆菌的土壤质量（g）。

五、猪的一般饲养管理原则

坚持贯彻"管重于防、防重于治、防治结合"的方针，做到精细管理，无病早防，有病早治，常年防疫。做好猪瘟、猪肺疫、猪丹毒等疫苗的预防注射，做到每头注射，没有遗漏。做好日常卫生消毒工作，病猪要及时隔离，专人饲养，针对治疗；死猪要无害化处理。

（一）饲养管理因季节不同而不同

俗语说："四季老一套，气力白消耗。"说明猪的饲养管理一年四季要灵活掌握，依实际情况进行调整。

群众根据猪的生活习性，总结出"春防风、夏防热、秋防雨、冬防寒"的经验。

（二）分群分圈进行饲养

分群就是将全场的猪，根据猪的品种、性别、大小、强弱和吃食快慢分开饲养，即采取"一致性"和"亲缘性"的原则。这样便于照顾瘦弱的猪，管理也容易，猪的生长发育也比较一致。分圈就是在分群的基础上，将一个类型的猪分成单饲或群饲。一般成年公猪和妊娠母猪单饲；妊娠母猪也可以小群饲养，妊娠前期每圈 4~6 头，妊娠后期每圈 2~3 头。生长育肥猪和空怀母猪大群饲养，每圈可喂 20~25 头。分群分圈可根据猪场具体情况而定，但要杜绝混群混圈混喂现象。

（三）喂猪要定时、定量、定温

猪有一定的生活习惯，在饲养管理上要建立良好的生活制度。一般公猪、母猪，每天喂 2~3 顿；乳猪、培育猪和肥育猪前期实行自由采食，不限量不限时。

喂猪每天要定时定量，不要早一顿、晚一顿、饿一顿、饱一顿，不然的话，猪不但吃不香、长不快，而且消化吸收不好，易得胃肠病。在猪食的温度上，也不能热一顿、凉一顿。群众常说："猪的口，饲养员的手。"喂流质料和湿拌料要"冬热、夏凉、春秋温。"提倡用颗粒料。

有条件地方可以进行放牧养猪。

六、生态养猪注意问题

要发展好现代生态养猪，必须注意以下几点。

（一）选择合适的自然生态环境是进行现代生态养猪的基础

没有合适的自然生态环境条件，生态养殖也就无从谈起。发展现代生态养猪，必须根据猪的生物学特性，选择适合猪生长的无污染的自然生态环境，有比较大的天然活动场所，让猪自由活动、自由采食、自由饮水和自然生长，如一些地方采取林地养猪等就是很好的生态养殖模式。

（二）选择合适的猪种

生态养猪方式决定了应尽可能地让猪在自然生态环境下、自由活动、自由采食和自然生长，要求猪种的适应性和抗病力要强，耐粗饲。因此，生态养殖的猪种，一般选用本地的地方良种猪和地方良种间杂交猪，也可选用培育品种猪或瘦肉型与地方良种二元杂交猪等。

（三）使用配合饲料是现代生态养猪与农村一家一户原生态散养的根本区别

如仅是在自然生态环境中散养而不使用配合饲料，则猪的生长速度必然很慢，其经济效益也就很低，这不仅影响饲养者的经济效益，而且也不能满足消费市场的需求。因此，进行现代生态养猪，在杜绝国家禁用投入品的前提下，应该满足其自然生长所需的各种营养物质，故不排斥使用配合饲料。但配合饲料中不能添加促生长剂和动物性饲料，因为添加促生长剂虽然可以加快猪的生长速度，但其残留物将降低猪肉产品的品质，也会影响猪肉产品的口感风味；添加动物性饲料同样会影响猪肉产品的口感风味。

（四）以饲料—肥料为纽带构建生态循环链

生态养殖的猪大部分时间是处在户外的自由活动状态中，随时随地排出粪尿；在有限的自然生态环境范围内，必须合理把握放牧密度，条件许可时应划区轮牧，构建"猪→粪尿→牧草→猪"生态循环链。如无条件轮牧，应及时清理粪便，并进行厌氧发酵和好氧处理，处理后的粪便是优质有机肥，或者通过沼气工程处理；否则，不可避免地会造成环境污染，也容易导致疫病发生，进而影响饲养者的经济效益和人们的身体健康。

（五）多喂青绿饲料

给猪多喂一些青绿饲料，不仅可以给猪提供营养，而且还可提高猪的免疫力和健康水平。饲养者可在猪活动场地种植一些耐践踏的牧草饲料，供其活动时自由采食；同时，还必须另外供给青绿饲料，因为在有限的围牧范围内，仅靠活动场地种植的青饲料是不能满足猪的采食需要的。青饲料最好新鲜饲喂，不可长时间堆放，以防堆积过久发酵产生亚硝酸盐，导致猪亚硝酸盐中毒。采割的青饲料要用清水洗净泥沙后，切短饲喂，最好打浆后与配合饲料混合饲喂。如果猪长期吃含泥沙的青饲料，可能引发胃肠炎。严禁用施过农药的菜、草喂猪；饲喂的青绿饲料要力求多样化，这样不但可增加适口性、提高采食量，而且能平衡各种营养素和提供丰富的营养因子。在冬季没有青绿饲料时，要多喂一些优质牧草粉，以提高猪肉产品品质和口感风味。

（六）做好疫病防治工作

生态养殖的猪大部分时间是在户外活动场地自由活动，相对于工厂化养殖方式更容易感染外界细菌、病毒而发生疫病。因此，做好防疫工作就显得尤为重要。应根据当地疫情流行情况，制定正确的免疫程序，规范免疫操作，防止免疫失败。同时，应根据户外放牧的特点，做好平时的保健和驱虫工作；为避免因药物残留而降低猪肉产品品质，饲养者应尽量少用或不用抗生素防治疾病，可选用中草药防治，有些药草农村随处可见，如用马齿苋、玉米芯碳等可防治拉稀，五点草可增强机体免疫力。这样不仅可提高猪肉产品质量，而且还可降低用药成本。条件许可时，提倡种植些适合当地土壤、气候条件的防治常见病的药草。

（七）做好必要的防寒避暑工作

尽管生态养殖的猪大部分时间是在户外活动场地自由活动，追求在自然生态条件下自然生长，但在严寒酷暑的极端气候条件下，将严重影响猪的自然生长，这对刚入栏的仔猪还可能致病甚至死亡。因此，生态养猪也应提供必要的食宿和防寒避暑圈舍设施等条件。

第三节　生态养猪案例解析

本节主要介绍典型的原生态养猪模式和现代化生态养猪模式，并对其基本结构、原理及其演变进行分析；阐述猪—沼—果（草、林、菜）和发酵床生态养猪的管理技术，并介绍投资效益的分析方法。

一、猪—沼—果（草、林、菜）生态养殖模式

（一）发展猪—沼—果（草、林、菜）生态养殖模式的目的和意义

猪—沼—果（草、林、菜）生态养殖模式的基本结构和流程见图 2-8。

推行猪—沼—果（草、林、菜）生态养殖模式有以下优点：一是环保节能。可以减少有害气体的排放，因沼气热值高，用量少，产生的二氧化碳也比煤大大减少，从而节省了燃煤开支。二是有利保护生态环境。沼气池产生的沼气作为一种能源，不仅可解决农户的照明、煮饭、烧水，关键在于节制了乱砍滥伐和对薪材的索取，从而提高了森林覆盖率，防止水土流失，促进农村生态环境良性循环。三是增加养殖户经济收入。据报

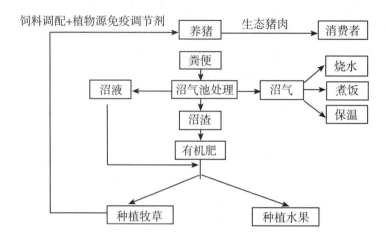

图 2-8　猪—沼—果（草、林、菜）生态养猪模式流程

道，一个 $8\sim10m^3$ 的沼气池一年可节约燃料费 600~800 元，节约化肥、农药开支 300 余元，带来增产效益近 1 000 元。四是优化农业产业化结构，促进新农村建设，改善环境卫生。五是改良土壤，促进生态循环。果园、林地施用沼肥可以提高土壤有机质含量，使土壤容重变小，耕层加厚，改善耕作性能，提高水果、林木的产量和质量。草地施用沼肥可以提高土壤有机质含量，使牧草生长旺盛，同时牧草可用于喂猪，实现养猪生态良性循环。

（二）猪—沼—果（草、林、菜）生态养殖模式的基本理念

猪—沼—果（草、林、菜）生态型养殖模式，也称种养结合、综合利用型养殖模式，或循环经济型养殖模式，是以生产沼气为核心，把种植、养殖和生活三个孤立的活动组合成一个开放式的互补系统，使一种生物的废弃物成为另一种生物的养料或生产原料，实现物质循环利用，以及经济效益、社会效益和生态环境效益的高度统一。这种模式的猪场排泄物一般必须经干清粪和固液分离后，粪渣固体经过堆积发酵制成有机肥，将其运输至果园、草地、菜地、竹林、树林等用于基肥或追肥。污水则进入沼气池厌氧发酵，产生的沼气作为猪场及周边农村居民的加热能源或用于沼气发电等，沼液则通过专门管道或车辆运输至消纳地进行消纳。通过这种模式，猪场粪污作为有机肥料被种植物完全吸收利用，不会对环境及水源造成污染，有效地解决了种植园的有机肥来源问题，相互补充，互为需求，这样就有可能达到养猪场不向外界排放污染物，达到变废为宝、环保生态的目的。这种种养结合的生态养猪模式其本质就是以生态经济原理为基础，包含了清洁生产和绿色消费的内容，体现了"减量化、再利用、再循环"原则，具有良好的生态效益与经济效益。

（三）猪—沼—果（草、林、菜）生态养殖模式的设计原则

一是合理设计，节约用水，减少排水量，尽量进行干清粪，少用水冲洗猪栏，将含

有猪粪尿的污水进行固液分离，固体部分和干清粪一道进入大容量堆积池自然发酵成有机肥，集中运输至果园、草地或竹林、树林等用于基肥、施肥，减轻粪液处理系统后阶段的压力。二是设计工艺及设备选型必须考虑运行过程中具有较大的灵活性和调节余地，能适应负荷量变化，确保排放水质稳定且用于农业生产。三是便于操作管理，减少动力消耗和运行费用，节约生产成本，产生的沼气可作为猪场的加热能源或用于沼气发电。四是该模式需要配套相应的果（草、林、菜、田）地，按照种养平衡的原则，每亩种植地承载的生猪限量为：菜地3~6头，柑橘园4~5头，香蕉园2~2.5头，狼尾草地6~10头，黑麦草地2~2.5头，林地1~3头，茶园2~2.5头，水稻田2~3头。五是沼气池建造容积应根据不同的饲养规模建设成不同的大小类型，可根据猪场每天产生的沼液量来计算建造沼气池的容积，沼气池大小一般要建造可容纳9d以上沼液量为好。

（四）猪—沼—果（草、林、菜）生态养殖模式的设计要点

猪—沼—果（草、林、菜）的生态养殖模式除了必须具备一般养殖场的基本要求外还需要注意以下几个方面的问题。

1. 猪场选址要求

猪场选址要求在当地畜牧、国土、林业、环保等部门统一规划的适宜养殖区内进行，猪场周围必须要有绿化隔离带或其他防疫措施，最重要的是要有足够面积的配套果园、草地、菜地或林地等进行沼液消纳。所以，养殖规模不宜太大，适用于山区和年出栏1万头以下的中、小型养猪场及散养户。

2. 猪舍建筑要求

自繁自养的猪舍建筑面积一般为存栏猪（大小平均）1.5m²/头比较适合。配套的生活区、舍与舍之间的隔离区、环保设施区、道路、绿化等占地面积一般是猪舍的3倍。猪舍建筑为东西走向、坐北朝南，猪舍栋间距离是12~13m，猪舍屋顶滴水檐高度一般为3~4m，猪舍跨度按功能可分别建7.5~12m不等。猪舍长度以保证猪群转栏全进全出为一单元。屋顶最好采用隔热性能好的材料和猪舍安装吊顶。猪舍南北面可用卷帘或窗户，最好能安装水帘负压通风系统，以便于调节猪舍温度、湿度和风的流量。猪场要建围墙，进入人员或车辆要过消毒池，门口要建有专用的更衣室、喷雾消毒间。各生产区入口也要建有消毒池，清洁道和污染道要分开。雨水管道与污水管道也分开。

3. 干清粪要求

采用尽量多的干清粪。因为猪场粪污中的污水有约20%来自猪场排出的尿液，强调干清粪可以减少猪场冲洗用水，即可减少40%~50%的污水量，减轻污水处理系统后阶段的压力，减少沼液的悬浮物、氨氮等浓度，从而相应减少土地的消纳面积和降低储液池容量。

4. 储粪池处理设施建设要求

储粪池的建设按存栏生猪每5~6头建1m³储粪池标准进行建造，储粪池建筑要分间

设计，有顶棚屋顶，防止雨水进入池内，池底要防水、防漏。储液池建设的容量大小可根据各个猪场的配套条件不同而不同，即储液池（有顶棚）的总容量不得低于农林作物生产用肥的最大间隔时间内养猪场排放沼液的总量。

5. 沼气池建造原则

沼气池的类型主要有水压式沼气池、浮罩式沼气池、半塑式沼气池、罐式沼气池、软体沼气池 5 种基本类型，各养殖规模猪场，应根据自身养殖场的特点，由专业的沼气工程建设单位承建相应类型的沼气池。沼气池的设计与模式配套遵循如下原则：首先必须坚持沼气池与畜圈、日光温室相连的原则，使猪粪便等污物不断进入沼气池，保证正常产气、持续产气，并有利于粪便管理，改善环境卫生；沼渣、沼液可方便地运出作肥料使用。其次必须坚持"圆、小、浅"的原则。"圆、小、浅"是指池形以圆柱形为主，圆形比方形或长方形的表面积小，比较省料。圆形池内部结构合理，池壁没有直角，容易解决密闭问题，而且四周受力均匀，池体较牢固。小，是指主池容积不宜过大，根据猪场的实际规模而定。浅，是为了减少挖土深度，也便于避开地下水，同时发酵液的表面积相对扩大，有利于产气，也便于出料。再次坚持直管进料，出料口加盖的原则。直管进料的目的是使进料流畅，也便于搅拌。出料口加盖是为了保持环境卫生，消灭蚊蝇滋生场所，避免污气外漏。

（五）猪—沼—果（草、林、菜）养殖模式的应用与推广

这种模式比较适合山地较多的地区，比如福建省的地形被形象地描述为"八山一水一分田"，这样的地形在山区县城尤为突出，山地海拔不高，主要是以林地、草地为主，因此，这种得天独厚的地形也给福建山区推广猪—沼—果（草、林、菜）生态养殖模式提供了一个优越的条件。根据在福建省多个地区示范猪场的应用效果分析，该养殖模式畜禽粪便和养殖废水实现无害化处理，真正实现了"减量化、资源化、无害化"的治污原则，取得了理想的治污效果，有效地保护了猪场周边的生态环境，确保了养猪业的可持续发展。下面是猪—沼—果（草、林、菜）生态养殖模式在福建省几个典型猪场应用推广的情况及取得的效益。

1. 南平市茫荡牧业有限公司

该公司位于南平市延平区茫荡镇筼竹村，全场占地面积 16 667 m^2，投资建设了600 m^3 厌氧发酵池及配套设施，对养殖污水进行治理，经发酵产生的沼气供给该村 100多户村民作为生活燃料，沼液、沼渣无偿给猪场周围 16. 67 万 m^2 生产欧柑的坎下果场使用，果场利用纯天然的有机肥，也打出了享誉南平的欧柑品牌，实现了养猪赚钱与合理治污的双赢。

2. 福建一春农业发展有限公司

该公司通过建立立体农业生态养殖模式，开发无公害有机茶种植加工项目，投入建成 1 500 m^3 沼气池和配套污染治理设施，沼气作为锅炉的燃料和公司员工生活使用，沼液用于浇灌 20 万 m^2 无公害有机茶及 2. 67 万 m^2 牧草地，大大提高了资源的有效循环和

综合利用，具有良好的经济效益、环境效益和社会效益。既满足人们生活需要，丰富社会市场，又最大限度降低了养猪带来的污染，为企业获得最佳经济效益。

3. 龙岩市新罗区盛源猪场和龙马猪场

2 个猪场均将处理后的沼液全部用于浇灌牧草，生产的牧草通过打浆后作为猪的饲料，大大节约了饲料成本，同时提高了猪的采食量，减少了怀孕母猪便秘等问题，而最关键的在于沼液全部用于浇灌牧草，实现了猪场污水的零排放。

4. 南平市宏远畜牧发展有限公司

位于延平区王台镇现代农业园区，有 1 300 m³ 沼气池、7 200 m³ 氧化塘和酸化调节池、好氧沉淀池等配套设施，污水先进行厌氧发酵，产生的沼气供王台镇洋坑村 200 多户村民作为生活燃料；沼液用于园区内烟叶、蔬菜、百合花等的浇灌；沼渣出售给现代农业生物技术有限公司制作有机肥料。

（六）采用猪—沼—果（草、林、菜）养殖模式注意要点

猪—沼—果（草、林、菜）生态养殖模式是一种非常理想的生态养猪模式，该模式能使猪场的废弃物得到转化，成为植物的养料，非常环保，无污染。但是，在福建省推行猪—沼—果（草、林、菜）生态养殖模式还必须注意以下几个要点。

（1）猪场选址方面，畜牧、国土等相关部门在审批时一定要考虑当地的畜禽承载量，例如生猪出栏大县延平区的炉下镇和黄墩街道，其畜禽饲养量与耕地面积之比已经超过了 10∶1。大大超出土地所能承受的能力，对养殖场的审批应严格其准入。

（2）猪—沼—果（草、林、菜）生态养殖模式的首要条件是要有充裕的土地消纳面积，养猪与消纳两者之间应达到一个平衡。在种植相关的植物时要考虑到其消纳能力和消纳周期，如杂交狼尾草的生长有一定的周期性，其时间在 4—11 月，而 12 月至翌年 3 月便存在一段土地空闲时间，根据牧草研究与生产时间表明，在这段时间种植黑麦草是最佳的选择。这样就能全年充分利用土地和植物的消纳能力，促进种养业的良性循环。

（3）土壤的消纳程度有一定的限度，每年应对消纳地块进行监测，防止土地板结、硬化等问题。

二、"发酵床"养猪

（一）"发酵床"养猪概念

"发酵床"养猪技术也称生态养猪法、自然养猪法，是以有利于微生物生长繁殖的"发酵床"为核心技术，利用有益微生物作为物质能量循环、转换媒体的养猪新技术。

首先采用生物技术采集特定的有益微生物，通过筛选、培养、检验、提纯、复壮与扩繁等工艺流程，形成具有强大活力的功能微生物菌种；其次在扩繁试验的基础上，筛选出当地来源充足的、适合功能微生物繁殖的"发酵床"垫料原料及其组成配比。常用

图 2-9 "发酵床"养猪

的"发酵床"垫料原料有木屑、砻糠、秸秆等辅助材料和活性剂、食盐等。

采用"发酵床"生态养猪法，在整个饲养过程中不但不需清粪便，还可增强生猪抗病能力、节约饲料成本和提高猪肉品质，冬季还可提高猪舍温度，节省加温成本，是生态环保型综合养猪技术。

"发酵床"养猪技术来源于民间，首先由日本应用生物工程技术筛选出优势菌种和扩繁技术，商业化地应用于生产实践。从1992年开始，日本鹿儿岛大学的养猪专家开始对"发酵床"养猪进行系统研究，逐渐形成了较为完善的技术规范。本技术利用全新的自然农业理念，结合现代微生物发酵处理技术，是一种环保、安全、有效的生态养猪法。本技术实现了养猪无排放、无污染、无臭气，彻底解决了规模养猪场的环境污染问题。

生态猪肉是现代养猪生产中最高层次的绿色食品。绿色食品应该是真正的无污染、纯天然、高质量的健康食品。它完全不用人工合成的农药、肥料、除草剂、生长调节剂、兽药、化学合成的饲料添加剂和基因工程材料。

（二）"发酵床"养猪原理

"发酵床"生态养殖是利用现代微生物技术，用筛选出的优势有益微生物菌株（土著菌），添加在"发酵床"垫料（木屑、秸秆、稻壳、米糠等农林业生产下脚料）中，形成一个相对稳定的有益菌微生态培养基——"发酵床"。猪的粪尿排泄在"发酵床"上，被垫料中的优势菌迅速降解、消化；在这个过程中，优势菌既得到了大量繁殖的营养（粪尿），形成菌丝供猪采食，又降解消化了粪尿及其臭味，如此反复循环，达到了"发酵床"的生态平衡。

这种饲养方式，猪粪尿被优势菌迅速降解、消化和利用，不再需要人工清理，达到粪尿零排放、零污染的目的；优势菌以粪尿为营养大量繁殖，形成菌丝供猪采食。而菌丝不但是高蛋白物质，富含营养，是绝佳的蛋白补充饲料，又富含保健因子和其他未知促长因子，是生态保健饲料；猪吃了这种菌体蛋白，不但可提高猪的增重速度，节省大量饲料，还能提高猪的抗病能力，大幅度减少猪的疾病。采用"发酵床"养猪，床内微生物发酵产生大量热量，"发酵床"形成了一个天然"保温床"，能提高圈舍的温度。猪在发酵床上温暖舒适、生长健壮、增重快，同时还可节省猪舍保暖费用。

（三）"发酵床"猪舍的建设

1. 场址选择

建猪场的地址要选择在相对较高，背风，向阳，水源充足，无污染，供电、通信和交通方便的地方，应离铁路、公路、城镇、居民区和公共场所 1km 以上，更应远离屠宰场、畜产品加工厂、垃圾及污水处理场和风景旅游区。应遵循节约用地、不占良田、不占或少占耕地的原则。

2. 猪场布局

在建造猪场时，要做到统一规划，合理布局，生产、生活、管理等功能区要根据当地主导风向科学布置，规模猪场还应妥善设置隔离舍。

猪舍一般为坐北朝南走向，东西向偏东或偏西不超过 15°，保持猪舍纵向轴线与当地常年主导风向呈 30°~60°；相邻两猪舍前后檐墙间距一般为 7~9m，山墙间距不少于 10m；猪场净道与污道要尽量分开、力避交叉；猪场生产区四周要设围墙或其他有效防疫屏障，大门出入口设门卫值班室、消毒室和消毒池，人员和车辆进出须消毒，人员须更衣和换鞋。

3. 发酵床面积确定

应根据猪的种类、大小和饲养数量的多少来计算。保育猪为 0.5~0.8m²/头，育肥猪为 1.2~1.5m²/头，母猪为 2.5m²/头。

4. 育肥（保育）猪舍建造

猪舍建筑形式一般采用有窗双坡屋顶式，舍内为单列式分布，跨度一般为 8m，长度根据实际情况而定，一般为 20m 左右，过长不利于机械通风。猪舍内人行走道宽 1.0m。排水槽与水泥饲喂台设为一体，饲喂台宽 1.5m，排水槽宽 15~20cm。与饲喂台相连的是"发酵床"，宽 5.5~5.7m，长一般至少应在 4m 以上。为了便于猪群管理，一般每 7~8m 设隔栏，每栏可饲养育肥猪 40 头左右。

保育猪舍与育肥猪舍建筑形式基本相同，夏季气温较高地区，在设计建造单列式"发酵床"自然养猪法育肥猪舍时，人行走道整体可比饲喂台低 15~20cm，夏季高热季节，可以在过道注入 15cm 左右深的凉水，形成水浴池，每天清晨在自动料槽内加满料后，将每个猪栏栏门打开，猪只可以自由进出水浴池，起到消暑降温的作用。这种"发酵床"较适合我国北方地区，而我国中南部地区，夏天气温太高，以夏季防暑角度设计，应将"发酵床"猪舍地面进行改进，即将猪栏内分成水泥床区和"发酵床"（池）

区两个区域。水泥床区可供猪采食和夏季在水泥床区休息、睡觉。

5. 空怀、妊娠母猪舍建造

猪舍建筑形式和舍内布局与育肥猪舍一样，只是栏宽有所不同。由于要求每栏饲养的母猪数量不能太多，一般在 4~6 头，而每头母猪需要"发酵床"的面积是育肥猪的 2 倍。因此，妊娠母猪舍每栏宽设置成 2.0m 为宜，20m 长的猪舍可饲养妊娠母猪 40~50 头。

6. 分娩猪舍建造

建筑形式采用坡屋顶有窗式，母猪单栏饲喂，猪舍"发酵床"的建立有尾对尾和头对头两种形式，实践生产中多采用尾对尾式（"发酵床"面积大，利用率高）。猪舍宽度一般为 9m，长度为 20m 左右。猪舍内布局为双列式，每栏宽 1.5m，长 2.0m。"发酵床"四周为人行走道，宽 1m，中间的"发酵床"通体相连，猪栏之间全部用钢管和钢筋焊接，形成围栏，"发酵床"之间可用高 60cm 隔板隔开，或者用钢管或钢筋焊接成高60cm，能够移动的铁栅栏门，为防止仔猪被压，专业化规模猪场可在栏内设置产床，一般中小型养猪场可在"发酵床"内设置移动式产床。

7. "发酵床"建造

建造方式有地上、地下和半地上式 3 种。地下水位较高或土壤渗排水效果差时，可采用半地上或全地上式。"发酵床"的深度一般为 80cm，最低不能小于 50cm。一栋猪舍的"发酵床"应相互贯通，中间不能打横格，"发酵床"四周用 24cm 砖墙砌成，内部表面水泥抹面；床体下面为原土质，不需硬化或者夯实处理。

8. 猪舍墙体建造

猪舍墙体的高度要求一般将夏季通风作为首选因素考虑，地理区域不同墙体高度略有差异，一般 2.6~3.0m（高海拔山区 2.6m 左右），屋顶比檐墙高 1.0~1.5m，猪舍墙厚 24cm。

9. 猪舍的窗户设置

由于发酵床微生物不断发酵产生热量，因此，猪舍的窗户面积比一般的猪舍要求大一点，距离地面的高度要低一点，特别是夏季要加大猪舍内空气的对流散热。

10. 猪舍屋顶的处理

猪舍屋顶一般要设隔热保温层，如经济许可，屋顶隔热保温层用彩钢结构保温板效果更佳。

11. 水泥饲喂台的设置

在猪舍内设置水泥饲喂台，一是防止垫料污染饲料，影响采食量。二是夏天高温季节为猪提供趴卧休息凉爽区，以减少"发酵床"过热对猪的影响。三是有利于生猪机体发育。

在建造水泥饲喂台时，台面应整体以 2%~3% 的坡度向走道一侧倾斜，以防止猪饮水时的滴水流入"发酵床"内，浸湿垫料。一般育肥猪（保育猪）舍水泥饲喂台宽

1.8m，妊娠母猪（空怀母猪）舍水泥饲喂台宽 2.0m。

12. 猪舍隔栏和料桶的设置

猪舍内隔栏可全部用钢管焊接或钢管与钢筋结合焊接，钢管或钢筋间距应根据饲养猪的大小不同而异，以猪不串栏为宜。猪舍隔栏高度一般为育肥猪 90cm，保育猪 70cm，母猪 110cm。为了便于进出垫料和猪群转圈，"发酵床"上部相邻圈舍的隔栏最好做成活动的铁栏杆（下部向"发酵床"内延伸 50cm 左右，以防猪窜圈），以便灵活移动。在每个猪栏靠近人行道侧的栏杆上设置宽 60~70cm，高与隔栏高度相同的铁栅栏门，以便饲养人员和猪只进出。

育肥和保育猪舍料槽应采用自动料槽，料槽置于饲喂台紧靠走道隔栏一侧。一般每两个猪栏合用一个料桶，固定于两圈隔栏中间，栏宽 7~8m；也可以每个猪栏设置一个料槽（桶）。由于对母猪要适当控制饲料给量，一般在母猪舍饲喂台设置限位料槽，可做成水泥料槽。分娩猪舍则在每头母猪的猪栏前端设置一个料桶。

13. 夏季的机械通风

一般情况下，保育猪舍和分娩猪舍夏季采用自然通风或吊扇通风就可以了，而空怀、妊娠母猪和育肥猪舍需采用自然通风与负压机械通风相结合的方式。每栋猪舍安装 2 台排风机，排风机规格视猪舍空间大小而异，一般为直径 0.8m。排风机安装在猪舍一侧山墙上，排风机距地面 1.2~1.5m，两机间隔 2.5m。猪舍长度在 30m 以上的排风机规格应为直径 1m。

14. 猪舍的饮水系统

猪只饮水通常采用自动饮水系统。进水管选用 3cm 以上的塑、铁管，进水管紧贴人行走道隔栏。如埋入地下，水管露出地面（圈底面）30cm（保育猪舍应适当降低）。每 2m 左右安装一个自动饮水器。设置饮水器时一定要注意避免水嘴朝发酵床垫料喷水。

（四）"发酵床"垫料制作工艺

1. 垫料要求

垫料发酵分解粪尿的过程是微生物作用的结果，微生物的生存和繁殖需要有一定的营养源，这些营养源主要来源于垫料原料和猪粪尿中易分解的有机物。

2. 垫料原料

垫料原料主要有木屑、稻壳、麸皮、菌种等。

木屑主要是保持水分，为菌种发酵提供水分和碳素。应当是新鲜、无霉变、无腐烂、无异味的原木生产的粉状木屑，不能含有防腐剂、驱虫剂等。

稻壳的主要作用是疏松透气，为菌种发酵提供氧气；稻壳也应当是新鲜、无霉变、无腐烂、无异味、不含有毒有害物质，不需要粉碎，也可用经过粉碎的花生壳、玉米芯、玉米秸秆等农作物代替。

麸皮的主要作用是为菌种提供营养，也可用玉米粉、米糠代替。

3. 垫料的组合比例

最常用的垫料组合有木屑+稻壳、木屑+玉米秸秆、木屑+花生壳等，但不管哪种组合，其木屑占垫料的比例最好不要低于30%。

4. 菌种的选择

（1）外购菌种的辨别和选择。第一，要选择正规单位制作的菌种。第二，菌种包装要规范。第三，菌种色味要纯正。第四，供菌种单位的信誉、口碑要好。养殖户在选用成品菌种时，一定要多方了解，或与已经使用菌种的养殖户交流，以确认其使用效果。

（2）自己制种。可在当地树林中采集土生土长的菌种——土著菌，然后与米糠等混合制种。

5. "发酵床"制作

垫料制作既可以在猪舍外场地集中制作，也可以在"发酵床"内进行。菌种不同，其制作"发酵床"的方法也有所不同。

（1）原料及比例。1m³垫料［木屑∶稻壳为（1~2）∶1］，麸皮或米糠2kg，固体菌种0.2kg，适量水。

（2）菌种制作。将用麸皮或米糠稀释后的菌种混合物与木屑、稻壳按比例混合均匀。混合过程中边混合边喷水，使含水量控制在50%~60%，以手捏紧垫料能成团，松手能散开，手心无明显水珠为宜。

（3）垫料堆积发酵熟化。将调整好湿度的垫料堆积起来发酵，堆积高度1.5m以上，每堆体积不少于10m³。发酵成熟过程有两个关键时间点：一是发酵的第二天，二是发酵平衡温度时间点（夏天7~10d，冬天10~15d）。发酵成熟的垫料，由内往外翻耙平整垫料，然后在垫料表面铺设10cm左右的未经发酵过的垫料原料，经过24h后即可进猪。

（4）垫料发酵成熟的判断。抓一把垫料在手中散开，其气味清爽，无恶臭、霉变气味，制作良好的垫料还具有一股淡淡的清醇香味。发酵熟化处理的目的，一是通过增殖优势菌种，提高其分解粪便的能力。二是利用生物热能杀灭大部分垫料中被污染的病原菌、虫卵等有毒有害生物。

另外，也有加入木屑、黄土、食盐、液体菌以及适量水混匀制作的垫料。不同的地区，不同的技术资料有各种介绍，但原理是相同的。

6. 垫料厚度

参与发酵的微生物通常在30℃以上的环境温度下繁殖旺盛。一般要求"发酵床"垫料厚度80cm左右，不得低于50cm。

7. 发酵床的正常使用

进猪后正常使用中的垫料，表面温度一般在30℃左右，pH值7~8；垫料20cm以下部分应有酒香味和木屑味，无霉变气味、无氨气、无臭味；垫料下30~50cm中心部位应是无氨味，相对湿度在50%左右，温度在40℃左右，水分明显较上层少，并可看到白色的菌丝。

一般木屑+稻壳组合使用年限为 2~3 年，也就是说每 2~3 年需清理一次垫料。制作垫料的配方原料在满足透气性、吸水性等基本条件的前提下，原则上垫料原料碳氮比越高，垫料的使用年限就越长。

（五）饲养管理技术

发酵床在早期曾被错误宣传为"懒汉养猪法"。发酵床绝不是懒汉养猪，发酵床的维护有一套规范流程。

1. 进猪前期准备

猪在进入猪舍前，同样要做好圈舍消毒以及猪的免疫、驱虫等准备工作。入舍时猪只大小要均匀、健康，饲养密度要适当，饲养密度可按以下标准安排：小于 70kg 的猪为 0.8~1.2m²/头，70~100kg 的猪为 1.2~1.5m²/头。猪刚刚进入"发酵床"，由于猪粪尿较少，"发酵床"表面较为干燥，猪在活动过程中会出现扬尘，因此，可适当洒水或喷雾来调整垫料的湿度，地面湿度必须控制在 60%。应经常检查，尽量避免扬尘出现，保持舍内空气清新。同时，要每天清扫舍内卫生，将饲喂台上的粪便、垫料残渣清扫到垫料区；对猪粪便要及时调整耙匀，使其均匀分布在垫料区，尽量不要堆积，以加快其分解。

2. 发酵床管理

（1）垫料管理。定期对垫料进行翻倒、掩埋粪便。猪具有定点排便的习性，所以粪便分布不均匀，影响发酵，尤其对于一些不喜拱的猪，应将粪便掩埋在垫料下，同时通过翻耙提高发酵床的透气性。从进猪后第二周开始，根据垫料湿度和发酵情况一般每周翻耙垫料 1~2 次，深度在 30cm。发酵床不能用水冲圈。

（2）水分管理。发酵床除防止水分过大外，还要防止垫料过干起尘，垫料过细过干就应喷水，以猪走动不起尘为准。

（3）通风管理。发酵床一定要注意通风，圈舍一般坐北朝南，地势稍高，"四窗"（天窗、地窗、常规窗户、引风机窗）齐全，层高不低于 3.5m，屋顶要有隔热保温层。

3. 消毒和防疫

"发酵床"自然养猪法并不否定和排斥消毒、防疫等措施。正常饲养管理条件下，"发酵床"范围内禁止使用广谱消毒药进行消毒，猪只入"发酵床"后也不提倡实施猪体消毒，以保证床内有足够的有益菌密度。一般情况下，舍内走道、饲喂台、墙壁等地方用火焰消毒。要按照免疫程序进行疫苗免疫，而且必须使用国家批准生产或已注册的疫苗，并切实做好疫苗的管理、保存工作，严格执行"一猪一针"的免疫注射技术规范要求，防止交叉感染。

设置空间电场空气净化防疫设施，此设施促使整栋猪舍的微生物气溶胶数量在很低的浓度范围内波动，并且将一部分空气微生物、微生物气溶胶直接转化为疫苗物质，此种环境中的猪能够获得自动免疫，猪病少。这种发酵床猪舍被称为环境安全型发酵型猪舍。

4. 日粮要求

"发酵床"自然养猪法本身相对于传统饲养，对饲料没有更多特殊的要求，只是为了有利于垫料中微生物的生长繁殖，日粮中应禁止添加抗生素，尽量使用有机微量元素添加剂，选择与改善有益微生物生存环境相关的饲料，如微生物发酵饲料、微生态制剂及中草药等。

5. 出栏后"发酵床"垫料的处理

"发酵床"自然养猪法倡导实行全进全出制管理猪群，当猪群转群或销售出栏后，应先将"发酵床"垫料空置 2~3d，让其蒸发掉部分水分之后，再将垫料从底部均匀翻拌一遍，可以酌情适当补充米糠或麸皮与菌种添加剂，充分利用生物热能杀死病原微生物后待用。

（六）投资估算

1. "发酵床"猪舍投资费用极少

每平方米砖混结构"发酵床"猪舍的投资需 250~400 元，采用大棚结构需 80~120 元，如有旧房改造则可更节省投资。

2. "发酵床"垫料取材极为方便

农村中有大量农作物秸秆和副产品废弃物，如木屑、稻壳、花生壳、玉米秸秆等，这些都是"发酵床"的极好垫料，就地取材，来源充足，成本低廉。

（七）经济效益和社会效益

"发酵床"养猪的经济效益和社会效益主要体现为"四省、两提、一增、一减、零排放"。

1. 四省

一省饲料费。"发酵床"养猪可节省精饲料费 15%~20%（饲养一头商品肉猪可节省饲料 40 多千克）。

二省兽药费。基本不需花兽药费，较传统规模化养猪每头商品肉猪可节省 10 元左右的兽药费。

三省水费。较传统规模化养猪，不需冲洗圈舍用水，可节水约 90%。

四省保温费。圈舍不需加温，可节省煤电等加温费用。

2. 两提高

一提高饲料转化率。猪食用"发酵床"有益微生物的菌体蛋白，不但可节省大量饲料，而且有益微生物还可改善猪的胃肠道内环境，提高饲料转化率。

二提高猪肉品质。猪采食"发酵床"垫料中的菌丝，除富含菌体蛋白外，还有未知营养、保健因子，不但可明显提高猪的抗病能力和健康水平，减少兽药的使用，而且还可使猪肉品质得到明显提高，使猪肉质量符合绿色无公害食品要求。

3. 一增加

增加养猪的经济效益，实行"发酵床"生态养猪，在饲养环节每头可增收节支 100

元左右。

4. 一减少

减少饲养天数。用"发酵床"养猪，生长速度加快，由于日增重的提高，可缩短饲养期，提高猪舍和设备利用率。

采用本法养猪尚有另一增一减，是增加翻拌垫料和减少日常清粪的工作量。

5. 零排放

采用"发酵床"养猪，猪粪尿全部被微生物即时分解消化，实现了无污染、零排放。畜舍粪便造成的环境污染问题是全国乃至世界性难题，而"发酵床"生态养殖彻底解决了这个难题，真正实现了零排放、零污染，生态效益和社会效益巨大。

（八）"发酵床"养猪存在的问题

利用"发酵床"养猪经济可行，但也有需要进一步改进的地方。"发酵床"主要靠微生物降解猪的粪尿，但目前所使用菌种的分解效率不是很高，使得单位面积猪的饲养数量有限。因此，应用生物技术，进一步筛选分解粪尿效率更高的优势土著菌种以及相配套的扩繁培养基，既可提高应用效果，又可节省菌种成本。

另外，我国北方地区冬、春季节寒冷时间长，气候干燥，且秸秆等农副产品垫料资源丰富，采用本法可显著降低饲养成本，提高养殖效益；而南方地区气候温暖，空气湿度大，雨量充沛，地下水位高和夏秋季节炎热时间长，采用本法须提高"发酵床"池防渗水功能和强化防暑降温工作。因此，选择本法养殖畜禽，一定要因地制宜。

思考题

1. 什么是生态养猪？

2. 生态养猪设计的基本原则是什么？

3. 生态养猪的基本模式是什么？

4. 生态养猪的常见模式有哪些？

5. 生态养猪对环境的要求是什么？

6. 生态养猪的一般管理原则是什么？

7. 生态养猪主要经济技术指标有哪些？

8. 生态养猪的一般饲养管理需要注意什么问题？

9. 猪—沼—果（草、林、菜）生态养殖模式的设计原则是什么？

10. 猪—沼—果（草、林、菜）生态养殖模式的设计要点是什么？

11. "发酵床"养猪技术的原理是什么？

12. "发酵床"日常管理要点是什么？

13. "发酵床"养猪技术的优点有哪些？

第三章　生态养禽规划与管理

第一节　生态养禽优化设计与规划

规划设计与优化是实施家禽生态养殖的基础。本节内容简单介绍了家禽生态养殖的概念及意义，并从选址、功能分区与布局、禽舍类型与构造、养殖设备、环境控制等多个规划设计中需要重点考虑的方面，详细介绍了鸡（肉鸡、蛋鸡）和水禽（鸭、鹅）的生态养殖规划设计应注意的重要环节和设计细节，且提供了必要的技术参数，可为家禽生态养殖的规划设计和优化提供必要的参考。

生态养殖技术是根据家禽之间以及其他生物之间食物链的共生互补原理，利用生态学原理，保护生物多样性与稳定性，合理利用多种资源，生产无公害绿色食品和有机食品，以取得最佳的生态效益和经济效益的新型养殖方式。由于家禽规模化养殖条件下，鸡的集约化程度远高于水禽，很多现有的水禽养殖与生态养殖条件接近，所以本部分内容将对鸡的生态养殖作着重介绍。

一、鸡生态养殖优化设计与规划

鸡生态养殖是从农业可持续发展的角度，依据生态学及生态经济学，将传统的养殖方法与现代的科学技术有效结合，根据各地区特点，有效利用林地、草场、果园、农田以及荒山等资源，实行放养和舍养相结合的规模养殖。尽最大可能利用自然资源，如阳光、空气、气流、风向等自然元素，尽可能少地使用如水、电、煤等现代能源或物质；尽可能大地利用生物性、物理性转化，尽可能少地使用化学性转化。让鸡在野地自由觅食昆虫、嫩草、腐殖质等的自由采食野生自然饲料为主，人工科学补料为辅助的措施。这种养殖方法限制化学药品及饲料添加剂等的使用，严禁使用任何激素或者是抗生素。在良好的饲养环境下，进行科学的饲养管理以及卫生保健措施，实现标准化生产，使产品达到无公害食品乃至绿色食品、有机食品的标准要求。研究证明，鸡在适宜的环境里，有适当的运动场地，保证一定的运动量，有利于改善鸡肉品质，还可以提高鸡的产蛋性能。一是有利于发挥鸡的生产潜能、节约劳力、提高效率。二是有利于节省占地面积，控制鸡只适度密度。三是有利于各类鸡只生长发育，尽量改善舍内的气候环境。四是控制适宜的建筑成本。

（一）场址选择

家禽养殖场场址选择的好坏直接关系投产后场区的小气候状况、经营管理及环境保护状况。必须综合考虑占地规模、场区内外环境、市场与交通运输条件、区域基础设施、生产与饲养管理水平等因素。场址选择不当，可导致整个家禽养殖场在经营过程中不但得不到理想的经济效益，还有可能因为对周围的大气、水、土壤等环境污染而遭到周边企业或城乡居民的反对。因此场址选择是家禽养殖场建设可行性研究的主要内容和规划建设必须面对的首要问题。

生态养鸡场的建筑设计与传统工厂化鸡场的建设无太大差异，甚至比传统鸡舍更趋灵活，以生产经营方便，交通便利，防疫条件好，投资低为原则。因家禽场一旦建成，就不容易改变，所以在建场前要进行全面了解、综合考查。主要考虑以下几个方面的问题。

1. 地理位置

确定场址的位置，尽量接近饲料产地，有相对好的运输条件。由于生态养鸡实现了粪污零排放，养鸡环境明显改善。故鸡场选址应结合区域规划的同时，着重考虑鸡场整体防疫。为防止家禽养殖场受到周围环境的污染，选址时应避开居民点的污水排出口，不能将场址选在化工厂、屠宰场、制革厂等容易产生环境污染企业的下风向处或附近。

在城镇郊区建场，远离交通要道等。一般要求距离大城市 10km，小城镇 2~5km。距离铁路、高速公路、交通干线不小于 1km，距离一般道路不少于 500m，可设置专用通道与交通要道相连接。距离其他畜牧场、生鸡批发市场、屠宰加工企业、风景名胜地、兽医机构、畜禽屠宰厂不少于 2km，距居民区不少于 3km，且必须在城乡建设区常年主导风向的下风向。

2. 地势与地形

生态养鸡场场址要求地势较高、干燥、平缓、排水良好且向阳背风。选址时要了解地质土壤情况，调查地层构造，主要看它对建房基础的耐压力。要求未被传染病污染过，透气性和透水性良好，以保证场地干燥；了解建场地区的气候气象资料，作为家禽场建筑设计和指导生产的参考。场址至少高出当地历史洪水水位线以上，其地下水应在 2m 以下，这样可以避免洪水的威胁和减少因土壤毛细管水位上升而造成的地面潮湿。如采用地下或半地下式发酵舍更应充分考虑地下水位，否则垫料过湿而影响发酵效果也减少垫料使用年限。地下水位比较高的地方选择地上式发酵垫料池比较适宜。平原地区宜在地势较高、平坦而有一定坡度的地方，以便排水、防止积水和泥泞。地面坡度以 1%~3% 较为理想。山区宜选择向阳坡地，不但利于排水，而且阳光充足，能减少冬季冷气流的影响。地形宜开阔整齐，不要过于狭长或边角太多，否则会影响建筑物合理布局，使场区的卫生防疫和生产联系不便，场地也不能得到充分利用。

3. 土质

生态养鸡鸡舍的土质除了要有一定的承载能力外，还应是具有透气透水性强、毛细管作用弱、吸湿性和导热性小、质地均匀等特征的土壤。沙土类的土壤颗粒较大，夏季太阳照射热量大，再加上土壤的导热性大，热容量小，易增温，也易降温，昼夜温差明显，这种特性对鸡不利；黏土类的土粒细、孔隙小、透气透水性弱、吸湿性强、毛细管作用显著，所以土壤易变潮湿，常因阴雨造成泥泞不堪，有碍鸡场管理工作的正常运行；沙壤土兼有沙土和黏土的优点，透气透水性良好，雨季不会泥泞，能保持场区干燥，土地导热性小，热容量较大，土温比较稳定，对鸡只的生长发育、卫生防疫、绿化种植都比较适宜。

4. 水、电

生态养鸡由于不用冲洗圈舍，所以用水量主要用于鸡只的饮用水，同时保证垫料湿度控制、用具洗刷、员工和绿化用水即可。水质要良好，达到人的饮用水标准，对水面狭小的塘湾死水、旱井苦水，由于微生物、寄生虫较多，又有较多杂质，不宜作为鸡场水源。由于鸡舍多采用自然光线，鸡场用电主要保证相关设施设备用电和夜晚照明用电即可。

5. 品种选择

生态养禽的养殖特点是室外放养，品种必须具备适宜室外放养、抵抗力强等特点，尽可能选择本地地方品种进行养殖。可养殖土鸡或者土鸡与其他品种杂交的配套系，如雪峰山乌骨鸡、桃源鸡、三黄鸡、广西鸡、江西白耳黄鸡等品种。这些品种的共同特点就是反应灵敏，活泼好动，适应当地的气候与环境条件，耐粗饲、抵抗力强，适宜放养，并且肉质鲜美、市场需求大，养殖户可将其作为饲养的首选考虑对象。

（二）场区总体规划布局

各种房舍和设施的分区规划要从便于防疫和组织生产出发。首先应考虑保护人的工作和生活环境，尽量使其不受饲料粉尘、粪便、气味等污染；其次要注意生产家禽群的防疫卫生，杜绝污染源对生产区的环境污染。场区面积要根据生产规模、饲养管理方式、饲料贮存和加工条件来定。布局要求紧凑，并留有发展余地。总之，应以人为先，污为后的顺序排列。分区布局一般为生活、行政、辅助生产、生产、污粪处理等区域。

1. 各区布局设置

行政管理区与生产辅助区相连，与生产区分开，而生活区最好自成一体。通常生活区距行政区和生产区 100m 以上。生产区家禽舍间距首先要考虑防疫要求、排污要求及防火要求等方面的因素。生产区的道路分为清洁道和污道两种。污粪处理区应在主风向的下方，与生活区保持较大的距离，各区排列顺序按主导风向、地势高低及水流方向依次为生活区、行政区、辅助生产区、生产区和污粪处理区（图 3-1）。

（1）生产区的布局。生产区包括各种禽舍，是禽场的核心。生产区可以分成几个小

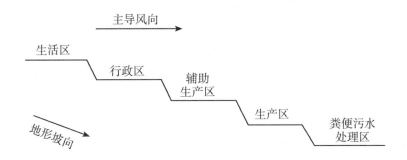

图 3-1 地势、风向的分区规划示意图

区，它们之间的距离在 300m 以上，每个小区内可以有若干栋鸡舍，综合考虑鸡舍间防疫、排污、防火和主导风向与鸡舍间的夹角等因素，鸡舍间距离为鸡舍高度的 3～5 倍。为保证防疫安全，禽舍的布局应根据主风向与地势，按孵化室、幼雏舍、中雏舍、后备禽舍、成禽舍顺序设置。即孵化室在上风向，成禽舍在下风向。

（2）生产区的要求。

①孵化室与场外联系较多，宜建在场前区入口处的附近。大型禽场可单设孵化场，设在整个养禽场专用道路的入口处；小型禽场也应在孵化室周围设围墙或隔离绿化带。

②育雏区或育雏场与成禽区应隔一定的距离，防止交叉感染。综合性禽场雏禽舍功能相同、设备相同时，可在同一区域内培育，做到全进全出。因种雏与商品雏培育目的不同，必须分群饲养，以保证禽群的质量。

③综合性禽场，种禽群和商品禽群应分区饲养，种禽区应放在防疫上的最优位置，两个小区中的育雏育成禽舍又优于成年禽的位置，而且育雏育成禽舍与成年禽舍的间距要大于本群禽舍的间距，并设沟、渠、墙或绿化带等隔离屏障。

④各小区内的运输车辆、设备和使用工具要标记，禁止交叉使用；饲养管理人员不允许互串饲养区。各小区间既要联系方便，又要有防疫隔离。

（3）隔离区的功能与要求。隔离区包括病死禽隔离、剖检、化验、处理等房舍和设施，粪便污水处理及贮存设施等，应设在全场的下风向和地势最低处，且隔离区与其他区的间距不小于 50m；病禽隔离舍及处理病死禽的尸坑或焚尸炉等设施，应距禽舍 300m 以上，周围应有天然的或人工的隔离屏障，设单独的通路与出入口，尽可能与外界隔绝；贮粪场要设在全场的最下风处，在外出口附近的污道尽头，与禽舍间距不小于100m，既便于禽粪由禽舍运出，又便于运到田间施用。

2. 场内道路布局

主干道路与场外运输干线连接，宽度 5～6m；支线道路与禽舍、饲料库、贮粪场等连接，宽度 3～4m。路面结实，排水良好，道路两侧应设排水沟，并做好绿化。绿化不仅可以美化、改善家禽场的自然环境，而且对家禽场的环境保护、促进安全生产、提高生产经济效益有明显的作用。家禽场的绿化布置要根据不同地段的不同需要种植不同种的树木，以发挥各种林木的功能作用。

3. 禽舍数量与面积

确定各类禽舍的总饲养面积通常用逆算法进行推算，根据家禽的种类、养育阶段、饲养规模、饲养方式和饲养密度先确定成禽舍的饲养面积，再根据各养育阶段的成活率推算育成舍和育雏舍的饲养面积。各阶段饲养面积确定后，然后根据确定的各阶段饲养面积确定各阶段禽舍数量。

不同的饲养工艺使家禽的饲养分为两段式和三段式。两阶段饲养即是育雏和育成为一个阶段，成禽为一阶段，需建两种家禽舍，一般两种家禽舍的比例是1∶2。三阶段的饲养方式是育雏、育成、成禽均分舍饲养，三种家禽舍的比例一般是1∶2∶6。根据生产家禽群的防疫卫生要求，生产区最好也采用分区饲养，因此三阶段饲养分为育雏区、育成区、成禽区，两阶段分为育雏育成区、成禽区，雏禽舍应放在上风向，依次是育成区和成禽区。而禽区禽舍正确朝向能帮助通风和调节舍温，而且能够使整体布局紧凑，节约土地面积。主要参照各地区的太阳辐射和主导风向两个主要因素加以确定。

4. 禽舍类型

家禽舍的类型可以分为开放式家禽舍、半开放式家禽舍和密闭式家禽舍。半开放和开放式鸡舍采用两列三层全阶梯式饲养，水泥地面，自然通风，设天窗、地窗，人工或机械清粪，人工喂料。其特点是利用自然条件的节能型家禽舍建筑，此种家禽舍是依靠空气自然通风，自然光照加人工补充光照，不供暖，靠太阳能和家禽体热来维持舍温。密闭式鸡舍可采用三列三层全阶梯式饲养，水泥地面，机械通风，人工或机械清粪，人工或机械喂料；密闭式鸡舍的特点是通风、光照均需用电，为耗能型家禽舍建筑，对电的依赖性较大。

生态养鸡需要鸡舍，这是鸡晚间宿营的重要空间。一般为开放式、半开放式鸡舍或者搭建鸡棚。建设的位置要高，背风向阳，视野开阔，不能积水，门前有足够的空闲地。可采用永久性的砖瓦结构，也可采用简易的木结构，不管采用哪种方式，都必须具有坚固的结构，有良好的遮风挡雨功能，为防止兽害侵袭，窗户要钉铁丝网，门口封闭要严实，地面要夯实，可使用三合土或水泥结构地面，并铺设5~10cm厚的锯末或垫草。

5. 禽舍的长度和宽度

先确定笼具在舍内的排列方式和操作通道的宽度和走向，才能确定禽舍的宽度（跨度）和长度。以产蛋鸡舍为例，计算公式为：

鸡舍净宽度（m）＝鸡笼宽度×鸡笼列数＋通道宽度×通道数

平养鸡舍的长度（m）＝鸡舍的总面积/鸡舍的净宽度

笼养鸡舍的长度（m）＝每组笼长×每列笼组数＋喂料机头尾长度＋操作通道所需长度

鸡舍的宽度应为10m左右，最大不应超过13m，太宽的鸡舍在夏季通风不足。鸡舍的高度一般要求落空2.4m以上，炎热地区要求更高一些。鸡舍的长度根据设备的需要、饲养量、操作的方便性和占地限制而定。屋顶一般采用绝热层，并有较大的屋檐，以保持鸡舍内免遭雨淋，并起遮光作用。地基要坚实，地面要平整，门结实、宽阔以利于操作。

6. 喂料方式

家禽喂料主要分为平养和笼养两种。平养家禽舍的饲养密度小，建筑面积大，投资较高，我国一般肉用家禽才使用此种家禽舍。根据家禽群围栏和管理通道的分布，可分为无走道平养、单列单走道、双列单走道、双列双走道、四列双走道等。如果笼养，则饲养密度较大，投资相对较少，便于防疫及管理。根据笼具组合形式分为全阶梯、半阶梯、叠层式、复合式和平置式。家禽笼在舍内的排列可以是一整列、两半列二走道、两整列三走道、两整列两半列三走道、三整列四走道等形式。

7. 鸡舍的环境

鸡舍的环境主要指温度、湿度、气体、光照以及其他一些影响环境的卫生条件等，是影响鸡生长发育的重要因素。鸡的机体与环境之间，随时都在进行着物质与能量的交换，在正常环境下，鸡体与环境保持平衡，形成良性循环，可以促使鸡只发挥其生长潜力。因此，为保证鸡群正常的生活与生产，必须人为地创造一个适合鸡生理需要的气候条件。如果是野外生态养鸡选用的生态区域，尤其是荒山、树林中的野兽、野鸟较多，为防止各种灾害和敌害侵袭，要对养殖环境进行必要的改造。鸡群活动范围的边界上，应埋设 1.5~2m 高的铁丝网或尼龙网；也可密集埋植树枝篱笆，配合栽种葫芦、南瓜等秧蔓植物加以隔离阻挡；种植带刺的洋槐枝条、野酸枣树或花椒树，阻挡人、兽的效果最为理想。周边活动半径以不超过 50m 为宜。

（三）适当训练

在育雏期，要在饲料中添加适量切碎的青菜叶或野菜叶，逐步锻炼鸡雏采食、消化粗饲料的能力。4 周龄脱温后，只要天气合适，室内外温差不是很大，都应定时将鸡群放到棚前的空闲地上，通过约束训练，逐步扩大活动范围、延长活动时间，直至鸡群能自由活动。饲喂量要逐步减少，遵循"早少晚饱"的原则，以调动鸡群外出觅食的积极性。为了能让在野外自由活动的鸡群，按时回舍补充料水，在放养的初期，就应进行必要的训练。有经验的养殖户，常使用敲锣、吹哨子、敲脸盆等方式，以合适的响声，配合可口的食物，对鸡群进行召唤训练，让鸡群形成条件反射，便于管理。

（四）鸡舍建设

生态养鸡鸡舍设计，也需要事先考虑如下原则，这些原则都需要生产体系和栏圈来予以保证：一是"零"混群原则。不允许不同来源的鸡混群，这就需要考虑隔离舍的准备。二是最佳存栏原则。始终保持栏圈的利用，这就需要均衡生产体系的确定。三是按同龄鸡分群原则。不同阶段的鸡不能在一起，这是全出全进的体系基础。

鸡舍的基本结构由屋顶、屋面、粪沟、门、窗、地面、地基等部分组成。北方地基需到冻土层以下，基础深 1.2m，基础砌砖在 50cm 墙体基础上建 37cm 的墙，鸡舍内外高差 0.3m。

南方地区的墙体厚度一般为 24cm；北方地区 37cm 或 24cm 加 10cm 厚保温层，砖混结构。墙体高度 2.6m，高出最上层鸡笼 1~1.5m。屋顶采用双层彩钢板，中间夹 10cm 厚聚苯保温层。

粪沟宽度 1.8m，走道宽度 1.0m。粪沟前面深 0.27m，粪沟 3‰向后放坡，后面粪沟深 0.45m，粪沟与地面水泥砂浆面层。鸡舍内部墙面、走道表面、粪沟表面要力求平整，不留各种死角，以减少细菌的残留为原则。因舍内经常要消毒冲刷，因此，地面与墙面的面层要坚固、耐用，墙面抹白水泥。

鸡舍所有门的高度一般为 2m；鸡舍操作间、后侧便门（方便转群）为 100mm 厚彩钢复合板保温门；操作间门宽 1.5m、后便门宽 0.9m；休息间为塑钢门窗，门宽 0.9m，窗高 1.1m、窗宽 1.4m。

（五）养禽设备

1. 家禽笼

将单个家禽笼组装成为笼组，应根据家禽场的具体情况（家禽舍面积、饲养密度、机械化程度、管理情况、通风及光照情况），组装成不同的形式。全阶梯式家禽笼组装时上下两层笼体完全错开，常分为 2~3 层。饲养密度低，为 10~12 只/m²，目前我国采用最多的是蛋用家禽三层全阶梯式家禽笼和种家禽两层全阶梯人工授精笼。

半阶梯式家禽笼组装时上下两层笼体之间有 1/4~1/2 的部位重叠，下层重叠部分有挡粪板，按一定角度安装，粪便清入粪坑。因挡粪板的作用，通风效果比全阶梯差，饲养密度为 15~17 只/m²。

层叠式家禽笼组装时家禽笼上下两层笼体完全重叠，常见的有 3~4 层，高的可达 8 层，饲养密度大大提高。饲养密度三层为 16~18 只/m²，四层为 18~20 只/m²。我国目前只有极少数家禽场使用。

单层平列式组装时一行行笼子的顶网在同一水平面上，笼组之间不留车道，无明显的笼组之分，常不采用此种方法。

2. 饮水设备

常用的饮水器类型有水槽式、真空式、乳头式、杯式和吊塔式。雏鸡开始阶段、散养鸡和生态养殖多用真空式、吊塔式和水槽式饮水设备。

3. 喂料设备

常用的喂料设备有链板式喂饲机、螺旋弹簧式喂料机、塞盘式喂饲机、喂料槽、喂料桶、斗式供料车和行车式供料车。生态养殖过程中投资成本低，喂料设备多用于补料，因此喂料槽最为常见。喂料槽适用于干粉料、湿料和颗粒料的饲喂，根据家禽大小而制成大、中、小长形食槽。

4. 环境控制设备

家禽生态养殖中，可在部分禽舍或在特定的养殖环节（如育雏）的禽舍中安装环境控制设备。常包括控温、光照、通风等设备。根据禽舍理想环境条件的要求，限定舍温、空气有害成分、通风量的控制范围和控制程序，通过不同的传感器和处理系统，通过对禽舍的温度、湿度、氨气等数据进行采集、处理，驱动电气控制器，自动启停加热器、湿帘、风机、风帘口、报警器等设备，实现对禽舍的温度、湿度、通风、报警、照明等功能的自动控制。

①光照系统：灯泡应高出顶层鸡笼 50cm，位于过道中间和两侧墙上。灯泡间距 2.5~3.0m，灯泡交错安装，两侧灯泡安装墙上，照明设备除了光源以外，主要是光照自动控制器，光照自动控制器的作用是能够按时开灯和关灯。

②通风与降温系统：通风设备通过安装风机将鸡舍内的污浊空气、湿气和多余的热量排出，同时补充新鲜空气。

湿帘—风机降温系统的主要作用是，夏季空气通过湿帘进入鸡舍，可以降低进入鸡舍空气的温度，起到降温的效果。

热风炉供暖系统主要由热风炉、鼓风机、有孔通气道和调节风门等设备组成。它是以空气为介质，煤为燃料，为空间提供无污染的洁净热空气，用于鸡舍的加温。

5. 清粪设备

鸡舍内的清粪方式有人工清粪和机械清粪两种。机械清粪常用设备有刮板式清粪机、带式清粪机和抽屉式清粪机。刮板式清粪机多用于阶梯式笼养和网上平养；带式清粪机多用于叠层式笼养；抽屉式清粪板多用于小型叠层式鸡笼。

6. 废弃物处理

家禽场废弃物的处理，是保持家禽场良好生态环境的重要部分。如果废弃物处理不当，不但会影响家禽场的卫生防疫工作，还会污染周围的环境，甚至影响周围居民的生活。严重的成为污染源，形成重要的环保问题。因此，对废弃物进行科学的处理，是家禽场设计中的重要环节。

二、水禽生态养殖优化设计与规划

（一）水禽场的布局

（1）选址。水禽养殖的选址应临近水源，地势较高，背风向阳，最好略向水面倾斜，利于排水。

（2）布局原则。水禽场布局是否合理是养禽成败的关键条件之一。布局原则是便于卫生防疫、管理，充分考虑饲养作业流程，节约基建成本。

（3）功能分区。一般包括行政区、生活区和生产区；各区域之间可用绿化带或围墙严格分开，行政区、生活区要远离生产区；生产区四周要有防疫沟，留两条通道，一是正常工作的清洁道，一是处理病死禽和粪便的污道；生产区内，育雏舍安置在上风向，然后依次是后备舍和成年舍；种禽舍要距离其他舍 300m 以上。兽医室在禽舍的下风位置，污道的出口设在最下风处。

（二）水禽舍的建筑要求

一般包括禽舍、陆上运动场和水上运动场 3 部分（图 3-2），3 个部分的比例一般为 1∶（1.5~2）∶（1.5~2）。

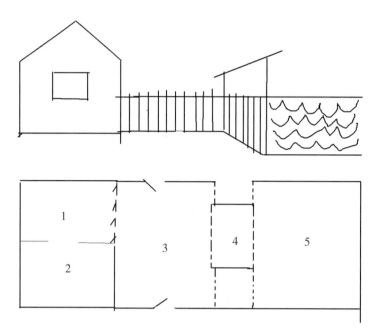

1. 禽舍；2. 产蛋间；3. 陆地运动场；4. 凉棚；5. 水面运动场

图 3-2　水禽舍侧面及平面

1. 鸭舍

鸭舍普遍采用房屋式建筑，是鸭采食、饮水、产蛋和歇息的场所。可分为育雏舍、育成鸭舍、种鸭舍或产蛋鸭舍。

（1）育雏舍。育雏舍要求保温性能良好、干燥透气。房舍顶高 6m，宽 10m，长 20m，房舍檐高 2~2.5m，窗与地面面积之比一般为 1∶（8~10）。南窗离地面 60~70cm，设置气窗，便于空气调节，北窗面积为南窗的 1/3~1/2，离地面 100cm 左右。育雏地面最好用水泥或砖铺成，以便于消毒。

（2）育成鸭舍。要求能遮挡风雨，夏季通风，冬季保暖，室内干燥。规模较大的鸭舍，育成舍可参照育雏舍建造。

（3）种鸭舍或产蛋鸭舍。分为舍内和运动场两部分，有单列式和双列式两种，其中以单列式最为多见。鸭舍檐高 2.6~2.8m，窗与地面面积之比一般为 1∶8 以上。南窗离地面 60~70cm，北窗面积稍小，离地面 100~110cm。舍内地面最好用水泥或砖铺成，并有适当坡度。周围设置产蛋箱，每 4 只产蛋鸭设置一个产蛋箱。

2. 鹅舍

鹅舍可分为育雏舍、肥育舍、种鹅舍等。一般来说，鹅舍采用南、南偏东或南偏西的朝向，东北地区以南向、南偏东向为宜。鹅舍的适宜温度应在 5~20℃，舍内要光线充足，干燥通风。

（1）育雏舍。雏鹅体温调节能力差，因此育雏舍要有良好的保温性能，舍内干燥，通风良好，最好安装天花板，以利于隔热保温。舍内地面要保持干燥，并比舍外高 20~30cm，以利于冲洗和消毒。

（2）肥育舍。肉鹅生长快，体质健壮，对环境适应能力增强，以放牧为主的肥育鹅可不必专设肥育舍，一般搭建能遮风雨的简易棚舍即可。

（3）种鹅舍。要求防寒隔热性能好，光线充足。舍檐高 1.8~2m，窗面积与舍内地面积的比为 1 :（10~12），舍内地面比舍外地面高 10~15cm。种鹅舍外设立陆地运动场和水面运动场以满足种鹅休息、活动和戏水需要。

3. 运动场

陆上运动场是鸭、鹅休息和运动的场所，要求土质渗透性强，排水良好，其面积一般是禽舍的 1.5~2 倍，有适当的坡度；水上运动场是鸭和鹅戏水、纳凉、采食水草和配种的场所，最好利用水质良好的天然沟溏、河流、湖泊，也可用人造池塘，周围可设置围网以控制禽群的活动范围。

（三）饲养设备与用具

水禽养殖所需的设备（如育雏设备）基本与养鸡所用设备相同，另外，由于水禽对环境适应能力强，活动范围广，各地可根据本地实际灵活配置和应用。

第二节　生态养禽的管理

饲养管理技术是家禽生态养殖的技术核心，很大程度上决定了养殖的成功与否。本节内容紧贴生产实践，以家禽生长发育各阶段作为养殖环节的节点进行介绍，着重阐述了家禽每一个饲养环节的技术要点和注意事项。生态养殖不是放任不管，而是要提倡科学管理，饲养过程中尤其要注意技术细节，这样才能获得最大限度的成功。

一、雏鸡的饲养管理

雏鸡饲养管理的好坏，对雏鸡的育成率和整个养鸡生产都有很大的关系，因此在养鸡生产中，必须抓好雏鸡的饲养管理，提高雏鸡的育成率，增加养鸡经济效益。

（一）育雏前的准备

1. 提前订雏

在没有开展自繁自养的情况下应提前订雏，订雏数应根据成鸡的数量和育雏的设备容量确定。同时应考虑生长期间死亡、淘汰和鉴别误差的鸡数。选防疫管理好，种蛋不被白痢杆菌、霉浆体、马立克氏病毒、副伤寒、葡萄球菌等污染，且出雏率高的种禽场订购鸡苗。例如成鸡饲养规模是 5 000 只，设育雏成活率 95%，育成成活率 95%，鉴别率 98%，合格率 98%，那么进雏鸡数为：

5 000÷0.95÷0.95÷0.98÷0.98×1.05 = 5 768 只。孵化场一般还给予 2%~4% 的损耗（抛苗），所以可定购 5 800 只。

2. 鸡舍清扫及设备的检修

雏鸡全部出舍后，先将舍内的鸡粪、垫料，顶棚上的蜘蛛网、尘土等清扫出舍，再进行检查维修，如修补门窗、封老鼠洞，检修鸡笼，使笼门不跑鸡，笼底不漏鸡。

3. 鸡舍及设备的消毒

（1）冲洗。冲洗舍内所有物体，如地面、四壁、天花板、门窗、鸡笼等的表面。移出舍外的器具经浸泡后冲洗干净，晾干。

（2）干燥。冲洗后充分干燥可增强消毒效果，细菌数可减少到每平方厘米数千到数万个，同时可避免使消毒药浓度变稀而降低灭菌效果。对铁质的平网、围栏与料槽等，晾干后便于用火焰喷枪灼烧。

（3）药物消毒。可选用广谱、高效、稳定性好的消毒剂，如 0.3%~0.5% 的过氧乙酸、含有效氯 0.06%~0.1% 的氯制剂等喷洒舍内外，用量为 100~200ml/m²，喷洒不要留死角。饲养器具可用含有效成分 0.05%~0.1% 的百毒杀等浸泡消毒。

（4）熏蒸。熏蒸前将鸡舍密封好，放回所有育雏器具，地面平养的需铺上 10~15cm 的垫料，按每立方米空间用 35%~40% 含量的福尔马林液 42ml、高锰酸钾 21g、水 42ml，熏蒸 24~48h。要求舍温在 20℃ 以上，相对湿度在 70% 以上。

消毒后的鸡舍，经充分通风换气后，即可使用。

4. 鸡舍试温

在进雏前 2~3d，安装好灯泡，整理好供暖设备（如红外线灯泡、煤炉、烟道等），地面平养的舍内需铺好垫料，网上平养的则需铺上报纸等垫料。平养的都应安好防逃护网。然后，把育雏温度调到需要达到的最高水平（一般近热源处 35℃，舍内其他地方最高 24℃ 左右），观察室内温度是否均匀、平稳，加热器的控制元件是否灵敏，温度计的指示是否正确，供水是否可靠。接雏之前还要把水加好，让水温能达到室温。

5. 饲料及药品准备

按雏鸡的营养需要及生理特点，配制新鲜的全价饲料，在进雏前 1~2d 要进好料，以后要保证持续、稳定的供料。育雏的前 6 周内，每只鸡消耗 1~1.2kg 饲料，据此备好充足的雏鸡饲料。

要事先准备好本场常用疫苗，如新城疫疫苗（冻干苗和油苗）、法氏囊疫苗、传支疫苗（H_{52} 和 H_{120}）及抗白痢药、防球虫病药和抗应激药物（如电解质和多维）等。这要根据当地及场内疫病情况进行准备。此外，要准备好常规的环境消毒药物。

此外，还需要进行人员分工及培训，制定好免疫计划，准备好育雏记录本及记录表，记录出雏日期、存养数、日耗料量、鸡只死亡数、用药及疫苗接种情况，以及体重称测和发育情况等。

（二）育雏方式

1. 地面育雏

这种育雏方式一般限于条件差的、规模较小的饲养户，简单易行，投资少，但要经常清除雏鸡的粪便，否则会使雏鸡感染各种疾病，如白痢、球虫和各种肠炎等。

2. 网上育雏

南北墙边和正中间各留一条走道，每两条走道中间部分，架起 60~70cm 高的小眼电焊网，然后在网上用大眼电焊网（钻不出雏鸡即可）围成南北宽 70~75cm，东西长 1m，高 50~70cm 的小格即可。这种方法 500 只鸡需 8.5~9m 长育雏室（雏鸡实用面积为 25m^2）。此法育雏较易管理、干净、卫生，可减少各种疾病的发生。

3. 雏鸡笼育雏

购现成育雏笼，南北墙边和中间各留一条走道，在两条走道中间背靠背放两排育雏笼，共放 4 排（按 20 只雏鸡/m^2 笼面计算）。这是目前效率较高的育雏方式，不但便于管理，减少疾病发生，而且可增加育雏数量，提高育雏率。

（三）雏鸡的选择与装运

1. 雏鸡的选择

主要通过"一看、二摸、三听"来挑选健壮的雏鸡。所谓"一看"，就是看外形，大小是否均匀，符合品种标准；羽毛是否清洁整齐，富有光泽。"二摸"，就是摸身上是否丰满，有弹性。"三听"则听叫声是否清脆响亮。健壮的雏鸡一般表现为眼大有神，腿干结实，绒毛整齐，活泼好动，腹部收缩良好，手摸柔软富有弹性，脐部没有出血点，握在手里感觉饱满温暖，挣扎有力。反之，精神萎靡，绒毛杂乱，脐部有出血痕迹等均属弱雏。

2. 雏鸡的运输

（1）运输车辆和雏鸡箱要用碘酒或消毒剂消毒晾干，每箱雏数适宜。

（2）运输车辆有保温设备，雏鸡所在处温度为 33~35℃，且空气新鲜。

（3）有专人看护，检查温度、空气新鲜度及其他情况。

（4）行驶速度慢，特别是上下坡和不平的道路以及开始和停车都要慢。

（四）育雏环境控制

1. 温度

雏鸡调节体温的机能尚不完善，适应外界环境的能力差，抗病力弱、免疫机能差，容易感染疾病，对温度的变化敏感。育雏温度适宜与否可由雏鸡的状态来判断，温度适宜，雏鸡活泼好动，叫声轻快，饮水适度，睡时伸头舒腿，不挤压，也不散之过开；温度低，雏鸡聚集在热源周围，拥挤扎堆，很少去吃食，叫声不断；温度过高，雏鸡远离热源，张嘴抬头，烦躁不安，饮水量显著增加。

2. 湿度

湿度对雏鸡的生长发育影响很大，尤其对1周龄左右的雏鸡影响更为明显。如湿度过低，会使雏鸡失水，造成卵黄吸收不良；如湿度过高，则雏鸡食欲不振，易出现拉稀甚至死亡现象。随着雏鸡的生长，逐渐降低湿度。

3. 光照

适宜的光照可促进雏鸡采食、饮水和运动，有利于雏鸡的生长发育，达到快速增重的目的。

4. 密度

合理的饲养密度能给雏鸡提供均等的饮水、吃料的机会，有利于提高均匀度。密度过小，房舍利用度低，造成浪费；密度过大，会造成相互拥挤，空气污浊，采食、饮水不均匀等情况，导致生长受阻及疾病的传播。

5. 通风

通风是为了排出舍内的污浊空气，尤其是二氧化碳、氨气及硫化氢等有毒有害气体，良好的通风可以保持育雏室内空气新鲜。

（五）雏鸡的饲养和管理

1. 雏鸡的饲养

雏鸡开食即雏鸡第一次吃食。开食前先用0.4‰的高锰酸钾液饮水一次，用于消毒和排出胎粪，清理肠道。

雏鸡饲喂一定要做到定时、定量、定质，并要保持清洁饮水。开始时，每日用雏鸡颗粒饲料喂5~6次，对于体质较弱的鸡，黑夜要加喂一次，以后逐渐改喂3~4次，用料量根据实际饲喂情况而掌握。

2. 育雏温度

温度的高低对雏鸡的生长发育有很大的影响，因此必须严格掌握育雏温度。育雏温度掌握的基本原则是育雏初期温度宜高，弱雏的育雏温度应稍高，小群饲养比大群饲养高，夜间比白天高，阴雨天比晴天高。在实际饲养过程中，如果温度适宜时，雏鸡分布均匀，活泼好动；温度过低时，雏鸡缩颈，互相挤压，层层堆叠，尖叫；温度过高时，雏鸡伸舌，张嘴喘气，饮水增加。

3. 育雏湿度

如果室内空气的湿度过低，雏鸡体内的水分会通过呼吸大量散发出去，同时易引起扬尘，使雏鸡易患呼吸道疾病；如果室内空气湿度过大，会使有害微生物大量繁殖，影响雏鸡的健康。因此，育雏室内的湿度应保持在65%~70%。

4. 保持正常的通风

育雏舍内 CO_2 的含量应控制在0.2%，不超过0.5%。氨气含量要求低于10mg/L，硫化氢的含量要求在6.6mg/L以下，在通风换气时，为防雏鸡感冒，一般在通风之前先提高育雏室温度，时间选择在中午前后，缓慢进行。

5. 光照及饲养密度

1~3 日龄全天光照，4~5 日龄 15~20h/d；6~9 日龄 16~18h/d；10~14 日龄 14~16h/d；15~28 日龄 12~14h/d；28~42 日龄 8~10h/d。

饲养密度：1~2 周龄 30~40 只/m²，3~4 周龄 25~30 只/m²，5~6 周龄 20~25 只/m²。

6. 断喙

雏鸡断喙时间一般为 7~10 日龄，为防止应激，在断喙前后一天在饮水或饲料中加维生素 K_3（4mg/kg）或电解多维。

7. 雏鸡免疫

为防止雏鸡各种传染病的发生，应根据种鸡场提供的鸡免疫程序，做好马立克氏病、鸡新城疫、鸡传染性法氏囊病、传染性支气管炎、传染性喉气管炎和鸡痘的免疫工作。

二、生长、育成鸡的生态养殖

生态养殖鸡的生长期一般在 7~17 周龄。

（一）生长发育特点

在育成阶段的前期，鸡的肌肉、骨骼、内脏等大部分器官都会获得快速的增长，生长发育非常迅速；育成阶段后期，鸡的体重增加量没有前期那么迅猛，主要发育的是生殖器官，体内脂肪及沉积能力增强，骨骼生长速度变慢。由于鸡对光照的要求很苛刻，这一阶段要严格控制光照，并且要确保鸡不能过量食用饲料，以防体重超标。

（二）合理饲养

育成鸡虽然相比雏鸡而言，适应性与抗病力得到了加强，但是始终只能在有限的范围内活动，所以从生态环境所获得的食物不能满足其自身生长发育的需求，需要补料。补料要科学合理，补料量不能过大，否则会让鸡对饲料造成依赖，使饲料的消耗量增大，增加养殖成本，同时如果蛋白质含量过高，会引起性成熟的提前到来，使鸡早熟、早产。

1. 补料次数

一般来说生态养鸡的补料次数不能太多，更加不能让补料成为鸡获取食物的主要途径，这样会让鸡形成依赖而不去自然环境中觅食。因此补料的次数应该视实际情况而定，一般每天补料 1~2 次即可，如果碰到天气条件恶劣，鸡在自然环境觅食困难，则可以考虑增加补料次数。

2. 补料时间

补料时间最好安排在傍晚，鸡食欲最为旺盛的时期是早晨和傍晚。为了让鸡去自然环境中采食，一般在早晨不进行补料或者象征性的抛撒少量饲料；中午是鸡的主要休息时间，所以也不补料；傍晚鸡的食欲最为旺盛，补充的饲料可以在很短的时间内被鸡采食干净，避免了饲料的浪费。同时，饲养员可以在傍晚根据鸡的嗉囊和鸡的食欲来判断补食量的大小，可以高效利用饲料；还可以强化鸡对饲养员召唤信号的条件反射，补料后，鸡在栖息架上休息，肠道对饲料的吸收达到最佳状态，因此傍晚是鸡补料的最佳时机。

3. 饲料的品质与数量

饲料根据其形态可以分为粒料、粉料和颗粒料。由于鸡喜欢采食颗粒状的饲料，所以一般给鸡补充颗粒饲料。这样提高了饲料的适口性，避免鸡挑食厌食。颗粒饲料的制作过程中，短期的高温可以破坏抗营养因子的结构，消灭有毒成分，杀死病原体，饲料相对来说比较安全。虽然在制作过程中，会使饲料中的部分营养因子的结构破坏，但是总体而言颗粒饲料还是有非常大的优点，适合于饲养各阶段的鸡。

一般来说，夏季动植物数量多，食物也较为丰富，所以在傍晚补料时可以减少补料量；在冬季，生态环境中的动植物数量骤减，鸡在自然环境中获得的食物也会变少，所以在补料时应该提高补充量。一般补充饲料的量占鸡每日总采食量的 $1/3 \sim 1/2$。此外在夏秋季节，昆虫较多的时候可以在鸡的栖息处挂紫光灯，以吸引昆虫飞向灯泡处，让鸡采食昆虫。鸡的补料配方也可以根据要求自行配制。

（三）鸡群观察

1. 鸡冠与肉垂观察

鸡冠与肉垂是鸡只健康程度和产蛋性能优良与否的重要标志。健康的鸡，其鸡冠一般呈鲜红色，如果鸡冠为白色则表明鸡只营养不良；黄色鸡冠表示鸡有可能患上了寄生虫病；紫色鸡冠一般是表示鸡有可能患上了鸡痘、禽霍乱；马立克氏病、鸡生活环境温度过低会导致鸡冠颜色变黑。

2. 精神状态观察

正常健康的鸡只的精神状态饱满，反应敏捷，好动活泼。病鸡会显得精神萎靡不振，翅膀下垂，羽毛蓬乱缺乏鲜艳光泽，喜欢独处，不好动。出现上述症状，应该及时诊断鸡所患疾病，然后按要求处理。

3. 食欲观察

食欲旺盛说明鸡的生理状况无异常，健康无病。如果鸡的采食量突然下降，可能是因为饲料改变、饲养员变化或者鸡群受到惊吓而导致的；饲料的适口性差或者搭配不当会导致鸡挑食；鸡只如果不采食表明可能已经患上疾病。

4. 羽毛观察

如果鸡身上的羽毛减少而未见地表有羽毛存在，表示羽毛脱落后被其他鸡只吞食掉，这是由于鸡的饲料中缺乏硫元素所致，应该在日粮中及时补充硫；鸡在换羽后、开产前及开产初期羽毛光泽鲜艳，如果羽毛暗淡无光是缺乏胆固醇所致，因此要补充相应的营养物质。高产鸡在产蛋后期的羽毛有不光亮、背部掉毛或者污浊无光等特点。

5. 鸡粪观察

产蛋期，鸡的肛门大部分会有被鸡粪污染的痕迹，但是停产后鸡的肛门清洁，不会存在污染现象。肛门附近如果有颜色异常粪便存在，或者有粪便黏附在肛门周围的羽毛上表示鸡可能患有疾病。

正常鸡的粪便为灰色干粪或者褐色稠粪，如果出现红色、棕红色稀粪表明鸡肠道内有血，可能是白痢杆菌或者球虫病引起；白痢杆菌病和鸡传染性法氏囊病会导致鸡拉稀，粪便成白色浆糊状或者石灰浆样的稀粪；鸡的粪便呈黏液状表明鸡可能有卵巢炎、腹膜炎，这种鸡已经没有生产价值，应予以淘汰；新城疫病、霍乱、伤寒等急性传染病导致鸡排黄绿色或者黄白色稀粪，并附着有黏液和血液。

（四）科学管理

1. 适时放养

鸡的育雏尽量安排在春末夏初，外界环境在 $18\sim25℃$ 范围内最适宜放养。当从鸡舍转入自然环境中时要逐渐延长放养时间，给予鸡短暂的过渡时间，这段时间内在鸡饲料中添加复合维生素或者维生素 C，以抗应激。同时还应该控制鸡群放养时的密度，放养密度可以为 $0.05\sim0.3$ 只/m^2，随着日龄增长慢慢降低放养密度，密度的大小还取决于生态环境的实际情况。放养的时间随着天气和季节变化而变化。

2. 光照补充

冬季自然光照不足，需要人工补充光照，光照强度为 $5W/m^2$，补充时间为傍晚到晚上 10 时，还有早晨 6 时到天亮。补充时间应该慢慢增加，每天增加半个小时，逐渐过渡到晚上 10 时。自然光照如果每天超过了 11h，可以不用人工补光。冬天要有些照明设备，可光线很弱，仅供鸡行走和饮水；夏季可以在栖息处挂紫光灯或者白炽灯引诱昆虫。

当育成鸡 140 日龄体重达到 1kg 以上时，可以将光照逐渐延长到 16h，便于促进母鸡开产。体重不足的鸡只，要增加营养，体重达标后再延长光照。

3. 调教

对刚脱温的鸡，在饲养初期要用口哨进行调教。通过补料的时候，边撒饲料边吹口哨，建立鸡的条件反射。可以用这样的方法，建立各种条件反射，如召回鸡或者将鸡群早晨赶至生态环境中，这种方式对规模不是特别大的鸡群非常适用。

（五）预防兽害和疾病防治

要采取有效措施防止自然界中的生物如蛇、鼠和黄鼠狼等对鸡造成的侵害，检查鸡舍墙壁的完整性，通风口和窗是否有漏洞，如果条件允许可以设置钢纱网。

这一阶段也不能忽视疾病防治。应严格按照要求接种新城疫病疫苗，按时进行带鸡消毒。保证鸡生活环境的通风干燥，按时对鸡进行驱虫处理，防止球虫病或者其他寄生虫病的发生。

三、产蛋鸡的生态养殖

饲养生态蛋鸡的目的就是获得品质优良的鸡蛋。产蛋期间的饲养管理的中心任务就是尽可能消除和减少各种环境影响，创造适宜的卫生环境条件，充分发挥其遗传潜力，达到高产稳产的目的，同时降低鸡群的死亡淘汰率和蛋的破损率，尽可能地节约饲料，最大限度地提高生态蛋鸡的经济效益。

（一）开产时间的控制

1. 光照控制

鸡开产时间与鸡在生长阶段的光照管理和营养水平有很大的关系。有些鸡开产日龄早，有些鸡开产时间晚或者终身不产。开产太早会影响蛋重和产蛋率，太晚会影响蛋鸡养殖的经济效益和产蛋量，因此采取必要措施控制鸡的开产时间是促进蛋鸡养殖经济效益提高的重要措施。

根据养殖经验来看，4—8月引进的育成鸡生长后期日照逐渐变短，鸡群容易推迟开产，对从4—8月引进的雏鸡，由于育成后期的光照时间足够，且日照逐渐缩短，可以直接利用自然光照，育成阶段不必人工补光。9月中旬至翌年3月中旬的雏鸡在生长期处在日照时间逐渐延长的阶段，容易出现早产的现象，对这一阶段的鸡要人工补充光照，防止其过早开产。补充光照的方法有两种：一是光照时长保持稳定，查出鸡群18周时的自然光照时长，从育雏开始就采用自然光照加人工补光的办法一直维持与18周时光照时长相同的水平。二是光照时间逐渐缩短的办法，根据以往的经验查出鸡18周时，往年同一时间的光照时长，将光照时长加上4h，作为育雏阶段的开始光照时间，然后随着鸡日龄增大而慢慢减少光照时间，直至鸡生长到18周时刚好达到。在18周以后再根据产蛋要求增加光照时间。

2. 控制育成鸡生长发育

研究表明，鸡只体重在标准体重附近时，鸡的开产时间快慢、产蛋量、产蛋高峰期持续时间和蛋重等产蛋性能与体重呈正相关。体重是影响蛋鸡产蛋性能的重要因素。为了培育出高质量蛋鸡，必须在育成阶段对鸡进行称重，对鸡群内部的鸡只进行随机抽样称重，计算群体的体重均匀度，根据鸡群的体重达标情况来制定饲养计划。

鸡群生长发育的整齐度也会直接影响鸡的开产时间，可能使鸡的开产时间变早或者变晚，严重影响蛋鸡养殖的经济效益。要将母鸡与公鸡分开饲养，根据鸡的发育程度，鸡的生长强弱来进行分群饲养。

（二）提供适宜的环境

所有生物的性状都是由遗传因素与环境共同影响作用的，因此优良种鸡具有了高产基因，也必须在适宜的环境中才能将高产基因的优越性表现得淋漓尽致。蛋鸡生产力不仅仅受光照的影响，还受温度、湿度及通风情况的共同影响。因此将这些因素控制在鸡适应的条件下，可以提高鸡的产蛋性能。

1. 温度

成年鸡需要的适宜温度为 5~28℃，产蛋所需要的温度为 18~25℃。气温超出这些范围都会导致鸡的生长、产蛋量、蛋重等受到较为严重的影响，有些影响是不可逆的。鸡在超过 29℃ 的环境中生活较长时间，其产蛋量会有明显降低，根据研究表明，在 25~30℃，温度每升高 1℃，产蛋率下降 1.5%，蛋重减轻 0.3g/枚；蛋鸡在气温过低的环境中生活产蛋性能也会下降。在蛋鸡饲养的过程中对温度的控制很重要，夏天在放养时要在自然环境中构造一定的遮阴设备，鸡舍中配置风扇等降温设备，冬天气温低，要尽量让鸡少去自然环境中放养，在鸡舍内部安置保温设备，以供鸡的正常温度需要。

2. 湿度

湿度与正常代谢、体温调节以及疾病防控都有着重要联系，湿度对鸡的影响往往与温度相关联。正常情况下，鸡最适空气湿度在 50%~70% 范围内，如果温度适宜，相对湿度可以在 40%~72% 范围内。研究表明，鸡舍内部温度分别为 28℃、31℃、33℃ 时，将鸡舍内的湿度分别调至 75%、50%、30% 时，鸡的产蛋量几乎不会受到太大影响。但是高温高湿的环境下会严重影响鸡的产蛋性能，还会引起鸡产生疾病，一般来说不能使鸡舍内部环境过于潮湿。

对于生态养鸡，一般采用坐北朝南，背风向阳，地面排水性能好的开放式鸡舍。如果遇到下雨等情况，导致鸡舍内部湿度过高，可以加大空气流通程度来保持鸡舍内部干燥。鸡的饮水器也要放置正确的位置，不能让鸡在饮水过程中将水洒出，要及时清扫鸡舍，清除鸡粪。

3. 通风

鸡舍在鸡粪堆积后，容易产生许多有害气体，如氨气、硫化氢等，这些有毒气体严重危害蛋鸡的健康，间接影响产蛋性能而导致经济效益降低。鸡舍内部空气流通是保证鸡舍内拥有新鲜空气的前提，也是控制鸡舍温度与湿度的重要举措。夏季湿度与温度高的时候，可以利用排气设备使外界的新鲜空气进入鸡舍内部，将鸡舍内部的污浊气体排出，同时降低温度与湿度。但在冬天，空气流动过大会导致鸡舍温度过低影响鸡群健康发育，空气流动程度低会导致鸡舍内部空气质量差。因此在实际条件中，解决冬季通风与保温的矛盾是工作重点，养殖户必须根据现有条件找到通气与保持温度的平衡点。

（三）合理饲喂

蛋鸡产蛋期所需要的营养成分区别于育成期，生态鸡育成期一般在 7~17 周龄，18周以后进入产蛋期。育成期与产蛋期的主要区别表现在饲料原料、饲料配方和饲料中各营养物质的比例。产蛋期所需要的蛋白质含量更高，比育成期高出 1%~3%，并且产蛋期日粮中需要更多的钙、磷，如育成期需要钙含量为 1.2%~1.5%，磷为 0.71% 左右，在产蛋期钙的添加量应该为 3.5% 左右，磷仍然为 0.71%。

生态蛋鸡在 18 周左右产蛋率达到 5%，然后迅速上升，在 23~24 周产蛋率达到

50%，28周龄产蛋率可以达到90%的高峰期，然后逐步下降。鸡饲料的配制要随着鸡的产蛋率不同而变化，当产蛋率在80%以上时，蛋白质含量可以调整到18%，钙含量为3.5%；产蛋率在65%~80%时，蛋白质含量可以调整到17%，钙含量为3.25%；产蛋量小于65%时，蛋白质含量可以降低到15.%，钙降低到3%。根据蛋鸡产蛋率而改变饲料中蛋白质和钙的含量，充分利用饲料降低了成本。

生态养鸡产蛋期的营养成分需要充分考虑，但是也不能忽略了饲料的补充量。蛋鸡产蛋期补充量的多少受很多因素影响，如产蛋阶段、产蛋率、放养密度和鸡本身的觅食情况等。产蛋时期可以在早、晚各进行一次补料，每次补料的量可以按照笼养饲喂量的70%~80%，剩余部分可以让鸡在生态环境中觅食，这样可以保证鸡蛋的优良品质，还可以减少饲料成本。

蛋鸡养殖过程中，水的合理饲喂也是非常重要的。蛋鸡在适宜温度下的饮水量可以为采食量的几倍，气温升高会导致饮水量增多。饮水量不足也会造成产蛋量下降、鸡蛋品质下降等问题。在产蛋期对饮水的要求有两点，一是水源干净且充足，二是水温适宜。水温在夏天不能超过27℃，冬天水温不能低于10℃，否则鸡饮用后会导致身体不适。

（四）科学管理

1. 观察鸡群

鸡群的观察对蛋鸡的饲养管理非常重要，平时要认真观察鸡群的生活状况，发现个别鸡出现异常要及时分析原因，作出正确的处理，防止疾病传染和流行。首先要观察鸡群的精神状态，健康的鸡显得精神饱满有活力，不健康的鸡不好动，喜欢窝在鸡舍内；其次观察鸡粪颜色，鸡粪颜色异常、拉稀或者带有血液表示鸡有疾病；再次就是观察鸡的采食量，采食量受到很多因素影响，如饮水量、疾病、温度与湿度等，如果采食量异常要及时分析原因；最后观察鸡在休息时，呼吸是否畅通，存在呼吸道疾病或者其他疾病的病鸡休息时，会发生呼噜声或者打喷嚏等症状。

观察鸡群是在宏观水平对鸡群整体健康状况进行了解，饲养员还要学会对鸡局部进行观察分析，通过观察鸡的冠髯、肛门、羽毛等分析鸡的健康状况；有经验的饲养员通过摸鸡的腹部与耻骨就能发现鸡的产蛋性能是否优良。

2. 生产记录

要管理好鸡群就必须做好鸡群的生产记录，生产记录的内容包括鸡群变动及原因、产蛋量、饲料消耗量、当日进行的工作和特殊情况等。鸡舍所有物资的使用情况也要进行记录，通过记录可以积累经验，指导以后的生产。

（五）强制换羽

强制换羽是在养殖过程中合理利用应激因素，引起鸡群在很短时间内停产、换羽，然后再恢复产蛋的方法，这是现代蛋鸡生产中运用较为广泛的一种方法。它可以延长鸡的有效使用年限，节省培育雏鸡和育成鸡的饲料等费用，降低养鸡成本；可缩短休产期2个月左右，提高开产的整齐度，提高蛋壳质量和蛋重；可以缓解雏鸡供应不足或者栏舍不够等问题；可以调整产蛋季节，获得很好的经济效益。

1. 前提条件

一般实行强制换羽的措施是想节约成本，让高产母鸡进行循环利用。如果鸡群在育雏或者育成阶段饲养不善，引起产蛋期没有优良母鸡供应，便可以考虑使用这种方法；或者当时鸡蛋的行情非常好，或者是鸡源紧张可以使用强制换羽，既可以增加蛋鸡经济收入也不影响这个鸡场的养殖计划。

2. 强制换羽的方法

（1）激素法。在鸡体内注入激素达到换羽的目的，此方法有副作用，目前使用较少。

（2）绝食法。这是使用最为广泛的换羽方法。从换羽计划实施开始停止喂料，当鸡体重减轻 25%~30% 时再恢复饲料供应，使鸡重新开始产蛋。

（3）化学法。将硫酸锌投入鸡的饲料中，鸡食用含高浓度锌的食物后会抑制中枢神经活动，从而导致采食量降低，引起休产换羽。具体添加方法为：在鸡的日粮中添加4% 的硫酸锌，3d 左右鸡采食量会降低至约 20g，一周后用蛋白质含量为 17% 的产蛋鸡日粮饲喂。饲喂高锌饲料时要供应充足的饮用水，光照降低到 8h。这种方法与绝食法的原理大同小异，但是可能会存在部分副作用，养殖户需要酌情使用。

3. 注意事项

（1）选择高产健康鸡群。产蛋率低的鸡群进行强制换羽达不到理想的效果，除非鸡蛋在市场上的行情非常好，饲料价格较低，否则没有必要对产蛋率低的鸡群进行强制换羽。强制换羽的目标一般都是高产蛋鸡；强制换羽必须选择健康、活力足够的鸡群，如果受不了断水断粮的应激刺激，往往会对养殖造成很大的损失，因此强制换羽的目标鸡应该都是无疾病、活力强的鸡只。

（2）控制饥饿程度。鸡的饥饿程度直接决定了换羽效果的好坏，一般来说饥饿持续时间为半个月左右，当鸡的体重减少 25%~30% 时，应该开始恢复饲料供应。饥饿持续时间要视鸡的身体状况和周边环境而定，一般鸡肥胖程度高或者环境温度高可以延长鸡的饥饿持续时间，反之，则缩短持续时间。

（3）合理恢复饲料供应。无论停食还是恢复饲料供应，对于鸡而言都是外界环境的改变，都存在应激。因此在恢复饲料供应的过程中，要由少变多，慢慢增加，让鸡逐步适应这个过程。避免鸡暴饮暴食而引起消化系统紊乱或者死亡。

（4）保证温度适宜。无论何时，温度的控制在鸡养殖过程中都显得尤为重要，因此在强制换羽过程中，将温度调整到鸡的适宜温度，对换羽的效果是强有力的保证。

（5）添加维生素、钙质和微量元素。在恢复饲料供应的时候，在日粮中合理添加微量元素、钙质和维生素，可以提高以后产蛋的质量，还可以让鸡更好地抵抗应激带来的危害。

四、优质鸡育肥期的饲养管理

优质鸡的育肥期是指9周龄至上市阶段，也称为大鸡。这段时间内的饲养管理重点在于促进肌肉更多地附着在骨骼上和促使体内脂肪迅速沉积，增加鸡的肥度，使鸡肉鲜美，皮肤和羽毛色泽鲜艳，安全上市。鸡育肥期的饲养管理要注意如下几个方面。

（一）鸡群观察

当鸡生长至育肥阶段时，鸡的生长发育处于非常旺盛的时期，任何疏忽都有可能为鸡以后的生产性能带来严重影响。因此饲养员在饲养过程中必须不定时观察鸡群的健康程度，要及时发现有问题的鸡，迅速采取措施，提高饲养效果。

每天进入鸡舍的第一件事就是要观察鸡粪的颜色是否异常，正常鸡粪为软硬适中的条形或者堆状物，鸡群内部一旦有病鸡存在，则就会产生相应临床症状，在粪便中就可以体现出来。鸡如果缺水，粪便会变得非常干燥；鸡饮水过多或者消化不良会导致拉稀；如果粪便为白色浆糊状稀粪，则有可能是鸡感染了白痢或者是传染性法氏囊病。因此，及时发现鸡群中的病鸡对保证鸡群整体健康有着重要意义。

早晚喂食要观察鸡的采食量，一般来说健康的鸡采食量一般都较为正常，一旦发现某只鸡的个体特别小，采食量下降，行动迟缓就应该引起饲养员的注意，应该及时将该鸡单独进行处理。如果感染了较为严重的传染病则应该立即掩埋，并对该鸡接触过的所有用具进行消毒；晚上饲养员要仔细观察鸡的呼吸，如果鸡存在打喷嚏、呼噜声则表明鸡的健康程度不佳，或有病鸡存在。当存在这些情况要及早作进一步处理。

此外要观察鸡群是否有啄癖，如果有这类鸡存在，应该及时将这些鸡隔离饲养，采取相应措施避免啄癖在鸡群蔓延而降低鸡的生产性能。

（二）分群管理

随着鸡的日龄逐步增加，鸡所需要的物质条件会慢慢提高。在育肥过程中，要及时分群饲养，合理安排鸡的饲养密度。饲养密度一般控制在 $10 \sim 13$ 只/m^2 的范围内，饲养密度不宜过大，而且要根据鸡的发育程度和强弱进行分群，保证鸡的整齐发育。

（三）垫料管理

潮湿的生长环境对鸡来说是致命的，因此保持垫料的干燥、松软是育肥期地面平养的重要环节。环境过于潮湿，容易引起鸡群发生疾病，为了避免这些情况的发生，必须让鸡舍有良好的通风；还需要调整饮水器和水位的高度，鸡可以喝到水即可，不能让鸡在饮水过程中，将水洒入地面；消毒过程中，喷洒的消毒液不能太多，同时饲养员要按时清扫鸡舍鸡粪，保持鸡舍环境卫生，根据实际情况补充清洁、干燥的垫料。

（四）日常记录

记录是养殖过程中重要的管理工作，及时、准确的记录鸡群的变动、鸡群健康状况、免疫情况及药物使用情况、饲料消耗量、收支情况，为以后的养殖工作提供丰富的经验。

1. 做好卫生消毒工作

（1）带鸡消毒。带鸡消毒对鸡育肥阶段有着重要影响。一般春、秋季节可以 3d 进行一次消毒。夏天由于雨水充足，气候较为潮湿，可每天进行一次带鸡消毒，冬天可以每周一次消毒。消毒过程中，喷头不能离鸡太近，不能在消毒后使垫料过湿。

（2）鸡舍消毒。饲养鸡舍每周带鸡用消毒水喷雾 1~2 次，可以有效预防疾病。

（3）人员消毒。避免非鸡场内部人员进入鸡场，杜绝除饲养员以外的所有人员进入养殖区域。生产区与管理区之间要设置消毒区间，管理区与鸡场外界连通处要设置消毒池与消毒间。进出鸡场和养殖区域必须严格消毒。

（4）病鸡和鸡粪处理。病鸡的尸体必须严格进行处理，用专用的装置将其存放，然后集中焚烧或者掩埋。一批鸡养殖完毕后，对鸡粪要进行清除。

2. 减少应激

应激是由于外界的不良因素刺激生物机体，引起机体产生不良的紧张状态，严重的可以引起死亡。养鸡过程中产生应激的主要原因可以分为管理不善和环境变化。其中管理不善包括转群、测重、疫苗接种、更换饲料等；环境变化包括鸡群生活环境中突然出现较大的噪声，鸡舍内的空气不够新鲜且非常潮湿或者由于刮风下雨、下雪等天气变化。

为了减少应激，要从管理人员抓起，提升管理水平和管理人员的自身素质，制定合理的管理制度并且严格执行，为鸡提供良好舒适的生活环境。及时根据变化而向鸡饲料加入药物或者维生素等，以防不利因素对鸡群造成太大伤害。

3. 合理抓鸡、运鸡

生态养鸡提供的健康鸡品质本身是非常高的，然而在鸡上市之前的抓鸡和运送过程中往往因为人员的行为太过于粗暴而导致鸡受到创伤，使鸡品质下降，不被消费者看好。所以在抓鸡和运输过程中，工作人员一定不要过于简单粗暴，鸡笼等设备也不能有尖锐的棱角；不能使鸡笼的鸡密度过大，否则会由于缺氧而引起鸡的窒息，夏天一般要选择清晨或者晚上温度较低的时候抓鸡，否则可能会引起鸡的应激死亡；抓鸡过程中应将光线调暗。

4. 适时出栏

根据生态养鸡的特点，在公母鸡分开饲养后，公鸡一般在 90 日龄左右出售，母鸡出售一般在 120 日龄左右。尽量不要散卖鸡，应该整批出售。出售的前一段时间，要了解市场行情，准确把握出售时机。上市前不要使用药物，确保产品安全。

五、蛋鸭的生态养殖

鸭属水禽，性情温驯，合群性强，耐寒怕热，喜欢在水中洗浴、嬉戏、觅食和求偶交配，且鸭的行为都有一定的规律和特点，容易接受训练和调教，鸭能觅食各种食物，无论精、粗、青绿饲料、昆虫、鱼、虾及蚯蚓都可作鸭的饲料，适应能力较鸡强，适应范围广，生活力和抗病力强，适合于有水面的地方大群放牧饲养和圈养。

（一）养殖前的准备

根据本地的自然饲养条件、采用的饲养方式选择适合的蛋鸭品种，如金定鸭、绍兴鸭、攸县麻鸭、康贝尔鸭等。

选择雏鸭时选取体质健壮、脐部收缩良好、无伤残、外貌特征符合品种要求的雏鸭。作为商品蛋鸭的养殖场，雏鸭出壳后及时进行公母性别鉴别，淘汰公鸭。

蛋鸭品种产蛋量高，而且持久，产蛋期饲料要求较高，特别要注意粗蛋白、矿物质、维生素和能量等的供给，以满足高产、稳产的需要。

蛋鸭生产周期长，养殖技术要求相对较高。鸭场要建立完善的消毒和防疫措施，严格实行鸭场卫生管理制度。做好环境卫生，做好主要传染病的防疫工作，减少疾病发生的机会。

（二）雏鸭的饲养管理

0~4周龄的鸭称为雏鸭。雏鸭的培育工作直接关系到雏鸭的成活率和生长发育，还影响今后种鸭的产蛋量和蛋的品质。

1. 雏鸭培育

主要根据本地自然条件和饲养条件，选择合适的季节进行雏鸭培育。由于育雏时间不同，雏鸭一般可分3类。

（1）春鸭。在3月下旬至5月初饲养的雏鸭。春鸭生长快、省饲料、成熟快、产蛋早。在3—4月孵出的雏鸭当年8—9月就可以产蛋，每只母鸭在当年可产蛋5kg左右。南方的种鸭多在4月间培育，而气温较低地区由于天气还十分寒冷，故饲养春鸭一般作为商品蛋鸭或菜鸭，很少留作种用。

（2）夏鸭。一般指5月下旬至8月饲养的雏鸭。夏鸭育雏期短，不需要考虑保温，早下水、早放牧，放牧在稻田里，可节省部分饲料，而且开产早，当年可以获得效益，第一个产蛋高峰恰逢初冬，气温很低，饲养管理得当，冬季还可保持较高产蛋量。

（3）秋鸭。一般指8月中旬饲养的雏鸭。秋鸭可以充分利用晚稻收获期，进行较长时间的放牧，可节省饲料。但是秋鸭的育成期正值寒冬，故开产较晚，应注意防寒和适当补料。如将秋鸭作为种用，产蛋高峰期正遇上春孵期，种蛋价值高，长江中下游大部分地区都利用秋鸭作为种鸭。如作为蛋鸭饲养，开产以后产蛋持续期长，产蛋期可以一直延续到翌年年底。

2. 育雏的环境条件

（1）温度。雏鸭可采用自温育雏和给温育雏两种方式。自温育雏是利用雏鸭本身的温度，使用保温用具，如塑料膜等，根据雏鸭数量来调节温度，在气温较高的季节或地区采用。给温育雏则是通过人工加温，以维持雏鸭需要的温度标准。雏鸭所需温度与日龄相关，1~3d 需 30~28℃，以后每天约可降低 0.5℃，到 20~21d 维持 20℃ 即可。育雏温度合适时，雏鸭活泼好动，采食积极，饮水适量，均匀散开。饲养人员应该根据雏鸭对温度反应的动态，及时调整育雏温度。3 周龄以后的雏鸭，已有一定的抗寒能力，如气温不低于 18℃，可不考虑保温。

（2）湿度。育雏第一周应该保持稍高的湿度，一般相对湿度为 60%~65%，随着日龄的增加，注意保持鸭舍的干燥，避免漏水，防止粪便、垫料潮湿。第二周湿度控制在 55%~60%，第三周以后为 55%。

（3）密度。雏鸭饲养密度过大，会造成雏鸭活动不便，采食饮水困难，空气污浊，不利于雏鸭生长；密度过小，则房舍利用率低，消耗能源多，不经济。因此，要根据品种、饲养管理方式、季节等不同，确定合理的饲养密度。雏鸭的饲养密度参考表 3-1。

表 3-1　雏鸭平面饲养的密度

日龄（d）	地面平养（只/m²）	网上饲养（只/m²）
1~7	15~20	25~30
8~14	10~15	15~25
15~21	7~10	10~15

（4）光照。光照可促进雏鸭的采食和运动，有利于雏鸭的健康生长。光照的强度不要过高，通常在 10lx 左右。雏鸭光照时间和光照强度见表 3-2。

表 3-2　雏鸭光照时间和光照强度

周龄	光照时间（h）	光照强度（lx）
1	23~24	8~10
2~4	16~20	5

（5）通风。雏鸭的饲养密度大，排泄物多，育雏室容易潮湿，积聚氨气和硫化氢等有害气体。因此，保温的同时要注意通风，以排出潮气等，舍内湿度保持在 55%~65% 为宜。适当的通风可以保持舍内空气新鲜，夏季通风还有助于降温。

（6）雏鸭进栏前的准备。在雏鸭运到之前应根据所引进的雏鸭数目准备好足够的房舍、饲料、供暖、供水和供食用具等。室内墙壁、地面、房顶和一切用具全部消毒并晾干。门窗、墙壁、通风孔等均应检查，如有破损则及时修补，防止贼风侵袭。采用网上平养或笼养，要仔细检查网底有无破损，铁丝接头不要露出平面，竹片或木片不得有毛刺和锐边，以免刺伤鸭脚或皮肤。雏鸭入舍前 12~14h 把保温伞或育雏室调到合适的温度。

3. 雏鸭饲养方法

（1）开水。首次给雏鸭饮水俗称开水，也叫"潮口"。先饮水后开食，是饲养雏鸭的一个特点。一般于出壳后24h内进行。饮水中加入0.05%高锰酸钾，起到消毒、预防肠道感染，并在饮水中加入5%葡萄糖，迅速恢复体力，提高成活率。

（2）开食。第一次喂食称开食。出壳的雏鸭开水后即可开食。开食主要是调教雏鸭，使全群学会采食。准备好拌湿的全价配合饲料，湿料以用手握紧后指缝无滴液溢出为度。饲养员一边轻撒食料，一边吆喝调教，吸引鸭群采食。开食吃六成饱即可。鸭有边吃边喝的习性，可用浅盘或饮水器盛水喂饲。盛水器可放育雏舍一侧，以免溅湿垫料及雏鸭绒毛。

雏鸭每天喂饲量和喂料次数，按消化能力而定。每次饲喂让其自由采食。10日龄内的雏鸭每昼夜喂5~6次，白天喂4次，晚上1~2次；11~20日龄的雏鸭白天喂3次，夜晚喂1~2次；20日龄以后，白天喂3次，夜晚喂1次。

4. 雏鸭的管理

（1）及时分群。育雏期内常因温度的变化管理不当，雏鸭互相堆集。需要根据雏鸭个体大小、强弱及时分群饲养，一般1~14d，养20~25只/m²，每群100~150只。15~28d，12~15只/m²，每群200~250只。通常群分好后不再随便混合。

（2）下水与放牧。3日龄后的雏鸭可适时下水，每天上、下午各1次，每次不超过10min。以后增加到每天3~4次，每次10min左右，并逐渐延长时间，但水温以不低于15℃为宜。每次下水后都要在运动场避风休息、理毛，待羽毛干后再赶回鸭舍。寒冷天气可减少下水次数或停止下水，以免受凉。炎热天气中午不能下水，防止中暑。

雏鸭可以自由下水后就可以进行放牧训练，起初放牧宜在鸭舍周围，待适应后，逐渐扩大放牧范围。放牧时间从短到长，开始放牧20~30min，以后延长也不要超过1.5h。放牧次数一般上、下午各一次，中午休息。放牧最好选择水草茂盛、昆虫滋生、浮游生物较多的湖塘或田地。

（3）环境卫生。随着雏鸭的日龄增大，粪便不断增多，鸭舍极易潮湿和污秽，有利于病原微生物的繁殖。因此，必须及时清除粪便，勤换垫料，保持清洁干燥。喂料喂水的用具应每天清洗。鸭场四周也应保持良好的卫生环境。

（三）育成鸭的饲养管理

育成鸭是指5~18周龄内的中鸭，也叫青年鸭。

1. 育成鸭的放牧饲养

放牧饲养可使鸭体健壮，节约饲料，降低饲养成本，是我国传统的饲养方式。

育成鸭放牧一般鸭群较大。因此，放牧前应用固定信号和动作进行训练调教，使鸭群建立条件反射，听从饲养员的指挥，以便在放牧中收拢鸭群。调教时的信号和动作，因人、因地而异，但要固定。信号调教要从雏鸭开始放牧就进行，使育成鸭从小养成习惯。

放牧地饲料比较丰富或可较长时间进行放牧的地方，可将鸭群赶到放牧地，让鸭群自由分散、自由采食。放牧地的范围较小或饲料较少的地方，可由2~3人管理鸭群，前面让1人带路，后面2人在两侧压阵，赶鸭群缓慢前进觅食。

放牧时应注意：一是放牧人员放牧前选择好放牧路线，了解放牧地近期是否施用过农药。二是放牧群以500~1 000只为宜，按大小、公母分群放牧饲养。三是不同季节里放牧时间要合理安排，放牧地不能过远，防止鸭疲劳中暑。四是要逆风放牧，可防止鸭受凉，有利于鸭在水中觅食。

2. 育成鸭的圈养

育成鸭的整个饲养过程均在鸭舍内进行，称为圈养或关养。圈养鸭不受季节、气候、环境和饲料的影响，可降低传染病的发生率，提高劳动生产效率。

鸭舍应选择在河塘边，水面深度1.5m以上。鸭舍建筑简单实用，力求冬暖夏凉，舍内设置饮水和排水系统，地面用水泥铺成，并有一定的坡度，便于清除鸭粪。鸭舍面积以饲养1 000只蛋鸭测算，需建造150~160m²的鸭舍。舍顶高以5~6m为宜。在鸭舍前面建造一片比鸭舍大1/3~1/2的鸭滩（即运动场），斜坡以25°为宜，供鸭群喂料、活动和休息。如河塘水面太大应用尼龙网或竹围，以防鸭群散落不易驱赶。

育成鸭主要采用限制饲养，此期的饲养管理将决定其产蛋性能。目的主要是防止育成鸭体重过大，过肥或过早成熟，影响今后的产蛋量及蛋的品质。限制饲养期间要注意定期测育成鸭的体重。从第四周龄起，每周一次，称重时随机抽样，比例为鸭群的5%~7%。称重后，将公母鸭体重与标准体重进行比较，计算群体均匀度，如果群体均匀度不理想，则要调整饲喂次数或饲喂量。

3. 圈养鸭的管理

（1）适当运动。让鸭在鸭舍附近空地和水池中活动、洗浴，以促进骨骼、肌肉的生长和防止过肥。

（2）分群与密度。育成鸭群的组成视圈养的规模大小来定，但不宜过大，一般300只左右为宜，饲养密度每平方米5~9周龄饲养15~20只；10~18周龄饲养8~12只。

（3）控制光照。育成期的鸭不宜采用强光照明，光照的时间也要有所控制。每天光照时间稳定在10h左右。光照时间长或强度大，会导致育成鸭早熟、产蛋小、降低将来的产蛋量。为了便于鸭在夜间的采食和饮水，防止老鼠等走动引起惊群，舍内应通宵弱光照明。

育成期的鸭要接种疫苗（菌苗），预防鸭瘟、禽霍乱等传染病。

（四）产蛋鸭的饲养管理

1. 产蛋鸭的特点及产蛋规律

母鸭从开始产蛋到淘汰（19~72周龄）称为产蛋期。

（1）产蛋鸭的特点。产蛋以后的鸭胆子较大，见人不怕反而喜欢接近人，性情温驯，睡眠安静，不乱跑乱叫。放牧时勤于走动，到处觅食，喂料喜抢食。由于连续产蛋，体内消耗的营养物质特别多，如饲料中的营养物质供应不足或不全面，则产蛋量下降、蛋重变小、蛋壳变薄，鸭的体重下降，甚至停产。

（2）鸭产蛋的规律。蛋用型鸭开产日龄一般在21周龄左右，28周龄时产蛋达90%，产蛋高峰出现较快，产蛋持续时间长，到60周龄时才有所下降，72周龄淘汰时仍可达75%左右。蛋用型鸭每年产蛋220～300枚。鸭群产蛋时间一般集中在凌晨2—5时，白天产蛋很少。

2. 蛋鸭的饲养

产蛋鸭在产蛋期间，代谢旺盛，对饲料要求高，必须饲喂优质的全价配合饲料，以满足鸭产蛋的营养需要。当鸭群产蛋率为70%时，粗蛋白水平应在15%左右；当产蛋率达到80%时，粗蛋白应为17%左右，并注意矿物质和维生素的供给。每只鸭日平均喂配合饲料140g左右，一昼夜喂3次，其中夜间21—22时喂1次。

鸭的食性广，我国传统饲养产蛋鸭，主要采取放牧的饲养方式，再适当补喂配合饲料，以降低成本。产蛋鸭放牧饲养必须根据天气和季节的特点以及产蛋鸭的产蛋率，定出放牧的时间以及补饲的次数和饲料量。在气候适宜的春季、初夏和秋季，当鸭处于产蛋水平较高时延长放牧时间，每天补喂2～3次，每天每只鸭补料50～100g；在寒冷的冬季、早春或盛夏季节，应减少放牧时间，如仍处于高产时期，每天需补饲2～3次，并适当增加补饲量。要经常观察蛋重和产蛋率上升的趋势以及母鸭体重变化的情况，随时调整饲喂量或日粮的营养水平。如产蛋率下降至60%以下，则应减少补饲次数和饲料量，应予及早淘汰或强制换羽。

3. 蛋鸭的管理

（1）舍内环境。鸭舍内要保持清洁卫生，及时清粪，经常更换垫料，以便保持干燥，通风，定期消毒。另外还应注意保持鸭体的清洁，可防病、防虱，以促进鸭的生长发育。

（2）产蛋期饲养密度。地面平养以5～6只/m²为宜，每群500～800只为好。

（3）季节管理。春季是鸭产蛋的旺季，每日光照时间应稳定在16h，除正常光照时间外，鸭舍内还要保证通宵弱光照明，以便夜间饮水和产蛋。这期间湿度大，地面最好铺垫料可吸潮，敞开窗门，排出污浊空气，安排专人及时捡蛋。夏季炎热多雨，注意防暑降温，做好防霉及通风工作。饲具勤洗、勤晒、勤消毒，勤换垫料。秋季要注意人工补充光照，使每日光照时间达16h。做好防寒、防风、防湿、保温工作。冬季应加强防寒保暖，舍内加厚垫料，保持干燥。增加光照，保证每日光照时间不低于14h。

（五）种鸭产蛋期的饲养管理

种鸭与产蛋鸭的饲养管理基本相同，不同的是养种鸭不仅要获得较高的产蛋量，还要保证蛋的质量。

1. 养好种公鸭

种公鸭对提高种蛋的品质有直接的关系。公鸭要体质强壮，性器官发育健全，性欲旺盛，精力充沛，精液质量好，才能保证取得品质好的合格种蛋。种公鸭通常应比母鸭提早 1～2 个月饲养，以便在母鸭产蛋前已经性成熟。公鸭以放牧为主，多锻炼，多活动。配种前 20d，将公鸭放入母鸭群中。种鸭交配活动都在水上进行，早晚交配次数最多。

2. 公母比

根据鸭的经济用途不同和季节不同，公母配比稍有差异。蛋用型种鸭一般早春季节公母配比为 1：20；而夏秋季节公母配比为 1：（25～30）。肉用型种鸭早春季节公母配比为 1：15，夏秋季节公母配比为 1：（15～20）。正常情况下全年产蛋的受精率在 90% 以上。

3. 种鸭营养

除按母鸭产蛋率的高低给予必需的营养物质外，还应注意补给维生素和必需氨基酸，特别是维生素 E 和色氨酸，黄玉米、鱼粉、豆粕中富含上述营养。

4. 人工强制换羽

种鸭自然换羽时间约需 4 个月。实行人工强制换羽，使种鸭群集中在短期内停产换羽，缩短换羽时间，提早 20～30d 恢复产蛋，可再利用 2～3 个产蛋期。

强制换羽的方法就是采取停料刺激，实行人工拔除翼羽。具体做法通常分 3 个步骤进行，第一步是控制喂料，将鸭群关在棚舍内不放牧，同时控制喂料，头 2 日内喂 2 次，饲料减少一半；第三天只喂 1 次；第四至第五天停料，只喂青料，不要断水。第二步是拔毛，经过停料刺激后，于第五至第六天鸭羽毛蓬松，开始脱落，即可开始人工拔羽。每天喂维持饲料。第三步是复壮，拔羽后，正常喂料，补充蛋白质和矿物质等，经过 40～50d 可以换羽完毕，恢复产蛋。

六、肉鸭的饲养管理

肉鸭分大型肉鸭和中型肉鸭两类。大型肉鸭又称快大鸭或肉用仔鸭，一般养到 50d，体重可达 3.0kg 左右。中型肉鸭一般饲养 65～70d，体重达 1.7～2.0kg。

（一）0～3 周龄肉用仔鸭的饲养管理

0～3 周龄是肉用仔鸭的育雏期，这是肉鸭生产的重要环节。一般采用舍内地面平养或网上平养。鸭舍内设有运动场和水池，不放牧。为了提高育雏率，必须分群管理，一般每群 300～500 只。

喂肉用仔鸭的饲料应采用全价配合饲料。第一周龄的雏鸭应让其自由采食，1 周龄以后可让雏鸭自由采食或采用定时喂料。次数安排一般 2 周龄内昼夜 6 次，其中一次安排在晚上。3 周龄时昼夜 4 次。

注意掌握育雏温度，特别是在出壳后第一周内要保持适当高的环境温度。育雏温度与前面介绍的雏鸭相同。控制环境湿度，育雏第一周应该保持稍高的湿度，一般相对湿度为 65%；第二周湿度控制在 60%；第三周以后为 55%。

注意清洁卫生，雏鸭抵抗力差，要创造一个干净卫生的生活环境。做好免疫防病工作，按要求定期进行免疫和做好防病工作。

（二）4~8周龄肉用仔鸭的饲养管理

肉鸭的4~8周龄培育期又称为生长肥育期，习惯上将4周龄开始到上市这段时间的肉鸭称为仔鸭。

为使其快速生长，尽快达到上市体重。饲养方式上，目前多采用舍内地面平养或网上平养，室温以15~18℃最宜，冬季应加温，使室温达到最适温度（10℃以上）。湿度控制在50%~55%；应保持地面垫料或粪便干燥。光照强度以能看见吃食为准。

每平方米地面养鸭数为：4周龄7~8只，5周龄6~7只，6周龄5~6只，7~8周龄4~5只。具体视鸭群个体大小及季节而定。冬季密度可适当增加，夏季可减少。气温太高，可让鸭群在室外过夜。白天饲喂3次，晚上1次。喂料量一般采用自由采食，自由饮水。

（三）肉用仔鸭的育肥

肉用仔鸭的育肥方法有放牧育肥法、舍饲育肥法和人工填鸭育肥法。

1. 放牧育肥

南方水稻田地区采用较多，中型肉鸭一般均采用。每年有3个放牧肥育期可养肉鸭，即春花田时期、早稻田时期、晚稻田时期，可节省饲料，降低成本。放牧育肥法的季节性很强，仔鸭应在收稻前2个月育雏，50~60日龄时，体重可达1.1~1.2kg，然后利用稻茬田放牧育肥15~20d，体重达2kg左右，即可屠宰或上市，如再结合补饲，还可提早出售。放牧时确保鸭群饮水，特别是晚稻田时期，放牧鸭群以300~500只为宜。

2. 舍饲育肥

天然饲料较少或无放牧条件的地区采用较多。大型肉鸭和中型肉鸭都可采用。这种育肥方法不受季节的限制，一年四季均可采用。但需有鸭舍、水源及运动场。舍饲育肥需采用高能量、高蛋白全价饲料，以满足肉鸭快速生长的营养需要。鸭采食饲料越多，生长越快，饲料利用率越高。保持鸭舍的安静，为肉鸭创造一个良好的环境，有利于肉鸭的快速增重。

3. 人工填鸭育肥

大型肉鸭，特别是北京鸭多采用人工填鸭育肥。经填鸭育肥的北京鸭用于制作风味独特的北京烤鸭。北京鸭养到5~6周龄，体重达1.6~1.8kg时即可开始人工填饲，经过8~12d填饲，体重达2.7~3kg便可上市。

七、鹅的生态养殖

鹅属节粮型家禽，具有利用大量青绿饲料和部分粗饲料的能力，早期生长速度快。公母鹅有固定配偶交配的习惯，具有很强的就巢性，繁殖存在明显的季节性，主要产蛋期在冬、春两季。

鹅的产品用途广，主要包括鹅肉、鹅肝及鹅羽三大类。鹅肥肝是一种高热能的食品，是西方国家食谱中的美味佳肴。因此养鹅生产具有投资少、收益快、获利多的特点。

母鹅的产蛋量在开产后的前 3 年逐年提高，到第四年开始下降。种母鹅的经济利用年限可长达 4～5 年之久，公鹅也可利用 3 年以上。因此，为了保证鹅群的高产、稳产，在选留种鹅时要保持适当的年龄结构。

（一）雏鹅饲养管理

0～4 周龄的幼鹅称为雏鹅。初生雏鹅个体小，体温调节机能尚未完全建立，对外界温度变化等不良环境的适应能力较差，特别是怕冷、怕热、怕潮湿、怕外界环境突然变化。但雏鹅的新陈代谢非常旺盛，生长速度很快，到 21 日龄时的体重可达初生体重的10 倍。

1. 育雏前的准备

育雏前，对育雏舍、育雏设备进行准备和检修。彻底灭鼠和防止兽害。接雏前一周，应对育雏室进行彻底清扫和消毒，通风，干燥。应准备好育雏用的保温设备，包括竹筐、保温伞、红外线灯泡、纸箱、饲料、垫料以及水槽等。进雏前将雏舍温度调至28～30℃，相对湿度 65%～75%，并做好各项安全检查。备好饲料、兽药、疫苗、照明用具。

鹅品种的选择可根据本地区的自然习惯、饲养条件、消费者要求，选择适合本地饲养的品种或选择杂交鹅饲养。雏鹅必须来自健康无病、生产性能高的鹅群或正规孵化场。其亲本种鹅应有实施的防疫程序。品质好的雏鹅是正常孵化日期出壳，正常的雏鹅绒毛光亮，眼睛明亮有神，活泼，用手提起，挣扎有力，叫声响亮。腹部收缩良好，脐部收缩完全，周围无血斑和水肿。泄殖腔周围的绒毛无胎粪黏着的现象。跖和蹼伸展自如无弯曲。

鹅的育雏分为地面垫料平养育雏和网上育雏。地面垫料育雏，要求选择保温性好，柔软，吸水性好，不宜霉变的垫料。常用的垫料有锯末、稻壳、稻草、麦秸等。网上育雏，将雏鹅饲养在离地 50～60cm 高的铁丝网或竹板网上，雏鹅与粪便彻底隔离，减少疾病。此种饲养方式优于地面饲养，雏鹅的成活率较高。

2. 雏鹅饲养

雏鹅出壳后的第一次饮水俗称潮口，第一次吃料俗称开食。雏鹅出壳 12～24h，就可进行潮口。将雏鹅放入清洁的浅水中（以不淹到雏鹅的胫部为合适），让雏鹅自由活动和饮水 3～5min。天气炎热、雏鹅数量多时，可人工喷水于雏鹅身上，让其互相吮吸绒毛上的水珠。潮口后即可开食。开食料一般用黏性籼米或者"夹生饭"作为开食料，再加少量新鲜、幼嫩多汁的青饲料。第一次开食不要让雏鹅吃饱，吃到半饱即可。

雏鹅日粮包括精料和青料，一般混合精料占 30%～40%，青料占 60%～70%。喂料时间注意供给充足饮水。雏鹅 3 日龄后，开始饲喂全价饲料，并饲喂青饲料。夜间喂料可促进生长发育，增重快，雏鹅开食后便可正常饲喂。

3. 雏鹅的管理

（1）雏鹅自我调节温度的能力差，饲养中必须保持均衡的温度。气温较低或者大群育雏，必须人工保温，气温较高或养鹅数量较少时，育雏需注意加厚垫料保温。温度适宜时，雏鹅食欲旺盛，饮水正常，雏鹅分布均匀，安静无声，睡觉时间长。雏鹅一般保温2~3周。

（2）潮湿会影响雏鹅的生长发育，引起疾病的发生，在春季要特别注意。夏季高温高湿，雏鹅体热无法散发，垫料发霉，细菌滋生，引起中暑和拉稀等。育雏鹅舍内适宜的相对湿度为60%~70%，垫料经常更换，喂水用具固定放置并防止水外溢，注意通风换气等。

（3）1周龄以后可开始适当放牧、下水，气温低时可延迟到2周后进行。开始放牧时间不宜太长，距离不要太远。雏鹅放牧可促进新陈代谢，增强体质，提高抗病力和适应性。

（4）雏鹅喜欢聚集成群，温度低时更是如此，易出现压伤、压死现象，尤其在天气寒冷的夜晚更应注意，应适当提高育雏室内温度。雏鹅阶段一般每群以100~120只为宜。分群时，要注意密度，一般雏鹅的饲养密度为每平方米：1~10日龄20~24只；11~20日龄15~18只；20日龄以上5~10只。

（5）育雏期间，1~3日龄24h光照，4~5日龄18h光照，16日龄后逐渐减为自然光照，但晚上需开灯加喂饲料。光照强度0~7日龄每15m²用1只40W灯泡，8~14日龄换用25W灯泡。

（6）加强鹅舍的卫生和环境消毒工作。要经常打扫卫生，勤换垫料。用具及周围环境保持清洁卫生，经常进行消毒。按时进行雏鹅的免疫接种和做好疾病的防治，生产中雏鹅易发生的疾病有小鹅瘟、禽出败、鹅球虫病等。

（二）肉用仔鹅饲养管理

30~90日龄的鹅转入育肥阶段，经育肥后，作为商品肉鹅出售的称肉用仔鹅。肉用仔鹅具有明显的季节性，其生产多集中在每年的上半年，充分利用青绿饲料，以放牧为主，适应性和抗病力都比雏鹅强，成活率高。

1. 放牧饲养

春、秋季雏鹅到1周龄左右，气温暖和时可在中午放牧，刚开始时首次1h左右，以后逐步延长，到3周龄可采用全天放牧，并尽量早出晚归。放牧时可结合戏水时间15min逐渐延长到0.5~1h，每天2~3次，再过渡到自由戏水。

放牧场地一般选择丰美的草场、滩涂、河畔、湖畔和收割后的麦地、稻田。牧地附近应有湖泊、小河或池塘，给鹅有清洁的饮水和洗浴清洗羽毛的水源。

放牧群一般以250~300只为宜，如放牧地开阔，牧草充足，可增到500只左右一群，以固定的信号，使鹅群对出牧、休息、缓行、归牧建立条件反射，便于放牧管理。放牧时应注意观察采食情况，待大多数鹅吃到七八成饱时应将鹅群赶入池塘或河中，让其自由饮水、洗浴。避免在夏天炎热的中午、暴雨等恶劣天气放牧。

放牧鹅如能吃到丰富的牧草或收割的遗谷，一般可不补饲或少补饲，但放牧地牧草较少，又不是在谷、麦收获季节，放牧的鹅群应进行补饲。补饲饲料包括精料和青料。每天补喂的饲料量及饲喂次数主要根据品种、日龄和放牧情况而定。精料可按 50 日龄以下每天补饲 100~150g，每昼夜喂 3~4 次；50 日龄以上 150~300g，每昼夜喂 1~2 次。精料一般在放牧前和归牧后进行。

2. 肉用仔鹅的育肥

肉用仔鹅的育肥饲养有放牧育肥、舍饲育肥和填饲育肥 3 种方法。

（1）放牧育肥。利用稻麦收割后遗落的谷粒进行放牧，适当补饲，一般育肥期为 2~3 周，采用这种方法可节省饲料，但必须充分掌握当地农作物的收割季节，计划育雏。

（2）舍饲育肥。采用专用鹅舍，仔鹅 60~70 日龄时全部人工喂料，饲料以全价配合饲料为主。补以青绿饲料，每昼夜喂 3~4 次，采用自由采食，每次喂足后可放鹅下水活动适当时间。每平方米饲养 4~6 只，育肥期一般 3 周左右。舍饲育肥肉用仔鹅生长速度较快，但饲养成本较高。

（3）填饲育肥。又称强制育肥，分人工填饲和机器填饲两种。鹅经过 3 周左右时间人工强制填饲营养丰富的配合饲料，鹅生长迅速，增重快，效果好。

八、后备种鹅的饲养管理

从 80 日龄起至产蛋前的鹅称后备种鹅。为了保证种鹅有较高的产蛋量及好的品质，对后备种鹅应进行严格的选择。选择要进行两次，第一次在 80 日龄时，选择体型大，符合品种特征，羽毛生长快，健康无病，无生理缺陷的个体。公母比例可按大型鹅 1：2，中型鹅 1：（3~4），小型鹅 1：（4~5）。第二次选择在开产前，选择公鹅的标准是：体型大，体质健壮，胸宽背长，腹不大，腿粗且有力。母鹅的标准是：体型结构匀称，颈细清秀，后躯宽广而丰满，两腿结实。公母配种比例为：大型鹅 1：（3~4），中型鹅 1：（4~5），小型鹅 1：（6~7）。

后备种鹅体重过大、过肥，不仅以后产蛋少，而且蛋的品质也会受到影响。对种鹅进行限制饲养，可控制体重和性成熟期，防止过早开产，并培养种鹅耐粗饲的性能。限制饲养时间 70d 左右，120 日龄后转入粗饲阶段，喂米糠、酒糟等饲料。母鹅的日平均饲料量比生长阶段减少 50%~60%。补料次数由多变少，直到每日喂 2 次。尽量延长放牧时间，如有草质良好的牧场，可不喂或少喂饲料。

九、种鹅饲养管理

（一）种鹅的产蛋规律

种鹅的行动迟缓，放牧时应选择路面平坦的草地，不宜强赶或急赶。鹅的自然交配在水中进行,种鹅应每天定时有规律的下水 3~4 次,以保证种蛋的受精率。母鹅有择窝产蛋的习惯,应让母鹅在固定的地方产蛋。母鹅有就巢行为,就巢时及时隔离,采取积极措施,促使其醒抱。

鹅性成熟迟,开产日龄一般在 6~8 月龄。大型鹅开产较迟,小型鹅开产早。鹅产蛋较少,年产蛋量仅为 30~100 枚,小型鹅产蛋较多,有的品种鹅全年分 2~3 期产蛋,产 7~14 枚蛋即就巢孵化。蛋重一般是 130~200g,鹅的产蛋量随年龄增加。第二年比第一年增加 15%~20%。第三年比第二年增加 30%~45%。母鹅一般利用 4~5 年。母鹅产蛋时间多数在 4—9 时。

(二) 种鹅饲养管理

种鹅饲养管理分为 3 个阶段,即准备产蛋期、产蛋期和休产期。

1. 准备产蛋期的饲养管理

开产前一个月开始补饲精料,逐步增加喂量,每天每只 90~180g,日喂 2~3 次,注意定时饲喂,使鹅群体质恢复,增加体重,在体内积累一定的营养。此期公母分开饲养,公鹅提早补饲精料,使其在母鹅开产前有充沛的精力和体质,以提高种蛋的受精率。在繁殖季节开始前 2~3 周组群,公母合理搭配。保证充足饮水,放牧应早出晚归。

2. 产蛋期的饲养管理

产蛋期的母鹅以舍饲为主,放牧为辅,放牧晚出早归。放牧前检查鹅群,观察产蛋情况,有蛋者应留在舍内产蛋。舍饲饲料采用配合饲料,精料每日喂量,大型鹅为150~180g,中型鹅为 120~150g,小型鹅为 100~120g,分 3~4 次喂给,同时每天保证青饲料的供应,青饲料可不定量,放牧地青草丰富可少加青饲料,日粮中注意加适量贝壳粉。

为了提高种鹅的产蛋量和种蛋的受精率,种鹅的公母配比以 1:(3~5) 为合适,大型鹅配比应低些,小型鹅可高些,冬季配比应低些,春季可高些。鹅的自然交配在水中进行,每日早晨鹅群出栏后,让其在清洁水域中戏水、交配,然后再采食放牧,牧地选择近水处,放牧 2~3h,应赶鹅群下水自由交配,需建立规律,鹅群每天下水 3~4 次。产蛋鹅每天光照时间应以 16h 为好,如光照时间不足,每天补充人工光照 2~3h。冬季做好防寒保暖工作。充分准备产蛋箱或产蛋窝,让母鹅在固定的地方产蛋。发现就巢母鹅要采取隔离、停料、供水,经 2~3d,可促使其醒抱。

3. 休产期的饲养管理

种鹅每年产蛋时间只有 5~6 个月,一般是当年的 10 月到翌年的 3—4 月,以后就自行停产。停产种鹅的日粮应由精到粗,转入放牧为主并逐步停止补饲。目的是促进母鹅消耗体内脂肪,促使羽毛干枯,容易脱落而迅速换羽,降低饲养成本。此期的喂料次数逐渐减少到 1d 喂 1 次或 2d 喂 1 次,然后改为 3~4d 喂 1 次,饲料由青粗料组成。每天延长放牧时间。

在停产时间内对鹅群进行一次淘汰选择,并按比例补充新的后备种鹅。母鹅可利用年限一般 4~5 年,在这些年限中的鹅尽量少淘汰,但对病、残、产蛋极少的应及时选出淘汰。种鹅应按一定的年龄比例组群，以提高种鹅的利用率和保证产蛋率，1 岁鹅占 30%～40%，2 岁鹅占 25%，3～4 岁鹅占 15%～20%，5 岁鹅占 5%～10%。新组成的鹅群必须按公母比例同时换放公鹅。

第三节　生态养禽案例解析

家禽生态养殖的模式决定了家禽养殖是否与环境和谐，是否可持续发展。因此家禽养殖模式从一定程度上决定了家禽生态养殖的发展后劲。本节内容对几种比较成功的、简单实用的家禽生态养殖模式和养殖案例进行了介绍和分析，旨在阐明养殖模式并不是一成不变或者千篇一律的，而是应该因地制宜、合理安排，最适合的就是最好的。

近年来，随着养殖业的迅速发展，集约化程度的不断扩大，产生的大量畜禽粪尿及废弃物直接或间接地进入了大气、水体和土壤，导致周围环境遭到严重的污染。发展畜禽生态养殖，是养殖业得以健康持续发展的一条好途径。

生态养殖是按照整体、协调、循环、再生的原则，种养结合，保护自然资源，维持生态平衡。现简要介绍几种生态种养殖模式。

一、林地围网养鸡模式

林地围网养鸡利用林草间作、围网在林地进行林、草、禽立体绿色农业生产。进行林地养鸡必须考虑该地区的优势资源与综合效益，这一养鸡模式可以充分推动农业的高效发展，快速推动林业与养殖业的经济增长速度。

以河南温县为例，该县在 2000 年开始就着手林地围网生态养鸡模式的研究，到现在已经获得了丰富的经验。首先在养殖场用大约两年时间培育杨林带，长 70m、宽 50m，养鸡场用钢纱网将林带围绕起来，钢纱网绑定在树木上，钢纱网高度约为 1.9m，固定于地表以下 10cm 的土地中。养殖场面向北部设置避雨棚，安装饮水器。在距林区 0.5m 外进行浅耕，养鸡场内部栽种紫花苜蓿为主要牧草，实施宽窄行播种，宽行距 30cm，窄行距 15cm。

该养殖场所选的鸡品种为柴鸡，通过集中育雏 30d 左右，待牧草生长至 30cm 左右的高度后，将鸡放入围网内部。林地围网内部的鸡饲养密度每亩大约为 300 只，总共在林地同时供养了 1 500 只鸡，让鸡在林地内部自由采食，视情况再在早晚进行补料，在饲养过程中一般要环境温度稳定在 20℃以上才进行放养。根据资料显示，柴鸡在 3 个月后便可达到 1.5kg。这种方式饲养的柴鸡在 7 日龄、20 日龄、50 日龄各接种一次新城疫Ⅳ疫苗，10 日龄、21 日龄各接种 1 次鸡传染性法氏囊病疫苗即可。

根据资料显示，按照温县当时的鸡价格，投放的 1 500 只柴鸡上市出售的活鸡数为 1 290 只，平均体重在 1.47kg 左右，每只活鸡收购价 16.17 元，总收入达 20 859 元，再扣除养鸡的成本，直接经济效益为 8 956 元。这是 10 多年前的资料，在生态养鸡市场更为广阔的现在，经济效益远远超过了这个水平，所以林地围网养鸡模式带来的巨大的经济效益可见一斑。

二、在野外建简易大棚舍养鸡模式

（一）野外建简易大棚舍养鸡模式优点

通过在野外建立简易大棚舍养鸡，充分利用自然资源，降低建设成本。这种养鸡模式投资少，简易大棚的搭建一般采用的是生态环境中常见的树木、竹、稻草或者油毡等，这些原材料几乎成本不高，相比室内养鸡可以节省 10 多万元建筑成本。在山地、果园、林地中，鸡所产生的鸡粪可以当作植物的养分来循环利用，可以促进林业、果业的同时发展。按照每亩 500 只鸡计算，饲养 114d 可以产生鸡粪 2 850 kg，相当于产生了 27kg 尿素、189.92kg 磷酸钙和 37.85kg 氯化钾，果园的植物吸收了鸡粪中的养分可以增加果园的产量，果实的味道变得鲜美可口。

这种饲养模式对鸡疾病的控制和降低环境污染有很明显的作用。一般要求养鸡场地远离居民区，在野外建立简易大棚舍可以有效防止养殖过程中产生的噪声污染对居民造成的严重影响，同时生态环境可以对鸡粪进行处理，避免了养鸡产生的废物和臭味污染。与此同时，在野外进行饲养保证了与其他鸡场，尤其是存在疫病的鸡场隔离，是健康养殖的基础，而且在野外山地或者林地果园等，地势高、空气清新，便于场地杀菌消毒，进行全进全出的管理制度可以减少疾病的传播，一般来说简易鸡舍建立也是有距离的，保证了鸡群内部即使有病原体存在，也不会产生交叉感染的情况。

根据研究表明，野外大棚舍一年四季都可以进行生态放养，尤其是对三黄鸡的"三黄"和肉质有利。在野外放养，有清新的空气、充足的阳光、干净的水源和足够的运动量，鸡所食用的青草、昆虫等都可以让鸡肉的味道变得更加鲜美可口，风味更加独特，而且使肌肉富含丰富的营养物质，食用后对人的身体非常有益。

（二）大棚舍建造方法

鸡野外大棚舍建造地址要遵循一般的选址原则，保证鸡有足够的水源，夏天有避雨遮阴的林木或者人工设施等，鸡舍所在地空气流通且环境相对干燥，有便利的交通以便产品迅速流通至市场，一般每个山坡与林地都可以建造 3 栋左右的鸡舍。

大棚舍一般选择坐北朝南，或者偏向东南。棚舍所在地的坡度平缓，一般不超过 20°，可在符合要求的地区规划出一片长 35m、宽 7m 左右的平地进行构造，鸡舍的规模按照一个劳动力饲养管理 2 000 只鸡左右标准来进行构造，将原材料准备好以后便可建成长 20m、宽 6m、高 2.8m 左右的简易大棚舍。

（三）鸡的饲养管理

在鸡进入棚舍之前需要用常规的消毒液进行喷洒消毒，待 2d 以后便可将鸡赶入其中饲养。鸡刚进入鸡舍的时候，要公、母分群进行饲养，便于管理和出栏。棚舍内部养的鸡可以为雏鸡，也可以为生长鸡，但是鸡舍内部要有增温设备，以保证鸡对温度的基本需求。育雏阶段，需要在棚舍内部加盖塑料薄膜，等鸡长大后再撤去。

在鸡的饲养过程中，需要根据鸡的实际采食情况来进行定点补料，供应健康的饮用水；要用钢纱网或者其他隔离设备限制鸡的活动范围，不能让其逃离饲养员的管理范围；根据当地实际情况制定合理的免疫程序，并且要严格执行，对已经感染疾病的病鸡要及时隔离和处理；当天气不好或者冬天气温较低时，要考虑放牧的时间长短和能否放牧等问题；栏舍在鸡出栏后或者进栏前都必须进行消毒，消毒2周后才能进行使用。

由于野外大棚舍养鸡模式可以一年四季进行生态养鸡，每年可以饲养肉鸡2~3批，很快就能将鸡舍的建设成本收回且开始进行盈利。

三、林下和灌丛草地养鸡模式

根据报道，贵州省长顺县畜牧局在2002年进行林下和灌丛草地养鸡试验，通过在当地推广和养殖青凤土鸡，实现了该地区当年出栏产值38.85万元，净利润9.25万元。这种养殖模式已经被当地农民广泛采用，是使农民增收的重要途径。通过这些成功的养殖经验，可以总结出林下和灌丛草地养鸡模式须具备如下特征。

（一）养殖户本身的要求

养殖户本身必须具备一定的学习能力，能适应新技术的发展与要求，及时通过各种渠道来获得一定的管理和养殖知识。养殖户的资金运转必须正常，要保证养殖过程中的资金不断链，保证在养殖过程中有一定能力承受市场供需关系对鸡价格的影响，同时养殖户要有一定的饲料与经济学基础，便于鸡群的饲养和整个鸡场的运作管理。

（二）节约成本

林下和灌丛草地养鸡模式的关键点在于降低饲养成本，通过充分利用林地和灌丛草地间的草籽、嫩草、虫类或者其他可以食用的动物代替部分饲料，这样可以降低饲料的使用量。在选择鸡的饲养场地的时候尤其要注意，该地区的自然资源与环境是否达到要求，选择饲养地点的时候尽可能地要选择动植物较为丰富的区域，保证鸡在生态养殖过程中能充分取食自然界的饲料。根据生态养鸡的方式，一般只要将鸡饲喂至七成饱，其余部分让鸡在山林中自己觅食即可。这样既能节省饲料，又可以充分利用天然资源生产优质无公害的绿色鸡产品。

（三）多方合作很重要

贵州省长顺县通过政府支持，以公司为龙头带动农户养殖，使这一养殖模式发展壮大。公司提供资金，要求生产基地生产0.3~0.5kg的脱温鸡苗，通过提供技术服务与指导，提供给农户育雏与育成阶段的正确饲养方法，制定正确合理的免疫程序，同时还会提供农户各阶段鸡的饲料配方。整个过程由企业按以物放贷的方式提供农民鸡苗进行养殖，公司靠育雏获利，农民在饲喂至雏鸡上市后将欠款还给企业，农户也可从中获取较大的收益。

（四）饲养管理

引进雏鸡时，如果路程较远可以给雏鸡先服用1%口服补液盐，用来补充体内无机盐和能量，再服用1mg/L浓度的高锰酸钾溶液；如果路程较短服用高锰酸钾溶液即可。雏鸡饮水后要尽早开食，雏鸡的日粮要求营养充分、容易消化，尽可能满足鸡的食用需要。

鸡的营养配制要严格按照行业标准规定的鸡的营养标准配制，1~7日龄选用质量较好的雏鸡料，7~20日龄选用小鸡料，之后便可以自行配制饲料。配制饲料一定要注意营养的平衡，不能使鸡使用后缺乏钙、磷和维生素等。

科学管理也决定了这种养鸡模式的效益。一般林下和灌丛草地养鸡模式的饲养密度需要根据鸡的日龄大小变化而变化，第一周60只/m²，第二周为40~50只/m²，第三周为35只/m²，第三周后为10~18只/m²，具体视外界的气温和湿度而定。在引种时期，应该按照鸡的强弱、公母还有日龄分群饲养，这样可以避免鸡的整齐度太差，也可以方便出栏和管理，在15日龄左右要及时进行断喙，以防啄癖。在养鸡过程中要注意提供给鸡需要的温度，第一周温度控制在30~32℃范围内，每周递减2℃。夏季的脱温时间比冬季短1周左右。在饲养过程中还要保证鸡舍的空气流通，保证鸡在新鲜空气下健康生长发育，同时要给予鸡充足的光照，光照对鸡的生长发育甚至以后的产肉性能和产蛋性能都有着至关重要的作用，一般来说雏鸡需要促进其采食，每天光照时间保持在23h，1~5日龄的雏鸡光照强度在2.5~3W/m²，5~15日龄的光照强度为1~1.5W/m²，经验表明，采用红光加蓝光可以减少啄癖的发生。

（五）疫病防治

始终将"预防为主、防重于治"的原则贯彻到底，严格执行卫生防疫制度要求。在鸡进栏前和出栏后要用消毒液蒸熏或者喷洒杀菌灭毒，按时对鸡所使用的器具进行清理消毒，及时打扫鸡舍，保持鸡舍卫生；天气不良的时候尽量避免将鸡放养在自然环境中；果园养殖应该尽量避免让鸡在喷洒农药后放养；杜绝无关人员进入鸡舍内部，避免带来疫情。

四、山地放牧养鸡模式

近年来由于农村劳动力往城市迁移，农村的闲置用地尤其是山地越来越多，这为山地放牧养鸡提供了基本的物质条件。并且，由于近些年的食品安全问题，导致了生态养鸡所生产的绿色无公害产品畅销。通过发展山地放牧养鸡，可以利用农村剩余劳动力，也可以促进当地经济发展。

（一）山地的选择

并不是所有的山地都适宜鸡的放养，所选养鸡的山地必须远离居民区、采矿区、工业区和主干道公路，最好是选择有公路直达，但是又僻静的山地。山地坡度要平缓，以南方的丘陵山地为宜，土质以沙壤为主是最优良的，同时山地附近要有清洁的水源。

（二）基本设施

山地放牧养鸡需要在山地的背风向阳处建造坐南朝北的鸡舍，原材料可以利用农村常见的秸秆、油毡、稻草和石头等，利用自然形成的坡势构造而成，鸡舍的形状可以依照实际情况而定，方便饲养管理即可，基本要求是通风干燥，能遮风避雨，阻挡天气变化带来的不适。养鸡场内要配制控温设备、饮水设备以及食槽等基本设备，还要准备口哨。

（三）饲养管理

在引种至鸡舍的初期要对鸡舍进行消毒，要用两三天时间使鸡慢慢适应山地环境，这两天可以在鸡的饲料中添加一定的复合维生素，以保证鸡能顺利度过适应期，抵抗应激。放养过程中饲料的主要来源是山地中的草籽、昆虫以及其他动植物，根据鸡的日龄与觅食能力适当补充食物。在鸡生长至 6 周龄时，早晨补料只需要象征性地抛撒一点饲料，晚上根据鸡的觅食情况酌情补料，饲喂时做到定时、定点。

为了使刚引入的种鸡平稳度过适应期，一定要保证适宜的温度，一般将刚刚进入的雏鸡安置在保暖性能好的鸡舍内部进行育雏，脱温后可以进入自然环境中进行放养。鸡群进入山地放牧时，用口哨在喂食的时候让鸡形成条件反射。用同样的方法可以控制鸡群的活动范围，召唤鸡回巢和活动。鸡群的密度也要合理控制，一般放养密度为每亩地放养 200 只左右为宜，鸡群大小在 1 500~2 000 只。

（四）疫病的防治

根据实际情况制定合理的卫生消毒制度，严格控制外来人员在鸡场内部的活动范围，最好限定在管理区；夏季天气过热、冬天气温过低的时候要控制放牧时间；做好免疫程序，及时对鸡群进行新城疫、马立克氏病、鸡传染性法氏囊病等的疫苗接种。

（五）注意事项

鸡要采用"全进全出"的管理制度，自己根据鸡的饲养标准来进行饲料配制可以有效降低养殖成本。一般为了合理利用放养的环境，在鸡达到 1.25kg 的时候要及时出售，避免占用过多栏舍和浪费饲料，出售前可以预购下一批鸡苗。

五、农村庭院适度规模养鸡模式

农村庭院适度规模养鸡模式利用了农村优越的自然环境，过剩的谷物类食物、闲置的房舍，通过半开放式饲养，有助于小规模提高农村经济的适度发展。这一养殖方式的特点是投资少、效益高、便于管理和资金周转快，一般来说每批鸡的规模在 100~300 羽。这种养鸡模式在贵州省很多地区得到了推广，根据已有的经验，将这种模式总结如下。

（一）品种选择

品种选择要考虑鸡的适应性、抗病能力和市场需求，根据养殖经验比较适合这种模式的鸡有岭南黄、芦花鸡、杂交乌骨鸡等，当地的土鸡也非常适合。

（二）场地选择

这种模式养鸡的场地一般选择在安静、外来人员少，通风与光照性能都较为良好的闲置房舍。地面平养，每平方米面积可养殖大鸡 10 只左右，用木屑、稻草节等作垫料；笼养、网养，注意搭支架时要保证鸡只自由进出上下鸡舍休息和活动，便于鸡的活动和疾病防治。一般庭院养鸡的养殖面积要在 $100m^2$ 以上，其中要富含水源，要将庭院用篱笆围起来，同时设置遮阴处和沙坑，满足鸡日常需要。

（三）饲养管理

鸡群的饲养管理要按照"全进全出"的原则进行，杜绝各种疾病在鸡群间交叉感染，避免鸡群大规模死亡。鸡的转出与转入要尽量平稳，避免引起鸡应激死亡，如抓鸡的时候要在弱光下进行，避免鸡受到太大惊吓。鸡在出栏前后都要对鸡所使用的器具及相关的生活环境进行消毒，可以用高锰酸钾溶液和福尔马林进行熏蒸，也可以用烧碱溶液喷洒地表。

育雏阶段尽量参照室内养鸡的标准来进行，由于养鸡的规模不大，可以将闲置房舍改造成更小的区间，将鸡舍内部养殖密度确立在 $40\sim60$ 只/m^2。鸡苗在引入后进行脱温处理才能放入自然环境中，无条件的农户可以直接购买已脱温鸡苗，可以提高鸡的存活率。

雏鸡养殖时对温度的要求非常严格，$0\sim7$ 日龄雏鸡鸡舍的温度应该控制在 $32\sim35℃$ 范围内，$7\sim21$ 日龄的温度要控制在 $27\sim32℃$ 范围内，到了 28 日龄左右即可过渡到与自然环境同步的温度；雏鸡的生活环境中还要注意空气的流通，育雏期间要使空气新鲜，每天至少要将鸡舍通风换气 $1\sim3$ 次；雏鸡 2 周龄内，饲养密度一般为 $60\sim70$ 只/m^2，脱温后可以减少至 50 只/m^2 左右；光照对雏鸡的影响也非常大，因此给予合适的光照强度与光照时间也是非常重要的，一般可以用白炽灯，离地面高度为 $1.8\sim2m$，光照强度在育雏阶段可以为 $2\sim3W/m^2$，第三周可以降低至 $0.5\sim1W/m^2$，$1\sim3$ 日龄内的每天光照时间 24h，之后可以降低至 23h；雏鸡初始阶段的饲喂，尽量用优质的全价料饲喂，在脱温后的适应期可以在日粮中添加复合维生素或者维生素 C，提高鸡抵抗应激的能力。

雏鸡在脱温后，在自然环境中的放养是影响肉质的关键性因素。在天气较好时，可以将鸡放入自然环境中自由觅食和活动。在这一阶段，要精喂与散养觅食相结合。精喂是指选择营养全面、适口性好、易于消化的全价颗粒料，适当搭配其他饲料或采用鸡浓缩料按比例均匀混合后进行饲喂，在早晚精喂和白天散养的条件下，养鸡产品的风味和营养水平得到大大提高，鸡的毛色等外观让消费者眼前一亮，既可以降低成本也可以吸引消费者购买，相得益彰。

（四）疾病防治

做好鸡的免疫接种和消毒防疫工作，防止传染病的发生和传播，这是规模养鸡成败的关键。根据养殖经验，提供如下免疫程序以供养殖户参考：1 日龄的雏鸡要接种马立克氏病疫苗；1~5 日龄雏鸡用饮水法，食取氟哌酸；6~7 日龄鸡接种新城疫Ⅱ系苗、传支 H120，不定时观察雏鸡粪便的颜色，防治球虫病的发生，因球虫的耐药性很强，每批鸡所用的抗球虫药不能相同；21~24 日龄接种鸡新城疫Ⅰ系苗。同时，在饮水和饲料中加入一些药物可预防疾病的发生，如雏鸡 4~7 日龄时在料中拌入 0.01% 土霉素或饮用 0.3% 的大蒜水等抗菌保健药，相隔 10d 后重复饲喂。

除此之外，还有很多很好的养殖模式和养殖案例。

鹅—鱼—果—草生态养殖模式，以养鹅为主，结合鱼塘养鱼、虾，种植果树、蔬菜等作物，鹅粪通过堆积发酵作为果树、牧草和蔬菜地的有机肥。果园地种草可放牧养鹅，草喂鹅及鱼、鹅放养于鱼塘，可清洁羽毛，提高抗病力，鹅粪可增加鱼、虾饲料。

鸡—稻轮作生态养殖模式，通常采用每年养鸡 2 批，种水稻一季的形式。一般选择供水方便、排水良好，土质、水源无污染的农田，搭建一简易鸡棚。10 月中旬引进苗鸡，固定鸡舍育雏 1 个月。农田稻谷收割后，将鸡群移至农田大棚内饲养。饲养方式可采用棚内饲养和棚外农田放养相结合。110 日龄左右出栏，翌年安排第二批养鸡，出售后，清除棚舍内粪便和杂物，撤除移动棚舍或棚舍覆盖层，保留棚舍钢骨架，种植单季晚稻。这种模式的最大优点是农田可得到合理利用，鸡粪、废弃物可以得到有效处理，实现农业生产的良性循环。

三园生态养鸡模式，一般选择具有一定交通条件，有清洁水源的园地（果园、茶园、竹园）。设置围栏（土建、网围、竹围），高度为 2.5~3m。利用竹竿、钢架等搭建简易塑料大棚。棚舍以简易稳固便于拆装为宜，场地大的，最好采取定期轮换场地饲养，这样利于原饲养棚及场地进行消毒，利于果园等的翻耕、粪便的处理及牧草的生长，也可防止鸡群间的疾病传播。饲养品种以土杂鸡为宜，并结合运用育虫养鸡法。采用这种方法的优点是可明显减少基础设施投入，降低饲养成本，而且生产的肉鸡具有污染少、肉质风味好、利润高等优点。

思考题

1. 禽场的选址应注意哪些方面？
2. 鸡舍的建筑形式有哪些？
3. 简述养鸡场设备的类型。
4. 简述水禽场的基本结构。
5. 禽场优化设计应考虑哪些方面？
6. 试述肉禽生态养殖的种类和特点。

7. 试述水禽生态养殖的种类和异同点。

8. 生态养殖管理中应考虑的技术要点有哪些？

9. 试述鸡生态养殖过程中的重要技术点。

10. 试述水禽生态养殖过程中的重要技术点。

11. 根据所学理论分别制定一个蛋鸡和一个肉鸡生态养殖场的生态养殖管理守则。

12. 运用所学知识解释例子中所涉及的生态可持续养殖原理。

13. 查找并收集相关生态养殖范例，并加以阐述。

第四章　生态养牛规划与管理

本章主要阐述了生态养牛的概念及意义，并且从生态牛场的场址选择、布局、建设及牛舍环境控制技术等方面进行了规划设计，同时详细论述了奶牛和肉牛的生态饲养管理技术，并对奶牛和肉牛生态养殖模式进行了案例解析。

第一节　生态养牛优化设计与规划

随着科学技术的发展和人民生活水平的提高，人们对乳肉品质量的要求越来越高。奶（肉）牛养殖者和乳（肉）品生产企业要从保障消费者的健康和社会整体的根本利益角度进行生产。生态养牛生产的产品必须是无污染、安全、优质的营养食品，要想达到这个目标，严格的规划与设计不可或缺。

一、生态养牛概述

（一）生态养牛的概念

生态养殖技术主张遵循生态系统的循环、再生原则，将现代科学技术与传统饲草种植、奶牛（肉牛）养殖、废弃物处理等技术进行有机结合，以绿色、环保技术为支撑，形成具有生态合理性、功能良性循环的新型综合环保产业链，向市场提供安全、优质、绿色的乳肉产品，达到经济、生态、社会三大效益的有机统一。

牛的生态养殖不仅强调用环保的方式生产优质的奶和肉，同时也强调发展与资源的统一，既重视奶和肉的质量，同时关注人与自然的协调发展。

（二）生态养牛的意义

畜牧业生产日益呈现集约化、规模化发展的趋势，乳（肉）品质量安全已成为规模化奶牛（肉牛）生产的首要问题，已经对环境、资源与生态造成明显的压力和影响，因此有必要采取生态养殖的手段促进环境的保护和畜牧业的可持续发展。

牛生态养殖技术具有实行农牧良性结合，科学利用资源，低投入、高产出、少污染的良性循环特点，它是从维护农业生态系统平衡的角度出发，关注饲草、饲料资源的充分利用和安全卫生、保护生态环境、保障牛的健康、保证其产品安全优质的养殖过程，是集约化、工厂化养殖发展到一定阶段而形成的又一个亮点，是养牛业可持续发展的需要，是实现奶（肉）牛规模化、集约化、标准化饲养的重要方式，是实现资源节约发展、环境和谐相处的重要途径。

1. 提高资源利用率，降低饲养成本，实现节能减排

牛是草食动物，具有复胃结构，其中成年牛瘤胃容积约占胃总容量的80%。瘤胃内生存着大量的原虫和细菌、真菌等瘤胃微生物，可以直接利用农作物秸秆（玉米秸、苜蓿、甘薯藤、花生秸等）、藤蔓和各种草及其他农副产品，分解其中的纤维素和半纤维素，产生各种化合物而被牛体消化吸收。奶（肉）牛生态养殖时，可以因地制宜，充分利用当地饲草料资源，有效降低养殖成本，并且还可以利用农作物秸秆等制成青贮饲料，或还可以开发非粮饲料的利用技术，如发酵稻壳、果渣、稻壳混合青贮等，避免这些副产品再加工和废物处理过程的能量消耗，实现节能减排，提高资源利用率。

2. 体现养牛和农、林、渔业的有机结合，实现良性循环

生态养殖是根据生态学原理，进行集约化经营管理的综合养殖技术。有利于养殖过程中的物质循环、能量转化和提高资源利用率，保护和改善生态环境，促进养殖业的可持续发展。通过"牛—肥—果（菜、渔、牧草）""粮草—奶牛—沼—肥"等养殖模式更好地体现种养结合，把牛的养殖和种植结合起来，需要的饲草、饲料部分可以通过就近农田种植取得，缓解人、畜争粮的矛盾；养殖过程产生的粪尿、污水等废弃物制成高效有机肥施用到农田，改善土壤的理化性状，提高肥力，减少废弃物对环境的污染；利用林地、果园、草场等丰富的自然生态资源作为养殖场地，进行肉牛生态养殖；以沼气为纽带，通过牛场粪污生产沼气，进行沼气、沼液、沼渣的综合利用。以上生态养殖模式，都可以使牛的养殖与农、林、渔业有机结合，实现最佳的经济效益、生态效益和社会效益。

3. 减少环境污染，保护生态环境

生态养殖的关键是延长食物链，增加营养层次，促进生态系统中资源和能量的有效利用，解决畜牧业发展与环境污染之间的矛盾，提高资源利用率，消除或减轻环境污染危害，达到无公害生产的目的。在奶（肉）牛养殖过程中产生的污染物主要有粪尿、污水、有害气体等，如不进行合理处理，会给环境带来严重影响。粪尿污水排放到水体，会使大量的有机物分解，滋生大量有毒藻类，耗尽水中溶解氧，导致鱼虾死亡，使水体发黑、发臭；粪尿污水直接施于农田，破坏土壤结构，导致土壤孔隙堵塞板结，影响其透气、透水性，严重影响土壤质量；牛场产生的氨、硫化氢、甲烷、二氧化硫、二氧化碳、粪臭素等有害气体，不仅严重影响空气质量，还可引起地球的"温室效应"和"酸雨"现象的发生；传播人畜共患病进而影响人体健康，由牛粪污传染的人畜共患病有26种，牛粪污中大量的病原微生物、寄生虫卵及滋生的蚊蝇，会增加环境中病原种类，导

致病原菌和寄生虫的大量繁殖，引起人、畜传染病的蔓延。因此，必须对粪便进行无害化处理，高度重视养殖源污染防治，并通过生态养殖技术推广实现源头治理。生态养殖是节约资源型的生产模式，提倡将经济发展与环境相和谐纳入发展机制之中，强调实现经济和生态相协调"双赢"，体现的是遏制农业污染，和谐农业发展。

4. 保证牛群健康，提高生产性能

生态养牛对牛的品种选择、饲草料品质控制、饲养环境的改善、牛病的科学防控、粪污等废弃物的合理处理与利用等生产环节都有严格要求，符合牛的生物学特性和行为学特点，体现牛的福利，以期达到改善消化道健康，控制牛的疾病传染，提高其生产性能，有效减轻污染物对环境的压力。因此，牛生产必然要走生态养殖的道路。

5. 生产优质、生态、绿色产品的保障

奶牛（肉牛）生态养殖通过对品种、饲料、环境、防疫等方面的控制，并且在整个饲养过程中严格控制各种添加剂和药物的使用，避免饲料污染和兽药残留等对产品质量的影响，保证了向市场提供无公害、绿色、有机的优质乳肉产品。

（三）发展生态养牛的基本条件

生态养殖技术是以生态平衡为基础，生态养殖为主体，以生产优质安全畜产品和保障公共卫生安全为目标，将污染源进行生态净化和资源利用，提供绿色畜产品，促进社会和谐稳定为目的的高层次畜牧业生产方式。因此，在发展奶（肉）牛生态养殖时必须符合以下要求。

1. 品种优良，饲草料优质，饲养规模要适度

饲养的品种必须按照国家、地方或企业标准进行饲养；保持适度的养殖规模，尽可能避免规模太小或规模太大带来的生产风险；饲草的选择要因地制宜，使用环保型饲料添加剂，从而降低粪便中吲哚、硫化氢、氨气等有害气体和粪便的排泄量，起到节料减排的作用，对改善养殖环境十分有利。

2. 牛场场址选择要适宜，场区布局要科学

生态牛场的选址和布局要符合养殖场建场选址和布局的基本要求，既不污染周围环境，也不受周围环境的影响。既要考虑周围有适当面积的农田、果园等用于处理粪污，也要考虑自己种植饲草，满足生产的需求。生态养殖是实行农牧结合最理想的生产方式，可以通过生物链再生利用资源，降低牛规模化生产的总体成本。

3. 饲养工艺及饲养方式要合理，畜舍环境控制要严格

要根据牛的不同生长及生理阶段的营养需要，饲喂营养全面、平衡、质量好的饲料，禁止饲喂霉败、变质或污染的饲料。采用分段分区、全进全出的饲养模式。牛舍要有合理的保温、防寒、通风、光照、除粪系统和良好的地面结构，配备自动喂料、饮水设备。注意饲养环境清洁卫生，做好日常消毒、防暑降温、防寒保暖工作。

4. 防疫措施要严格，粪污治理要有效

本着"以防为主，综合防治"的原则，通过采用综合防疫技术，建立生物安全体

系，减少药物使用，降低药物在牛体内的残留，确定畜禽安全，建立健全卫生防疫制度。牛舍内配备畜禽粪污收集、运输的设施、设备，保证及时有效的把粪污运出舍外。按照无害化、减量化、资源化的原则，牛场要有与养殖规模相适应的堆粪场，粪污处理要实行农牧结合，就地利用，或经综合治理后实行达标排放或利用。这样可以消除或减轻污染危害，达到无公害、生产质量安全规定的要求。能通过生物链衍生产品，并转化为产业链，使奶牛规模化的综合效益增加。

二、生态养牛场场址的选择

牛场场址的选择必须考虑周密，要有长远的规划，应与农牧业发展及农田基本建设规划、新修建住宅等规划相结合，对地方生产发展和资源合理利用进行细致深入的研究。

（一）地形地势

地形是指场地的形状、大小等情况。养牛场地形要开阔整齐，以正方形、长方形为最佳，尽量避免在过于狭长或边角过多的地段上建场，这样方便饲养管理，能提高生产效率。确定场地面积时应本着节约用地、不占或少占农田的原则。奶牛场大小可以根据 160~200m²/头计算，舍饲生态肉牛繁育场按 150~200m²/头计算，育肥场可按 50~60m²/头计算，牛舍及其他建筑物面积为场地面积的 10%~20%。

地势是指场地的高低起伏状况。地势过低，地下水位太高，容易造成潮湿环境，不仅影响牛体健康，同时不利于小气候环境的控制；而过高的地势，又容易受到寒风的侵袭，不利于牛体健康的同时还会对建筑使用寿命带来不利影响，而且还影响饲养管理。因此，养牛场地势高且干燥，地下水位要在 2m 以下，或建筑物地基深度 0.5m 以下为宜；向阳背风，地面应平坦稍有缓坡；场地土质以沙壤土比较合适，这种土质透气透水性强，不易潮湿，便于牛舍及运动场的清洁与干燥，防止蹄病及其他疾病的发生，并且有利于粪污中有机物的氧化分解，提高牛场空气质量。

（二）地理位置

考虑物资需求和产品供销，牛场场址要交通便利。考虑到卫生防疫，牛场与交通要道应保持适当的距离，不应与主要交通线路交叉。场址应距铁路、交通要道、城镇、居民区、医院、学校等场所 1 000m 以上，并应处在居民点的下风向和居民水源的下游。在 1 500m 距离内不应有屠宰场、畜产品加工厂、畜禽交易市场、皮革厂、肉品加工厂、垃圾及污水处理场所及污染严重的厂矿等，不应将养牛场设在这些工厂的下风处。

根据《畜禽规模养殖污染防治条例》，禁止在饮用水水源保护区，风景名胜区，自然保护区的核心区和缓冲区，法律、法规规定的其他禁止养殖区域，城镇居民区、风景旅游区、文化教育点等人口集中区域内建场。

（三）饲料、水电供应

奶（肉）牛饲养所需饲料尤其是粗饲料需要量较大，为了保证草料供应，减少运费，以及更好的消纳粪污，牛场应与饲料种植地有较近的距离，种植面积一般按每头 0.267hm² 计算。为了保证生产的顺利运行，牛场最好有双路供电的条件，而且靠近输电线路，以尽量缩短新线敷设距离，使电力充足、可靠，并保证电力供给。牛场应水源充足，满足牛饮用、场内人员的生活、生产及消防用水等需要。水质良好，无色、无味、无臭，透明度好，酸碱度、硬度、有害物质等各项污染物不超过规定的浓度限值，应符合畜禽饮用水标准（NY 5027）。牛场供水尽可能采用地下深层水，通过水塔、水箱或压力罐等设施供水。尽量靠近集中式供水系统（城市自来水）和邮电通信等公用设施，以便保障供水质量及对外联络。

三、生态养牛场的规划布局

所谓场区规划布局是指在选定的场址上，根据场地的地形、地势和当地主风向，对牛场内的各类建筑、道路、排水、绿化等地段的位置进行合理的分区规划。同时还要对各类牛舍的位置、朝向、间距等进行科学布局。

场区的布局与规划应本着因地制宜和满足牛的生理特点需要、便于科学饲养、提高工作效率的原则，合理布局，统筹安排。既要为牛只创造适宜的生活生产环境，又要符合建筑、环保等要求，经济合理，利于卫生防疫。

（一）牛场分区规划

根据地形、地势和当地主风向，考虑防疫、安全生产、工作方便，场区一般划分为生活管理区、生产区、隔离区。各功能区之间应联系方便，并设置隔离设施（隔离墙或隔离林），相互之间应有 200~300m 的间距。

生活管理区是与对外联系较为频繁的区域，应位于场区常年主导风向的上风向和地势较高处。包括门卫室、更衣消毒室、职工生活设施、办公室、接待室、财务室等建筑物。场外人员、动物、车辆不能进入场区，以减少病原微生物侵入牛场的机会。

生产区是牛场的核心区域，应位于生活管理区的下风向和地势较低处。出入口应设人员更衣消毒室、淋浴室、车辆消毒通道，对进出牛场和牛舍的车辆和人员进行严格消毒。工作人员进入生产区前应换上工作服、鞋，经消毒后方可进入场区。

奶牛场的生产区主要包括泌乳牛舍、青年牛舍、育成牛舍、犊牛舍、犊牛岛、干奶牛舍、产房、挤奶厅等。肉牛场的生产区主要有育成牛舍、架子牛舍、育肥牛舍等。各牛舍应按年龄顺序安置且相互之间要保持适当距离，以便缩短水、电、管道及饲草饲料和粪便运输距离。布局整齐，便于防疫、防火及科学管理。另外，生产区还包括一些辅助建筑群，如青贮设施、干草棚、饲料库和加工车间、配电室、车辆库等。位置尽量居中，距离牛舍近一些，便于加工和运输，减轻劳动强度。

隔离区主要包括兽医室、隔离病房、病死牛的处理设备、贮粪场和污水处理设施等。应位于场区的最下风向和地势最低的位置。要单独设置与场外相通道路。

（二）牛场建筑物布局

要求牛场建筑物尤其是各类牛舍在功能关系上建立最佳联系，使功能相同的建筑物尽量靠近安置。在满足通风、光照、防疫、防火的前提下，尽量缩短供水、供电、饲料及粪污运送距离。各类牛舍的朝向要坐北朝南，避免朝西或西北，这样可以避免冬季寒风的侵袭，保证冬暖夏凉。

生产区道路最好硬化，建成水泥路面，并划分为净道（运送饲料、产品、用于联系等）和污道（转群、运送粪污、病死畜等）。净道和污道严格分开，不得交叉混用。

牛场植树造林、栽花种草是规划布局中不可或缺的建设项目。绿化不仅可以降低气温、吸收有害物质、减弱噪声，而且还可以美化环境。绿化可以减少尘埃 35% ~ 67%，减少细菌 22% ~ 79%。一般在牛场围墙外、各区之间、场内道路两旁、运动场周围、牛舍间应留有绿化地带，场区绿化包括防风林、隔离林、遮阳绿化、行道绿化、绿地绿化等，绿化系数为 30% ~ 35%。绿化树种的选择要因地制宜，符合当地气候条件。一般防风林可以选择种植乔木和灌木混合林带；隔离林带可以选择杨树、榆树等，其两侧种植灌木；道路绿化宜采用塔柏、冬青等四季常青树种；运动场周围的遮阳林可选择枝叶开阔、生长势强的杨树、槐树、梧桐等。地面绿化可以采用黑麦草、地毯草、狗牙根、钝叶草、苜蓿等。

四、生态养牛场的建设

生态养殖是我国养殖业大力提倡的一种生产模式，它是一种以低消耗、低排放、高效率为基本特征的可持续、健康发展的畜牧业生产模式。虽然生态养殖的概念在中国已经被提出了近 20 年，但现在提出的生态养殖与前 20 年提出的以"农—林—牧—渔"为主要模式的生态养殖有很大的区别。后者以自然生态为基础，发展循环经济，提升综合生产效益。而目前提出的生态养殖则明确定位于牧场，其生态理念及生态技术实施的核心就是牧场，从而打造真正意义上的生物安全牧场、生态循环牧场、环境友好牧场。它是当前养殖业摆脱污染、恶性循环形势的必然选择。因此，生态养殖牛场也必须遵循这一原则，对牛场的建设规划应符合其生态理念，从而打造环境友好型牛场。

（一）牛舍的建筑

根据牛舍封闭程度，可分为开放牛舍、半开放牛舍、全封闭式牛舍。要结合当地的气候特点，根据牛群的种类及生长特点选择合适的牛舍类型。

开放牛舍四面无墙，屋顶主要依靠柱子支撑。特点为遮阳、避雨，防暑降温效果较好，有利于通风采光。适用于气候条件较好的地区。在冬冷夏热地区，在冬季可以通过加设卷帘，或者在上风向加设挡风墙等措施进行保温。可采用人工或机械方式喂料、水槽饮水、人工或机械清粪；小型牛场可采用单列式，大、中型牛场以双列式或多列式为主。屋顶为轻钢结构，采用彩钢保温夹芯板制成。地面可采用混凝土地面，牛舍直接与运动场相连。

半开放牛舍是指三面有墙，南面全部敞开或上部敞开、有半截墙的牛舍形式。该舍通风、采光性能好。开敞部分在冬季可以附设卷帘、塑料薄膜，以形成封闭状态，提高其保温性能。牛舍朝向一般为南向，南向偏东或偏西15°以内。屋顶可以采用复合彩钢板或石棉瓦，地面可使用混凝土地面。该形式牛舍造价成本低，适用性广。

全封闭式牛舍是通过屋顶、外墙体、窗户等围护结构形成的牛舍形式。该舍既可以通过自然通风和自然采光的方式达到通风照明的目的，也可以利用机械完成。防寒保温效果好。但造价较高，为了降低成本，也可将墙体改为卷帘，既能提高保温性能又有利于夏季通风。

寒冷地区尽量选择有窗式牛舍或半开放式牛舍，炎热地区应选择开放式牛舍；犊牛和育成牛对温度有一定的要求，可以选用有窗式或半开放式牛舍，或者为犊牛专门建设犊牛舍或犊牛岛。

（二）牛舍环境控制

牛场舍区生态环境质量应该符合畜禽场（NY/T 388—1999）要求。

1. 牛舍的光照设计

牛舍采光可以采用自然光照和人工光照的方法。采光系数是评定牛舍自然采光性能的主要指标，是指牛舍窗户的有效采光面积和舍内地面面积的比值。生产上要求成年奶牛舍为1∶12、犊牛舍为1∶（10~14）、肉牛舍为1∶16。人工光源可采用荧光灯进行人工补充光照，一般认为泌乳牛的日光照时间为16~18h、青年牛14~18h、育肥牛6~8h。泌乳牛舍的光照强度为75lx，青年牛和育肥牛均为50lx。

2. 牛舍的防暑降温设计

奶牛的生物学特性是相对耐寒而不耐热。荷斯坦奶牛比较适宜的环境温度为5~15℃，最适生产区温度为10~15℃。低于0℃和高于21℃都会影响产奶量。因此，牛舍的防暑降温设计显得尤为重要。首先加强屋顶隔热设计，采用浅色屋顶，设天窗、通风管或通风屋脊来加强通风。一般要求夏季舍内气流不低于1.0m/s。良好的通风不仅可以降低舍温，还可以减少多余水汽及有害物质含量，要保证畜舍氨气（NH_3）含量不超过20mg/m^3、硫化氢（H_2S）含量不超过8mg/m^3，从而提高舍内空气环境质量。必要时在屋顶安装风机进行排风，加快空气流通带走热量。牛舍安装通风设施，利用多个风扇在牛舍里产生接力送风。加强通风，一般能降低舍内温度2~3℃。牛舍还可设地窗形成扫地风来加强空气流通。在饲槽、牛床上方、待挤厅等位置设置风扇喷雾系统，通过风扇和喷淋降低环境温度、奶牛呼吸率和体温。喷淋时注意保持干燥，不积水，相对湿度保持在80%以下。

牛舍的遮阳对防止夏季太阳辐射有很大作用。如牛舍朝向应以长轴东西朝向为宜；避免窗户面积过大，并且可采用加宽挑檐、搭凉棚、种植遮阳林等达到遮阳的目的。同时，在牛舍之间种植植物进行绿化也可以起到防暑的作用。夏季保证有足够的饮水对防止牛体温升高有很大作用，尤其是对高产奶牛。保证每 10 头泌乳牛拥有一个饮水位，饮水水槽可以安放在凉棚、待挤厅、牛舍通道等方便饮用的地方，可以保证牛只随时喝到清洁的水。

3. 牛舍的保温防寒设计

牛虽然属于耐寒动物，但并不等于寒冷对牛体没有影响。在北方部分地区，奶牛饲养要注意冬、春季的防寒保温工作，以确保奶牛饲养安全和饲养效益。最好采用封闭式牛舍。牛舍结构中，散热较多的是屋顶、天棚、墙壁及地面。屋顶和天棚选择导热系数小、隔热性能好的材料，且结构严密、不透气，天棚最好铺设锯木灰、聚氨酯板、玻璃棉等保温层。降低牛舍净高，一般为 2~2.4m。外墙对舍内保温起到重要的作用，墙体要求隔热防潮，寒冷地区可以选择导热系数较小的材料，如选用空心砖、铝箔波形纸板等，或加大厚度，采用 37cm 厚墙体。北墙一般不设门，墙上设双层窗且面积为南窗的1/4~1/2，冬季可以加塑料薄膜、草帘等，也可在牛舍设采光保温窗。牛床是牛躺卧休息的地方，对牛的健康、生产有较大的影响。牛床应铺设有弹性、柔软舒适、导热小、易于清洁、不利病菌生长、具有良好吸水性能的材料，同时要考虑适用性和价格因素，选用的材料应该是橡胶垫、木板、废轮带、锯末、花生皮、稻草、沙子、碎秸秆等。铺垫厚度应不少于 10cm。冬季也要注意舍内的通风，保持适当的气流，及时排出有害气体，确保舍内良好的空气环境质量。一般在冬季，舍内风速以 0.1~0.2m/s 为宜，最高不超过 0.25m/s。在开放式牛舍的迎风面安装活动卷帘，在冷风来临之前放下，也可以使用可移动式挡风帘。

（三）牛场的配套设施

1. 运动场

运动场是奶牛运动和休息的场地，对奶牛的健康、生产性能有着重要的作用。一般设在牛舍的南侧或北侧。运动场要设凉棚、饮水及补饲槽，槽的周围铺设 2~3m 宽的水泥地面。场地要平整、干燥，呈中间高四周略低形状，周围应有绿化地带和排水沟、围栏。围栏要坚固，高度为 1.2~1.5m，栏柱间距 1.5m。场地面积根据年龄设置，一般为母牛 20~25m²/头、育成牛 12~18m²/头、犊牛 10~15m²/头。柔软、干燥的场地有利于奶牛的肢蹄健康，过硬或泥泞潮湿的地面容易造成肢蹄损伤、腐蹄病等。常见的地面材料有水泥、砖、土质、三合土（黄土∶沙子∶石灰＝5∶3∶2）等。考虑到气候对地面的影响，运动场在设置的时候可以有多个分区，分别铺设不同地面，以便在不同的天气条件下作出相应的选择，如晴天可以让牛在泥土地面活动，在阴雨潮湿天气可以选择沙土地面或水泥、砖地面。为了防止场地面板结变硬，可以每半个月采用旋耕机旋耕疏松。

2. 青贮池（窖）

青贮池应建在离牛舍较近、地势高燥、土质坚实、排水良好处。地上式青贮池已成为众多奶牛场建造青贮池（窖）的主要方式。青贮池一般建成条形状、倒置梯形断面，三面为墙，一面敞开。为防止地下水渗入青贮窖或雨水进入池内，池底地面应高出地下水位 2m 以上，地面向取料口方向有一定的坡度，并在取料口处留有横向排水沟。青贮池的高度一般为 2.5~4.0m、宽为 3.5~4.0m。长度由贮量和地形决定。贮量一般按 1m³ 容积青贮 600~800kg 计算。青贮池池底可以采用水泥、沙石、砖等材料铺设。

3. 干草棚

牛场干草棚多设置成四周无围护结构的简易棚，必要时用苫布或帘布进行保护，也可以建成三面有墙一面敞开的形式。一般位于生产区下风向地段，与其他建筑物和牛舍间至少保持 50m 以上距离，严禁在干草棚周围架设电线，以防火灾。还要通风良好，以防潮湿。根据牛场的饲养量计算出年需要干草数量，再按 1m³ 干草捆相当于 70~75kg 计算出干草棚的大小。

4. 精料库及饲料加工室

大型牛场可以单独设置饲料区，也可以设在牛场生产区的上风处。精料库要靠近饲料加工间。精料库多采用单坡屋顶，三面有墙，正面敞开，檐高一般不低于 3.6m，还需设计 1.2~1.8m 的挑檐，以防止雨雪打湿饲料。精料库内设多个隔间，以便于贮存不同原料，隔间宽度由牛的存栏量、饲料采食量及贮存时间决定。地面和墙裙（据地面 1.5m 高）用水泥抹平，防止饲料受潮和鼠害。另外，为了便于卸料，在精料库的前面设置宽 6.5~7.5m、向外有一定坡度的水泥路面。运料车辆既要方便运入，还要防止噪声影响牛的安静。

5. 挤奶厅及附属设施

挤奶厅由待挤区、挤奶厅入口、挤奶台、出口、牛群返回通道等附属设施组成。挤奶厅可以设在成乳牛舍的中央或多栋成乳牛舍的一侧，因为前者路线牛奶车需要进入生产区取奶，对牛场的防疫卫生不利；而后者有可能影响奶牛的安静环境，但便于取奶。生产中常见的有并列式挤奶台、鱼骨形挤奶台、转盘式挤奶台。待挤区是奶牛进入挤奶厅前的等候区域，至少要有 1.8m²/头的面积，一般为长方形。待挤区要保证良好的通风和照明条件，地面应做防滑处理，还要有通风、降温、喷淋等设备。牛群返回通道最好设计成直线。在挤奶区还应有牛奶处理室和贮存室等。

6. 卫生防疫设施

环境清洁和安全是养牛生产中兽医防疫体系的基础，直接关系到牛体的健康和生产力高低及养牛生产的正常进行。为做好牛场的卫生防疫工作，减少疫病的发生，保证牛的健康，牛场有必要建立健全严格的门卫制度和卫生消毒制度。场容要整洁，规划要整齐，认真做好牛舍内外环境卫生工作。首先牛场场址选择要合理，远离污染源；其次牛场入口处设立人员及车辆消毒设施，如消毒池、车身冲洗喷淋机等。还应有消毒室，内有更衣间、消毒池、淋浴间、紫外线灯，本场职工或参观人员入场前必须更换衣帽才能进入场区。也可以安装闭路电视或安装参观平台，外来人员通过电视或只需登上此台，可以看到全场情况，不必进入生产区参观。生产区入口处设置消毒室、消毒池等消毒设施，更换专门的工作服和鞋帽才能进入，工作服不应被穿出生产区外，生产区应防止其他畜禽进入。牛舍门口也应设置消毒池。牛场应配备高压清洗机、火焰消毒器等设施，用于场内用具、地面、牛栏等消毒。

第二节　生态养牛的饲养管理

牛是反刍动物，具有特殊的消化功能，其消化系统结构复杂，胃由瘤胃、网胃、瓣胃和皱胃4个部分组成，其中瘤胃容积最大，占据整个腹腔的左半部分，为4个胃总容积的78%~85%。瘤胃里面寄居着大量细菌、原虫和厌氧真菌等微生物。据报道，每克瘤胃内容物含有$10^9 \sim 10^{10}$个细菌、$10^5 \sim 10^6$个原虫和少量的真菌微生物。虽然瘤胃不能分泌消化液，但是依靠微生物的分解作用，形成了一个天然的、高效率的活体饲料发酵罐，能够利用人类不能直接利用的秸秆、藤蔓及其副产品，能分解青粗饲料中纤维素和半纤维素，产生能量及各种化合物（挥发性脂肪酸、氨等）被牛体吸收利用，为人类提供优质的乳肉等畜产品。因此，牛的特殊消化特点决定了发展节粮型畜牧业有着得天独厚的生物学基础。而生态养殖正是要充分体现生态系统中资源的合理、循环利用，提高资源的利用效率，并本着资源节约的目的进行组织生产。从营养层面上，就是要通过采取科学、先进的饲养管理技术，养殖过程规范使用安全、卫生的饲料和饲料添加剂，并通过对饲料营养的调控，提高其在动物体内的消化吸收率和生产水平，减少营养物质的排泄量。

牛的营养需要量应按照生态平衡要求确定，既可以避免日粮养分浪费，同时也降低了养牛业对环境的污染。在目前养牛业生产规模不断扩大和集约化程度不断提高的情况下，充分运用营养调控技术，发展生态养殖技术，可以最大限度地提高牛对营养物质的利用率，减少环境污染，促进我国养牛业的持续、快速、健康发展。

一、牛的常用饲料及其调制

（一）饲料种类及其特点

按照饲料本身的营养特点及性质，牛的饲料分为粗饲料、青绿饲料、青贮饲料、能量饲料、蛋白质饲料、矿物质和维生素补充饲料、添加剂饲料等。

1. 粗饲料

粗饲料是指在饲料干物质中粗纤维含量≥18%，天然水分含量在60%以下的饲料。包括青干草、秸秆、秕壳及树叶等。其营养特点是粗纤维含量高，适口性差，消化率低；粗蛋白质含量差异较大；钙含量高，磷含量低，豆科干草和秸秆含钙量约为1.5%，禾本科牧草和秸秆为0.2%~0.4%，而干草和秸秆的含磷量0.15%~0.3%和0.10%以下。

2. 青饲料（青绿饲料）

青饲料是指天然水分含量很高的植物性饲料。主要包括天然牧草、栽培牧草、菜叶类、田间杂草、嫩枝树叶、水生植物等。其营养特点是含水量高，一般在 75%～90%，翠绿多汁，适口性好；粗蛋白质较丰富且生物学价值高，尤其是赖氨酸、色氨酸含量丰富。一般禾本科牧草和蔬菜类饲料的粗蛋白含量在 1.5%～3%，豆科青饲料在 3.2%～4.4%，如果按干物质计，前者为 13%～15%，后者达 18%～24%；含有丰富的维生素和钙磷，富含铁、锰、锌、铜、硒等微量元素；青绿饲料中无氮浸出物含量多，而能量和粗纤维含量低。

3. 青贮饲料

青贮饲料就是将青绿或半干新鲜的天然植物性饲料切碎、压实、密封于青贮设备内，通过微生物（乳酸菌）的厌氧发酵调制而成的青绿多汁饲料。其营养特点为最大限度地保持青绿饲料的营养价值，减少了营养物质的损失，尤其是蛋白质和维生素；可以改善饲草的质量，质地柔软，适口性好，易消化；在青贮中，能杀死病原菌、虫卵、杂草种子，解决冬春季节青饲料的供给。常用青贮原料：禾本科的有玉米、黑麦草、无芒雀麦；豆科的有苜蓿、三叶草、紫云英；其他根茎叶类有甘薯、南瓜、苋菜、水生植物等。

4. 能量饲料

能量饲料指干物质中粗蛋白含量在 20% 以下，粗纤维含量在 18% 以下，消化能在 10.46MJ/kg 以上的饲料。主要包括禾本科谷实类及其加工副产品（糠麸类）、块根、块茎、瓜果类等。能量饲料具有易消化、营养物质含量高、体积小、水分少、粗纤维含量低、维生素含量高和适口性好等优点。

5. 蛋白质饲料

蛋白质饲料指干物质中粗纤维含量低于 18%，粗蛋白含量≥20% 的饲料。包括植物性蛋白质饲料、非蛋白氮饲料及单细胞蛋白质饲料。特点为可消化养分高、容重大。主要有豆科类籽实、饼粕、尿素、铵盐、酵母藻类、糟渣类等。

6. 矿物质补充饲料

一般指为牛提供的钙、磷、镁、钠、氯等常量元素的一类饲料。主要有食盐，含钙较高的物质有石粉等，含磷较高的磷酸钙等，含铁较丰富红泥土，而膨润土则含有动物所需要的硅、钙、铝、钾、镁等元素。

7. 维生素补充饲料

包括工业合成或提纯的单一和复合维生素。牛瘤胃中的微生物可以合成维生素 K 和 B 族维生素。肝肾可以合成维生素 C。目前作为补充饲料的维生素主要有维生素 A、维生素 D、维生素 E 等。

8. 添加剂饲料

在饲料中加入的微量物质，主要起到满足牛的营养需要，完善饲料的营养性，促进牛的生产性能，防治疾病等作用。主要有以下几种。

（1）氨基酸添加剂。主要添加植物性饲料中最缺乏的一些必需氨基酸，如赖氨酸和蛋氨酸，可以提高蛋白质的营养价值。

（2）矿物质微量元素添加剂。补充当地饲料、饮水和土壤中缺乏的元素，可以添加到精料中，也可以制成舔砖让牛自由舔食。

（3）抗生素添加剂。当畜禽有病或受疾病的严重威胁时，在饲料中添加抗生素。

（4）驱虫剂。根据牛体重所采用的有效控制主要寄生虫病的药物。

（5）抗氧化剂和防霉剂。防止饲料中的脂肪和维生素氧化、酸败而降低可口性以及防止饲料腐烂和霉变。

（6）促生长剂。常用的有瘤胃素，可以促进肉牛的食欲，减轻肠道内细菌感染。

（二）生态饲料的配制

1. 注意饲料原料的品质和适口性

饲料原料应来源于经认定的无公害、绿色产品及其副产品，且新鲜、无毒无害；原料应消化率高、营养变异小。选择优良蛋白质饲料，提高蛋白质利用率，减少粪尿氮的排放。做好饲料库的防潮、防霉、防鼠害工作，尽量缩短产品在库内的存放时间。

2. 充分利用当地饲料资源，开发生态饲料

生态养殖奶牛或肉牛时，饲料使用尽量因地制宜，充分利用本地饲料资源。如稻草、酒糟、豆渣、花生藤等，价格便宜，可有效降低饲养成本，饲养效益好，保持生产的相对稳定性；种草养牛，科学选择牧草品种，施足基肥，适时刈割。新鲜牧草是提高牛产品品质的重要保障。牧草产量较为稳定，可缓解人、畜争粮的矛盾，是发展生态养殖业的重要途径；还可以利用玉米秸、甘薯藤等作物秸秆，过腹还田；用青贮饲料喂肉牛，提高秸秆消化利用率。

3. 满足营养需要，合理配制日粮

根据牛的不同生长阶段、生理阶段和泌乳水平进行日粮的配制，可以提高饲料利用率，增进健康，减少养分浪费和环境污染。主要包括以下几种。

（1）全价配合饲料。全价配合饲料能满足动物所需的全部营养，主要包括蛋白质、能量、矿物质、微量元素、维生素等物质。

（2）浓缩饲料（蛋白质补充饲料）。浓缩饲料是由蛋白质饲料、矿物质饲料及添加剂预混料配制而成的配合饲料半成品。只要再加入一定比例的能量饲料（玉米、高粱、大麦等）就成为满足动物营养需要的全价饲料。

（3）添加剂预混饲料。添加剂预混饲料是指用一种或多种微量的添加剂原料，与载体及稀释剂一起搅拌均匀的混合物。可供生产全价配合饲料或蛋白补充饲料用，不能直接饲喂动物。

（4）超浓缩饲料（精料）。介于浓缩饲料与预混合料之间的一种饲料类型。在添加剂预混料的基础上补充了一些高蛋白饲料及具有特殊功能的一些饲料作为补充和稀释，

一般在配合饲料中添加量为 5%~10%。

4. 平衡营养，优化日粮组合

牛的日粮由粗饲料和精饲料组成。实践中，应注意精粗比例适当，尽量使用多种原料，发挥各原料间的互补作用。精饲料种类应不少于 3~5 种，粗饲料种类不少于2~3 种。

5. 通过饲料加工技术提高其营养价值

采用膨化、颗粒化、蒸汽压片技术可以提高饲料养分消化率和适口性，破坏其中的抗营养成分，改善饲料质量，减少粪便排出量。饲料粉碎、制粒可以减少饲料浪费，防止牛的挑食，提高饲料利用效率。

6. 严禁使用违禁饲料添加剂和药物

在配制饲料时，要严格遵守有关饲料法规和卫生标准，严禁使用违禁药物，严禁使用动物源性饲料，规范使用药物添加剂。

7. 做好粗料的加工利用

青干草要适时刈割，合理加工调制，科学贮存，保持最大的营养价值。一般认为，禾本科牧草在孕穗至抽穗期刈割。多年生豆科牧草以现蕾至初花期为刈割期。秸秆类饲草通过物理处理（粉碎、铡短）、化学处理（碱化、氨化）等方法，提高营养价值和利用率，改善适口性，减少浪费。青贮可以保证青绿饲料的营养价值，适口性好，耐贮存，可以供全年饲喂。

8. 确保计量设备的准确性和稳定性

定期对计量设备进行维护和检修，保证其精确性。样品室应保持清洁干燥，由专人负责保管。

二、生态养牛的营养调控

保护生态环境是生态养牛的重要内容之一。根据奶牛和肉牛的生物学特性选择适宜的养殖模式，使其在养殖过程中既不污染周围环境，也不受周围环境的污染，是生态养殖的重要任务。其中，通过对饲料营养的控制，提高其在动物体内的消化吸收，减少粪尿的排泄量，是从源头上解决环境保护的有效途径。

饲料是畜禽排泄污染的主要源头，改善饲料品质是控制污染的有效手段。使用环保型饲料添加剂可以提高牛的饲料转化率，减少氮、磷等排放量，是消除养牛业环境污染的治本之举。目前，日粮中常用的环保型添加剂主要有酶制剂、益生素、酸化剂、寡聚糖和中草药添加剂等，它们能很好地维持牛肠道菌群平衡，提高肠道消化率，减少对环境的污染。

（一）酶制剂

主要采用微生物发酵法从植物或细菌、真菌、酵母菌等中提取。饲用酶制剂可以补充动物体消化酶的不足，提高饲料报酬；消除饲料中的抗营养因子，提高饲料的转化效率；分解植物细胞壁，促进营养物质的消化；提高牛的抗病能力，减少环境污染。主要有纤维素降解酶、植酸酶、蛋白酶、淀粉酶、非淀粉多糖酶。

（二）益生素

产生益生素的菌种主要有乳酸杆菌、粪链球菌、芽孢杆菌、酵母菌、双歧杆菌等。它们可以调整肠道内微生态平衡，抑制有害微生物的生殖，提高机体免疫力，减少氨和硫化氢、粪臭素的排放。还可以有效地降低饲料病原菌进入畜产品中的数量，改善牛的生产性能。

（三）有机微量元素

牛需要补充的微量元素有铁、铜、锰、锌、碘、硒、钴。使用有机微量元素，可以使被毛光亮，降低微量元素对环境的污染。饲喂时，不仅要限制在奶牛日粮中高浓度微量元素的应用，也要考虑各种元素间的拮抗和协同作用。

（四）酸化剂

酸化剂能降低 pH 值，抑制病原菌和霉菌生长，提高酶活性，促进矿物质的吸收，提高营养物质消化率。

（五）寡聚糖

寡聚糖是由 2~10 个单糖经脱水缩合以糖苷键连接成的支链或直链的低度聚合糖。具有安全无毒、稳定、黏度大、吸湿性强和不被消化道吸收的特性。主要有低聚果糖、半乳聚糖、甘露糖、低聚麦芽糖、棉籽糖等，是一种微生态调节剂及免疫增强剂，可以抑制肠道病原菌繁殖，增强机体免疫力。

（六）油脂

油脂可以促进脂溶性维生素的吸收，提供能量。在日粮中添加脂肪酸还可以抑制甲烷的生成，改善生产性能和泌乳效率。尤其是在泌乳早期和肉牛强度育肥后期，防止高精料日粮引起瘤胃酸中毒。

（七）中草药添加剂

中草药制剂可以增进牛的食欲，改善机体代谢，促进生长发育；提高动物繁殖力，增强免疫功能及防治畜禽疾病等；改善畜产品品质。它最大的优点就是无残留、无污染。

三、奶牛的生态饲养管理

（一）犊牛的饲养管理

犊牛是指出生至 6 月龄以内的小牛。生产中又分为哺乳期犊牛（0~2 月龄）和断奶犊牛（3~6 月龄），乳用公犊牛多在 2~3 月龄断奶。犊牛生理机能没有完全发育成熟，抵抗力差，死亡率高，可塑性大，因此是奶牛生产饲养的关键一步。奶牛犊牛培育的好坏，直接影响到成年奶牛的乳用特征形成及生产潜能的发挥。该阶段的饲养管理重点是要提高犊牛成活率、培养健康的犊牛群，为今后生产性能的发挥打下良好基础。

1. 新生犊牛的饲养管理

出生以后 5d 内的犊牛为新生犊牛，这段时间犊牛体温调节能力低、机体免疫机能差及神经系统反应能力差、容易受各种病菌的侵袭。犊牛自体免疫系统需要 20d 左右才能建立，因此，该期间饲养管理的关键点是及时哺喂初乳，按时接种疫苗，加强护理，以保证犊牛的成活率。犊牛出生后，立即用干草或干净的毛巾将口鼻及体表的黏液擦净，以利呼吸和防止身体受凉。一般情况下，犊牛的脐带会自然扯断，如果未断时，工作人员及时用消毒剪刀在距腹部 6~8cm 处剪断脐带，同时把脐带中的血液和黏液挤净，然后用 5%~10% 碘酊药液浸泡 2~3min，脐带的断端不宜包扎，自然脱落即可。另外还要剥去软蹄，方便犊牛站立。称重记录后放入犊牛栏哺喂初乳。初乳是母牛产犊后 5~7d 内分泌的乳汁，是其生命的源泉。初乳营养价值高，富含蛋白质（较常乳高 4~7 倍）、矿物质和维生素 A 和维生素 D，而且在蛋白质中含有大量的免疫球蛋白（2%~12%），对防止系统感染、保护器官黏膜、增强犊牛的抗病力有重要的作用。另外，初乳中含有较多镁盐，有助于犊牛胎粪的排出。

犊牛最好在出生后 0.5~1.0h 吃到初乳，体弱的犊牛可推迟至 2h。哺喂时最好用经过严格消毒的带橡胶奶嘴的奶壶完成，也可以采用专用犊牛初乳灌服器直接将初乳灌入真胃，应避免灌入肺中。在生后第一天喂 3~4 次奶，以后每天哺喂 2~3 次，每次约 2kg。每次哺乳 1~2h 后使其饮用 35~38℃ 的温开水，防止犊牛因口渴喝尿而发病。初乳最好现挤现喂，以保持乳温，适宜的初乳温度为 38℃±1℃。初乳的温度对犊牛影响较大，温度过低会导致胃肠消化机能紊乱，进而腹泻；温度过高不仅会使初乳中的免疫球蛋白变性失去作用，还容易使犊牛患口腔炎、胃肠炎。如果哺喂冷冻保存的初乳或已经降温的初乳，应在 4℃ 冷藏箱中慢慢解冻，或将其置于 50℃ 水浴解冻，温度到 35~38℃ 再饲喂。带血、患乳腺炎牛的初乳不能用。

为方便管理、建立溯源系统，犊牛在吃完初乳后需要立即进行编号登记。内容包括出生日期、性别、初生重、牛场编号等信息。编号的方法有打耳标、戴耳牌、冷冻烙号、电子标记法等。

最好将初生犊牛饲养在单体犊牛栏里，每次哺喂结束后应将口鼻附近的残奶擦拭干净，以免舔癖的发生，并将饲喂奶具洗净消毒。栏内垫上干净、柔软的垫草，做到勤打扫、勤更换。注意犊牛舍的保温防寒，冬季不低于 10~15℃，夏季不高于 20~25℃。

2. 常乳期犊牛的饲养管理

（1）犊牛的饲养。乳用犊牛哺喂初乳 6~7d 后转入犊牛群，进入常乳期饲养。该阶段的犊牛体尺、体重增长快，胃肠道尤其是瘤胃、网胃的发育最为迅速，可塑性大，是培养优质奶牛的关键时期。饲养特点为由饲喂奶品、真胃消化向饲喂草料、复胃消化过渡的重要时期。

常乳哺乳期一般 2~3 个月，哺乳量为 250~300kg。1~2 周龄犊牛，每天喂奶量为体重的 1/10；3~4 周龄犊牛，为其体重的 1/8；5~6 周龄时为其体重的 1/9；7 周龄以后可以 1/10 或逐渐断奶，每天 2~3 次。为了避免奶温过高或过低带来的胃肠黏膜损伤及消化不良，奶温应控制在 37℃。哺喂的乳汁可以是常乳、代乳粉、脱脂牛奶等。饲喂残留有抗生素的牛奶会使犊牛产生耐药性。禁喂这类牛奶，以免降低以后的抗生素治疗效果。

为满足犊牛的营养需要，促进瘤胃和消化腺的发育，加强犊牛消化器官的锻炼，需要早期训练犊牛采食各种饲料。犊牛从 1 周左右开始调教诱食，采食的精料可以是大麦、豆粉混合物。开始时，在犊牛喂完奶后把少量精料涂抹在鼻镜和嘴唇上，或少量撒在奶桶上任其舔食，使其形成采食精料的习惯。每天每头喂干粉料 10~20g，逐渐增加，3~4d 后增加到 80~100g。经过一段时间后，便可训练犊牛采食糖化后的干湿料，有利于提高适口性，增加采食量。干湿料的喂量随日龄而增加，到 1 月龄时采食犊牛料 250~300g/d、2 月龄时达到 500~600g/d。从第三周开始饲喂植物性青绿饲料（如豆科青干草、胡萝卜等），以促进瘤胃、网胃发育，并防止异食癖的发生。每天先喂 20g，2 月龄时增加到 1~1.5kg，3 月龄时增加到 2~3kg。为了不影响消化率和瘤胃微生物区系的正常建立，犊牛在哺乳期间不喂干草和青贮饲料。犊牛饲料不能含有铁丝、铁钉、牛毛、粪便等杂物。哺乳期内，水同样是犊牛重要的营养物质。应供给犊牛清洁饮水，水温不低于 15℃。

（2）犊牛的管理。犊牛可以采取单栏饲养或出生至 1 月龄时单栏饲养，1 月龄后群饲，一般每群为 10~15 头。犊牛栏应通风良好、干燥、忌潮湿；哺乳犊牛适宜的生长温度为 12~15℃，最低不低于 3~6℃，最高为 25~27℃，因此，冬季要有防寒措施，夏季要注意防暑降温。下痢和肺炎是犊牛阶段的常见病，因此要保持栏内良好的环境卫生、勤清洗、打扫，定期用苛性钠、石灰水或来苏儿对地面、墙壁、栏杆、草架、饲槽等进行全面彻底消毒。栏内要铺设 10~15cm 厚的垫料，并且要隔热保温能力强、吸湿性良好，及时更换垫草。在寒冷地区，犊牛栏可以建在相对封闭的牛舍内；在气候较温暖的地区，可采用露天单笼或犊牛岛培育。犊牛栏位置应坐北向南，尺寸为宽 1 200mm×长 2 400m×高 1 200m。犊牛在哺乳期也要有一定的运动量，在舍外或犊牛岛设置围栏作为运动场，占用面积为 5m²/头。

为了便于管理和避免对人员的伤害，犊牛在出生后 7~10d 时要去角。可以采用苛性钠在角根上轻轻地摩擦到有微量血丝渗出为止，然后涂抹紫药水即可，操作时注意不要让苛性钠流到牛的眼睛里。该法操作简单，对牛的应激小。另外也可以用电动法去角。将升温至 480~540℃电动去角器放在角基部 15~20s，直到角的生长点被破坏，或者犊牛角四周的组织变为古铜色为止。该法不出血，在全年任何季节都可用，主要用于 35d 以内的犊牛。

正常奶牛的 4 个乳区分别各有一个乳头。但在生产中有 20%~40% 的新生母犊的正常乳头周围常伴有副乳头。一般来讲，副乳头没有腺体及乳头管，有的能分泌少量乳汁。但是副乳头的存在不仅妨碍乳房清洗和将来的挤奶，而且还容易引起乳腺炎。所以必须剪去犊牛副乳头。一般在 2~6 周龄时可以进行。具体方法为：清洗消毒乳头周围，轻轻向下拉直副乳头，然后用锋利的刀片从乳头和乳房接触的部位切下乳头，伤口用 2%碘酒消毒。

为了促进牛体健康和皮肤发育，减少体外寄生虫病的发生。有必要对犊牛体表进行刷拭，一般每天刷拭 1~2 次。

每次用完的奶壶和奶桶等奶具一定要用碱性洗涤剂和温水清洗、晾干，用前再用 85℃以上热水消毒。另外补料槽、饮水槽等也要清洗消毒，保持清洁。

3. 犊牛的断奶

犊牛适时断奶可以促进其早期发育，也可以节约哺乳成本。但是从液体饲料过渡到采食草料容易引起应激反应。根据月龄、体重、精料采食量和气候条件决定断奶的时间。一般在犊牛连续 3d 采食精料量约占体重的 1%（700~800g）时可以断奶。体弱或体重较小的犊牛需要继续饲喂牛奶。目前我国犊牛的断奶年龄在 2~3 月龄。在断奶前的半个月，喂奶的次数由每天 3 次变为 2 次，开始断奶时由 2 次逐渐改为 1 次，逐渐增加精饲料和粗饲料的饲喂量。一般按出生重的 10%饲喂。断奶后，为减少环境变化带来的应激，继续将犊牛留在犊牛栏饲喂 1~2 周，并且还要饲喂相同犊牛料和优质干草。断奶前一周应当完成防疫注射。

4. 断奶犊牛的饲养管理

从断奶至 6 月龄的犊牛为断奶犊牛。该阶段的犊牛在生理特点及生存环境上发生了较大的变化，营养结构要保持稳定状态。犊牛继续饲喂 2 周断奶前饲料，以后逐渐增加喂料量，3~4 月龄时每天饲喂 1.5~2kg 精料，粗饲料增加至 2.5kg 左右；5~6 月龄时青粗饲料、青贮日喂量平均 3~4kg/头、优质干草 1~2kg/头。选择优质的青粗饲料如青干草、苜蓿等，少喂青贮和多汁饲料，为以后形成良好的乳用体型打基础。保证充足饮水。4~6 月龄时，为了营养和瘤胃发育的需要，要饲喂育成牛精饲料。使 6 月龄断奶时的理想体重达到 170kg 以上、日增重 500~580g、体高 102cm、胸围 124cm。

犊牛断奶后，根据月龄和体重相近的原则要分群饲养，10~15 头为一群。避免个体差异太大造成采食不均现象的发生。要加强运动，但注意防暑和寒冷的侵袭。同时要做好体重称量、体尺测量工作，根据选留标准，做好选育方案，并且方便及时调整日粮结构。6 月龄以后转入育成牛群。

（二）育成牛的饲养管理

育成牛是指从 7 月龄到配种前（14~16 月龄）的母牛。该阶段是母牛体尺和体重快速增长的时期，与母牛以后的泌乳潜力和利用年限有极大的关系。这段时期的培育目标是促进其消化器官、乳腺和体躯充分发育；形成体型高大、肌肉适中、乳用特征明显的理想体型；通过良好的管理和调教，使其温顺、无恶癖；能够保证牛的发育正常和适时配种。饲养管理不当会使牛出现体躯狭浅、四肢细高的不良体型,从而达不到预期培育目标。因此,必须高度重视育成牛的饲养管理。

1. 育成牛生长发育特点

(1) 瘤胃发育明显。犊牛断奶后由于植物性饲料的刺激,瘤胃功能日趋完善。7~12月龄的育成牛瘤胃容积明显增加,12月龄左右已经接近成年牛水平。消化青粗饲料能力大大增强。

(2) 生长发育迅速。该阶段是体型变化大、骨骼肌肉快速生长时期。7~8月龄是骨骼发育最快阶段,7~12月龄是体长增长强度最快时期,之后体躯向宽深发展。这一阶段必须加强饲养管理,有助于塑造良好乳用性能体型。

(3) 生殖机能变化大。一般而言,9~12月龄的育成牛,体重、体长分别达到250kg、113cm以上时可出现首次发情。10~12月龄达到性成熟,生殖器官和卵巢的内分泌功能趋于健全。但此时由于机体的生长发育还未成熟,不能承担繁殖任务,否则会影响到自身的健康和生长发育、产后泌乳以及犊牛的体质。母牛的初配年龄根据年龄和体重决定。15~16月龄体重达到成年牛的60%~75%(380kg以上)时进入体成熟期,可以进行第一次配种。

2. 育成牛的饲养

育成牛的饲养要根据培育目标进行。粗饲料组成以优质青干草、青贮饲料为主,精料注意蛋白质、钙、磷的补充。育成牛的日粮粗料比例一般应为50%~90%,低质粗料不能用量过高,否则会导致瘤网胃过度发育而营养不足。育成牛的精料混合料的粗蛋白含量达16%基本可以满足其营养需要。为了避免乳腺脂肪堆积,影响乳腺发育和未来泌乳的能力,应控制饲料中能量饲料比例。必须供应充足的饮水。育成牛一般分为7~12月龄和13~16月龄两个阶段。

7~12月龄育成牛的营养需要以日粮总干物质计,一般为奶牛能量单位(NND)12~13、干物质(DM)5~7kg、粗蛋白(CP)600~650g、钙30~32g、磷20~22g。日粮中75%的DM来源于青粗饲料或青干草,25%来源于精饲料。中国荷斯坦牛12月龄理想体重为300kg,日增重为700~800g。体高115~120cm,胸围158cm。7~12月龄育成牛的饲养方案可以参考表4-1。可参考的精料配方组成(%):①玉米50、豆饼30、麸皮10、饲用酵母粉2、棉仁饼5、碳酸钙1、磷酸氢钙1、食盐1。②玉米50、豆饼10、葵籽饼10、棉仁饼10、麸皮12、饲用酵母粉5、石粉1、磷酸氢钙1、食盐1。

表4-1　7~12月龄育成牛饲养方案

月龄	混合精料(kg)	干草(kg)	青贮(kg)
7~8	2.0	0.5	10.8
9~10	2.3	1.4	11.0
11~12	2.5	2.0	11.5

13 月龄以上的育成牛的瘤胃已具有充分的功能，对粗饲料有一定的消化能力。只喂给优质粗饲料基本可以满足正常生长的需要。但是能量含量较高的（如全株玉米青贮）粗饲料应限制饲喂，否则可能引起肥胖造成不孕或难产。

该阶段的精饲料应为奶牛提供足够的能量和蛋白。否则营养不足会导致牛体发育受阻、延迟发情及配种和减少采食量。13～16 月龄育成牛的饲养方案见表 4-2。

表 4-2　13～16 月龄育成牛饲养方案

月龄	混合精料（kg）	干草（kg）	糟渣类（kg）	青贮（kg）
13～14	3.0	2.5	2.5	12～14
15～16	3.5	3.0	3.3	13～16

这个阶段的营养需要 NND 13～15、干物质（DM）6～7kg、粗蛋白（CP）640～720g、钙 35～38g、磷 24～25g。一般育成牛在 15～16 月龄体重达到 350～400kg、日增重高于 800g 时可以进行配种。可以参考的精料配方组成（%）：①玉米 47、豆饼 13、葵籽饼 8、棉仁饼 7、麸皮 22、碳酸钙 1、磷酸氢钙 1、食盐 1。②玉米 33.7、葵籽饼 25.3、麸皮 26、高粱 7.5、碳酸钙 3、磷酸氢钙 2.5、食盐 2。③玉米 40、豆饼 26、麸皮 28、尿素 2、食盐 1、预混料 3。

3. 育成母牛的管理

（1）分群。根据月龄和体重定期整理牛群，进行分群。分群的目的主要是防止大小牛混群，造成强者欺负弱者，出现僵牛。

（2）按摩、热敷乳房。12 月龄后的育成牛每天用热毛巾轻轻按摩一次乳房，以促进其乳腺的发育和产后泌乳量的提高。

（3）称重、测量体尺。为了及时了解育成牛的生长发育情况，一般在 6 月龄、12 月龄及配种前进行体重和体尺的测量。若发现异常，应查明原因，采取相应措施。

（4）运动。为了增强牛的体质、使其心肺发达、保证健康、食欲旺盛，育成牛要注意充分运动。运动不足，容易形成体短、肉厚型，而且早熟早衰，利用年限短，产奶量低。在舍饲条件下，每天应至少有 2h 以上的运动。

（5）刷拭牛体与修蹄。刷拭牛体可以促进皮肤血液循环、保持体表干净、减少寄生虫病。每天刷拭 1～2 次，每次不少于 5min 左右。由于育成牛生长快，蹄质软易磨损，因此，从 10 月龄开始，应每年春、秋两季各修蹄一次。

（6）适时配种。育成牛达到 15～16 月龄时，生殖器官和卵巢的内分泌功能达到成熟阶段，骨骼、肌肉和内脏器官已基本发育完成，全体重为成年牛的 65% 时应及时配种。过早配种会给育成牛自身和胎儿发育带来不良影响。记录每头牛的初情期，对长期不发情的育成牛，及时进行兽医检查。

（三）青年牛的饲养管理

青年牛是指从配种妊娠到产犊前的母牛。由于该阶段的母牛自身还处于生长发育阶段，因此，在饲养管理上不仅要考虑胎儿生长所需，同时还应考虑自身生长发育所需的营养。但是初孕牛要防止过肥，日增重可按 1 000g 饲喂，膘情为以看不到肋骨较为理想。因为初胎牛体重与第一泌乳期产奶量在一定范围内呈正相关，所以分娩时的体重如果过小，会增加难产、胎衣不下的频率，同时还会降低产奶量。因此，青年牛产犊时体重应达到 540~620kg、体高 132~140cm、胸围不低于 180cm。该阶段牛的营养需要为 NND 18~20、干物质（DM）7~9kg、粗蛋白（CP）750~850g、钙 45~47g、磷 32~34g。可以参考的精料配方组成（%）：玉米 46、豆饼 25、麸皮 26、磷酸氢钙 2、食盐 1。

青年牛因处于特殊时期，特别注意保胎工作。管理上，应单独分群，避免相互碰撞导致流产。通过刷拭、按摩等与牛接触，使牛变得温顺，有利于产后管理操作。这个阶段按摩乳房对乳腺组织的快速发育及良好产奶性能的维持非常重要。妊娠初期，每天按摩乳房 1~2min，到了妊娠后期，应增加每日的按摩次数，一般一天 2 次，每次 5min，直到产前半个月停止。按摩时不要擦拭乳头，因乳头的周围有蜡状保护物，擦掉有可能导致乳头龟裂，如果擦掉"乳头塞"，使病原菌更容易侵入乳头，造成乳腺炎或产后乳头坏死。严禁试挤牛奶。

每日要保证 1~2h 的运动量，可以保持牛体健康，防止难产。同时，还要防止机械性流产或早产，在生产管理过程中，不要驱赶，防止互相挤撞；严禁打牛、踢牛；冬季要防止在冰冻的地面上滑倒，严禁饲喂冰冻的饲料或饮冰水。分娩前 2 个月的怀孕母牛应转入干奶牛群，按照干奶牛标准进行饲养。分娩前 1 周进入产房进行单独饲养。提前准备好接产和助产器械，洗净消毒，做好接产和助产准备。

（四）泌乳母牛的饲养管理

1. 泌乳母牛生产周期

成年母牛的生产周期是指从这次产犊开始到下次产犊为止的整个过程，包括一个泌乳期和一个干奶期。从分娩开始计约 305d，是奶牛企业获得经济效益的关键时期。根据其生理、生产特点和规律，生产周期可分为干奶期、围产期、泌乳盛期、泌乳中期和泌乳后期 5 个阶段。对成年牛要分群管理，按照各个阶段的泌乳、采食、体重等特性给予规范化饲养，不堆槽、不空槽、不喂发霉变质、冰冻的饲料，并注意拣出饲料中的异物；运动场要设食盐等矿物质补饲槽、饮水槽，保证足够的、新鲜清洁的饮水；做好冬季防寒、夏季防暑工作；做好牛舍、运动场的清洁卫生工作，及时清除粪便、污水、垃圾等；坚持刷拭牛体，保持清洁，以保证奶牛体质健康，充分发挥其生产潜能。饲养管理人员对每头牛的基本情况应非常熟悉，经常观察牛只行为，做到早发现、早报告；做好各种用具的清洁消毒，保证牛体及牛奶卫生；配合技术室做好记录、检疫、治疗、配种、饲喂、测定等工作。

2. 围产期母牛的饲养管理

围产期是指奶牛产犊前后各 15d 的时期。这段时间的母牛一般饲养在专门的产房。由于围产前体内内分泌被打乱，还要经历分娩应激，同时分娩后产奶量急剧上升，而食欲提升缓慢，因此，围产期奶牛的饲养管理状况直接与奶牛产后健康、产奶性能及终生产奶量有密切关系。该时期饲养管理不当，可能会引起乳热症、子宫炎、卵巢囊肿、乳腺炎、胎衣不下、酮病等多种疾病。有数据显示，成年母牛死亡的 70%~80% 都发生在该期。

分娩前 15d 开始在原有精料量水平上增加 0.5kg，直到达到体重的 1%~1.5% 为止。产前要降低钙和食盐含量，钙水平降至干物质重的 0.2%。为了防止便秘，利于分娩，母牛临产前 2~3d 在日粮中适量添加麸皮。维持中等体况，过肥或过瘦均不利于分娩及健康。分娩前把产房清扫干净，用 20% 的石灰水或 2% 火碱进行喷洒消毒，铺设干净、柔软垫草，做好产前的准备工作。

母牛产前 2 周转入产房，用 2%~3% 来苏儿溶液清洗消毒后躯和阴部，并用毛巾擦拭干净，以防止感染病菌。产房昼夜设专人值班，值班人员要认真观察，发现母牛有临产征兆时，用 0.1% 高锰酸钾溶液洗涤阴部及臀部附近，然后擦拭干净，等待其产犊。

分娩时环境要舒适安静，尽量让牛自然分娩，从阵痛开始需要 1~4h 犊牛可顺利产出，如果发现异常需要接产时，应在兽医指导下进行。母牛分娩时使其左侧躺卧，产犊 20~30min 后尽早驱使其站立，防止流血过多，然后饮喂温热麸皮盐水 10~20kg（1kg 麸皮、100g 食盐、100g 碳酸钙），便于胎衣的排出和恢复体力。母牛产后脱落的胎衣应立即观察其是否完整，一般 4~8h 内自行脱落，如有残留或 12h 后胎衣不下，立即请兽医处理。分娩后的母牛要用温热消毒水清洗腹部、乳房、后躯、尾部等部位，将脏污的垫草和粪便等清理出去，地面清洗消毒后铺设清洁垫草。分娩后还应喂给母牛 30~40℃ 的益母草红糖水（250g 益母草、1 500g 水煎成水剂后再加 1 000g 红糖和 3 000g 水），便于排净恶露和恢复子宫。母牛产后 30min 至 1h 内进行第一次挤奶，挤奶前用 0.1% 高锰酸钾温热溶液洗涤乳房，弃去第一把、第二把奶，挤出全部奶量的 1/3 左右，挤速不宜太快。第二次要适量增加挤出量，24h 后正常挤奶应该全部挤净。产犊后的母牛隔天用 1%~2% 来苏儿洗涤后躯、尾部、外阴部等，彻底洗净恶露，防止生殖道感染。

犊牛出生后立即清除口、鼻、耳内等部位的黏液，断脐，挤出脐内污物并用 5% 碘酒消毒，擦干牛体，称重，填写出生记录，放入犊牛栏。母牛出产房时须测体重，并将产奶量记录和基本情况流动卡片随牛交泌乳牛舍，并经人工授精员、兽医检查员签字确认。

刚分娩的乳牛消化机能较弱，产后 2d 内应喂给优质青干草及玉米、麸皮等易消化精料。一般青粗饲草、青贮 10~15kg、干草 2~3kg、精料量可达 4kg，另可适当喂给块根或糟渣。分娩 4d 后根据牛的食欲、健康、粪便等状况，随产奶量的增加逐步增加精料、多汁料、青贮和干草的给量。精料每日增加 0.5~1kg。

分娩一周以内的母牛应饮用 37~38℃ 的温水，严禁饮用冷水，避免引起肠胃疾病，之后可以饮用常温水，尽量多饮。

产后奶牛由于采食量增加，泌乳机能及代谢旺盛，容易引起代谢病，因此，围产期奶牛的饲养重点应以尽快恢复健康为主，及时补糖、补钙。为了预防早期卵巢囊肿，恢复子宫机能，产后 12~14d 应肌内注射促性腺激素。由于初产母牛的乳房体积小、乳管细，还不习惯挤奶，胆子小，需要挤奶人员细致，有耐心，严禁鞭打脚踢。另外，对于还在生长发育的初产母牛，产后的饲养标准要高于同样体重和产奶量的经产母牛。

3. 泌乳盛期母牛的饲养管理

（1）泌乳盛期母牛的饲养。母牛产后 16~100d 为泌乳盛期（泌乳早期）。这一阶段是奶牛生理特点变化最为剧烈的时期。奶牛产犊后受内分泌激素的影响，泌乳量呈急剧上升趋势，一般情况下在产后 4~6 周达到泌乳高峰。由于此时的消化系统正处于恢复期，干物质采食量增加缓慢，8~10 周才达到高峰，而产奶量增加迅速，导致泌乳性能和消化生理机能的不协调，营养摄入和泌乳营养产出之间出现负平衡，母牛必须动用体脂支持泌乳，补充所需的能量，而且骨骼中的钙、磷损失严重，因而体重下降。体重的减轻则会使奶牛推迟发情，卵泡发育受阻，不能够及时配种，进而降低受胎率，严重影响母牛未来繁殖性能。

泌乳早期的泌乳量约占整个泌乳期产乳量的 50%，而且增加营养也比较容易提高和保持产奶量。因此，这个时期的饲养管理重点就是保证奶牛健康，减少体重损失，进而提高产奶量，尤其是提高日峰值产奶量。所以要根据产奶量及体重的变化，及时调整精料给量。但是精饲料采食量不能增加过高，否则会抑制奶牛采食、出现瘤胃酸中毒、真胃移位或酮病等，而且还会降低乳脂率。

在饲喂措施上，一是要求日粮适口性好、体积小、饲料种类多。饲喂品质好的粗料，保证奶牛的正常反刍。饲喂量（以干物质计）至少为体重的 1%，便于维持瘤胃的正常功能。过低的粗纤维含量不仅会产生消化障碍，而且还会引起卵巢囊肿、子宫内膜炎等繁殖障碍等。建议高产奶牛每天饲喂苜蓿干草 3kg、羊草 2kg、玉米全株青贮 15~20kg。二是饲喂玉米、高粱、大麦、糖蜜、保护性脂肪（脂肪酸钙）等能量饲料。此类饲料一天最高喂量不应超过 15kg。在不影响粗饲料消化的情况下，可以在日粮中添加不超过 7% 的脂肪，缓解能量负平衡的程度。三是补充过瘤胃率高的优质蛋白质饲料，奶牛在泌乳高峰期对蛋白质的需要量很高，瘤胃产生的微生物蛋白不能满足需要，应在日粮中补充全脂膨化大豆、豆饼、酒糟蛋白饲料（DDGS）等优质低降解蛋白饲料，满足奶牛对蛋氨酸和赖氨酸的需要，改善其泌乳持续性，提高繁殖性能。四是补充矿物质和维生素，有助于发情和受胎。每头每天维生素 A、维生素 D_3、维生素 E 的饲喂量分别为 50 000IU、6 000IU、10 000IU。另外，新鲜的啤酒糟、粉渣和豆腐渣等糟渣类饲料也可以明显提高产奶量，但是这类饲料含水量大，保鲜时间短，容易酸败产生有毒物质，喂量以 7~8kg 为宜，而且要保证新鲜。

日粮营养平衡是提高产奶量的重要保证，泌乳盛期日粮营养水平：日粮 DM 占体重 3.5%~4%，每千克干物质含 2.4 个 NND，CP 占 16%~18%，钙 0.7%，磷 0.45%，精粗比 60：40，粗纤维不少于 15%，中性洗涤纤维（NDF）28%~30%、酸性洗涤纤维（ADF）19%~20%。

建议参考的泌乳早期奶牛日粮配方如下。

①体重 600kg、日产奶 25kg 奶牛日粮：玉米青贮 18kg，羊草 4kg，胡萝卜 3kg，混合精料 10.4kg（其中玉米 48%、豆饼 25%、麸皮 21.6%、小苏打 1.5%、磷酸氢钙 1%、碳酸钙 1.9%、食盐 1.0%），维生素、微量元素预混料另加。

②体重 600kg、日产奶 20kg 乳牛日粮：玉米青贮 18kg，干草 4kg，胡萝卜 3kg，混合精料 7~8.5kg（其中玉米 47.8%、豆饼 28.3%、麸皮 18.4%、小苏打 1.5%、磷酸氢钙 1%、碳酸钙 2%、食盐 1%），维生素、微量元素预混料另加。

（2）泌乳盛期母牛的管理。泌乳盛期的奶牛采食量大，饲喂制度上要定时定量，少给勤添，每天食槽的空闲时间不应超过 2~3h；避免饲料在料槽内堆积、发热、变味；饲料种类应保持相对稳定，切忌突然更换饲料。如果必须更换时应逐渐进行，要有 1~2 周的过渡时间，保障瘤胃内微生物区系逐渐调整，避免影响消化功能；保证充足清洁的饮水。奶牛饮水不足直接影响到产奶量。奶牛每采食 1kg 干物质需要 3.5~5.5L 的饮水，高产奶牛一天需要饮水 100~150L，中低产奶牛也需要 60~70L 的饮水。因此，保证奶牛能够自由饮水，饮水槽要经常清洗消毒，保持清洁。饮水温度要在 8℃以上，严禁饮用冰水，以免导致胃肠受寒，出现流产；每头奶牛的食槽应有 45~70cm 的采食空间，食槽表面应光滑、清洁。适当增加挤奶次数，每天适宜的挤奶次数为 3 次或 4 次，挤奶前、后两次药浴乳头，挤奶前先用 50℃左右的温水清洗乳房、擦干，挤出每个乳头的第一把奶，观察乳质、乳头情况，然后开始挤奶；注意及时配种。母牛一般在产后 40d 开始发情，但高产奶牛在泌乳早期的发情往往表现不明显，必须注意观察，以免错过发情期。对产后 45~60d 还没出现发情征兆的奶牛，应及时进行健康及生殖系统检查，发现问题及时解决。

适当运动可以增强奶牛体质，提高产奶性能和繁殖力，防止肢蹄病的发生，而且还便于发情观察。每天使其在运动场上有自由活动时间，应有 2~3h 的运动量；另外，每头应坚持刷拭牛体 2~3 次，以保持牛体清洁卫生，促进新陈代谢和血液循环，防止寄生虫病的发生；做好奶牛舍的防暑降温、防寒保暖及清洁卫生工作，经常做好奶牛的护蹄工作，减少肢蹄的发生，地面要清洁干燥，防止有尖锐突出物，且定期修蹄。

4. 泌乳中期母牛的饲养管理

母牛分娩后 101~210d 称为泌乳中期。该阶段奶牛采食量增加，产奶量开始缓慢下降，每月下降 5%~7%，不应超过 10%；体重不再下降，自 20 周起有增加的趋势，母牛体质逐渐恢复。大多数母牛处于妊娠早期，饲养管理还应科学合理。

（1）泌乳中期奶牛的饲养。这个时期要维持营养水平的稳定。由于泌乳中期的奶牛采食能力强，饲料转化率高，可以增加日粮中青粗饲料喂量，逐渐减少精料，精粗比例 40：60。该期日粮中干物质应为体重的 3% 左右，每千克干物质含 2.13 个 NND、CP 13%、钙 0.45%、磷 0.4%、NDF 33%、ADF 25%。

建议参考的泌乳中期奶牛日粮配方：体重 600kg，日产奶 20kg 奶牛日粮，玉米青贮 18kg、羊草 4kg、胡萝卜 3kg、配合精料 6.5~7.5kg（其中玉米 47.3%、豆饼 28.3%、麸皮 18.9%、小苏打 1.5%、磷酸钙 1%、碳酸钙 2%、食盐 1%），微量元素与维生素添加剂另加。

（2）泌乳中期奶牛的管理。高产奶牛在该阶段食欲很旺盛，干物质进食量可高达每 100kg 体重 3.5~4.5kg。为了缓解高温对高产奶牛造成的不利影响，夏季还应加氯化钾。日常管理也要加强，如刷拭牛体、按摩乳房、加强运动等。另外，保证充足的饮水，还应检查母牛是否怀孕，防止空怀。

5. 泌乳后期母牛的饲养管理

泌乳后期是指分娩后第 211 天至干奶这段时期。该阶段产奶量迅速下降，下降幅度达 10% 以上。而采食量也下降，体重开始增加，同时胎儿生长和胎盘在增大，是奶牛体况恢复和增重的最好时期。因此，饲养上在满足胎儿生长发育的同时，也要防止过肥，保持中等偏上体况即可，保持每日增重 500~750g。

（1）泌乳后期奶牛的饲养。该阶段以优质青粗料为主，适当补充精料。泌乳后期奶牛的日粮营养水平：日粮干物质应占体重的 3.0%~3.2%，每千克干物质含 1.87 个 NND、CP 12%、钙 0.45%、磷 0.35%、NDF 33%、ADF 25%。精粗料比为 30：70，粗纤维含量不少于 20%。

建议参考的日粮配方如下。

①全期产奶量为 8 000~8 500kg 的高产奶牛日粮：干草 4~4.5kg，玉米青贮 20kg，精料 10~12kg〔其中玉米 48.5%、熟豆饼（粕）10%、棉仁饼（或棉粕）5%、胡麻饼 5%、花生饼 3%、葵花籽饼 4%、麸皮 20%、小苏打 1.5%、磷酸钙 1.5%、碳酸钙 0.5%、食盐 1%〕，微量元素和维生素添加剂另加。

②全期产奶量为 7 000kg 的母牛日粮：干草 4kg，玉米青贮 20kg，精料 9~10kg〔其中玉米 48.5%、熟豆饼（粕）10%、葵花籽饼 5%、棉仁饼 5%、胡麻饼 5%、麸皮 22%、小苏打 1.5%、磷酸钙 1.5%、碳酸钙 0.5%、食盐 1%〕，微量元素和维生素添加剂另加。

③全期产奶量为 6 000kg 以下的母牛日粮：干草 4kg，玉米青贮 20kg，精料 8~9kg〔其中玉米 48.5%、熟豆饼（粕）10%、麸皮 24%、棉仁饼 5%、葵花籽饼 5%、芝麻粕

3%、小苏打1.5%、磷酸钙1.5%、碳酸钙0.5%、食盐1%]，微量元素和维生素添加剂另加。

（2）泌乳后期奶牛的管理。对泌乳后期的奶牛，精料饲喂量可根据产奶量和膘情随时调整，合理安排。一般每产3～4kg奶需要1kg精料，只要母牛为中等膘（即肋骨外露明显），则可按照建议日粮组成饲喂。如果中等以上膘情（即肋骨可见，但不明显），应减少1～1.5kg精料，并严格控制青贮玉米的饲喂量。精粗料的搭配要营养全面，结构合理，以保证牛的食欲与健康，使产奶量平稳下降。在停奶以前必须再确定母牛是否妊娠。禁止饲喂冰冻或发霉变质的饲料，注意母牛保胎，避免母牛相互拥挤而发生流产或滑倒。

6. 干奶母牛的饲养管理

奶牛干奶期一般是指产犊前45～75d这段时间。对于头胎牛、老龄体弱牛、高产牛等可以适当延长。干奶期正是胎儿迅速发育阶段，随着胎儿的生长发育不仅需要大量营养，而且压迫母牛消化器官，影响其消化能力，加上经过了一个泌乳期的高精料日粮的刺激，瘤胃、网胃的消化机能也受到了影响，机体消耗大，乳腺组织受到不同程度的损伤。因此，干奶阶段的饲养管理重点是保证胎儿正常发育，休整乳腺组织，恢复体况和瘤胃、网胃机能，有效治疗疾病。

乳腺细胞是合成鲜奶的器官（图4-1、图4-2）。随着产奶期的延长，产奶量下降的主要原因是乳腺细胞的衰退和功能的下降，如果要在下一个产奶阶段达到高产，必须修补乳腺细胞，增加其数量和恢复状态。

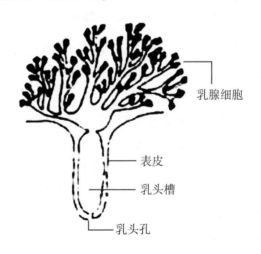

图4-1　牛乳腺细胞

干奶牛最好单独饲养。干奶期奶牛对能量的需求非常高，日粮干物质摄入量控制在体重的1.8%～2.2%。这个时期以青粗饲料为主，要求在蛋白质、能量、维生素、微量元素、矿物质等方面进行科学设计、合理搭配，既要使奶牛的体况和乳腺细胞迅速恢复，又能够保证胎儿的全面发育，但是应控制母牛膘情，不宜过肥，否则会导致难产。

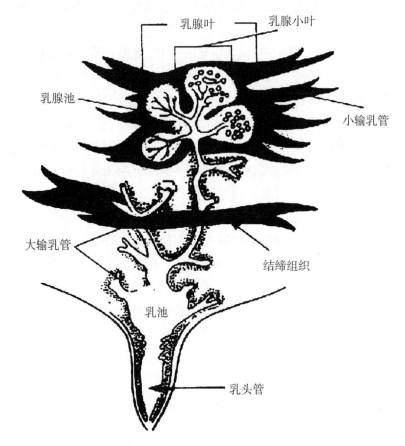

图4-2　乳导管与乳腺泡系统

干奶牛的精饲料饲喂标准：每头每天 3~4kg（高产牛加喂到 6kg）。

粗饲料饲喂标准：青贮每头每天 10~15kg，优质干草 3~5kg，糟渣类、多汁类饲料不超过 5kg。

奶牛在接近干奶期时乳腺的分泌活动仍然在进行，但是到了预定时间必须要快速停奶。快速停奶具体方法是：停奶前 1~2 周停止按摩乳房，先由日挤奶 3 次改为 2 次，然后隔日或一天 1 次，在 7d 内将奶停住。最后一次挤奶请兽医检查，正常时再停奶，停后用药物封闭乳头。停奶后最初几天注意检查，发现异常及时报告兽医人员。饲养上停喂糟渣多汁饲料，减少精料量，增加干草饲喂量。

干奶牛在管理上使其适当运动，减少难产和胎衣不下，利于健康；严禁饲喂冰冻、发霉、变质饲料及饮用冰水；不宜进行采血、注射、修蹄等操作；刷拭牛体，保持牛床清洁卫生。

四、肉牛的生态饲养管理

肉牛饲养管理原则一是要满足其营养需要和瘤胃微生物的活动，其次是根据不同生理阶段牛的生产目的及经济效益配合日粮。日粮精、粗、青饲料合理搭配，种类多样化，适口性强，易消化。

犊牛要及早哺喂初乳，确保健康；哺乳犊牛可及时补喂植物性饲料，促进瘤胃机能发育，并加强犊牛对外界环境的适应能力。

育成牛是骨骼、肌肉、瘤胃机能生长发育最快的阶段，日粮应以优质粗饲料为主，并根据生产目的和粗饲料品质，合理配比精饲料，精饲料饲喂量应控制在每头每天1.5～3kg；妊娠母牛饲养管理的总原则是加强营养、防止流产和保证胎儿的正常发育；育肥牛则以高精饲料日粮为主进行肥育。

在管理上，严格执行防疫、检疫及其他兽医卫生制度。定期进行牛舍消毒，保持清洁卫生的饲养环境，及时防病、治病，适时计划免疫接种。经常仔细观察牛的精神状态、采食行为、粪便等情况。对断奶犊牛和育肥前的架子牛要及时驱虫保健，杀死体表寄生虫。要定期进行刷拭牛体，保持牛体清洁。夏天注意防暑降温，冬天注意保温防寒。定期进行称重和体尺测量，仔细做好必要的记录工作。定期运动，促进消化，提高新陈代谢，防止牛体质衰退和肢蹄病的发生。加强饮水，保证充足的饮水，水质应符合饮用标准。

（一）肉用犊牛的饲养管理

犊牛是指出生至断奶阶段的小牛。该阶段生长发育迅速，应使其尽早吃到初乳，提早补给草料，提高成活率。犊牛分为初生犊牛（产后至7日龄）、哺乳期犊牛（8日龄至断奶）。肉用犊牛一般5～6月龄断奶。

1. 犊牛的饲养

初生犊牛体表面积大，体温调节能力低，消化器官没有完全发育成熟，机体免疫机能差，此期间的饲养管理重点是促进机体防御机能，保证犊牛成活率。犊牛出生后，应立即除去口、鼻及体表的黏液，剥去软蹄、断脐、称重、编号和哺喂初乳等。断脐的方法与奶牛初生犊牛的方法相同。发育正常的犊牛体重为成年牛的7%～8%。

犊牛要及时哺喂初乳，一般应在出生后0.5～1.0h吃到初乳，体弱的犊牛可迟至2h。初乳一次哺喂量以1～1.5kg为宜，一天3次。如果人工哺喂应注意温度，加热至35～38℃进行哺喂。初生犊牛最好饲养在犊牛栏，栏内铺设干净、柔软的垫草。注意保温防寒和防暑降温，冬季不低于10～15℃，夏季不高于20～25℃。

肉用犊牛的哺乳期一般为5～6个月，是体重、体尺及胃肠道快速增长时期。通常是随母哺乳，如果是人工哺乳，哺乳量可按犊牛体重的1/10喂给，使用严格消毒的乳嘴或哺乳桶哺乳。每日分2～3次进行哺喂。随着固体饲料量的增加，逐渐减少哺乳量。

母牛产犊3个月后泌乳量开始下降，满足不了犊牛日益增长的营养需要，应及早补饲喂植物性饲料和精饲料，从而促进瘤胃和消化腺的发育，加强犊牛消化器官的锻炼。

在犊牛7～15d时，开始诱食、调教，先将少量精料涂抹在其鼻镜和嘴唇上，或撒少量于奶桶上任其舐食，使其逐渐形成采食精料的习惯。最初每天喂干粉料10～20g，15～20d

后，可以训练其采食湿拌料，将干粉料用温水拌湿，捏成团状，经糖化后饲喂，饲喂量逐日增加。到 1 月龄时日喂量达到 200~300g，2 月龄时增加至 500~700g，3 月龄达到 750~1 000g。犊牛料的粗蛋白含量应在 20% 以上，粗纤维不高于 5%，脂肪为 7.5%~12.5%。

从 7~10d 开始，可以训练犊牛采食优质干草（如豆科青干草等），以促进瘤胃、网胃早期发育，并防止舔食异物。干草放在犊牛栏中任其自由采食。从 20d 开始补喂青绿多汁饲料（如胡萝卜、甜菜等），以促进消化器官的发育。每天先喂 20g，2 月龄时可增加到 1~1.5kg，3 月龄达到 2~3kg。犊牛从 5 周龄时开始喂给青贮饲料，先每头每天补喂 100~150g，3 月龄时喂到 1.5~2.0kg，4~6 月龄时增加到 4~6kg。严禁饲喂发霉、变质、冰冻饲料。注意饲料中不应含有铁丝、粪便、石块等异物。哺乳期要供给犊牛充足的饮水。水温应控制在 35~37℃，饮水量以每天每头 500~1 000ml 比较适宜，以免增加胃肠容积，加快肾脏排泄，引起血尿发生和腹部下垂。一般在运动场内设水槽，任其自由饮水。

2. 犊牛的管理

犊牛在哺乳前应立即称重，同时还应打耳号进行标记。为了以后便于管理，在出生后 5~7d 内要去角，一般用烧红的烙铁烧烙角基或用固体苛性钠去角。

生后 10d 的犊牛可以到户外进行自由活动。每天半小时，1 月龄时每天上下午各活动一次，每次 1~1.5h，以增强体质，促进肺部发育。运动场要清洁卫生，勤消毒及更换垫草。设草架、盐槽、水槽供犊牛随意采食。

犊牛适应能力较差，栏内注意保暖和防暑，勤打扫、勤更换垫草，经常仔细观察犊牛的采食、饮水和粪便情况。每天应坚持用软毛刷刷拭 1~2 次牛体，促进牛体及皮肤的健康发育。墙壁、栏杆、奶具、补料槽、饮水槽勤洗刷，保持清洁，定期用苛性钠、石灰水或来苏儿进行全面彻底消毒。另外犊牛应分栏饲养，每次哺乳结束后要将口鼻处的残奶擦净，以防止舔癖的发生。做好预防接种工作。

肉用犊牛一般 5~6 月龄断奶。随母哺乳的犊牛，在断奶前 15d 左右开始，由任意哺乳改为每天 4~5 次定时哺乳，1 周后改为每天 2~3 次，4~5d 后改为每天 1~2 次，逐渐减少哺乳次数，最后母子隔离饲养。人工哺乳的犊牛，随着饲料摄入量的增加，逐渐减少哺乳量，当混合精料日采食量达到 1kg 时可以断奶。该期间应保证犊牛充足的饮水。

（二）育成牛的饲养管理

1. 育成牛的饲养

从 6 月龄断奶后到配种前的牛为育成母牛，这个阶段是肌肉、骨骼迅速发育时期，而且瘤胃功能日趋完善，在 12 月龄时接近成年牛水平。一般到 18 月龄时生殖器官发育成熟，体重达到成年的 70% 时可以配种。

（1）断奶到 1 岁。该阶段身高和身长、生殖器官快速生长，消化器官处于生长发育时期，需要进一步锻炼。在饲养上，尽量使用干草、青草等优质粗饲料保证牛体生长，促进瘤胃发育，而且还需要补充精饲料。粗饲料饲喂量可控制在体重的 1.2%~2.5%，精饲料补充量控制在每天每头 1.5~3kg。这个时期可以用适量的青贮及多汁饲料替换干草，但是由于育成牛的胃容量不足，不宜多用低质青贮饲料。

（2）由 1 岁至初次配种。1 岁以后，育成母牛的消化器官容积快速增大接近成熟，生殖系统内分泌功能日趋健全。该阶段如能吃到足够优质粗饲料可以基本上满足营养的需要，因此日粮应以青粗料为主。如果粗饲料质量差时还应补喂 1~4kg 精料，混合精料要满足育成牛的能量、蛋白质、钙、磷、食盐和微量元素的需要。精、粗饲料要搭配合理，适口性好。

2. 育成牛的管理

按照体重差异不超过 25~30kg、月龄差异不超过 1.5~2 个月的标准进行分群，最好在 7 月龄前进行。一般在 12 月龄、18 月龄、分娩前 2 个月根据育成牛的发育情况进行转群，同时称重，测量体尺。每天应至少有 2h 以上的自由运动时间，以促进健康和保持良好的繁殖性能。每天应刷拭牛体 1~2 次，每次 5~10min，以保持牛体清洁，促进皮肤血液循环。注意牛舍的保温防暑，保持牛舍清洁干燥，严格执行消毒和卫生防疫程序。

（三）育肥牛的饲养管理

1. 育肥前期的饲养管理（前 40~45d）

育肥前期牛的体重在 350~400kg，日增重为 1.2kg。每天干物质摄入量为 8.4~9.2kg，综合净能 52.3~58.7J，粗蛋白（CP）为 890~930g，钙 38g，磷 20g。生产中，可按照每 100kg 实际体重喂给含蛋白质 11% 的配合精料 1kg，粗饲料则自由采食，精、粗饲料比例大约为 40∶60。

干草、干玉米秸、麦秸等粗饲料可加工成长 3~5cm 的秸秆，也可以将此秸秆类饲料按操作规程进行碱化或氨化处理。有条件的可以做成青贮饲料。

将玉米、高粱、小麦、大麦等谷物饲料粉碎成 2~3mm 的粗粉，也可压成片，蒸熟饲喂。棉籽饼和菜籽饼要注意浸泡脱毒后饲喂，黄豆饼粕要蒸煮加热后饲喂，芝麻饼粕加糠皮充分搅拌，然后混入其他饲料中饲喂。育肥牛每头每天饲喂 10~20kg 酒糟和啤酒糟，以鲜喂为宜。因这类饲料水分含量大，容易发霉，如果喂不完，应封严贮存起来。

在进行配合日粮时，糊化淀粉缓释尿素在精料量中占 5%~8%，还需要添加一定比例的矿物质、维生素等添加剂和食盐。每天按时早晚饲喂 2 次。另外，供给新鲜充足的饮水，每天保证 3~4 次饮水。夏季天气炎热，应增加饮水次数。体重应在 350kg 以上，肥育期平均日增重 1.2kg，整个肥育期增重 108~120kg，才能达到出栏体重。

管理上，每天要进行刷拭育肥牛，每头至少 3~5min，以保持牛体清洁，以避免身体不被牛粪等污染。每天及时清除牛舍中的粪尿污水，保证通风良好，保持舍内适宜的温度、湿度。要保持牛槽清洁，每隔 5~7d 要洗刷 1 次。

2. 育肥后期的饲养管理（后 45d）

育肥后期牛的体重 420~480kg，日增重为 1.2kg，每日干物质摄入量 9.5~10.6kg。

粗饲料自由采食，使牛只保持旺盛的食欲，精、粗比例约 40：60。每天早、晚饲喂两次。逐渐更换饲料，精料的过渡期一般 7d 左右，粗饲料可延长到 10d。要按时饲喂，精心调制粗饲料，严禁饲喂发霉、变质、冰冻饲料。

管理上，牛只的饮水、刷拭、清洁卫生及牛舍管理与育肥前期相同，要严格执行。管理人员应随时观察育肥牛的食欲、反刍和粪尿的情况，发现异常，及时请技术人员解决。在整个育肥期间，一般每隔 30d（或 20d）称量 1 次体重，根据体重变化情况调整 1 次饲料日喂量。

育肥牛的体重和膘情达到出栏标准时，应及时出栏、出售或屠宰，以加快牛群周转。

（四）肉牛的育肥技术

按照育肥牛的年龄不同，肉牛育肥可分为犊牛育肥、育成牛或青年牛育肥、架子牛育肥、成年牛育肥。

1. 犊牛育肥

（1）小牛（犊牛）肉生产技术。指犊牛出生后一周岁内，在高营养精料和粗饲料条件下，快速催肥，体重达到 450kg 以上时屠宰所生产的牛肉。该牛肉具有鲜嫩多汁、蛋白质含量高、营养丰富的特点。

①犊牛的选择：一般选择大型肉牛和黄牛杂交一代品种。犊牛的来源主要为乳用或肉用公犊、淘汰的肉用母犊。在我国以乳用公犊为主，利用其生长快、饲料转化效率高、肉质好的特点组织生产。犊牛应健康无病、无生理缺陷和不良遗传症状。初生重宜在 40~42kg。喂过初乳后即转入饲养场进行育肥。

②犊牛育肥：犊牛断奶体重为 200~280kg 时开始育肥，出栏重 500~600kg，平均日增重为 1.2~1.3kg。犊牛每增重 1kg 消耗日粮干物质 6.59~7.29kg，其中精料 3.22~5.82kg，粗饲料 1.9~3.75kg。犊牛育肥出栏快、肉质好，但育肥期长、育肥成本高。犊牛舍要通风良好，舍温保持在 14~20℃。勤打扫粪尿，每周消毒一次牛舍。

（2）小白牛肉生产技术。犊牛出生后完全饲喂鲜奶、脱脂乳或代用乳，不饲喂其他任何固体饲料，月龄达到 3~5 个月、体重达 95~125kg 时屠宰获得牛肉称为白牛肉。这种牛肉鲜嫩、多汁、有乳香味，肉色呈全白或稍带浅粉色；蛋白质含量比一般牛肉高 63%、脂肪低 95%，含有丰富的氨基酸和维生素，是一种昂贵的高档牛肉。

①犊牛的选择：尽量选择早期生长快的公犊品种，初生重在 38~45kg，健康、无生理缺陷，平均日增重在 3 月龄前达到 0.7kg 以上。

②犊牛饲养管理：犊牛在出生后 7d 内应吃到初乳。平均每生产 1kg 白牛肉需要消耗鲜奶 11~12.4kg 或者消耗代用乳 13kg。代用乳尽量接近全乳的营养成分，尤其是氨基酸组成、热量等要符合犊牛的消化生理特点。小白牛肉最大的特点就是肉的颜色发白、具有奶香味道，因此在营养上要严格控制含铁量，不能饲喂精粗饲料。每天饲喂 2~3 次，第一个月每日饲喂 6~7kg，第二个月每日饲喂 7~9kg，第三个月每日饲喂 9~10kg，自由

饮水。冬季注意水温，维持在 20℃ 左右。注意不要让其接触泥土，最好采用漏缝地板。

2. 育成牛育肥

利用牛早期生长发育快的特点，使 5~6 月龄断奶后的健康犊牛直接进入育肥阶段，提供高水平营养，进行强度育肥，在 13~24 月龄出栏时体重达到 360~550kg。这类牛肉鲜嫩多汁、脂肪少、适口性好，养殖成本小，仅次于小牛肉，属于高档牛肉的一种。持续育肥一般分为舍饲强度育肥和放牧补饲强度育肥。

（1）舍饲强度育肥。该技术是指在育肥的全过程中采用舍饲，不进行放牧，始终一致的保持较高营养水平，直到肉牛出栏。该方法具有生长速度快、饲料利用率高、饲养期短、育肥效果好的特点。

舍饲强度育肥一般分为适应期、增肉期、催肥期 3 个阶段。适应期一般需要有 1 个月左右时间，主要是让刚进舍的断奶犊牛适应环境和饲料；增肉期需要持续 7~8 个月，分为前后两期；催肥期一般需要 2~3 个月，目的是促进牛体增膘，沉积脂肪。

①舍饲强度育肥饲养的管理要点：新购入的断奶犊牛需要适应饲料种类和数量的变化，进入育肥场后饮水与给食要合理，进行隔离观察饲养，发现异常，及时诊治。因此，第一次饮水量应控制在 10~20kg，严禁暴饮，3~4h 后自由饮水，水中如能掺些麸皮则更好。饮水充足后，可以饲喂优质干草。第一次按每头牛供给 4~5kg，之后逐渐增加饲喂量，5~6d 后让其自由充分采食。从第 2~3 天起喂给青贮料。精饲料从第 4~5 天开始供给，最初根据牛体重的 5% 供给，5d 后按 1%~1.2% 供给，10d 后增加至 1.6%。经过 15~20d 适应期后，自由采食。这样每头牛可以根据自身的营养需求采食到足够的饲料。

②舍饲强度育肥饲养的管理要点：一般按 10~15 头牛分为一栏，以利育肥。牛舍在进牛之前，一定要进行消毒，用 2% 火碱对地面和墙壁消毒，器具类可以用 1% 新洁尔灭消毒。每天上、下午各打扫 1 次牛舍，每隔半个月或 1 个月对地面、用具等进行一次消毒。要保证适宜牛舍温度，维持在 15~25℃ 能够表现出高的生产性能。

为了保证育肥效果，育肥牛应驱除体内寄生虫。一般犊牛断奶后要进行一次驱虫，隔 10~12 个月后再驱一次。购进的牛从入场第 5~6 天进行驱虫，之后要连服 2~3d "健胃散"进行健胃。每隔 2~3 个月进行一次驱虫。最好每天刷拭 2 次牛体，以促进血液循环，提高采食量。另外，还要做好疫情调查，及时预防接种。牛只要有自由活动时间，适量运动。冬天饮水温度不低于 20℃。

（2）放牧补饲强度育肥。在牧草条件较好的地区，犊牛断奶后，以放牧为主，根据草场情况，适当补充精料或干草的育肥方式。一般在 18 月龄时体重达到 400kg。

要求犊牛在哺乳期间的平均日增重达到 0.9~1.0kg，冬季日增重达到 0.4~0.6kg，第二个夏季日增重保持在 0.9kg。枯草季节，每天精料饲喂量在 1~2kg。该方法具有精料用量少、饲养成本低、日增重较低的特点。北方牧场在每年的 5—10 月、南方 4—11 月是牧草结实期，也是放牧育肥的最好季节。放牧时间每天不少于 12h。夏季防暑，注意休息。放牧地最好设有饮水设备和舔食盐砖。放牧牛群一般 50 头左右为一群。体重为 120~150kg 的牛，每头应占有 1.3~2hm² 草场；300~400kg 的牛，每头应有 2.67~4hm² 的草场。放牧时，实行轮牧，防止过牧。草长到 12cm 以上开始放牧，以免"跑青"。

每天每头补喂 1~2kg 精料。不宜在出牧前或归牧后立即补料，一般在牛回舍几小时后再进行补饲，否则会减少放牧时牛的食草量。

3. 架子牛育肥

架子牛一般骨骼和内脏基本发育成熟，肌肉和脂肪组织仍在发育阶段。架子牛的快速育肥是指犊牛断奶后，在较粗放的饲养条件下到达一定年龄阶段，然后采用强度育肥方式，集中育肥 3~6 个月，达到理想体重和膘情时进行屠宰。该技术育肥成本低，精料用量少，经济效益较高，是我国肉牛生产的主要方式。

（1）架子牛的选择。架子牛应选择优良的肉牛品种及其与本地黄牛的杂交后代。我国饲养的优良肉牛品种主要有西门塔尔、夏洛来、安格斯、海福特、利木赞、皮尔蒙特、草原红牛等；我国地方良种牛主要有鲁西牛、秦川牛、南阳牛等。杂交牛的日增重和饲料利用率、屠宰率高，肉质好。

牛的年龄对育肥牛的增重、饲料利用效率均有很大影响。肉牛 1 岁时饲料转化率、增重最快，2 岁时为 1 岁的 70%，3 岁时只有 2 岁时的 50%。应根据生产目的选择合适年龄段的架子牛和育肥时间，选择时应与饲养计划、生产目的等因素结合起来综合考虑。如果计划育肥 3~5 个月出售，最好选购 1~2 岁的架子牛；如果秋天购买架子牛，第二年出栏，应选择 1 岁左右的牛；如果采用大量粗饲料肥育时，选择 2 岁牛较为合适。

不去势的公牛生长速度和饲料转化率高于阉牛，且胴体的瘦肉多、脂肪少。但阉牛大理石花纹比较好、肉的等级高，母牛的饲料转化率最低。如果生产一般的优质牛肉最好在公牛 1 岁左右时去势，生产高等级优质雪花牛肉时，应该在犊牛 1 月龄左右去势。架子牛育肥最好选择没有去势的公牛，其次为去势的公牛，不宜选择母牛。

体重也是育肥时考虑的重要因素。体重越大年龄越小说明牛早期的生长速度快，育肥潜力大。一般要选择 1.5 岁时体重达到 350kg 以上的架子牛。

架子牛的体型外貌与育肥期增重密切相关。应选择体质健壮、精神饱满、身体健康、双眼有神、被毛光亮、四肢粗壮、性情温顺的青年牛。在外貌方面，应选择体躯深长、背部平宽、胸围深大及臀部较宽的体型。切忌选择腹部小、身窄、体浅、屁股尖的架子牛。

（2）架子牛的管理。

①隔离观察：对进场的架子牛要登记进场日期、品种、年龄、体重、进价等，进行编号，建立技术档案，并要隔离 10~15d，使其适应饲养环境。注意观察牛的精神状态、饮水、反刍、采食及粪尿情况。

②饮水和饲喂：肉牛经过长时间运输，有一定的应激反应，进场半小时后要饮水 15~20L，水中加 100g 盐，严禁暴饮。3~4h 后进行第二次饮水，之后自由饮水。饮水后

饲喂青干草，每头 4~5kg，2~3d 后逐渐增加，5~6d 后自由采食。精饲料一般从 2~3d 开始饲喂，逐渐增加饲喂量，开始为体重的 0.5%，5d 后为体重的 1%~1.2%，半个月后为体重的 1.6%。

③分群：根据牛只的年龄、强弱、体重分群。每头牛占围栏面积 4~5m²。

④驱虫、防疫：架子牛进场一周后进行驱虫，一般可选用阿维菌素、左旋咪唑。驱虫一般每隔 2~3 个月进行一次。根据当地疫病流行情况，还要进行疫苗接种。

⑤牛舍要求：架子牛进舍之前打扫干净，地面和墙壁用 2% 火碱喷洒消毒，采用 0.1% 的高锰酸钾对器具进行消毒。舍内温度冬季不低于 5℃、夏季不高于 30℃，保证通风良好。牛床一般长度为 160cm、宽 110cm，铺设垫草使牛躺卧更加舒适。

⑥运动：运动场要设在背风向阳处。架子牛适当的运动，接受日光照射，可以提高牛的新陈代谢，促进其生长发育。刷拭牛体可以促进体表血液循环和保持体表清洁，有利于新陈代谢，促进增重。

（3）架子牛快速育肥的饲养方法。架子牛过渡饲养结束后即进入快速育肥期。育肥时首先要按饲养标准，满足架子牛的营养需要；其次要保证饲料的品质和适口性，满足采食量和良好的消化性能；再次，要保证饲料原料多样化，以达到营养互补，提高饲料利用率；最后，充分利用当地丰富的饲草料资源，以保证日粮供给的稳定性和成本价格低廉。快速育肥方法主要有高能日粮强度育肥法、酒糟育肥法、青贮料育肥法等。

①高能日粮强度育肥法：指精料用量很大（70% 以上）而粗料比例较少的育肥方法。年龄在 2.5~3 岁、体重在 300kg 的架子牛可以采用。进场后要有 15~20d 的过渡期，主要是饲料的适应阶段。该阶段粗料比例 45%，粗蛋白（CP）为 12%，日采食干物质为 7.6kg；21~60d 时粗饲料比例 25%，粗蛋白（CP）为 10%，日采食干物质为 8.5kg；61~150d 时粗饲料比例 15~20%，粗蛋白（CP）为 10%，日采食干物质为 10.2kg。精饲料的一般比例为：玉米 65%、麸皮 10%、油饼类 20%、矿物质类 5%。饲草以青贮玉米秸或氨化麦秸为主，自由采食，不限量。每日饲喂 2~3 次，食后饮水。限制运动，每天上、下午各刷拭一次牛体。经常观察牛的采食、精神状态、粪便情况。注意牛舍的通风防暑，保持环境安静。

②酒糟育肥法：以酒糟为主要饲料进行肉牛的育肥，在我国是一种比较传统的方法。酒糟是糖类含量丰富的小麦、玉米、高粱等原料进行酿酒的副产品，主要含有酵母、纤维素、半纤维素、脂肪和 B 族维生素。育肥期一般为 3~4 个月。初期阶段大量饲喂干草和粗饲料，只给少量酒糟，以训练其采食能力。经过 15~20d 后，逐渐减少干草喂量，增加酒糟。在育肥后期，可以大幅度增加酒糟量。再合理搭配少量精料，应注意添加维生素和微量元素，以保证其旺盛的食欲。

③青贮料育肥法：玉米青贮是育肥肉牛的优质饲料，同时补喂一些混合精料，可以达到较高的日增重。一般选择 300kg 以上的架子牛，预饲期 10d。每天每头饲喂 5kg 精料，日喂 3 次，精料的比例：玉米 65%、麸皮 12%~15%、油饼类 15%~20%、矿物质

类4%。随着精料饲喂量的逐渐增加，青贮玉米秸的采食量逐渐下降，日增重提高。

肉牛最佳育肥结束期可以根据肥育度指数进行判断。肥育度指数的计算公式如下：

$$肥育度指数=体重/体高×100$$

公牛的肥育度指数以475最佳，阉牛的肥育度指数以526为佳。也可以根据体型外貌进行确定。架子牛经过育肥后整个躯干呈圆筒状，体型变得宽阔饱满，膘肥肉厚，头颈、四肢厚实，背、腰、肩宽阔丰满，尻部圆大厚实，股部肥厚时可以出栏。活牛的出栏体重一般为450kg，高档牛肉需要达到550~650kg。

4. 成年牛育肥

用于育肥的成年牛主要是役用牛、乳牛、肉用母牛群中的淘汰牛。这类牛一般年龄较大，产肉率低，肉质差，育肥的目的就是经过短期催肥，提高肉品质、屠宰率和经济价值，改善肉的味道。公牛在育肥前10d去势。育肥期以90~120d为宜，避免长时间育肥体内沉积大量脂肪。有条件的地方，也可以采用放牧育肥的方法。一般先放牧育肥1~2个月，再舍饲育肥1个月。采用舍饲育肥时，粗饲料以优质青干草、青贮玉米、氨化秸秆或糟渣类为主，任其自由采食，并饲喂一定量的精饲料。日粮精饲料的参考配方：玉米72%、油饼类15%、糠麸8%、矿物质5%。每天每头以体重的1%为宜。育肥期间减少运动，加强刷拭牛体，注意牛舍的卫生和保持安静。

第三节　奶牛和肉牛的生态养殖案例解析

生态养殖所遵循的原则就是通过有效的组织养殖生产过程，使养殖业和农、林、牧、渔业结合起来，使农、林、牧、渔之间形成新的价值产业链，提高系统整体的生产能力，以此获得更好的经济收益。在生态养殖过程中，要充分体现生态系统资源的合理、循环利用，提高资源的利用效率，维护生态平衡。保护生态环境是生态养殖的重要内容，也就是指在生产过程中既不污染周围环境，也不受周围环境的污染。而其最终目的是要向消费者提供安全、优质、绿色的畜禽产品，并获得好的经济效益。

一、奶牛的生态养殖模式

生态养牛业最大的特点之一就是变废为宝，通过对营养物质多层次地分级利用，实现无污染生产，使奶牛的生产走向良性循环轨道，是实现奶牛规模化、集约化、标准化饲养的重要保证，是实现节约资源发展、环境和谐相处、保持健康稳步发展的重要途径。通过建立生态工程模式，可以有效地解决牛场粪便、污水的污染问题，同时大大提高生产效益，提供最优质牛奶。生产过程中，做到以"牛"为本，提高奶牛的福利标准，提高牛奶质量和单产水平，有效控制奶牛疾病。

因此，发展奶牛生态养殖必须达到能消除或减轻污染危害，能通过生物链再生利用资源，降低奶牛生产成本，而且还能通过生物链衍生产品，增加奶牛生产综合效益的目的。

（一）"牛—肥料—牧草（果、双孢菇、菜、渔）"生态模式

该生态农业模式，很好地进行了废弃物资源化利用，实现了以下4个转变：即由"高投入、低利用、高排放"向"低投入、高利用、低排放"的转变；由单一强调生产效益模式向兼顾生态经济的方式转变；由常规生产方式向物质能量循环方式体系的转变；由注重生产管理向生产、资源保护、节能减排和农民增收等全方位管理转变。

奶牛粪便生产的肥料可以为牧草等植物提供营养，也可以利用奶牛粪便作培养基料，进行蚯蚓、蜗牛、蝇蛆等养殖，还可以培养食用菌（蘑菇），真正体现了"变废为宝"的价值。用牛粪养蚯蚓的做法是先将牛粪与饲料残渣混合堆沤腐熟，使其达到蚯蚓产卵、孵化、生长所需的理化指标，然后把腐熟料按适当厚度平铺于地面，放入蚯蚓使其繁殖。蚯蚓是优质的动物蛋白，也是药用价值极高的传统中药，既可以当钓鱼的饵料，也可以用于医药等行业，用来治疗多种人类和动物的疾病，而且蚯蚓粪又是高效的有机肥，可作为蔬菜、花卉、果树、烟草等的优质有机肥料，而且不会产生二次污染。这样的养殖模式最大限度地实现了生态循环再利用，是一条效益倍增和生态环保双赢的致富之路。该模式最大的特点就是充分地利用生态系统中生物和谐技术、物质与能量多层次循环利用技术及生物的充分利用空间资源技术，实行立体生产和无废物生产。

（二）"粮草—奶牛—沼气—肥料"生态模式

为了提高奶牛生产性能，在其饲养中要尽量选择羊草、紫花苜蓿、全株玉米青贮等优质粗饲料，并使其多采食粗饲料，然后再根据牛的生产水平和粗饲料的品质确定精料饲喂量。因此，只有提供高品质粗饲料才能实现奶牛的优质、高产。该模式的基本内容包括：一是种植粮食作物、经济作物、饲料作物三元结构同时发展，而三元种植结构是生态农业结构合理的主导因素之一，也是生态环境得到改善的一个重要标志，其中饲料饲草种植正式成为一个独立的产业，为养牛业奠定物质基础。二是进行秸秆青贮、氨化以后用于养牛业。三是利用养牛场粪便生产有机肥，用于种植业生产。牛的粪尿富含氮、磷、钾和有机物，是可再利用的重要资源，也是优质有机肥料。通过高温堆肥发酵后，粪便呈棕黑色、松软、无特殊臭味，不招蚊蝇，而且堆肥过程中产生的高温（50~70℃）可杀死病原微生物及寄生虫卵，达到无害化处理的目的，从而获得优质肥料。四是利用奶牛粪便进行沼气发酵，同时生产沼渣、沼液，开发优质有机肥，再用于农作物生产。以实现农业经济生态系统能量的合理流动和物质的良性循环，促进农业结构的调整和农民增收，直接为奶牛场创造经济效益和生态效益。

沼气生产是利用厌氧细菌（甲烷菌）的分解作用，将物料中的碳水化合物、蛋白质和脂肪等有机物经过厌氧消化转化成甲烷、二氧化碳和水的过程。从而实现废弃物的综合利用，变废为宝、化害为利。生产的沼气是高品位的清洁能源，是一种混合气体，其

中含有 60%～70% 的甲烷、25%～35% 的二氧化碳，还有少量的一氧化碳、硫化氢、氢、氨、氧和氮等。沼气能源工程是实现集约化养殖粪便污染防治的重要途径。将奶牛的粪污经过厌氧发酵处理，不仅可以杀死病原微生物和寄生虫，消除环境污染，而且产生的沼气可作燃料和发电照明使用，并且沼液是一种速效性有机肥料，可以浸种、浸根、浇花，还可对作物、果蔬的叶面及根部施肥，喂鱼、喂虾等。而沼渣含有丰富的有机质、腐殖酸、粗蛋白、氮、磷、钾和多种微量元素等，是一种缓速兼备的优质有机肥料和养殖饵料。沼渣中含有 30%～50% 的有机质、10%～20% 的腐殖酸、0.8%～2.0% 的氮、0.4%～1.2% 的磷、0.6%～2.0% 的钾。可以用来培养食用菌、蚯蚓、黄鳝、泥鳅，这类生物体内含有各种天然必需氨基酸和生长激素，可以促进动物健康发育，以此作为畜禽的蛋白质饲料来源，可以生产出绿色无公害的食品，具有广阔的前景。剩余的废渣也可以返田改良土壤，增加肥力，防止土地板结。如郑州市黄河滩区某奶牛场进行了葡萄园复合生态系统养分循环与平衡的研究。该奶牛场常年有奶牛 120 头左右，其中泌乳牛约 50 头。种植美国红提葡萄 $1.33hm^2$，建有一个 $300m^3$ 的沼气池。在葡萄的施肥季节，牛场沼气池中沼渣、沼液混合物和漏缝地板下粪池中的粪尿混合物作为腐熟有机肥施入葡萄园。

（三）"奶牛场—粪便处理生态系统+废水净化处理生态系统"模式

采用饲草的生态种植，奶牛的福利化养殖及牛舍自动化清粪的养殖方式，进行粪便固液分离，液体部分进行沼气发酵的生产模式。通过建造沼气发酵塔和沼气贮气塔以及配套发电附属设施，合理利用沼气产生的电能，发酵后的沼渣可以改良土壤的品质，提高土壤肥力，使种植的瓜、菜、果、草等获得高产。利用废水净化处理生态系统，将奶牛场的废水及尿水集中控制起来，进行土地外流灌溉净化，使废水变成清水循环利用，从而达到奶牛场的最大产出。

常规的污水处理方法是沉淀、过滤和消毒。但在规模化奶牛场产生的污水量大，有机物浓度高，经过沉淀、酸化、水解等一级处理后，水中的化学耗氧量（COD）、生化需氧量（BOD）和悬浮物（SS）含量仍然较高，还需要进行二级或三级处理才能达到排放标准。人工湿地是由人工精心设计建造和控制运行的与沼泽地类似的地面，通过人工湿地的植被（湿地上种有根系发达的水葫芦、绿萍等多种水生植物，为微生物生长提供了良好的生存场所）、微生物和碎石床生物膜，通过微生物的分解作用，消除污水中的COD、BOD、SS、氮、磷等，使污水得以净化。收获的水生植物还可以作为沼气原料、肥料或草鱼等的饵料再利用。据报道，高浓度的有机粪水在水葫芦水中 7～8d 后，可以降低 82.2% 的有机物。因此，人工湿地是一种高效化的、全方位生态生物滤床，而且投资少、维修保养简单，是一种理想的净化污物的方法。

这样的生态养殖系统，不仅改善周围的环境，减少人畜共患病的发生，保持了环境无污染、无公害状态，而且这种循环经济有利于畜牧业的持续发展。

二、肉牛的生态养殖模式

所谓肉牛生态养殖技术，就是根据肉牛的生物学特性，运用生态养殖的相关理论和原理，使传统养殖方法和先进的饲养管理技术相结合，使农、林、牧相结合，合理有效利用资源，提高系统能量和物质的循环，实现肉牛养殖经济效益、生态效益、社会效益的统一，并向消费者提供优质、安全产品的目的。

肉牛生态养殖要更好地体现种养结合，把牛的养殖和饲草的种植结合起来，利用草场、果园等丰富的自然生态资源，作为肉牛的养殖场地，提供养牛所需要的饲草料。做到因地制宜，充分利用好当地饲料资源。如科学选择牧草种植品种、深耕土地、施足基肥、适时刈割等。而养殖过程产生的粪尿、污水等废弃物经过堆肥再施用到农田、林地等，既提高地力、肥力，又可以减少废弃物对环境的污染。以沼气为纽带的肉牛生态养殖，是通过把牛场粪便厌氧发酵生产沼气，通过对沼气、沼液、沼渣的综合利用，发展生态型农牧业。也可以进行多层次、立体养殖的综合利用模式，如种草—养牛—养蚯蚓、牛粪—养蚯蚓、牛粪—种植蘑菇等。具体肉牛生态养殖的主要模式如下。

（一）农牧、林牧结合的生态养殖模式

通过农牧结合，多途径增加养殖的饲料来源，既为农田提供更多的优质有机肥，还可以减少养殖对环境的污染，从而提高养分资源和能源的利用效率。

一种是种草养畜模式，是利用天然草地、草坡、林地、果园或湖海边沿等闲置资源地自然生长的牧草放牧肉牛，利用自然条件，从一个天然的生态系统中获得肉牛产品。这是一种传统的原生态饲养方式，在我国南北方都较适用。但是这种放牧饲养的特点是季节性明显，定期转移场地，生产过程中容易受牧草生长的好坏、营养不充足、繁殖生产情况等制约，甚至影响其代谢和健康。

另一种是生态人工控制放牧模式，将肉牛置于天然生态系统中，运用科学技术手段对肉牛的放牧和饲养进行管理，通过对生态系统中的饲草可利用和再生进行检测，合理安排肉牛放牧，有效利用天然生态条件生产肉牛的一种方式。该模式不仅需要有经过专业技术培训的放牧员和技术管理人员，同时应具备围栏、灌溉等设施，放牧或轮牧的计划与管理，牧草营养价值的估测等环节，因此牧草利用率高，肉牛生产性能比较稳定。

（二）半舍饲生态养殖方式

放牧与舍饲相结合的饲养方式。当草场面积不够或气候恶劣、不适合放牧的时候，需要将牛置于牛舍进行饲喂。也有时候在育成牛阶段放牧饲养，直到妊娠后期再转入舍内精心饲养管理。另外，牛在育肥前期即生长阶段可以进行放牧饲养，等体重达到一定标准时转入牛舍，辅助于精料和干草集中、强制育肥，直到达到出栏体重。这种方式适合草场牧草的质量和产量可以满足育成牛生长，且管理技术水平较高的牛场。种植业与养殖业共生，形成良好的生态环境，一方面为养牛业提供饲料（饲草）资源，另一方面

还为粪便的利用提供了良好场所，充分利用废弃物，减少环境污染。

以上两种养殖模式属于传统的、自然生态养殖，在养殖过程中，强调利用现成的资源，畜禽粪便直接还田，不向外界环境排放，达到零排放、零污染。

（三）舍饲生态养殖方式

舍饲饲养方式是指按照牛的生物学特点，创造一个适宜肉牛生长和生产的小环境，根据其摄食习惯和营养需要，提供饲料饲草。这种方式肉牛的饲养管理都在牛舍内进行，牛舍外设置有供牛自由活动的运动场。舍饲可以缩短肉牛育肥期，提高出栏率，还可以减轻蜱螨、牛虻、蚊虫等对牛的侵袭以及不良气候的影响。肉牛舍饲必须对牛场进行合理的选址及规划，除了要有牛舍建筑，必须具备其他的附属设施，如饲料仓库及加工间、贮草棚、青贮窖、运输和机械设备、技术资料室和兽医室、粪污处理设施等。管理上能够保证舒适的牛舍小环境；要有周密的饲料储备和饲料供应计划，保证全年平衡供应；有高效的粪污处理系统；有相对稳定的饲养管理制度，使生产可持续发展，保证牛群健康和肉牛产品质量都达到较高水平。舍饲养牛往往集约化程度比较高，它们的生态养殖模式多定位于粪便等污染物的无害化处理与再生利用，如建立沼气池，回收沼气作燃料、沼液作饲料、沼渣作肥料用于种植农作物。通过养殖业废弃物的沼气生产将养殖业、种植业甚至水产养殖业连接起来，构成物质循环利用的现代生态养殖体系，其关键是通过延长食物链，增加营养层次，促进生态系统中资源和能量的高效利用，并解决畜牧业发展与环境污染之间的矛盾，是有别于传统的生态养殖。因此，以畜禽粪污的资源化利用为纽带的生态养殖模式是规模化舍饲养殖的主要方式。

1. 以沼气为纽带的生态模式

这种生态养殖模式是把畜禽的粪便置于沼气池中，使畜禽粪便中的有机物在沼气池中通过微生物厌氧发酵，将其转化为可以利用的再生资源。产生的沼气可以代替天然气和煤炭用于日常生活用来发电照明，减少了 CO_2 的排放量。剩下的沼渣还可以用来养殖鱼、蚯蚓，用饲养的蚯蚓又可以作优质的动物饲料。沼液、沼渣还可以作为肥料用于农田、菜园、果园、苗圃等种植农作物或果树。通过沼气技术把养殖业和种植业之间的生态循环连接起来，形成有价值的有机连接，因此，发展生态养殖是大势所趋。

2. 以腐生食物链为纽带的立体生态模式

立体养殖能够促进农业的生态化发展。该模式利用养殖过程中的废弃物养殖蚯蚓、蝇蛆等。蚯蚓、蝇蛆生产蛋白饲料粉，其粗蛋白含量高达 60% 以上。而且蚯蚓、蝇蛆体内含有甲壳素和抗菌肽，可以提高猪、鸡、鹅等家畜对疾病的抵抗力。也可以用牛的粪便、农作物秸秆、谷物糠麸、棉籽壳等作为培养基进行食用菌（如蘑菇、香菇、草菇、黑木耳等）的生产，食用菌生产后留下的菌渣和培养床的废弃物还可用作大田作物的有机肥料。

该模式不仅节省了饲料和药物的投入，而且使牛粪得到了循环利用，具有显著的经济效益和环境效益。据预测，人工生物链有可能作为生物工程取代现有的饲料工业生产体系，在我国得以长足发展。

思考题

1. 什么是牛的生态养殖？
2. 研究牛生态养殖的意义何在？
3. 生态养牛场场址选择的原则是什么？
4. 生态养牛场如何布局？
5. 牛瘤胃特点是什么？
6. 如何进行生态饲料的配制？
7. 论述生态养牛的营养调控方法。
8. 如何护理分娩前后的母牛和初生犊牛？
9. 怎样根据泌乳规律饲养产奶母牛？
10. 育成牛和青年牛的饲养管理要点是什么？
11. 干奶牛的饲养管理要点有哪些？
12. 肉用犊牛的饲养管理要点有哪些？
13. 肉用育成牛如何进行饲养管理？
14. 肉用青年牛如何进行饲养管理？
15. 如何进行架子牛的育肥？
16. 如何进行犊牛肉和小白牛肉生产？
17. 如何选择合适的奶牛生态养殖模式？
18. 奶牛生态养殖模式的种类有几种？
19. 如何选择合适的肉牛生态养殖模式？
20. 肉牛生态养殖模式的种类有几种？

第五章 生态养羊规划与管理

第一节 肉羊生态养殖规划与设计

随着人们生活水平的提高和保健意识的增强，人们需要更多的摄入高蛋白、低脂肪、低胆固醇的肉类，而羊肉正好具有这些特点，所以人们越来越喜欢食用生态羊肉。近年来虽然猪肉、鸡蛋的价格起起落落，但是生态羊肉的价格一直坚挺，这充分体现羊肉很受人们的欢迎，出现了供不应求的局面。在这种形势下，出现了一大批规模化生态养羊场。

一、肉羊生态养殖的概念

肉羊生态养殖是指既注重肉羊养殖的经济效益与生产羊肉的质量，同时又减少粪污排放，有效保护生态环境，保持肉羊生产与周围环境协调发展。肉羊生态养殖是一个系统工程，包括肉羊高效养殖和生态环境持续发展等诸多方面，主要有品种的选择、养殖场的建造或改造、羊的繁育、饲养管理、羊场废物无害化处理、羊病防治、"草、羊、粪"的循环发展等。

中国肉羊生态养殖起步较晚，加之肉羊养殖区域生态环境变化较大，因此形成的肉羊生态养殖模式具有明显的地域性。但总体而言，国内肉羊生态养殖逐渐兴起，主要呈现出以下特点。

（一）肉用新品种羊的培育

中国肉羊生态养殖最初是从羊的杂交改良开始的。20 世纪 50 年代以来，世界养羊生产发生了"以毛为主"到"毛主肉从"再到"肉用为主"的转变，这也促进了中国肉羊产业的发展。1967 年，中国培育了东北毛肉兼用细毛羊新品种，育种工作者逐渐开始重视肉用性状。50 多年来，中国先后从苏联、德国、英国、新西兰、澳大利亚、法国、南非等国引进了苏联美利奴羊、高加索羊、斯塔夫洛波尔羊、阿斯卡尼羊、阿尔泰羊、德国美利奴羊、茨盖羊、澳洲美利奴羊、考力代羊、波尔华斯羊、边区来斯特羊、罗姆尼-马尔士羊、林肯羊、卡拉库尔羊、考摩羊、康拜克羊、萨福克羊、无角陶赛特羊、夏洛来羊、德克塞尔羊、波德代羊、杜泊羊、白萨福克羊、南非肉用美利奴羊、东佛里生乳用羊、吐根堡山羊、努比山羊、萨能山羊、安哥拉山羊和波尔山羊等品种种羊数 10 万只，并在全国各地建立大批种羊场，为中国肉用新品种羊培育提供了很好的育种素材。1995 年，由四川省南江县畜牧局等 7 个单位联合培育出了中国第一个专门化肉用山羊品种——南江黄羊。2007 年，由内蒙古巴彦淖尔市家畜改良站等单位育成了中国第一个专门化肉用绵羊品种——巴美肉羊。近年来，国内的育种工作者先后培育出了一些肉用多胎品系，如 2006 年甘肃农业大学利用波德代羊、无角陶赛特羊和蒙古羊育成了甘肃肉羊新品种群。2012 年，山东省农业科学院利用黑头杜泊羊与小尾寒羊进行杂交育成了鲁西黑头羊多胎品系。

（二）肉羊生态养殖模式的发展

随着人们对肉羊饲养效率、羊肉品质和养羊业与环境的关系等诸多方面的共同重视，肉羊生态养殖模式成为支撑肉羊生态高效养殖的关键。从现有的肉羊生态养殖模式来看，均是以肉羊为中心，往前延伸到饲草料环节，往后延伸到肉羊养殖的废弃物处理环节，延长肉羊养殖的产业链，在获取最大经济效益的同时注重肉羊与环境之间的健康、协调、可持续发展。目前常见的是以"草—羊—粪"为核心的肉羊生态养殖模式，还有"林—草—羊"立体肉羊生态养殖模式。

"林—草—羊"立体肉羊生态养殖模式，林间套种优质牧草，一是可以带动大规模肉羊养殖，降低成本，提高经济效益。二是可以将牧草加工成干粉或草捆，解决淡季羊群优质牧草缺乏问题，大规模种植还可实现牧草产业化。三是可以保护生态环境、发展生态农业以及增加有机肥来源。该模式在江苏省灌河流域广为应用。另外，在果业较发达的河南省，也衍生出了"果园—羊"和"葡萄—草—羊"的生态养殖模式，即在果园中种植一些绿肥作物，如苜蓿、苕子等，或燕麦草与三叶草混播，以及修剪果树的嫩枝等，都是肉羊喜食的饲料。而肉羊生产的有机肥是果树生产首选的优质肥料之一，这样果树和肉羊生产都能提高经济效益，同时一方面充分利用果树下的土地，另一方面有效地解决了肉羊养殖的粪污问题，达到多赢的生产局面。除此之外，在杭州地区还存在"梨—草—羊"的生态肉羊发展模式。

近些年，上海永辉羊业有限公司摸索出的"草喂羊—羊出粪—粪肥田—田育草"的生态肉羊养殖模式很好地解决了城郊肉羊产业存在的环境污染问题。该模式的主要内容有：农作物秸秆制作青贮饲料，配合自产的优质干草饲喂湖羊，以湖羊羊粪为主要原料生产有机羊粪，羊粪除供公司的饲料基地外，还供给有机蔬菜和优质葡萄生产基地等单位使用。这样种草养羊，羊粪肥田，循环往复，充分利用，不仅降低了生产成本，而且保护了环境和水体资源不受污染，同时改善了种植和养殖业的生态环境，结果是良性循环，相得益彰，实现了生态效益和经济效益的良性结合。

在山羊生态养殖中，陕西省总结出了"黄龙羊业发展模式"，该模式包含以下 4 个方面的内容：一是林牧结合，栽植核桃树和饲养肉用山羊相结合。二是林草结合，在核桃树间种植黑麦草。三是以林养牧，用核桃的收入扶持养羊业。四是以牧养林，用有机羊粪肥田，发展核桃、牧草和特色种植业。

2012 年，江苏省还将沼气引入肉羊生态养殖模式中，开展了"鲜食玉米—羊—沼气—牧草"的循环农业模式的高效配套技术研究。该模式中的生物链是鲜食玉米秸秆或牧草饲喂羊+羊粪及残饲放入沼气池发酵 + 沼液回归牧草田肥田 + 沼渣作鲜食玉米或牧草生长的有机肥，主要产品是鲜食玉米和肉羊。模式中生物链周而复始地循环，优质农产品持续不断地被生产出来，农业生态环境不断地得到修复和改善。

二、肉羊生态养殖的发展现状

（一）国家政策的持续支持

2003 年，农业部发布实施了《肉牛肉羊优势区域发展规划（2003—2007 年）》。2008 年，农业部在前者的基础上发布了《全国肉羊优势区域布局规划（2008—2015）》，提出了《全国肉羊优势区域优势县名单（153 个）》。2013 年，中共中央 1 号文件首次提出发展"家庭农场"的政策。2013 年 2 月，农业部发布了《关于做好 2013 年农业农村经济工作的意见》，再次明确要大力扶持肉牛、肉羊生产，推动出台并组织实施《全国牛羊肉生产发展规划（2013—2020）》，推动实施草原畜牧业转型示范工程，加快发展现代草原畜牧业，努力提升牛羊肉综合生产能力。

（二）养羊业组织蓬勃发展

1987 年 9 月，经中国畜牧兽医学会批准成立了中国畜牧兽医学会养羊研究会，1992 年更名为中国畜牧兽医学会养羊学分会。主要开展全国性养羊学术活动、技术咨询和培训人才等工作。2003 年 10 月，成立了中国畜牧业协会羊业分会，由从事养羊业及相关行业的企业、事业单位和个人组成的全国性行业联合组织。中国畜牧业协会除了这两个全国性的养羊业组织外，在肉羊生态养殖过程中发挥重要作用的养羊业组织还有养羊专业户、养羊专业户联户、养羊联合企业（或养羊股份有限责任公司）、种羊场、中心育种场、经济羊场、商品羊场、地方羊业学（协）会等。

（三）肉羊生态养殖适度规模化发展

中国现在的肉羊养殖，在饲养方式上，农户小规模养殖仍占主体。但肉羊生态养殖是一个系统工程，小规模养殖无论是从投入产出，还是科学技术应用、产品质量控制等方面均不具备竞争力。考虑到肉羊生态养殖的生态特性，在发展上鼓励适度规模化。

（四）养羊科技逐渐得到应用

中国养羊科学技术已有一定量的贮备。从科技水平来看，肉羊繁殖基本实现了人工授精、饲草料加工调制技术，包括秸秆青贮、微贮技术、氨化技术、配合饲料技术及牧草加工技术等可以保证肉羊全年获得充足的饲草料供应，草地科学的研究成果为中国天然草地的改良、人工草地建设及其合理利用提供了可能。在肉羊育种中，优选出了适合不同生态养殖模式的杂交组合、肥育技术模式，能成熟的应用于肉羊育种，个别 DNA 标记已成功应用于肉羊新品种（系）的培育过程中。在开展提高羊肉产量研究和应用的同时，也在进行着通过饲料和环境手段改善羊肉品质的研究。从技术应用层面看，这些养羊科技大多仅在局部或小范围得到应用，未形成系统的、可指导肉羊生态规模化养殖的理论，养羊科技应用的潜力巨大。

近几年来，每逢夏秋季节，中国中原和北方各地均出现过程度不同的雾霾天气，除了气象因素以外，有一部分是由于秸秆焚烧造成的。其实，农作物秸秆并非一钱不值，若能妥善加工利用，则能变废为宝，产生非常可观的经济效益。其中，玉米秸秆和一些经济作物农副产品，如甜菜茎叶、马铃薯茎叶、花生秧等，都是制作青贮饲料的上好原料。近些年涌现出一批青贮饲料专业户或公司，逐步探索利用农作物副产品发展养羊生产的路子，使人们逐渐认识到节约、环保和生态养殖的重要性。这类秸秆经加工调制成青贮饲料后饲喂牛羊，能取得的间接经济效益更大，同时有效地减少了秸秆焚烧造成的污染。青贮饲料成本低廉，但却是草食家畜冬春季节的主要粗饲料来源。可见，农副产品的高效利用也是肉羊生态养殖发展方向之一。

（五）已建立的一些肉羊高效发展模式

肉羊产业是中国一些地区的支柱产业。近年来，羊肉价格一直稳中有升，另外，在中国肉羊发展政策不断利好的形势下，肉羊高效发展模式也发展迅速。到目前为止，已贮备了一批适合当地生态环境的肉羊高效发展模式，为中国肉羊产业健康、稳定、高效发展奠定了基础，如贵州"五、四、三、二"养羊模式、湖北"1235"养羊模式、陕西的家庭适度规模养殖模式、内蒙古的全产业链肉羊产业发展模式等。

三、肉羊产业发展中存在的主要问题

（一）缺乏现代化企业的经营理念

现代化企业的经营理念是发展现代标准化肉羊养殖的前提。必须改变传统的养殖模式，解放思想、创新观念、技术创新、思想创新、价值创新、管理创新。现代企业战略是在分析外部环境和内部条件的基础上，为求得企业的生存和发展而作出的总体的长远谋划。现代企业战略要具有全局性、纲领性、长远性、竞争性的特点。

（二）缺乏肉羊养殖的专业团队

要发展现代标准化肉羊养殖，企业家、资金、技术是成功经营的基础，缺一不可。但把三者集合于一个人身上是不可能的，一个高效能的核心团队应该是知识互补、能力叠加、性格相容和志同道合的创业群体，对当代企业优秀的领导集团的作用是毋庸置疑的。

（三）缺乏养殖一线的专业技术人员

目前，肉羊养殖的专业技术人员极其缺乏，现有的一些技术人员大多缺乏现代化、标准化的肉羊生产模式下的技术知识。故按传统的养殖方法执行技术服务，只是解决眼前的一些问题，治标不治本，缺乏长远的发展。

（四）羊场综合管理观念不强

目前，许多羊场以提高羊只出栏数为目标以求提高经济效益，却忽略了因数量的提升而导致质量的下降。追求羊只数量使羊舍不足、饲料供应增加、饲养人员缺少、管理条件跟不上等许多问题表现出来，影响羊场的正常生产和最终效益。

另外，管理和技术部门不能再拿传统的眼光去评判。而是要用管理、生产数据去衡量。如果过多干涉，会造成人员关系疏通不畅，不利于持续发展。

（五）硬件配套不齐

多数羊场在现代化、标准化养殖的硬件配套上不齐整，如羊场规划设计不合理、道路不畅、羊舍设计不合理等。

（六）配套服务缺乏

常见的有饲草料供应不全、粪便等污物处理不当等。另外还存在饲料营养配制不合理，导致生产成本增加、肉羊疫病增加；防疫不到位，屡发传染病；管理不当，人力、物力等资源浪费，养殖规程混乱；养殖人员缺乏培训，多数养殖场为了减少工资成本，养殖人员往往选择年龄老化等问题。

四、生态养殖羊场设计

肉羊生态养殖规划与设计的发展能够带动畜牧业的全面发展，不仅满足人们对肉类产品的消费需求，而且能够带动上游饲料加工业、下游肉羊屠宰加工业和羊肉物流业的快速发展，在改善饮食结构、提高农业效益、促进农村劳动力就业、增加农民收入和国内外贸易等方面发挥重要作用。发展肉羊生态养殖是实现养羊大省向强省转变的必然选择，是实现肉羊产业标准化和集约经营的基础，是适应农村改革整体趋势和消费市场需求转变的要求。因此，研究制定肉羊生态养殖的发展规划与设计实施措施，对加快由养羊大省向强省转变具有十分重要的意义。

（一）肉羊生态养殖场址的选择

肉羊生态养殖场址的选择，除了有利于正常开展肉羊生产之外，还要注重肉羊生态养殖场与周边生态环境的协调发展，既能满足肉羊生产各个环节的有序组织，又不能以破坏周边环境为代价，达到肉羊养殖与生态效益并重、协调发展的目的。

1. 一般要求

《畜禽场环境质量评价准则》（GB/T 19525.5—2004）、《无公害食品 肉羊饲养管理准则》（NY/T 5151—2002）和《肉羊生产技术规范》（DB11/T 399—2006）等标准中都提出了新建肉羊养殖场选址的准则，概括起来主要有以下几点。

（1）饲草料资源丰富。肉羊生态养殖场选址一般靠近草场或主要种植区域，保证肉羊饲喂所需的优质牧草、青干草以及农作物秸秆等供应充足。

（2）饮水清洁、充足。选择地形比较平坦、土层透水性好的地方建场，这样既能保证羊只饮水，同时又能保证场内职工饮水和消毒用水。水质必须符合畜禽饮用水的水质卫生标准，同时要保护水源不受肉羊生产等其他因素污染。

（3）远离人群居住区、工业区和交通要道。肉羊生态养殖场选址必须在历史上从未暴发过羊的任何传染病的地方。距主要的交通线（铁路和主要公路）500m 以上、距村落 150m 以上，并且要在已知污染源的上风向区域，尽量处在村落下风向地区。

（4）交通相对便利。距交通主干道不宜太远，这样在能保证运输、供电、防疫的前提下，最大限度地降低饲草料运输成本，同时也方便羊只出售。

（5）地势高燥。肉羊牧场的选址要求有一定坡度（1%～3%）。在寒冷地区背风向阳，在潮湿地区采用吊脚楼羊舍。切忌在低洼涝地、山洪水道、冬季风口等地修建羊舍。

（6）配套相应的粪污处理设施。除满足羊只的正常生产场地外，肉羊生态养殖场选址时还应提前规划粪污处理场地及配套设施，确保污水排放达标，有条件的新建场可将污水处理后循环使用，做到零排放。以上准则是肉羊生态养殖场建设时应首先考虑的，具体到不同养殖区域、不同养殖方式、不同地形地势下的选址建场则有更为细致和具体的要求。

2. 具体要求

（1）地形地势。总体而言，肉羊场的场地应选在地势较高、干燥平坦、排水良好和向阳背风的地方。肉羊有喜干燥厌潮的生活习性，例如长期生活在低洼潮湿环境中，不仅影响生产性能的发挥，而且容易引发寄生虫病等疾病。

（2）饲草料资源。饲草料是肉羊赖以生存的最基本条件，尤其以舍饲为主的肉羊生态养殖场，必须有足够的饲草饲料基地和便利的饲料原料来源，切忌在草料缺乏或附近无牧地的地方建立肉羊场。

（3）水电资源。肉羊生态养殖场水源应供应充足，满足人畜饮水、消毒、消防等的需要。电力供应充足，不间断。在供电设施落后的区域自备发电机，以保证场内生产和生活用电。水源充足，自来水、泉水、井水和流动的河水等水质良好；大肠杆菌、盐类符合要求，适宜人饮用。电源为四级供电电源，在四级以下时，则需自备发电机，以保证场内供电的稳定、电源靠近输电线路，以缩短距离。

（4）交通。肉羊生态养殖场的选址要同时考虑交通运输和防疫两个方面的因素。另外，还应有充足的能源和方便的通信条件，这是现代养羊生产对外交流、合作的必备条件，也便于商品流通。同时，也能满足场内职工的通信、娱乐要求。2008 年，农业部在《肉牛肉羊优势区域发展规划（2003—2007 年）》实施的基础上发布了《全国肉羊优势区域布局规划（2008—2015）》，提出了《全国肉羊优势区域优势县名单（153 个）》。新建肉羊生态养殖场应位于或毗邻全国肉羊优势区域。

（5）环境生态。肉羊生态养殖场选址必须提前考虑粪污处理、排放及病死羊只无害化处理等问题。

（二）肉羊生态养殖场功能区的布局

根据肉羊生态养殖的生产工艺要求，按功能分区布置各个建筑物的位置，为肉羊生产提供良好的生态生产环境。参照《畜禽场场区设计技术规范》（NY/T 682—2003），畜禽场一般应划分生活管理区、辅助生产区、生产区和隔离区。

1. 生活管理区

肉羊生态养殖场的生活管理区主要布置管理人员办公用房、技术人员业务用房、职工生活用房、人员和车辆消毒设施及门卫、大门和场区围墙。生活管理区一般应位于场区全年主导风向的上风处或侧风处，并且应在紧邻场区内侧集中布置。大门应位于场区主干道与场外道路连接处，设施布置应使外来人员或车辆进场前经过强制性消毒。

2. 辅助生产区

辅助生产区主要布置供水、供电、供热、设备维修、物资仓库、饲料贮存等设施，这些设施应靠近生产区的负荷中心布置。

3. 生产区

生产区主要布置各种类型肉羊舍、人工授精室、装车台等。生产区与其他区之间应用围墙或绿化隔离带严格分开，在生产区入口处设置第二次人员更衣消毒室和车辆消毒设施。这些设施都应设置两个入口，分别与生活管理区和生产区相通。

干草类、块根块茎饲料或垫草大宗物料的储存场地应按照贮用合一的原则，布置在靠近肉羊舍的边缘地带，并且要求排水良好，便于机械化作业，符合防火要求。

精饲料库的进料口开在辅助生产区内，精饲料库的出料口开在生产区内，杜绝生产区内、外运料车交叉使用。

4. 隔离区

隔离区主要布置兽医室、隔离舍和养殖场废弃物的处理设施，该区应处于场区全年主导风向的下风向处和场区地势最低处，与生产区的间距应满足兽医卫生防疫要求。与绿化隔离带、隔离区内部的粪便污水处理设施及其他设施也应有适当的卫生防疫间距。隔离区与生产区有专用道路相通，与场外有专用道相通。

（三）肉羊牧场规划的主要参数和要求

肉羊牧场规划的技术经济指标是评价场区规划是否合理的重要内容。新建场区可按下列主要技术经济指标进行，对局部或单项改、扩建工程的总平面设计的技术经济指标可视具体情况确定。羊舍是肉羊生态养殖中最为重要的环境因素，尤其对舍饲养殖生态肉羊而言，羊舍是否能为羊只提供舒适的环境，是否能满足羊只采食、饮水、生长、配种、分娩、哺乳、运动等方面的需求，同时是否有效地收集羊只产生的粪污，是否能保持羊舍内空气质量，这在一定程度上是肉羊生态养殖成败的关键。肉羊舍的规划建造必须依据当地的气候、地形地势、投资成本等进行，切忌盲目投资，不搞形象工程，务必因地制宜。

建造生态肉羊舍，首先要考虑的是气候因素，南方地区天气湿热，肉羊舍建造主要以防暑降温为主；而北方地区相对干燥、寒冷季节长，主要以保温防寒为主。其次在满足生态肉羊生产的前提条件下，尽量降低建设成本，羊舍经济实用。另外还应考虑防疫、不同生产用途羊舍的布局、粪污处理、舍内环境质量等因素。

1. 占地估算

按存栏基础母羊计算：占地面积为 $15\sim20m^2$/只，羊舍建筑面积为 $5\sim7m^2$/只，辅助和管理建筑面积为 $3\sim4m^2$/只。按年出栏商品肉羊计算：占地面积为 $5\sim7m^2$/只，羊舍建筑面积为 $1.6\sim2.3m^2$/只，辅助和管理建筑面积为 $0.9\sim1.2m^2$/只。

2. 所需面积

羊舍建筑以 50 只种母羊为例，建筑面积 $147m^2$、运动场 $850m^2$，不同规模的羊舍按比例折算。

3. 地点要求

根据肉羊的生物学特性，应选地势高燥、排水良好、背风向阳、通风干燥、水源充足、环境安静、交通便利、方便防疫的地点建造羊舍。山区或丘陵地区可建在靠山向阳坡，但坡度不宜过大，南面应有广阔的运动场。低洼、潮湿的地方容易发生羊的腐蹄病和滋生各种微生物，诱发各种疾病，不利于羊的健康，不适合建设羊舍。羊舍应接近放牧地及水源，要根据羊群的分布而适当布局。羊舍要充分利用冬季阳光采暖，朝向一般为坐北朝南，位于办公室和住房的下方向，屋角对着冬、春季的主风方向，用于冬季产羔的羊舍，要选择背山、避风、冬春季容易保温的地方。

4. 面积要求

各类羊只所需羊舍面积取决于羊的品种、性别、年龄、生理状态、数量、气候条件和饲养方式。一般以冬季防寒，夏季防暑、防潮、通风和便于管理为原则。

羊舍应有足够的面积，使羊在舍内不感到拥挤，可以自由活动。羊舍面积过大，既浪费土地，又浪费建筑材料；面积过小，舍内拥挤潮湿、空气污染严重影响羊体健康，管理不便，生产效率不高。

农区多为传统的公、母、大、小羊混群饲养，其平均占地面积应为 $0.8\sim1.2m^2$/只。产羔室可按照础母羊数的 $20\%\sim25\%$ 计算面积。运动场面积一般为羊舍面积的 $2\sim2.5$ 倍。成年羊运动场面积可按 $4m^2$/只计算。

在产羔舍内附设产房，产房内有取暖设备，必要时可以加温，使产房保持一定的温度。产房面积根据母羊群的大小决定，在冬季产羔的情况下，一般可占羊舍面积的 25% 左右。

5. 高度要求

羊舍高度要依据羊群大小、羊舍类型及当地气候特点而定。羊数越多，羊舍可越高些，以保证足量的空气；但过高则保温不良，建筑费用亦高，一般高度为2.5m，双坡式羊舍净高（地面至天棚的高度）不低于2m；单坡式羊舍前墙高度不低于2.5m，后墙高度不低于1.8m。南方地区的羊舍防暑防潮重于防寒，羊舍高度应适当增加。

6. 通风采光要求

产羔室温度在8~10℃比较适宜，夏季高温时也不宜超过30℃。由于绵羊有厚而密的被毛，抗寒能力较强，所以舍内温度不应过高。山羊舍内温度应高于绵羊舍内温度。为了保持羊舍干燥和空气新鲜，必须有良好的通气设备。羊舍的通气装置，既要保证有足够的新鲜空气又能避贼风。可以在屋顶上设通气孔，孔上有活门，必要时可以关闭。在安设通气装置时要考虑每只羊每小时需要3~4m³的新鲜空气，对南方羊舍夏季的通风要求要特别注意，以降低舍内的高温。羊舍内应有足够的光线。窗户面积一般占地面面积的1/20~1/15，冬季阳光可以照射到室内，既能消毒又能增加室内温度；夏季敞开，增大通风面积，降低室温。在农区，绵羊舍主要注重通风，山羊舍要兼顾保温。

7. 造价要求

羊舍的建筑材料以就地取材、经济耐用为原则。土坯、石头、砖瓦、木材、芦苇、树枝等都可以作为建筑材料。在有条件的地区及重点羊场内应利用砖、石、水泥、木材等修建一些坚固的永久性羊舍，这样可以减少维修时的劳力和费用。

8. 内外高差要求

肉羊舍内地面标高应高于舍外地面标高0.2~0.4m，并与场区道路标高相协调。场区道路设计标高应略高于场外路面标高。场区地面标高除应防止场地被淹外，还应与场外标高相协调。场区地形复杂或坡度较大时，应作台阶式布置，每个台阶高度应能满足行车坡度要求。

（四）羊舍的主要类型及建造

肉羊舍建筑形式按其封闭程度可分为开放式羊舍、半开放式羊舍和密闭式羊舍。从屋顶结构来分，有单坡式、双坡式及圆拱式。从平面结构来分，有长方形、正方形及半圆形。从建筑用材来分，有砖木结构、土木结构、敞篷围栏结构等。

单坡式羊舍的跨度小，自然采光好，适用于小规模羊群和简易羊舍。在选择肉羊舍类型时，应根据不同类型肉羊舍的特点，结合当地的气候特点、经济状况及建筑习惯全面考虑，选择适合本地、本场实际情况的肉羊舍建筑形式。

1. 开放式羊舍

指一面（正面）或四面无墙的肉羊舍。前者叫前敞舍（棚），敞开部分朝南，冬季可保证阳光照入舍内，而在夏季阳光只照到屋顶，有墙部分则在冬季起挡风作用；后者叫凉棚。开放式肉羊舍只起到遮阳、避雨及部分挡风作用，其优点是用材少、施工易、造价低。

（1）单坡开放式羊舍（羊棚）。这类羊舍建筑简便、实用，东、西、北有墙，北边有窗，南边开放，设有运动场，运动场可根据分群、饲养需要隔成若干圈。羊棚深度为4~4.5m，供羊只遮阳、避雨、避风、挡雪之用。饲槽、水槽一般设在运动场内。

①简易羊棚：建造容易，造价低而且房顶雨水全流到圈外，阴雨天易保持棚内地面干燥、空气新鲜，由于饲喂在运动场内，阴雨多的地区饲槽上面可盖成开放式防雨遮阳棚，这种羊棚保暖性差。寒冷地区，天冷时可在羊棚前面运动场上边加盖塑料大棚。敞篷一般建成单坡式，前高2.0~2.5m，后高1.7~2.0m，深4~5m，长度可参照所容纳的羊数确定，其他方面的要求与羊舍相同。优点是造价比羊舍低、结构简单、建筑容易。缺点是保暖性差、防疫难度大。适合小规模（100只以内）农区肉羊的饲养。

②半棚式塑料暖棚配合运动场：羊舍建筑仿照简易羊棚，不同之处是后半个顶为硬棚单坡式，前半个顶为塑料拱形薄膜顶。拱的材料既可用竹竿也可用钢筋。羊舍大小以羊数确定，保证每只羊的占地面积在1m²以上，太小不利于羊生长，太大投资多。运动场需设在羊舍的南边，并紧靠羊舍，面积为羊舍的1.5~2倍，内设饮水、饲草设备，最好在羊舍旁边设一间贮草房。

半棚式塑料暖棚配合运动场具有方便、简洁、经济、耐用几个优点，比较适合中国中部和南部地区中、小规模肉羊的饲养。

（2）双坡开放式羊舍。也称为凉棚，起到遮阳、避雨及部分挡风的作用。南方地区肉羊的饲养以及北方地区夏季炎热时当凉棚使用。既可用于中小规模肉羊的饲养，也适合规模化肉羊的饲养。

（3）楼式羊舍。这种羊舍分为上下两层，通风、防潮、防热性能好，气候炎热、多雨、潮湿的夏秋季，可把羊放在上边，通风、凉爽、干燥；寒冷多风的冬春季，下边经清理消毒即可养羊，上边贮存饲草。楼板建成漏缝式，可使用木条或竹片等铺设，间隙1~1.5cm，楼板距地面2m左右，这种羊舍卫生条件好，设有运动场，适合湿热多雨地区，舍饲和半舍饲的羊场均可用。

2. 半开放式羊舍

指三面有墙，正面上部敞开，下部仅有半截墙的肉羊舍。肉羊舍的开敞部分在冬天可加以遮拦形成封闭状态，从而改善舍内小气候。半开放式羊舍适合中部和西部部分地区肉羊的饲养，具有建设成本低、在不同季节可以进行调整等优点。

（1）单坡半开放式羊舍。前墙高1.8~2.0m，后墙高2.2~2.5m，羊舍宽度5~6m，长度依羊数而定；门高1.8~2m，宽1~1.5m，窗高0.48~0.6m，宽1~1.2m，窗间距不超过窗宽的2倍。窗的采光面积宜为地面面积的1/20~1/10；前窗距地面高度1~1.2m，后窗距地面高度1.4~1.5m。

地面以黏土地为宜，亦可铺成石灰混土地面。舍内地面宜高出舍外20~30cm，并略呈斜坡状，后高前低，利于积水排出。运动场面积为羊舍面积的1~10倍，运动场地面宜比羊舍低30cm，而比运动场外高30cm左右。墙或围栏高公羊1.5m、母羊1.2~1.3m，门宽1~1.5m、高1.5m。

（2）双坡半开放式羊舍。这种羊舍，屋顶中间由起脊的两坡组成，西、东、北面有墙，北面留窗，南面墙高 1.2~1.5m，留有舍门。棚内设有饲槽、水槽、盐槽，紧靠北墙舍内留有 1.7m 的操作通道。这样羊舍面积大，造价较高，饲养管理条件好，适合各种肉羊的饲养。

3. 密闭羊舍

指通过墙体、屋顶、门窗等围护结构形成全封闭状态的肉羊舍，具有较好的保温隔热性能，便于人工控制舍内环境。密闭舍包括有窗密闭舍和无窗密闭舍，主要适合北方寒冷地区肉羊的饲养。

（1）双坡封闭式羊舍。羊舍屋顶由中间起脊的双坡组成，羊舍四周有墙，北墙留有窗，南墙留门通往运动场，舍内饲养设备齐全，饲养过程全在室内，这种羊舍密闭性好、跨度大，也可设计增温、通风设备，但造价高，是寒冷地区工厂化养羊的理想圈舍，特别适用于待产母羊。

（2）封闭式标准化羊舍。近些年来，随着对国家肉羊标准化养殖的重视，人们在建造羊舍时，力求科学化，标准化。

（五）不同类型羊对羊舍建造的基本要求

肉羊生态养殖过程中，不同类型羊只对环境的要求不尽相同，在羊舍的设计和建设上也要充分考虑并满足羊只的需求，符合肉羊生态养殖的生产工艺要求。

1. 成年羊舍

成年羊舍是饲喂基础母羊的场所，多为对头双列式，中间带有走廊，这是国内外羊舍普遍采用的形式。羊床是羊舍中最重要的部分，对羊体健康有很大的影响，羊床地面类型有以下几种。

（1）土质地面。属于暖地面（软地面）类型，土质地面柔软，富有弹性，也不光滑，易于保温，造价低廉。其缺点是不够坚固，容易出现小坑，不便于清扫消毒，易形成潮湿的环境。用土质地面时，可混入石灰增强黄土的黏固性，也可用三合土（石灰：碎石：黏土 = 1∶2∶4）地面。

（2）砖砌地面。属于冷地面（硬地面）类型，因砖间的孔隙较多，导热性小，具有一定的保温性能。施工技术好时可以做到不易透水，也较坚实，便于清扫消毒；但若砌筑不当，则会吸存大量水分，使羊舍过分潮湿。由于易吸收大量水分，破坏其本身的导热性，使地面易变冷变硬。砖吸水后，经冻易破碎，加上本身易磨损的特点，容易形成坑穴，不便于清扫消毒。所以，羊床要采用砖砌地面时，砖宜立砌，不宜平铺。

（3）水泥地面。属于硬地面，其优点是结实、不透水、便于清扫消毒。缺点是造价高，地面太硬，导热性强，保温性能差。为防止地面湿滑，可将表面做成麻面。

（4）漏缝地板。集约化饲养的肉羊舍可建造漏缝地板，用厚 3.8cm、宽 6~8cm 的水泥条筑成，间距为 1.5~2.0cm。漏缝地板羊舍需配以污水处理设备，造价较高，国外的大型羊场和中国南方一些羊场已经普遍采用。这类羊舍为了防潮，可隔日抛撒木屑，同时应及时清理粪便以免污染舍内空气。羊舍内的羊床应做成斜向粪尿沟的坡面，一般为 2.5% 的坡度，羊床宽 0.6～0.7m，颈枷高 0.5m，排尿沟做成凹槽，斜向羊舍与运动场的小门，便于清扫。舍内走廊宽为 1.5～2.5m。

2. 成年母羊舍

成年母羊舍，可建成双坡、双列式。羊舍内的窗户应大一些，一般窗宽为 1.5m、高 1.5～2.0m，窗台距地面高 1.5m。在南方地区，一面敞开，一面设大窗户；在北方地区，南面设大窗户，北面设小窗户，中间或两端可设单独的专用挤奶室。舍内是水泥地面，有排水沟，舍外设有遮阴棚和饲槽的运动场。舍内设有饲槽和栏杆。温暖地区，羊舍两端开门；较冷的地区，可一端开门。整个羊舍具备人工通风，羊床垫薄草。

成年羊舍的长度应根据饲养的羊只数而定，一般饲养 200 只成年母羊的羊场，多以 100 只成年母羊为一栋，分为 4 组，每组 25 只。若为饲养 50 只基础母羊的羊场，可采用单列式带走廊的羊舍饲养。

3. 青年羊舍

青年羊舍用于饲养断奶后至分娩前的青年羊。这种羊舍设备简单，没有生产上的特殊要求，舍内只需设置与成年母羊相同的颈枷。

4. 羔羊舍

羔羊舍内可设置活动围栏，根据需要隔成小圈。羔羊舍在北方地区关键在于保暖，若为平房，其房顶、墙壁应有隔热层。舍内为水泥地面，排水良好。屋顶和正面两侧墙壁下部设通风孔，房的两侧墙壁上部设通风扇。室内设饲槽和喂奶间，运动场以土地面为宜，中间建造运动场。

第二节　肉羊生态养殖的管理

一、肉羊生态养殖管理方式及特点

我国是世界草地资源大国。据统计，我国草地面积（草原、草山、草坡）为 39 829 万 hm^2，占全国总土地面积的 42.05%，为耕地面积的 3.7 倍，林地面积的 3.1 倍。广阔的草地资源为我国养羊业的发展提供了坚实的物质基础。羊合群性好，放牧采食能力强，加之具有强大的消化系统，适于放牧饲养。放牧饲养符合羊的生物学特性，又可节约粮食，降低饲料成本和管理费用，提高养羊业的生产效益。但是，近年来一些急功近利的思想充斥着养羊业，无节制地扩大饲养规模、过度放牧、超载饲养现象屡见不鲜，造成的直接后果就是草场严重退化，生态环境恶化，草场载畜量和生产力降低，土地沙化。因此，充分、合理、科学、持续、经济地利用我国宝贵的草地资源，提高草地的生产水平，增加养羊业的经济效益，是广大畜牧科技工作者面临的重大研究课题。

（一）原生态饲养

原生态饲养的核心是接近自然，羊群在自然生态环境中采食，按照自身的生长发育规律自然地生长，其物质基础是天然草场，即牧场。在我国大部分的养羊地区。尤其是以草地畜牧业为主的牧区必须根据气候的季节性变化和牧草的生长规律，草地的地形、地势及水源等具体情况规划牧场，才能确保羊只"季季有牧场，日日有草吃"。

1. 放牧羊群的组织

合理组织羊群，有利于羊的放牧和管理，是保证羊吃饱草、快上膘和提高草场利用率的一个重要技术环节。在我国北方牧区和西南高寒山区，草场面积大、人口稀少，羊群规模一般较大；而在南方丘陵和低洼山区，草场面积小而分散，农业生产较发达，羊的放牧条件较差，羊群规模较小，在放牧时必须加强对羊群的引导和管理，才能避免羊啃食庄稼。

饲养羊只数量大时，同一品种可分为种公羊群、试情公羊群、成年母羊群、育成公羊群、育成母羊群、羯羊群和育种母羊核心群。羊只数量较少时，不易组成太多的羊群，应将种公羊单独组群（非种用公羊应去势），母羊可分为繁殖母羊群和淘汰母羊群。若采用自然交配，配种前1个月左右将公羊按照1：（25～30）的比例放入母羊群中饲养。在冬季来临时，应根据草料情况确定羊只的数量，做到以草定畜。对老龄和瘦弱的羊只应淘汰处理。冬、春季节养羊一般采用放牧和补饲相结合的方式，除组织羊群放牧外，还要考虑羊舍面积、补饲和饮水条件、牧工的劳动强度等因素，羊群的大小要有利于放牧和日常管理。

2. 放牧的方式

（1）固定放牧。固定放牧即羊群一年四季在一个特定区域内自由放牧采食。这种放牧方式不利于草场的合理利用与保护，载畜量低，单位草场面积提供的产品数量少，羊的数量与草地生产力之间自然平衡。这是现代养羊业应该摒弃的一种放牧方式。

（2）围栏放牧。围栏放牧是根据地形把牧场围起来，在一个围栏内，根据牧草所提供的营养物质数量并结合羊的营养需要量，安排放牧一定数量的羊。修建围栏是草原保护和合理利用的最好办法，是提高草原生产能力的最有效途径。根据国内外先进经验，围栏建设能够提高草原生产能力和畜牧业生产率达25%以上。据内蒙古试验，围栏内产草量可提高17%～65%，牧草的质量也有所提高。

（3）季节轮牧。季节轮牧是根据四季牧场的划分，按照季节交替轮流交换牧场进行放牧。这是我国牧区目前普遍采用的放牧方式，能比较合理地利用草场，提高放牧效果。为了防止草场退化，可安排休闲牧场，以利于牧草的恢复。

（4）划区轮牧。划区轮牧是有计划利用草场的一种放牧方式，是以草定畜原则的体现。把草场划分为若干个季节草场，在每个季节草场内，根据牧草的生长情况、草地生产力、羊群对营养的需要和寄生虫的侵袭动态等，把各个放牧地段划分为若干轮牧小区，把一定数量的牲畜限制在轮牧小区内，有计划地定期依次轮回放牧。

划区轮牧与自由放牧相比有诸多优点。一是能合理利用和保护草场，提高草场载畜量，比自由放牧方式可提高牧草利用率25%。二是羊群被控制在小范围内，减少了游走所消耗的热能而增重加快，与自由放牧相比，春、夏、秋、冬四季的平均日增重可分别高13.42%、16.45%、52.53%和100.00%。三是能控制体内寄生虫感染。因为随粪便排出的羊体内寄生虫卵经7~10d发育成幼虫即可感染羊群，所以羊群在某一小区的放牧时间限制在6d以内，即可减少体内寄生虫的感染。四是可以防止羊只自由乱跑践踏破坏植被，让羊吃上新鲜的再生牧草。

实施划区轮牧需做好以下工作。

①确定载畜量：根据草场类型、面积及产草量划定草场，结合羊的日采食量和放牧时间确定载畜量。

②羊群在季节草场内放牧地段的配置：在同一季节草场内，不同羊群配置在哪些地段放牧，所需面积多大应有一个大体的分配。分配各种羊群放牧地段，需要根据羊的性别、年龄、用途、生产性能以及组织管理水平等因素，确定羊群的规模。要考虑草场的水源条件、放牧方式、轮牧小区的大小以及轮牧的天数等条件。比如，细毛羊不善跋涉，对粗硬牧草采食率低，山羊和粗毛羊喜爬坡，食草种类多，分配地段时，细毛羊要选择比山羊、粗毛羊好一点的放牧地段。

③确定放牧频率：放牧频率是指在一个放牧季节内每个小区轮回放牧的次数。它取决于草原类型和牧草再生速度，一般当牧草长到8~20cm高时便可再次放牧。牧草在生长季节内并不是无限地天天生长，当能量等积累到一定程度时，其生长速度则逐渐减慢，直到停滞，这就是牧草的生长周期，一般为35d。为了有效利用牧草的营养物质和提高牧草的再生力，应在牧草拔节后及抽穗前进行放牧。

④确定放牧天数：在一个轮牧小区的放牧天数，以牧草采食后的再生草不被牲畜吃掉和减少牲畜疫病传染为原则。牧草再生长到5~6cm，就容易被牲畜吃掉。牧草一般每天可长1~1.5cm，5~6d就可以长到5~6cm。牲畜常见寄生虫的虫卵在粪便中要7~10d才能变成可传染的幼虫。因此，在一个轮牧小区的放牧天数以5~6d为宜。

3. 放牧羊群的队形

为了控制羊群游走、休息和采食时间，使其多采食、少走路。放牧队形名称甚多，但基本队形主要有"一条龙""一条鞭"和"满天星"3种。放牧队形主要根据牧地的地形地势、植被覆盖情况、放牧季节和羊群的饥饱情况而进行变化和调整。

（1）一条龙。放牧时，让羊排成一条纵队，放牧员走在最前面，如有助手则跟在羊群后面。这种队形适宜在田埂、渠边、道路两旁等较窄的牧地放牧。放牧员应走在上坡地边，观察羊的采食状况，控制好羊群不让羊采食庄稼。

（2）一条鞭。指羊群放牧时排列成"一"字形的横队。横队一般有1~3层。放牧员在羊群前面控制羊群前进的速度，使羊群缓缓前进，并随时命令离队的羊只归队，如有助手可在羊群后面防止少数羊只掉队。出牧初期是羊采食高峰期，应控制住领头羊。

放慢前进速度；当放牧一段时间，羊快吃饱时，前进的速度可适当快一点；待到大部分羊只吃饱后，羊群出现站立不采食或躺卧休息时，放牧员在羊群左右走动，不让羊群前进；羊群休息、反刍结束，再继续前进放牧。此种放牧队形，适用于牧地比较平坦、植被比较均匀的中等牧场。春季采用这种队形，可防止羊群"跑青"。

（3）满天星。指放牧员将羊群控制在牧地的一定范围内让羊只自由散开采食，当羊群采食一定时间后，再移动更换牧地。散开面积的大小主要取决于牧草的密度。牧草密度大、产量高的牧地，羊群散开面积小，反之则大。此种队形适用于任何地形和草原类型的放牧地，对牧草优良、产草量高的优良牧场或牧草稀疏、覆盖不均匀的牧场均可采用。

不管采用何种放牧队形，放牧员都应做到"三勤"（腿勤、眼勤、嘴勤）、"四稳"（出入圈稳、放牧稳、走路稳、饮水稳）、"四看"（看地形、看草场、看水源、看天气），宁为羊群多磨嘴，不让羊群多跑腿，保证羊一日三饱。否则，羊走路多，采食少，不利于抓膘。

4. 原生态饲养注意事项

（1）饮水。给羊只饮水是每天必须要做的工作。要注意饮井水、河水和泉水等活水，不饮死水，以防寄生虫病的发生；饮水前羊要慢走，以防奔跑发喘喝呛水而引起异物性肺炎；喝水时不要呼喊、打鞭子；顶水走能喝到清水，慢走能喝足。

（2）舔盐。盐除了供给羊所需的钠和氯外，还能刺激食欲，增加饮水量，促进代谢，利于抓膘和保膘。成年羊每日每只供盐 10~15g，羔羊 5g 左右。简便的方法是把盐压成末，混合均匀撒在石板上，任其自由舔食。舍饲和补饲的可拌在饲料中饲喂，也可在制作青饲料时按比例加盐。

（3）做好"三防"，即要防野兽、防毒蛇、防毒草。在山地放牧防野兽的经验是，早防前晚防后，中午要防洼沟；为了防毒蛇危害，牧民在冬季挖土找群蛇、放火烧死蛇，其他季节是"打草惊蛇"；防毒草危害，牧民的经验是"迟牧，饱牧"，即让羊只吃饱草后再放入毒草混生区域放牧，可免受毒草危害。

（4）注意数羊。每天出牧前和归牧后要仔细清点羊只数量和观察羊只体况。遇有羊只缺失，应尽快寻回；若有羊只精神不佳或行动困难，应留圈治疗。

（5）定期驱虫和药浴。放牧饲养的羊只接触环境复杂，易感染各种寄生虫病。内、外寄生虫是羊抓膘保膘的大敌。春、秋两季驱虫防治绦虫、蛔虫、结节虫、鼻蝇幼虫、肝片吸虫等体内寄生虫，剪毛后药浴防治疥癣、虱等外寄生虫。

（二）仿生态饲养

粗放经营使畜牧业生产在很大程度上受自然条件和气候条件的制约，生产周期长，成本高，商品度低。按照羊的生物学特点建设标准化棚圈，圈舍是半舍饲和全舍饲养殖业的基础条件，也能有效避免传统畜牧业粗放的生产方式，其特点是资金和物质投入多、技术含量高、生产水平高、生产效益好。

1. 发展仿生态养羊的意义

（1）通过圈养，对草原生态起到保护作用，使得大部分草原能得到有效保护和利用，解决了草原生态畜牧业发展相矛盾问题。

（2）使畜牧业能够稳定、持续地发展。仿生态养羊对养羊业的贡献主要表现在 5 个方面，即快速增加羊只头数、加快周转、提高单产、产业化经营、克服自然灾害的威胁。

（3）增加养羊收入，提高经济效益。

2. 仿生态养羊的饲养方式

（1）全舍饲。畜牧业生产方式转变，其标志就是舍饲圈养，即不进行放牧，在圈舍内采用人工配制的饲料喂羊。要从规模上改变我国养羊业生产的落后状况，必须改变传统落后的饲养方式，尤其是农区和半农半牧区发展养羊业产业化生产，舍饲规模化饲养是根本出路之一。

饲料供应是舍饲养羊的基础，必须有足够的饲草料作为支撑，并做到饲料多样化。饲料分粗饲料和精饲料，粗饲料主要为各种青、干牧草，农作物秸秆和多汁块根饲料等；精饲料主要为玉米、麸皮、饼粕类和矿物质、维生素添加剂。

另外，建立科学合理的饲草供应体系，按照先种草后养羊的发展思路，抓好优质牧草的种植和科学的田间管理、田间收获及草产品调制技术。同时要充分利用农作物秸秆，发展青贮、氨化、微贮饲草，为舍饲羊准备好充足的饲草饲料，并且按照合理的日粮配比科学地提供饲料。

舍饲养羊要根据羊不同生长阶段、性别、年龄、用途等分类分圈饲养，并根据羊营养需要科学搭配饲草饲料，尽量供给全价饲料，严防草料单一，加强运动，供给充足清洁的饮水。同时要做好圈舍卫生消毒，定期做好传染病的预防免疫，驱除寄生虫，确保羊群健康发展。

（2）半舍饲。半舍饲养羊是把全年划分为 3 个饲养时期，不同的时期采用不同的饲养方法，即放牧、补饲、舍饲相结合的饲养方式。

①舍饲期（牧草萌发期）：5—7 月，牧草刚刚萌发返青，羊易"跑青"，必须实行圈养舍饲，才能保证羊正常的生长发育，也保护了草地。饲草以农作物秸秆、牧草、野草为主，另加 15% 的配合颗粒饲料，加入 10～15g 盐或在圈内放置盐砖任其自由舔食。每天分 3 次饲喂，并保证足量饮水。

②放牧期（盛草期）：8—11 月，牧草长势旺，绝大部分牧草处于现蕾或初花期至结实枯草期之间，营养丰富，产草量大，可充分利用天然草地的饲草资源放牧抓膘，全天放牧，一般不需补饲。

③补饲期（枯草期）：12 月至翌年 4 月，天气寒冷，风雪频繁。此时大地封冻，羊对林草地破坏较小。白天可放牧充分采食枯草和林间落叶，但牧草凋萎枯干，营养价值很低，需在晚间适当补饲，如有条件补充精料效果更好。

二、肉羊生态养殖的营养调控技术

（一）生态饲料的配制

1. 注意饲料原料的品质和适口性

饲料原料应来源于经认定的无公害、绿色产品及其副产品，且新鲜、无毒无害；原料应消化率高、营养变异小。选择优良蛋白质饲料，提高蛋白质利用率，减少粪尿氮的排放。做好料库的防潮、防霉、防鼠害工作，尽量缩短产品在库内的存放时间。

2. 充分利用当地饲料资源，开发生态饲料

生态养殖奶山羊或肉羊时，饲料使用尽量因地制宜，充分利用本地饲料资源。如稻草、酒糟、豆渣、花生藤等，价格便宜，可有效降低饲养成本，饲养效益好，保持生产的相对稳定性；种草养羊，科学选择牧草品种，施足基肥，适时刈割。新鲜牧草是提高羊产品品质的重要保障。牧草产量较为稳定，可缓解人、畜争粮的矛盾，是发展生态养殖业的重要途径；还可以利用玉米秸、甘薯藤等作物秸秆，过腹还田；用青贮饲料喂肉羊，提高秸秆消化利用率。

3. 满足营养需要，合理配制日粮

根据羊的不同生长阶段、生理阶段和生产水平进行日粮的配制，可以提高饲料利用率，增进健康，减少养分浪费和环境污染。主要包括以下几种。

（1）全价配合饲料。全价配合饲料能满足动物所需的全部营养，主要包括蛋白质、能量、矿物质、微量元素、维生素等物质。

（2）浓缩饲料（蛋白质补充饲料）。浓缩饲料是由蛋白质饲料、矿物质饲料及添加剂预混料配制而成的配合饲料半成品。只要再加入一定比例的能量饲料（玉米、高粱、大麦等）就成为满足动物营养需要的全价饲料。

（3）添加剂预混饲料。添加剂预混饲料是指用一种或多种微量的添加剂原料，与载体及稀释剂一起搅拌均匀的混合物。可用作生产全价配合饲料或蛋白补充饲料，不能直接饲喂动物。

（4）超浓缩饲料（精料）。介于浓缩饲料与预混合料之间的一种饲料类型。其添加剂预混料的基础上补充了一些高蛋白饲料及具有特殊功能的一些饲料作为补充和稀释，一般在配合饲料中添加量为 5%～10%。

4. 平衡营养，优化日粮组合

羊的日粮由粗饲料和精饲料组成。实践中，应注意精、粗比例适当，尽量使用多种原料，发挥各原料间的互补作用。精饲料种类应不少于 3 种，粗料种类不少于 2 种。

5. 通过饲料加工技术提高其营养价值

采用膨化、颗粒化、蒸汽压片技术可以提高饲料养分消化率和适口性，破坏其中的抗营养成分，改善饲料质量，减少粪便排出量。饲料粉碎、制粒可以减少饲料浪费，防止羊的挑食，提高饲料利用效率。

6. 严禁使用违禁饲料添加剂和药物

在配制饲料时，要严格遵守有关饲料法规和卫生标准，严禁使用违禁药物，严禁使用动物源性饲料，规范使用药物添加剂。

7. 做好粗料的加工利用

青干草要适时刈割，合理加工调制，科学贮存，保持最大的营养价值。一般认为，禾本科牧草在孕穗至抽穗期刈割。多年生豆科牧草以现蕾至初花期为刈割期。秸秆类饲草通过物理处理（粉碎、铡短）、化学处理（碱化、氨化）等方法，提高营养价值和利用率，改善适口性，减少浪费。青贮可以保证青绿饲料的营养价值，适口性好，耐贮存，可以供全年饲喂。

8. 确保计量设备的准确性和稳定性

定期对计量设备进行维护和检修，保证其精确性。样品室应保持清洁干燥，有专人负责保管。

（二）肉羊常用配合饲料特点

在饲料生产中，参照饲养标准制定出饲料配方，并依此配方生产的均匀一致、符合营养要求的大批量饲料产品，即为配合饲料。羊的配合饲料是根据羊的生产类型、生理阶段和生产水平对各种营养成分需要量制定出饲料配方，按饲料配方把多种饲料原料和添加成分按照规定的加工工艺配制成均匀一致、符合营养要求的饲料。羊的配合饲料的优点有以下5个方面。

第一，配合饲料是按羊的生产类型、生理阶段和生产水平配制的饲料，能满足羊的营养需要，最大限度地发挥羊的生产潜力。

第二，配合饲料是根据羊的营养需要，按照饲料配方，用多种原料配制而成。由于营养平衡，饲料间营养互补，因而可经济合理地利用饲料资源，提高饲料利用率，降低成本。特别是可充分利用饲料间的组合效应，提高低质粗饲料的消化利用。

第三，羊的配合饲料是工厂化、规模化生产，它可将饲料添加剂与原料混合均匀，这样既可满足羊的营养需要，又可防止营养缺乏症的产生。

第四，由于配合饲料采用了先进的技术与工艺，能及时应用科学研究的最新成就。加上良好的设备、质量管理标准化，饲料安全、方便，显著提高劳动生产率和经济效益。

第五，工厂化生产的饲料产品中添加了抗氧化剂、抗黏结剂等各种饲料添加剂，延长了饲料的保存期，且其体积小，便于运输，可降低保藏、运输等费用。

（三）肉羊常用配合饲料的分类

配合饲料可按营养成分及用途、饲养对象、饲料的物理形态分类。按营养成分和用途可分为添加剂预混料、浓缩饲料（料精）、全价配合饲料、精料补充料。按饲养对象可以划分为种公羊饲料、育成羊饲料、羔羊饲料、母羊饲料（空怀期、妊娠前期、妊娠后期、泌乳期）等。按物理形态可分为粉状饲料、散碎料、颗粒饲料、块（砖）状饲料、饼状饲料、压扁饲料、液体饲料等。

（四）肉羊常用日粮配合

1. 日粮

日粮是指满足 1 只羊一昼夜所需各种营养物质而饲喂的各种饲草饲料总量。日粮配合就是根据羊的饲养标准（每日每只所需营养素的数量）和饲料营养特性，选择若干种饲料原料按一定比例搭配，使日粮能满足羊的营养需要的过程。因此，日粮配合实质上是使饲养标准具体化。

2. 配合日粮的原则

（1）科学性。一是日粮要符合饲养标准，即保证供给羊只所需各种营养物质。但饲养标准是在一定的生产条件下制定的，各地自然条件和羊的情况不同，故应通过实际饲养的效果，对饲养标准酌情修订。二是正确确定精、粗比例和饲料用量范围。选用饲料的种类和比例，应取决于当地饲料的来源、饲料的适口性及羊消化生理特点，其体积要求羊能全部吃进去，同时还应保证供给 15%～20% 的粗纤维。三是激发和利用正组合效应的调控作用，提高饲料的利用率，同时还不能忽视负组合效应给生产带来的潜在损失。四是饲料种类保持相对稳定。如果日粮突然发生变化，瘤胃微生物不适应，会影响消化功能，严重者会导致消化道疾病。如需改变饲料种类，应逐渐改变，使瘤胃微生物有一个适应过程，过渡期一般 7～10d。

（2）安全性。所选择的饲料原料质量和添加剂均应符合国家标准和规定，使日粮不仅对羊无毒害作用，且某些在产品中的残留应在允许范围内。

（3）经济性。饲料成本占饲养成本的 70% 左右，提高养羊业的效益首先应从降低饲养成本入手。在配合日粮时，需因地制宜，充分利用当地的青、粗饲料，合理利用饼粕、糟渣等副产品，在保证营养供应的前提下尽量降低饲料成本。

（五）肉羊常用饲料配方设计的方法

配合日粮的方法分计算机求解法和手工计算法。手工计算法有试差法、对角线法、联立方程法等。其中试差法是手工配方设计最常用的方法。

1. 计算机求解法

利用计算机软件配合日粮，方法是将肉羊的体重、日增重以及饲料的种类、营养成分、价格等输入计算机，计算机程序会自动将配方计算好，并打印出来。用于配方设计的软件也很多，具体操作也各不相同，但无论哪种配方软件，所用原理基本是相同的，计算机设计配方的方法原理主要有线性规划法、多目标规划法、参数规划法等，其中最常用的是线性规划法，可优化出最低成本饲料配方。配方软件主要包括原料数据库和营养标准数据库管理系统、优化计算配方系统两个管理系统。多数软件都包括全价混合料、浓缩饲料、预混料的配方设计。对熟练掌握计算机应用技术的人员，除了购买现成的配方软件外，还可以应用 Excel（电子表格）、SAS 软件等进行配方设计，非常经济实用。

2. 试差法

试差法又叫凑数法。其方法是将各种饲料原料，根据专业知识和经验，确定一个大概比例，然后计算其营养价值并与羊的饲养标准相对照，若某种营养指标不足或者过量时，应调整饲料配比，反复多次，直至所有营养指标均满足要求时为止。

举例：为体重 35kg，预期日增重 200g 的生长育肥绵羊配制日粮，可选用的饲料有玉米秸青贮、野干草、玉米、麸皮、棉籽饼、豆饼、磷酸氢钙、食盐。计算步骤如下。

肉羊饲养标准与饲料成分表，列出必要参数（表5-1、表5-2）。

表5-1　体重35kg、日增重200g 的生长育肥羊饲料标准

干物质 [kg/（只·d）]	消化能 [MJ/（只·d）]	粗蛋白 [g/（只·d）]	钙 [g/（只·d）]	磷 [g/（只·d）]	食盐 [g/（只·d）]
1.05~1.75	16.859	187	4.0	3.3	9

表5-2　供选饲料养分含量

饲料名称	干物质	消化能 [MJ/（只·d）]	粗蛋白（%）	钙（%）	磷（%）
玉米秸青贮	26.0	2.47	2.1	0.18	0.03
野干草	90.6	7.99	8.9	0.54	0.09
玉米	88.4	15.40	8.6	0.04	0.21
麸皮	88.6	11.90	14.4	0.18	0.78
棉籽饼	92.2	13.72	33.8	0.31	0.64
豆饼	90.6	15.94	43.0	0.32	0.50
磷酸氢钙				23.00	16.00

一般羊粗饲料干物质采食量为体重的 2%~3%，本设计中选择 2.5%，35kg 体重的肉羊需粗饲料干物质为 0.875kg，其中 1/2 为玉米秸青贮（0.87×1/2＝0.44kg），1/2 为野干草（0.44kg）。计算出粗饲料提供的养分（表5-3）。

表5-3　粗饲料提供的养分量

饲料名称	干物质（kg）	消化能（MJ）	粗蛋白（g）	钙（g）	磷（g）
玉米秸青贮	0.44	4.17	35.50	3.04	0.51
野干草	0.44	3.88	43.25	2.62	0.44
合计	0.88	8.05	78.75	5.66	0.95
与标准相比差	0.17~0.87	8.84	108.25	1.66	-2.35

通过上述配比，粗饲料提供的营养与营养标准比较，不足的部分由混合精料供给。试定各种精料用量并计算出养分含量（表5-4）。

表5-4　试定精料养分含量

饲料种类	用量（kg）	干物质（kg）	消化能（MJ）	粗蛋白（g）	钙（g）	磷（g）
玉米	0.360	0.320	5.544	30.96	0.14	0.76
麸皮	0.140	0.124	1.553	20.16	0.25	1.09
棉籽饼	0.080	0.070	1.098	27.04	0.25	0.51
豆饼	0.040	0.036	0.638	17.20	0.13	0.20
尿素	0.005	0.005		14.40		
食盐	0.009	0.009				
合计	0.634	0.560	8.838	109.76	0.77	2.56

由表5-4可见，日粮中的消化能和粗蛋白已基本符合要求，如果消化能高（或低），应相应减（或增）能量饲料，粗蛋白也是如此，能量和蛋白符合要求后再看钙和磷的水平，两者都已超出标准，且钙、磷比为1.78∶1，属正常范围（1.5~2），不必补充相应的饲料。

此育肥羊日粮配方见表5-5和表5-6，添加剂预混料另加。

表5-5　育肥羊日粮配方

饲料	青贮玉米	野干草	玉米	麸皮	棉籽饼	豆饼	尿素	食盐
数量（kg）	1.69	0.49	0.36	0.14	0.08	0.04	5	9

表5-6　精料混合料配方

精料品种	玉米	棉籽饼	豆饼	尿素	食盐	麸皮
配方比率（%）	56.9	12.6	6.3	0.8	1.4	22

（六）舍饲羊参考饲料配方

1. 早期断奶羔羊

早期断奶羔羊采用以整粒玉米为主的日粮，其配方（%）：整粒玉米83、黄豆饼15、石灰石粉1.4、食盐0.5、微量元素和维生素添加剂0.1（折合每千克日粮中含硫酸锌150mg、硫酸钴5mg、硫酸钾1mg、氧化镁200mg、硫酸锰80mg、维生素A 5 000国际单位、维生素 D 1 000 国际单位、维生素 E 200 国际单位）。使用自动饲槽饲喂，自由采食与饮水。

2. 3~4 月龄断奶羔羊

国外肥育羔羊饲粮多为精料型，美国羔羊全精料强度育肥日粮配方（%）：玉米 89、蛋白质补充料 10、矿物质 1，含蛋白质 10.8%、代谢能 12.68MJ/kg。其蛋白质补充料组成（%）：大豆粕 50、麸皮 33、糖蜜 5、尿素 3、石灰石粉 3、磷酸氢钙 5、微量元素 1。维生素按每吨添加量计，维生素 A 150 万 IU、维生素 D 15 万 IU、维生素 E 1.5 万 IU。强化肥育期为 40~45d，中国细毛羊品种羔羊冬季短期舍饲育肥日粮配方（%）：玉米 50.2、苜蓿干草 15.9、菜籽饼 14.1、麸皮 10.6、湖草 2、玉米青贮料 6.7、食盐 0.5；其代谢能浓度为 11.2mJ/kg，含粗蛋白 14.9%、钙 0.41%、磷 0.37%。饲喂 88d，日增重 161g（胡坚，1990）。

3. 成年羊

成年羊肥育日粮参考配方（%）：玉米 50.2、菜籽饼 14.1、苜蓿干草 15.9、麸皮 10.6、湖草 2.0、玉米青贮料 6.7、食盐 0.5；每千克饲料含代谢能 11.72MJ、粗蛋白 149g、钙 4.1g、磷 3.5g。

三、肉羊各阶段的饲养管理

（一）种公羊的饲养管理

种公羊的基本要求是体质结实、不肥不瘦、精力充沛旺盛、精液品质好。种公羊精液的数量和品质取决于日粮的全价性和饲养管理的科学性与合理性。在饲养上根据饲养标准配合日粮。应选择优质的天然草场或人工草场放牧。补饲日粮应富含蛋白质、维生素和矿物质，品质优良、易消化、体积较小、适口性好等。在管理上，可采取单独组群饲养，并保证有足够的运动量。实践证明，种公羊最好的饲养方式是放牧加补饲。种公羊的饲养管理可分为配种期和非配种期两个阶段。

在中国的西北地区，体重 100~130kg 种公羊的配种期日粮，每日青干草（苜蓿、红豆草、冰草、青玉米苗及野杂草晒制而成）自由采食，补饲混合精料 0.7~1kg、鸡蛋 2~3 枚、豆奶粉 200g。混合精料组成：玉米 54%、豆类 16%（配种期增加到 30%）、饼粕 12%、麸皮 15%、食盐 2%、骨粉 1%。如在 2001—2005 年，甘肃省永昌肉用种羊场，配种期种公羊每日每只采精 2~3 次。饲养管理日程：种公羊在配种前一个月开始采精，检查精液品质。开始采精时，1 周采精 1 次，继后 1 周 2 次，以后 2 日 1 次。到配种时，每日采精 1~2 次，成年公羊每日采精最多可达 3 次。多次采精者，两次采精间隔时间至少为 2h。对精液密度较低的公羊，可增加胡萝卜的喂量；对精子活力较差的公羊，需要增加运动量。当放牧运动量不足时，每日早上可酌情定时、定距离和定速度增加运动量。种公羊饲养管理日程因地而异。

种公羊在非配种期，虽然没有配种任务，但仍不能忽视饲养管理工作。除放牧采食外，应补给足够的能量、蛋白质、维生素和矿物质饲料。

负责管理种公羊的人员，应当是年富力强、身体健康、工作认真负责、具有丰富的绵羊和山羊放牧饲养管理经验者，同时，管理种公羊的人员，非特殊情况时要保持相对稳定，切忌经常更换。

（二）繁殖母羊的饲养管理

对繁殖母羊，要求常年保持良好的饲养管理条件，以完成配种、妊娠、哺乳和提高生产性能等任务。繁殖母羊的饲养管理，可分为空怀期、妊娠期和泌乳期3个阶段。

1. 空怀期的饲养管理

主要任务是恢复体况。由于各地产羔季节安排的不同，母羊的空怀期长短各异，如在年产羔一次的情况下，母羊的空怀期一般为5—7月。在这期间牧草繁茂，营养丰富，注重放牧，一般经过2个月抓膘可增重10~15kg，为配种做好准备。

2. 妊娠期的饲养管理

母羊妊娠期一般分为前期（3个月）和后期（2个月）。

（1）妊娠前期。胎儿发育较慢，所增重量仅占羔羊初生重的10%。此间，牧草尚未枯黄，通过加强放牧能基本满足母羊的营养需要；随着牧草的枯黄，除放牧外，必须补饲，每日每只补饲优质干草或青贮饲料1.0~2.0kg。

（2）妊娠后期。胎儿生长发育快，所增重量占羔羊初生重的90%，营养物质的需要量明显增加。据研究，妊娠后期的母羊和胎儿一般增重7~8kg，能量代谢比空怀母羊提高15%~20%。此期正值严冬枯草期，如果缺乏补饲条件，胎儿发育不良，母羊产后缺奶，羔羊成活率低。因此，加强对妊娠后期母羊的饲养管理，保证其营养物质的需要，对胎儿毛囊的形成、羔羊出生后的发育和整个生产性能的提高都有利。在中国西北地区，妊娠后期的肉用高代杂种或纯种母羊，一般每日补饲精料0.5~0.8kg、优质干草1.5~2.0kg、青贮饲料1.0~2.0kg，禁喂发霉变质的和冰冻的饲料。在管理上，仍需坚持放牧，每日放牧，游走距离5km以上。母羊临产前1周左右，不得远牧，以便分娩时能回到羊舍。但不要把临近分娩的母羊整天关在羊舍内。在放牧时，做到慢赶、不打、不惊吓、不跳沟、不走冰滑地和出入圈不拥挤。母羊饮水时应注意饮用清洁水，早晨空腹不饮冷水，忌饮冰冻水，以防流产。

3. 哺乳期的饲养管理

抓好哺乳母羊的饲养管理，母羊产奶多，羔羊发育好，抗病力强，成活率高。如果母羊养得不好，不仅母羊消瘦，产奶量少，而且直接影响羔羊的生长发育。母羊产后1周圈内饲养，1周后可到附近草场放牧，每日返回2次，给羔羊哺乳，晚间母仔合群自由哺乳。母羊哺乳期可分为哺乳前期和哺乳后期。

（1）哺乳前期。母乳是羔羊主要的营养物质来源，尤其是出生后15~20日，母乳几乎是唯一的营养物质。应保证母羊全价饲养，以提高产乳量，否则母羊泌乳力下降，影响羔羊发育。带羔母羊50kg体重，每日产奶2kg，哺育双羔，每日需干物质2.2kg、消化能 32.6MJ、粗蛋白 197g、钙 8g、磷 5g、食盐 10g。因母羊产羔后的体力和水分消耗很大，消化机能较差，产后几日要给易消化的优质干草，饮用温水。为了提高母羊泌乳力，除给母羊喂充足的精料、优质干草、多汁饲料外，还应注意矿物质和微量元素的供给。可采用每日补给混合精料 0.5~1kg、干草 2kg、青贮 1~1.5kg、磷酸氢钙 10g、食盐 10g。母羊补饲重点要放在哺乳前期。母羊乳汁的多少，是影响羔羊成活的关键，母羊奶多，则羔羊发育好，抗病力强，成活率高，否则将影响羔羊成活。因此，要特别注意给母羊补饲。产单羔母羊每日喂精料 0.5kg、青贮及鲜草 5kg；产双羔母羊每日喂精料 0.75kg、青贮及鲜草 5kg；产三羔母羊每日喂精料 1kg、青贮及鲜草 7.5kg；产四羔以上母羊每日喂精料 1.5kg、青贮或鲜草 10kg。

（2）哺乳后期。母羊分娩后 3 月龄起，母羊泌乳力下降，母乳只能满足羔羊营养的 5%~10%。加之羔羊已具有采食植物饲料的能力，已不再完全依赖母乳生存，补饲标准可降低些，一般精料可减至 0.45kg、干草 1~2kg、青贮 1kg。

育成羊是指羔羊断乳后到第一次配种前的幼龄羊，多在 4~18 月龄。羔羊断奶后 5~10 个月生长很快，一般肉用和毛肉兼用品种公、母羊增重可达 15~30kg，营养物质需要较多。若此时营养供应不足，则会出现四肢高、体狭窄而浅、体重小、增重慢、剪毛量低等问题。育成羊的饲养管理，应按羊的品种类别、性别单独组群。夏、秋季主要是抓好放牧，安排较好的草场，放牧时控制羊群，放牧距离不能太远。羔羊在断奶并组群放牧后，仍需继续补喂一段时间的饲料。在冬、春季节，除放牧采食外，还应适当补饲干草、青贮饲料、块根饲料、食盐和饮水。补饲量应根据羊的品种类别和各养殖单位的具体条件而定。

（三）羔羊的饲养管理

在中国羔羊主要指断奶前处于哺乳期间的羊只。目前，中国羔羊多采用在 3 个月龄时断奶。有的国家对羔羊采用早期断奶，即在出生后 1 周左右断奶，然后用代乳品进行人工哺乳；还有采用出生后 45~50 日断奶，断奶后饲喂植物性饲料，或在优质人工草地上放牧。

羔羊出生后，应尽早吃到初乳。初乳中含有丰富的蛋白质（17%~23%）、脂肪（9%~15%）、矿物质等营养物质和抗体，对增强羔羊体质、抵抗疾病和排出胎粪具有重要的作用。据研究，初生羊不吃初乳将导致生产性能下降，死亡率增加。在羔羊 1 月龄之内，要确保双羔和弱羔能吃到奶。对初生孤羔、缺奶羔羊和多胎羔羊，在保证其吃到初乳的基础上，应找保姆羊寄养或人工哺乳，可用山羊奶、绵羊奶、牛奶、奶粉或者代乳品等。人工哺乳务必做到清洁卫生，定时、定量和定温（35~39℃），哺乳工具用奶瓶或饮奶槽，但要定期消毒，保持清洁，否则易患消化道疾病。对初生弱羔、初产母羊或护仔行为不强的母羊所产羔羊，需人工辅助羔羊吃乳。母羊和初生羔羊一般要共同生活 7 日左右，才有利于初生羔羊吮吸初乳和建立母仔。羔羊 10 日龄，就可以开始训练吃草料，以刺激其消化器官的发育，促进其心、肺功能健全。在圈内安装羔羊补饲栏（仅能让羔羊进去）让羔羊自由采食，少给勤添；待全部羔羊都会吃料后，再改为定时、定量补料，每只日补喂精料 5~10g。羔羊生后 70 日内，晚上母仔应在一起饲养，白天羔羊留在羊舍内，母羊在羊舍附近草场上放牧，中午回羊舍喂一次奶。为了便于"对奶"，可在母、仔体侧编上相同的临时编号，每日母羊放牧归来，必须仔细地对奶。羔羊 20 日龄后，可随母羊一起放牧。

羔羊 1 月龄之后，逐渐转变为以采食为主，除哺乳、放牧采食外，可补给一定量的草料。例如，肉用羊和细毛羊，1~2 月龄每日喂 2 次，补精料 10~50g；3~4 月龄，每日喂 2 次，补精料 150~250g。饲料要多样化，最好有玉米、豆类、麦麸等 3 种以上的混合饲料和优质干草等优质饲料。胡萝卜切碎，最好与精料混合饲喂羔羊，饲喂甜菜每日不能超过 50g，否则会引起拉稀，继发胃肠病。羊舍内设自动饮水器或水槽，放置矿物质舔砖、盐槽，也可在精料之中混合饲喂。

（四）育成羊的饲养管理

育成羊是指羔羊断乳后到第一次配种前的幼龄羊，多在 4~18 月龄。羔羊断奶后 5~10 个月生长很快，一般肉用和毛肉兼用品种公、母羊增重可达 15~30kg，营养物质需要较多。若此时营养供应不足，则会出现四肢高、体狭窄而浅、体重小、增重慢、剪毛量低等问题。育成羊的饲养管理，应按羊的品种类别、性别单独组群。

夏、秋季主要是抓好放牧，安排较好的草场，放牧时控制羊群，放牧距离不能太远。羔羊在断奶并组群放牧后，仍需继续补喂一段时间的饲料。在冬、春季节，除放牧采食外，还应适当补饲干草、青贮饲料、块根饲料、食盐和饮水。补饲量应根据羊的品种类别和各养殖单位的具体条件而定。

（五）生态养羊日常管理

1. 羊群管理

（1）种羊场羊群。一般分为繁殖母羊群、育成母羊群、育成公羊群、羔羊群及成年公羊群，一般不留羯羊群。

（2）商品羊场羊群。一般分为繁殖母羊群、育成母羊群、羔羊群、公羊群及羯羊群，一般不专门组织育成公羊群。

（3）肉羊场羊群。一般分为繁殖母羊群、后备羊群及商品育肥羊群。

（4）羊群规模大小。一般细毛羊母羊为 200~300 只，粗毛或半细毛母羊 400~500 只，羯羊 800~1 000 只，育成母羊 200~300 只，育成公羊 200 只。

2. 编号

为了便于辨认个体与记录，应对每只羊进行编号，编号的方法有耳标法、刺字法、剪耳法及烙字法 4 种，当前采用较多的是耳标法和剪耳法。

（1）耳标法。耳标用塑料制成，有圆形和长方形两种。长方形的耳标在多灌木的地区放牧时容易被挂掉，圆形的比较牢靠。舍饲羊群多采用长方形耳标。耳标编号上应反映出羊的品种、出生年月、性别、单双羔及个体顺序号，通常插于左耳基部。编号采用6位数，即 ABCDDD，A 为年号的尾数，B 为品种代号，C 为种公羊代号，DDD 为羊个体顺序号，单号为公羔，双号为母羔，如 2009 年出生的德肉美（代号设为 1）公、母羔羊各 1 只，其父代号为 3 号，其编号为公羔 913001、母羔 913002。

（2）剪耳法。用专门的剪刀钳在羊的耳朵上打缺口或圆孔来代表羊号。

3. 捕羊和导羊前进

捕羊和导羊前进是羊群管理上经常遇到的工作。正确的捕捉方法是：趁着羊不备时迅速抓住羊的左后肢或右后肢关节以上部位。当羊群鉴定或分群时，必须把羊引导到指定的地点。羊的性情很倔强，不能扳住羊头或犄角使劲牵拉，因为人越使劲，羊越往后退。正确的方法是：用一只手扶在羊的颈下，以便左右其方向，另一只手放在羊尾根处，为羊搔痒，羊即前进。

4. 羔羊去势

为了提高羊群品质每年对不作种用的公羊都应该去势，以防杂交乱配。去势俗称阉割，去势的羔羊被称为羯羊。去势后公羊性情温顺便于管理易于育肥，肉无膻味，且肉质细嫩。性成熟前屠宰上市的肥羔一般不用去势。公羔去势的时间为出生后 2~3 周，天气寒冷亦可适当推迟，不可过早或过晚，过早则睾丸小去势困难；过晚则睾丸大、切口大出血多，易感染。

去势方法通常有 4 种，即刀切法、结扎法、去势钳法及化学去势法，常用的是刀切法和结扎法。

（1）刀切法。由一个人固定羔羊的四肢，用手抓住四蹄，使羊腹部向外，另一个人将阴囊上的毛剪掉，再在阴囊下 1/3 处涂以碘酒消毒，左手握住阴囊根部，将睾丸挤向底部，用消毒过的手术刀将阴囊割破，把睾丸挤出，慢慢拉断血管与精索。用同样方法取出另一侧睾丸。阴囊切口内撒消炎粉，阴囊切口处用碘酒消毒。去势羔羊要放在干净棚舍内，保持干燥清洁不要急于放牧。以防感染或过量运动引起出血。过 1~2 日须检查一次，如发现阴囊肿胀，可挤出其中血水，再涂抹碘酒和消炎粉。在破伤风疫区，在去势前对羔羊注射破伤风抗毒素。

（2）结扎法。结扎法常在羔羊出生 1 周后进行，一种方法是，将睾丸挤于阴囊内，用橡皮筋将阴囊紧紧结扎，经半个月后，阴囊及睾丸血液供应断绝而萎缩并自行脱落。另一种方法是，将睾丸挤回腹腔，在阴囊基部结扎。使阴囊脱落，睾丸留在腹内，失去精子形成条件，达到去势的目的。

5. 去角

有些奶山羊和绒山羊长角，这给管理带来很大的不便，个别性情暴躁的种公羊还会攻击饲养员，造成人身伤害。为了便于管理工作，羔羊在出生后 10 日内需进行去角。去角方法有化学法和烧烙法两种。

（1）化学法。一般用棒状苛性钠（氢氧化钠）在角基部摩擦，破坏其皮肤及角原组织。操作方法：先把羔羊固定住，然后摸到头部长角的角基，用剪子剪掉周围的毛，并涂以凡士林，防止碱液损伤到别处的皮肤。将表皮摩擦至有血液渗出时为止，以破坏角的生长芽。去角时应防止苛性钠摩擦过度，否则易造成出血或角基部凹陷。

（2）烧烙法。将烙铁置于炭火中烧至暗红，或用功率为 300W 的电烙铁对羔羊的角基部进行烧烙，烧烙的次数可多一点，但是须注意烧烙时间不要超过 10s，当表层皮肤破坏并伤及角原组织后即可结束，对手术部进行消毒处理。

6. 断尾

细毛羊与二代以上的杂种羊尾巴细长，转动不灵，易使肛门与大腿部位很脏，也不便于交配，因此需要断尾。断尾一般在羔羊出生后 1 周内进行，将尾巴在距离尾根 4~5cm 处断掉，所留长度以遮住肛门及阴部为宜。通常断尾方法有热断法和结扎法两种。

（1）热断法。断尾前先准备一块中间留有圆孔的木板将尾巴套进，盖住肛门，然后用烙铁断尾器在羔羊的第三至第四尾椎间慢慢切断。这种方法既能止血又能消毒。如断尾后仍有出血，应再烧烙止血。最后用碘酒消毒。

（2）结扎法。结扎法是用橡皮筋或专用的橡皮圈，套在羔羊尾巴的第三至第四尾椎间，断绝血液流通，经 7~10 日，下端尾巴因断绝血流而萎缩、干枯，从而自行脱落。这种方法不流血，无感染，操作简便，还可避免感染破伤风。

7. 羊的年龄鉴定

羊的年龄鉴定可根据门齿状况、耳标号和烙角号来确定。

（1）根据门齿状况，鉴定年龄。绵羊的门齿依其发育阶段分为乳齿和永久齿。

幼年羊乳齿计 20 枚，随着绵羊的生长发育，逐渐更换为永久齿，成年时达 32 枚。乳齿小而白，永久齿大而微带黄色。上、下颚部各有臼齿 12 枚（每边各 6 枚），下颚有门齿 8 枚，上颚没有门齿。

羔羊出生时下颚即有门齿（乳齿）1 对，生后不久长出第二对门齿，生后 2~3 周长出第三对门齿，第四对门齿于生后 3~4 周时出现。第一对乳齿脱落更换成永久齿时年龄为 1~1.5 岁，更换第二对时年龄为 1.5~2 岁，更换第三对时年龄为 2~3 岁，更换第四对时年龄为 3~4 岁。4 对乳齿完全更换为永久齿时，一般称为"齐口"或"满口"。

根据门齿磨损程度鉴定 4 岁以上绵羊年龄。一般到 5 岁以上绵羊牙齿即出现磨损，称"老满口"。6~7 岁时门齿已有松动或脱落，这时称为"破口"。门齿出现齿缝、牙床上只剩点状齿时，已达 8 岁以上年龄，称为"老口"。

绵羊牙齿的更换时间及磨损程度受很多因素的影响。一般早熟品种羊换牙比其他品种早 6~9 个月完成，个体不同对换牙时间也有影响。此外，与绵羊采食的饲料亦有关系，如采食粗硬的秸秆可使牙齿磨损加快。

（2）根据耳标号和烙角号，判断年龄。现在生产中最常用的年龄鉴定还是根据耳标号、烙角号（公羊）进行。一般编号的头一个数是出生年度，这个方法准确、方便。

8. 剪毛和抓绒

（1）剪毛。

①剪毛时间：细毛羊、半细毛羊只在春天剪毛一次，如果一年剪毛 2 次，则羊毛的长度达不到精纺要求，羊毛价格低，影响收入；粗毛羊可一年剪毛 2 次。剪毛的时间应根据当地的气温条件和羊群的膘情而定，最好在气温比较稳定和羊只膘情恢复后进行。中国西北牧区一般在 5 月下旬至 6 月上旬剪毛；高寒牧区在 6 月下旬至 7 月上旬剪毛；农区在 4 月中旬至 5 月上旬剪毛。过早剪毛，羊只易遭受冷冻，造成应激；剪毛过晚，一是会阻碍体热散发，羊只感到不适而影响生产性能；二是羊毛会自行脱落而造成损失。

②剪毛方法：剪毛应先从价值低的羊群开始，借以熟练剪毛技术。从品种讲，先剪粗毛羊，后剪半细毛羊、杂种羊，最后剪细毛羊。同品种羊剪毛的先后，可按羯羊、公羊、育成羊和带羔母羊的顺序进行。剪毛时，将羊的左侧前后肢捆住，使羊左侧卧地，先由后肋向前肋直线剪开，然后按与此平行方向剪腹部及胸部毛，再剪前、后腿毛，最后剪头部毛，一直将羊的半身毛剪至背中线。再用同样方法剪另一侧毛。

③注意事项：剪毛前 12~24h 不应饮水、补饲和过度放牧，以防剪毛时翻转羊体引起肠扭转等事故发生。剪毛时动作要轻、要快，应紧贴皮肤，留茬高度保持在 0.3~0.5cm 为宜，毛茬过高影响剪毛量和毛的长度，过低又易伤及皮肤。剪毛时，即使毛茬过高或剪毛不整齐，也不要重新修剪，因为二刀毛剪下来极短，无纺织价值，不如留下来下次再剪。剪毛时注意不要伤到母羊的奶头及公羊阴茎和睾丸；剪毛场地事先须打扫干净，以防杂物混入毛中，影响羊毛的质量和等级；剪毛时应尽量保持完整套毛，切忌随意撕成碎片，否则不利于工厂选毛；包装羊毛须使用布包，不能使用麻包，以免麻丝混入毛中影响纺织和染色。

（2）抓绒。绒山羊，抓绒的时间一般在 4 月，当羊绒的毛根开始出现松动时进行。一般情况下，常通过检查山羊耳根、眼圈四周毛绒的脱落情况来判断抓绒的时间。这些部位绒毛毛根松动比较早，一般规律是：体况好的羊先脱，体弱的羊后脱；成年羊先脱，育成羊后脱；母羊先脱，公羊后脱。

抓绒的方法有两种，一是先剪去外层长毛后抓绒；二是先抓绒后剪毛。先用稀梳顺毛沿颈、肩、背、腰、股等部位由上而下将毛梳顺，再用密梳作反方向梳刮。抓绒时，梳子要贴紧皮肤，用力均匀，不能用力过猛，防止抓破皮肤。第一次抓绒后，过 7 日左右再抓一次，尽可能将羊绒抓净。

9. 药浴和驱虫

（1）药浴。定期药浴是羊饲养管理的重要环节。药浴的目的主要是防止羊虱子、蜱、疥癣等体外寄生虫病的发生。这些羊体外寄生虫病对养羊业危害很大，不仅造成脱毛损失，更主要是羊只感染后瘙痒不安，采食减少，逐渐消瘦，严重者造成死亡。

药浴一般在剪毛后 10~15 日进行，这时羊皮肤的创口已经基本愈合，毛茬较短，药液容易浸透，防治效果好。药浴应选择晴朗、暖和、无风的上午进行。在药浴前 8h 停止喂料，在入浴前 2~3h，给羊饮足水，以免羊进入药浴池后因为干渴而喝药水中毒。

常见的药浴药物有螨净、敌百虫等。药浴的方法有池浴法和喷雾法。池浴法在药浴池中进行，药液深度可根据羊的体高而定，以能淹没羊全身为宜。入浴时羊鱼贯而行，药浴持续时间为 2~3min。药浴池出口处设有滴流台，出浴后羊在滴流台上停留 20min，使羊体上的药液滴下来流回药浴池。药浴的羊只较多时，中途应补充水和药物，使药液保持适宜的浓度。对羊的头部，需要人工淋洗，但是要避免将药液灌入羊的口中。药浴的原则是健康羊先浴，有病的羊最后浴。怀孕 2 个月以上的羊一般不进行药浴。

喷雾法是将药液装在喷雾器内，对羊全身及羊舍进行喷雾。

（2）驱虫。羊的寄生虫病是养羊业中最常见的多发病，是影响养羊生产的重大隐患，是养羊业的大敌。羊的寄生虫病不仅影响家畜的生长发育，降低饲料的利用率，还会降低羊只的生产性能，同时它比家畜急性死亡所造成的经济损失更大，是引起羊只春季死亡的主要原因之一。驱虫方法如下。

①科学用药：选购驱虫药时要遵循"高效、低毒、广谱、价廉、方便"的原则。根据不同畜禽品种，选药要正确，投药要科学，剂量要适当。当一种药使用无效或长期使用后要考虑换新的驱虫药，以免畜禽产生抗药性。

②选择最佳驱虫时间：羊只体内外的寄生虫活动具有一定规律性，要依据对寄生虫生活史和流行病学的了解，制定有针对性的方案，选择最适宜的时间进行驱虫。羊的驱虫通常在早春的 2—3 月和秋末的 9 月进行，幼畜最好安排在每年的 8—10 月进行首次驱虫。冬季驱虫可将防治工作的重点由成虫转向幼虫，将虫体消灭在成熟产卵之前。由于气候寒冷，大多数的寄生虫卵和幼虫是不能发育和越冬的，所以冬季驱虫可以大大减少对牧草的污染，有利于保护环境，同时也可预防和减少羊只再次感染的机会。

③必须做驱虫试验：要先在小范围内对小群羊进行驱虫试验。一般分为对照组和试验组，每组头数不能少于 3 只，一般每组 4 只。在确定药物安全可靠和驱虫效果后，再进行大群、大面积驱虫。

④驱虫前绝食：驱虫前要对绵羊绝食，但究竟绝食多长时间为宜，说法不一。有资料介绍驱虫前一日即不放牧不喂饲，或前一天的下午绝食。对此有学者专门做过多次试验，结果表明，驱虫前绝食时间不能过长，只要夜间不放不喂，于早晨空腹时投药，其治疗效果与绝食一天并无差异。驱虫前绝食时间太长，不但会影响绵羊抓膘，也易因羊腹内过于空虚而发生中毒甚至死亡。

第三节　肉羊的生态养殖模式分析

一、肉羊生态养殖模式类型

肉羊生态养殖是维护和改善生态环境，提高肉羊生态养殖效益的一种可持续发展的养殖方式，是目前肉羊产业发展最迫切需要的生产模式，是肉羊产业摆脱污染、浪费、肉羊生产性能低和草地退化之间的恶性循环局面，走健康、绿色养殖业道路的必然选择，符合国家节能减排，转变经济增长方式、发展环境友好型养殖业的战略方针。目前，中国肉羊生态养殖模式很多，国家现代肉羊产业技术体系统计资料表明，根据肉羊产业区域分布及肉羊生产的特点，可将其划分为牧区放牧肉羊生态养殖、农区或半农半牧区秸秆利用肉羊生态养殖、南方草山草坡放牧肉羊生态养殖和人工草地系统肉羊生态养殖4种生态模式。

（一）牧区放牧肉羊生态养殖模式

牧区放牧肉羊生态养殖模式是指利用牧区广阔的草原，在人为因素的作用下，使羊只在草地上不受限制地采食牧草并将其转化为肉、毛、奶等畜产品，且能较好地维持草地生态环境的一种肉羊生态养殖的生产模式。肉羊品种以绵羊为主，此生产模式的优点是充分顺应羊的生物学规律，利用天然草地放牧养羊，大幅度地降低了养羊的生产成本。羊只在放牧过程中得到充分的运动，并接受阳光中紫外线照射和各种气候条件的锻炼，生长发育良好，抗病力强，羊肉品质较好。此生产模式的缺点是肉羊生长速度慢，容易受到气候的直接影响。草场管理不善，易造成草地退化、沙化、盐渍化。此模式主要分布在中国的北方牧区，如内蒙古呼伦贝尔、锡林郭勒，西藏、甘肃、青海及新疆等少数民族地区。这些地区拥有较好的自然草场条件和悠久的放牧畜牧业历史传统，天然草地面积大并且连接成片，但草地生产力不均衡，牧草品质参差不齐。肉羊饲养主要以绵羊为主，放牧羊群的规模大小不一。近年来，由于部分牧区"过牧"造成草地沙化严重，自然灾害频发；草场面积太大，治理和改良耗资巨大；牧民自身消耗肉类食品较大等原因，难以提供较多的羊肉等产品以满足市场需求。

（二）农区或半农半牧区秸秆利用肉羊生态养殖模式

在农区和半农半牧区（以饲养绵羊、山羊为主），主要采用千家万户分散饲养。常年优质牧草供给不均衡或无保障、管理粗放、饲料转化率低、难以控制产品质量、缺乏市场竞争力、养羊生产始终处于被动困难局面。这种传统的分散、小规模的生产模式，导致了现代畜牧科学技术的推广步骤较为艰难。为了促进肉羊业产业化进程，必须转变观念，大胆改革传统落后的饲养方式和生产模式。

在农区和半农半牧区，山水富饶，水热条件优越，大多处于温带或亚热带，雨量充沛，适宜牧草生长，许多地区终年不断青。在农区有草山草坡和荒地，可以小范围地放牧利用。这是牧区和北方地区无法比拟的（北方冬季时间长达5~6个月，气候严寒，饲草料缺乏）。在农区或半农半牧区，除可以利用大量的天然饲草外，还可大量种植优质牧草，有大量的农副作物秸秆待开发和利用（目前利用率为10%~20%）。近年来，农区和半农半牧区肉羊业生产高速发展，为市场提供了较多的羊肉食品等。中国的羊肉市场需求潜力是巨大的，农区和半农半牧区是今后中国肉羊业产业化和羊肉供给的重点地区。众所周知，中国的养羊生产水平和技术发展仍然比较落后，基础设施和技术装备严重滞后，直接制约着应用技术的转化和整体生产水平的提高。特别是由于受传统观念束缚，对养羊生产重视不够，投入不足，长期片面追求发展速度，导致草场超载过牧，土地沙化，生态环境恶化，根本无法保证全年饲草的均衡供给，导致牧区养羊数量和质量下降。已经兴起的农区养羊业长期停留在户养、小养、低投入、低产出的小生产状态，无法形成规模饲养和规模效益。要从根本上改变中国羊业生产的落后状况，必须改变传统落后的饲养方式，尤其是在农区和半农半牧区发展羊业产业化生产，舍饲规模化饲养是根本出路，其中设计好羊舍、运动场，配合好羊的各种饲料，管理好各项生产环节，才能生产出优质、安全健康的羊肉产品。这是生态养羊，也是农区或者半农半牧地区养羊发展的最终目的。

（三）南方草山草坡放牧肉羊生态养殖模式

在人为因素的作用下，通过放牧使得羊只在草地上自由采食从而生产肉、毛、奶等畜产品的一种肉羊生态养殖的生产模式。肉羊生态养殖以山羊为主。此生产模式的优点是充分利用南方尚未开发利用的草山草坡放牧养羊，降低养羊的生产成本，充分适应山羊喜攀登陡坡和悬崖等生物学特性，山羊在放牧过程得到锻炼，羊的生长发育良好、抗病力强，羊肉品质好。缺点是肉羊生长速度慢。这种饲养方式主要分布在贵州、广西、云南等地的山区。草地资源丰富，单位面积生物量高，但草地较分散、面积小，因此饲养规模较小。

（四）人工草地系统肉羊生态养殖模式

人工草地系统肉羊生态养殖生产模式是指在完全破坏天然植被草地上，利用农业综合技术播种建植新的人工草本群落，并对其进行科学养羊的一种生产肉羊的模式。根据草地利用方式不同可分为以放牧为主的肉羊生态养殖模式和以刈割为主的肉羊生态养殖模式两种。此生产模式的优点是通过播种建植人工草地，可提高单位面积草地牧草产量和质量，有利于肉羊生长发育和生产，可实现生态环境保护与经济效益双丰收。这种模式在全国各地均有分布。只要草地生产力较好、气候条件较好，均可发展。

二、肉羊生态养殖案例解析

根据国家现代肉羊产业技术体系总结资料表明，内蒙古、湖北、陕西、四川、新疆等地，近年来在多年发展肉羊产业过程中，总结了许多典型的肉羊高效养殖发展经验和模式，不仅获得显著的经济效益，而且收到明显的社会效益和生态效益。这些区域先进的经验和做法，可以因地制宜地推广和示范。

（一）湖北省十堰市的"1235"养羊模式

该模式的基本含义是一个农户建设一栋标准羊舍（76m²），饲养 20 只基础母羊，种植 3 亩优质牧草，年出栏肉羊 50 只。2011 年，十堰市"1235"养羊模式户达到了 3 124

户，规模养殖比重达到了90%以上。据调查，"1235"养羊户年纯收入3万元，只均增收90元以上。饲养的主要品种有马头山羊、波尔山羊和努比羊种羊及其杂种羊，至2011年，山羊饲养量达到170万只，出栏90万只，产值90亿元，纯收入7.3亿元，山羊产业从业劳动力10万人，人均纯收入7 300元，比当年农民人均纯收入高出4 000元，显示出良好的发展前景，完善了养羊生产、羊产品加工、销售等产业链条，创建了品牌。通过试验、示范，带动本地区肉羊产业全面发展。

（二）陕西家庭适度规模肉羊生态养殖模式

陕西省麟游县地处关中西部宝鸡市东北部，属渭北旱源丘陵沟壑区，全县总面积1 704km²，平均海拔1 271m。全县共有农、林、牧等生产性用地249.6万亩，有放牧草场75.8万亩，人工种草10万亩，饲草资源理论载畜量为1 377万个羊单位，发展生态肉用山羊养殖具有得天独厚的优势。"闫怀杰户养模式"是在推广麟游县桑树源乡桑树源村养羊户闫怀杰养殖波尔山羊经验的基础上，探索总结出的适合农户家庭适度规模养殖的肉羊生产经营模式，具有投资少、风险小、见效快的特点。该模式是指每个农户饲养30只适繁母羊，当年繁殖，育肥出栏肉羊30只以上，每户年收入2万元以上。该模式的主要内容就是利用肉羊品种波尔山羊作为终端父本杂交改良本地奶山羊，充分利用杂交改良后代出生重、生长快（杂交1代比当地山羊增重高出30%左右）、肉质鲜嫩、耐粗饲、抗逆性强等特点，采用波尔肉羊饲养管理规范（母羊饲养管理技术规范、羔羊饲养管理技术规范、育成羊饲养管理技术规范、育肥羊饲养管理技术规范，在人为因素的作用下，通过放牧使得羊只在草地上自由采食从而生产肉、毛、奶等畜产品的一种肉羊生态养殖的生产模式。

（三）贵州"五、四、三、二"养羊模式

五即"五改"，改劣杂品种为优质品种，改阴潮地圈为干爽楼圈，改野生杂草为优质牧草，改单一放牧为舍养补饲，改长时间育肥为适时出栏；四即"四推"，推广适度规模养殖，推广经济杂交改良，推广母羊、羔羊和育肥羊补饲，推广疫病综合防治技术；三即"三结合"，养羊业与种植结构调整相结合，养羊业与退耕还林相结合，养羊业与生态环境保护相结合；二即"两提高"，提高生态环境效益，提高养羊经济效益。该模式在贵州省仁怀市肉羊发展过程中发挥着重要的促进作用。

（四）内蒙古全产业链发展的肉羊生态养殖模式

内蒙古巴彦淖尔市是全国地级市中规模最大、常年育肥、四季均衡出栏的肉羊生产加工基地，有"全国肉羊看内蒙，内蒙肉羊看巴盟"之说，被内蒙古自治区列为肉羊产业重点发展优势区域之一。巴彦淖尔市构建肉羊全产业链的基本经验是在制定了完善的肉羊产业发展政策的基础上，推行草畜结合，重点扶持。该地区依托河套地区具丰富的粮食、农副产品、秸秆资源这一得天独厚的优势，调整畜牧业发展战略，把发展肉羊产业作为调整农业产业结构、增加农牧民收入，推动农区畜牧业发展的重中之重。通过推

广巴美种公羊,以多胎繁殖性能的纯种或杂 1 代、杂 2 代寒羊为母本,开展经济杂交,大力发展集中育肥,建立优质肉羊商品生产带,在通过培育、扩繁巴美肉羊的基础上,利用巴美肉羊改良杂交当地细杂母羊,建立肉、毛、繁兼优的肉羊生产带。提倡高效生态、标准化经营,全面推广肉羊生态、高效养殖配套技术。各级畜牧部门坚持"服务到位、指导到户、点面结合"的原则,实行包村、包组挂牌服务。在科技服务中要求科技人员掌握并推广"七个硬件"(即种羊、基础母羊、种植、青贮窖、贮草房、饲草料加工机具、标准化棚圈)、"六项技术"(即畜种改良、饲草料配合饲喂、秸秆青贮、棚圈建设、模式化饲养、疫病防治)。特别是改变传统粗放型的经营生产方式,实现肉羊生态养殖,加快牲畜营养工程,进一步提高舍饲精养水平。

三、肉羊生态养殖的经营管理模式分析

(一)肉羊生态养殖的经营

要成功地经营规模肉羊养殖场,除了管理者的远见卓识和优秀企业的核心团队,还要有创新。企业的实质就是一个物品与物品间等价劳动力的交换。经营公司盈利的前提就是借助技术、管理等生产出数量多、质量好的产品。要扩大规模,提高生产效益,增强市场风险抵御能力,实现从传统资源向产业优势的转变,形成一个具有特色的专业化羊场就必须有创新精神,要以技术为先导,市场为导向,政策为依托,互利为纽带,最终实现盈利。

目前,一谈到肉羊养殖,大多数人的第一反应就是放羊,放牧模式持续至今已有 5 000 年,而生产条件、自然环境的改变,以及现代化企业的发展使中国肉羊养殖业生产模式发生着巨变。

现代化企业的经营理念是实现肉羊标准化养殖的前提,"解放思想、创新观念"仍然是肉羊养殖发展的瓶颈。

1. 企业战略

企业成功的方向保证。企业战略是在分析外部环境和内部条件的基础上,为求得企业的生存和发展而作出的总体的长远谋划。企业战略要具有全局性、纲领性、长远性、竞争性的特点。没有战略,就没有企业的长远发展。

2. 企业形象

企业形象是企业无形的竞争资本,由企业的外观特征和内在精神两方面构成。包括企业的名称、徽标、商标、商品的名称、广告、建筑式样。体现在包装、工作服装、价值观念和行为准则、经营管理特色、对产品和服务质量的追求、创新和开拓精神、遵纪守法和诚实正派的经营作风等。

企业的实力是企业形象的骨架,良好的企业形象是企业重要的无形财富和宝贵资源,它可以给企业带来诸多利益。对内可以加强企业的凝聚力、向心力,可以提高职工对企业的归属感、自豪感,使职工关注企业经营,重视企业效益,珍惜企业信誉,为企

业的生存和发展而努力拼搏，提高企业的知名度、美誉度、可信度和影响力，从而提高企业全方位的竞争能力。

3. 企业信誉

企业信誉是企业经营的坚实基础。"百金买名，千金买誉"，经商以信为本。诚招天下客是古之明训，随着经济的发展和社会的进步，信誉越来越成为企业兴旺发达的促进要素。企业信誉是一个体系，它包括产品信誉（商标、质量、包装）、经营信誉（广告、计量、合同）和服务信誉。谁具有好的信誉，谁就会在市场竞争中取胜，就能长远发展。

4. 管理者的威望

管理者的威望是领导效能的必要条件。领导必须具有权威，才能促使团体向既定目标前进。权威一方面关系到权力正确运用，另一方面又能起到职权所起不到的作用。在现实生活中一些领导之所以不能成功不是他们没有权力，而是缺少能正确运用权力的智能，而且多是不具有征服人心的威望。权力是有形的，它可以驱使人的肉体；威望是无形的，它可以征服人的灵魂。没有威望的领导者，是无力的领导，在特定的条件下，它会导致权力失效。

5. 职工的觉悟

职工的觉悟是企业成功的强大动力。企业由人员组成，管理的核心就是调动人的积极性、主动性和创造性。在一定意义上说，企业职工的精神风貌和思想觉悟的高低，决定着企业的现状和未来。

6. 企业文化

企业文化是企业永续经营的基础。企业文化的影响力表现在导向性、渗透性和强化性这3个相关的特性方面，是企业的无形资产。有些企业文化需要企业家的培育和倡导，企业家决定着企业文化的发展方向，而优秀企业文化的形成，则为企业家的成功奠定了基石。

7. 经营机制

经营机制是企业成功的内在保证。企业作为一个系统由人、财、物、信息等要素，产、供、销等子系统构成，而且存在于系统外的政治、经济、文化、法律、地理等环境之中。这就决定了企业经营机制的作用过程，是企业自求平衡、自我调节、自我发展的保证体系，其作用体现在企业系统动态适应环境的过程中。国内外许多企业的成功和失败都可以最终从其经营机制上找到原因。

（二）肉羊生态养殖的管理

现代化的管理模式，是生态肉羊产业发展的必备条件。

1. 企业文化管理

一个成功企业的发展离不开企业文化，肉羊场也如此。

2. 生产指标绩效管理

建立完善生产激励机制，对生产一线员工进行生产指标绩效管理。由于员工之间的工作是紧密相关的有时是不可分离的，所以承包到人的方法不可取，不适合搞利润指标承包，只适合搞生产指标奖罚。生产指标绩效工资方案就是在基本工资的基础上增加一个浮动工资即生产指标绩效工资。生产指标也不要过多过细，以免造成结算困难，突出不了重点。

3. 组织架构、岗位定编及责任分工

羊场组织架构需精练明了，岗位定编科学合理。一般来说，一个1 000只规模化种羊场定编12人。责任分工以层层管理、分工明确、场长负责制为原则。具体工作专人负责，既有分工，又有合作，下级服从上级；重点工作协作进行，重要事情通过场领导班子研究解决。每个岗位每个员工都有明确的岗位职责。

4. 生产机会与技术培训

为了定期检查、总结生产上存在的问题，及时研究出解决方案；为了有计划地布置下一阶段的工作，使生产有条不紊地进行；为了提高饲养人员、管理人员的技术素质，提高全场生产、管理水平，要制定并严格执行周生产例会和技术培训制度。

5. 制度化管理

羊场的日常管理要制度化，以制度管人，而非人管人。建立健全羊场各项规章制度，如员工守则及奖罚条例、员工考勤制度、会计出纳、电脑员岗位责任制度、水电维修工岗位责任制度、机动车司机岗位责任制度、保安员门卫岗位责任制度、仓库管理员岗位责任制度、食堂管理制度、消毒更衣房管理制度等。

（1）肉羊生产定额管理。重视肉羊场生产中管理制度和生产责任制。包括肉羊种羊和各个阶段肉羊的饲养管理操作规程、人工授精操作规程、饲料加工操作规程、防疫卫生操作规程等。

（2）肉羊场的生产计划。为了提高效益，减少浪费，各肉羊场均应有生产计划。肉羊场生产计划包括肉羊周转计划、配种产羔计划、肥育计划和饲料计划等。

（3）肉羊生产的经营管理。

①目标管理：根据市场需求，确定全年肉羊的产量和质量、成本、利润及种羊扩繁等目标，并制定实施计划、措施和办法。目标管理是经营管理的核心。

②生产管理：生产管理的内容主要包括强化管理，精简并减少非生产人员，择优上岗；健全岗位责任制，定岗、定资、定员，明确年度岗位任务量和责任，建立岗位靠竞争、报酬靠贡献的机制；以人为本，从严治场，严格执行各项饲养管理、卫生防疫等技术规范和规章制度，使工作达到规范化、程序化；建立并完善日报制度，包括生产等各项日报记录，并建立生产档案。

③技术管理：制定年度各项技术指标和技术规范，实行技术监控，开展岗位培训和新技术普及应用，及时做好技术数据的汇总、分析工作，认真总结，建立技术档案。

④物资管理：肉羊场所需各种物资的采购、储备、发放的组织和管理，直接影响生产成本。因此，应建立药品、燃料、材料、低值易耗品、劳动保护等用品的采购、保

管、收发制度，并实行定额管理。

⑤财务管理：财务管理是一项复杂而政策性很强的工作，是监督企业经济活动的一个有力手段。

6. 流程化管理

由于现代规模化羊场，其周期性和规律性相当强，生产过程环环相连，因此要求全场员工对自己的工作内容和特点非常清楚，做到每周、每日工作事事清。现代规模化羊场在建场之前就应确定其生产工艺流程，据此配备设施、人员，保证生产线畅通，保证羊场满负荷均衡生产。

7. 规程化管理

在羊场的生产管理中，细化的操作规程是做好羊场生产的基础，是重中之重。饲养管理技术操作规程有生产操作规程、临床治疗操作规程、卫生防疫制度、免疫程序、驱虫程序、消毒制度、预防用药及保健程序等。

8. 数字化管理

要建立一套完整、科学的生产报表体系，并用电脑软件系统进行统计、汇总及分析，以便及时发现生产中存在的问题并及时解决。

报表是反映羊场生产管理的有效手段，是上级领导检查工作的途径之一，也是统计分析、指导生产的依据。因此，报表是一项严肃的工作，应高度重视，由各生产车间填写，交到上一级主管部门，查对核实后，及时送到场办并输入电脑。

羊场生产报表有种羊配种情况周报表、分娩母羊及产羔情况周报表、断奶母羊及羔羊生产情况周报表、种羊死亡淘汰情况周报表、肉羊转栏情况周报表、肉羊死亡及上市情况周报表、妊娠检查、空怀及流产母羊情况周报表、羊群盘点月报表、羊场生产情况周报表、配种妊娠舍周报表等。另外，还有其他报表，如饲料需求计划月报表、药物需求计划月报表、生产工具等物资需求计划月报表、饲料库存月报表、药物进销存月报表、生产工具等物资进销存月报表、饲料内部领用周报表、药物内部领用周报表、生产工具等物资内部领用周报表、销售计划月报表等。

9. 信息化管理

规模化生态肉羊场的管理者要有掌握并利用市场信息、行业信息、新技术信息的能力。养羊企业的管理者，应对本企业自身因素以及各种政策因素、市场信息及竞争环境等外部因素进行透彻的了解和分析，及时调整企业战略，为顾客提供满意的产品和服务。以前，企业的成功模式可能是"规模+技术+管理＝成功"，而在信息时代，企业成功不是简单的技术开发、产品生产，而是及时掌握市场形势和消费者的需求，及时作出反应，适应市场需求。

通过参加养羊行业会议、培训等活动，走出去，请进来；充分利用现代信息工具如网络等来了解行业信息是必要的。

（三） 肉羊生态养殖经营管理的其他因素

1. 人力资本

人力资本是指存在于人体之中，后天获得的具有经济价值的知识、技术、能力及健康等质量之和。物质资本固然是企业发展及走向成功不可缺少的重要条件，但是在现代社会经济和企业发展中，企业成功更离不开另一个重要因素——人力资本。人力资本已成为企业走向成功的第一推动力。现代化的肉羊养殖也不例外。

（1） 企业家（企业的法人）。企业的决策者、导演和指挥家，是决定企业成功最重要的因素。真正的企业家不同于社会官员，他们具有创新精神、进取精神和冒险精神，能有效组织和利用经济资源，敢于承担经营风险，为企业和社会创造财富的具有特殊素质的人。他们以创造财富，发展实业为己任，他们科学组织生产力通过商品交换满足社会的需要，并获得盈利的才能是行政官员不能比及的。企业家是一个特定的经营者群体，是一个需要天赋和才能的具有高度创造性、竞争性和挑战性的职业。

优秀的企业家既是企业的宝贵财富，又是社会的稀缺资源。没有优秀的企业家就不会有成功的企业。

（2） 优秀的领导集团。企业家是企业成功的重要因素，但企业的成功从本质上来说离不开优秀企业家为核心的领导集团，也就是企业核心团队。一个高效能的核心团队应该是知识互补、能力叠加、性格相容、志同道合的创业群体，对于当代企业，优秀的领导集团的作用是不容怀疑的。标准化的肉羊养殖企业要想获得成功。不仅强调人才的数量和质量，而且要讲人才类型齐全，结构合理。一个成功企业必须拥有多种类型的人才组成的核心团队。阵容整齐、结构合理的人才队伍是现代化肉羊养殖企业的宝贵资源。

（3） 优秀的职工队伍。优秀的职工队伍是现代化肉羊养殖企业各项活动的主体，是具体操作者，他们素质的高低对企业的成败有着直接影响。没有一流的职工，就没有一流的效益。优秀的职工队伍的标志是知识水准高、职工境界高、活动效能高。"二八法则"就是说20%的员工可以为企业作出80%的贡献。

（4） 管理人员（场长）。应该德才兼备。具备良好的道德品质和多种才能。表现在以下方面。

①专业特长：有扎实的畜牧学、兽医学、营养学、环境保护学等方面的理论知识和丰富的实践经验。

②管理能力：在用人方面，建立岗位责任制、激励机制和奖励办法，使人员既有分工又有合作，调动员工的积极性；在物料管理上，建立物料进、出库管理制度和使用登记制度，做到账物相符，账账相符；在财务管理上，建立严格的等级审批制度。

③政策水平：能潜心钻研法律，维护本单位的合法权益；积极研究国家政策，走在政策的前面，捕捉国家政策带来的信息，强抓机遇，谋求发展。

④领导艺术：作为领导，要带头学习，更新知识，把握时代的潮流，具备统揽全局的能力，做到科学决策，顾全大局，统筹兼顾，博采众议。

⑤经济头脑：必须善于洞察市场的变化，研究市场发展的规律，准确把握目标和发展方向，确定生产的最佳时机，占领市场制高点，取得很好的经济效益。

⑥营销策略：通过市场调研做好市场定位，围绕产品特色加大宣传力度，组建营销队伍；建立营销网络，制定营销政策，做好售后服务和信息反馈，将产品及时以较好的价格推向市场，减少因产品积压导致的成本增加及资金周转困难。

⑦社交能力：一是要广交朋友，积累、发掘社会关系。二是要经营交情，结识朋友后长期进行感情培养，用心经营，将朋友当作知己对待。三是要在自己为他人付出后，得到别人更大的帮助，发挥社交能力在工作中的作用。

⑧创新能力：要敢于否定自己，否定过去，逐步解决观念、管理、组织、技术、市场和知识方面的创新，不断推出新思路、新办法，这样企业才能发展。

⑨善用人：为自己选定副手、中层领导和技术人员，将现有人员因材施用，安排在适当的岗位。

（5）饲养工。直接与羊接触的一线人员，是羊的饲养管理、健康状况的观察者，是沟通管理者与羊的桥梁与纽带，是养殖过程中问题的发现者和处理问题的执行者，作用巨大，雇佣一个称职的饲养工，可及早发现问题，将问题消灭在萌芽状态，大大降低经济损失。同时，饲养工与畜禽直接接触，生活、工作条件差，出入生产区受到严格的限制。

①标准：合格的饲养工需爱岗敬业、忠诚厚道、乐于奉献、遵守制度、吃苦耐劳、勤于观察、善于思考、反应敏捷、动作快捷、卫生清洁。

②条件：一是身份清楚，持有效证件。二是初中以上文化程度，能掌握养殖技能并可做相应记录。三是年龄25～50岁，有相当的体力从事劳动。四是家庭负担小，可长期在外。

③培训：上岗前培训与上岗后跟班现场培训相结合。

④待遇：参照当地务工人员工资标准确定，最好实行保底工资 + 奖励工资的制度。

⑤用工注意事项：一是在人格上尊重，人人平等。二是在生活上关心；改善生活条件。三是倾听呼声与建议，经常深入基层与之打成一片。四是不得随意换人，稳定人心。

一般来说，企业所需的人力资本可以通过两个途径获得，一是直接从人力市场上招聘，二是企业自己直接进行人力资本投资。人力资本可以为企业带来非常高的生产率，推动企业发展，是企业立于不败之地的决定性因素。

2. 先进的技术水平

没有先进的技术水平就无法保证产品的先进性，企业就会在市场中处于劣势。

3. 现代化设备

"工欲善其事，必先利其器"，没有精良的设备就无法生产出高标准的产品。

4. 资金

资金是企业生产经营的必要条件，没有可支配的资本就无法开展经营活动。在市场经济条件下，企业资金的优劣，一方面来自企业法人财产的多少，另一方面表现为企业从资本市场获得资金的能力。根据综合资源评价确定养殖规模、建设圈舍及配套设备。此外，一般按存栏羊 60 元/只，储备好流动资金。

5. 品种

（1）种羊场。种羊场的品种应根据当地的自然条件与市场需求综合确定，绵羊的品种主要有无角陶赛特羊、萨福克羊、德克塞尔羊、杜泊羊、德国美利奴羊、澳洲美利奴羊等；山羊有波尔山羊、绒山羊。种羊场品种不宜太多，一般保持在 3 个主导产品，过多不能突出重点，过少不能适应市场变化。

（2）商品羊场。以产肉为主的商品绵羊场，要选择高产、多胎、对当地适应性好的母本，一般为小尾寒羊。公羊应根据市场预测决定，如羊毛市场好而羊皮行情差，则选用无角陶赛特羊、萨福克羊、德克塞尔羊。如羊皮市场行情好而羊毛行情差，则选用杜泊羊；既要肉又要毛和皮，则选用德国美利奴羊；以产肉为主的商品山羊场，一般用波尔山羊作父本杂交。以产绒为主的绒山羊场，其产品既产绒又产肉，留种用绒山羊和波尔山羊。

6. 饲料

包括饲草和饲料。原则是就地取材，尽量挖掘当地草料资源、注重多样性、科学配比、四季均衡，采购渠道要相对稳定。饲草等粗饲料保证 1 年的库存量，精饲料应保证 1 个月的库存量。有条件的可定期对所进的饲草、饲料进行营养成分检测，保证质量。

7. 养殖规模

因地制宜，以经济、适用、高效、安全为宗旨。应提倡适度规模，根据资金拥有量、当地资源和技术力量综合衡量，确定养殖规模。

规模化羊场的好处一是可体现规模效益，实现养羊效益的提高。二是促进专业化生产，有利于养殖科学技术的引进和推广。三是便于科学合理分群，按标准饲喂，杜绝采食不均；四是对当地养羊业发展可起到示范带动作用。但缺点，一是资金投入大，如果市场疲软会出现资金周转困难。二是粪尿等养殖废物增加，增加了环境保护难度。三是疫病防控难度大，风险增加。四是经营管理难度大，相应风险也大。

思考题

1. 什么是肉羊的生态养殖？

2. 肉羊生态养殖的发展趋势和意义是什么？

3. 肉羊产业之中存在的主要问题有哪些？

4. 生态养羊场址选择的要求是什么？

5. 生态养羊场功能区如何布局？

6. 生态肉羊场羊舍设计要求有哪些？

7. 仿生态养羊的饲养方式有哪些？

8. 论述实施划区轮牧需做好哪些工作。

9. 原生态饲养应注意哪些事项？

10. 生态养羊放牧的方式有哪些？

11. 如何进行肉羊生态养殖饲料的配制？

12. 论述各阶段肉羊生态饲养的饲料配方。

13. 生态肉羊育肥配合饲料的特征是什么？

14. 种公羊的饲养管理要点有哪些？

15. 母羊各生理阶段的饲养管理要点有哪些？

16. 羔羊的饲养管理要点有哪些？

17. 肉羊饲养日常管理要点有哪些？

18. 如何选择合适的肉羊生态养殖模式？

19. 论述肉羊生态养殖的经营要点。

20. 论述肉羊生态养殖的管理要点。

21. 如何加强规模化生态肉羊场经营管理？

第六章 生态养兔规划与管理

近年来，随着人们生活水平的日益提高，消费者对食品安全的关注程度前所未有，畜禽产品的质量安全问题更是消费者关注的热点。同时，如何控制养殖过程对周围环境造成的污染也是现代养殖生产必须面对和解决的关键问题。既要生产出优质安全、绿色、无公害的畜禽产品，又要在养殖业的发展过程中处理好养殖和环境的关系，才能保证养殖业的健康发展。解决好上述问题，必须改变思维定式，走生态养殖发展道路，任重而道远。本章主要介绍生态兔场的优化设计、生态养兔管理、生态养兔典型模式案例分析等内容。

第一节 生态兔场的规划

兔场是饲养兔子与进行以兔和兔产品为主的商业活动的场所，兔场经营好坏关系重大。生态兔场与传统兔场的区别在于"生态"二字上。传统兔场选择场址一般根据兔场的经营方式、生产特点、管理形式及生产的集约化程度等特点，对地形、地势、水源、土质、居民点的配置、交通、电力、物资供应等条件进行全面考虑。生态兔场是在传统兔场的基础上根据当地的生态环境，因地制宜进行灵活规划，在保证产品供应的同时，提高生态系统的稳定性和持续性，增强养殖发展后劲。

一、环境控制

（一）温度

1. 对温度的要求

不同年龄、不同生理阶段的家兔对环境温度要求不同，初生仔兔为 30~32℃，成年兔为 10~25℃，临界温度为 5~30℃。环境温度超过 30℃，只连续几天，就会使家兔生产力下降；如超过 35℃，将出现虚脱，甚至死亡。

2. 控制措施

（1）修建兔舍前，应根据当地气候特点，选择开放或封闭式室内笼养兔舍，同时注意建舍用的保温隔热材料的选择。例如，石棉瓦保温隔热性能差，在寒冷地区或热带地区都不能使用。

（2）潮湿是百害之源，它利于病菌及寄生虫的繁殖，所以兔舍应建在通风良好和干燥的地方，切忌建在背风、窝风和低洼潮湿之处。平时兔舍要保持干燥，防止潮湿。

（3）冬季注意防寒保温，寒冷地区可采取塑料大棚覆盖或生火炉，有条件时可安装暖气，也可通过红外线灯、保温伞、散热板等提高局部温度。适当增大舍内饲养密度也可提高舍温。兔舍内不同位置温差不同，一般靠近屋顶附近比地面温度高，兔舍中央比靠近门窗与墙壁处温度高。所以冬季应将月龄小、体质弱的兔安置在上笼，初生仔兔放于兔舍中央。

（4）夏季注意防暑降温，舍旁种树或攀援植物，场内地面绿化，加大兔舍通风面积，通风量、通风面积越大，越有利于降温。设地脚窗通风，利于降温。舍内可安装电风扇或排风设备，让兔多饮水，日粮中添加200mg/kg维生素E，可减少热应激。高温季节降低饲养密度，在兔舍地面适当洒水，也可通过喷雾、空调降温等。

（二）湿度

1. 对湿度的要求

兔舍内适宜的相对湿度为60%~65%，一般不低于50%或高于70%。

2. 控制措施

（1）场址选择在地势高燥向阳处，兔舍墙基和地面设防潮层。

（2）疏通排水管道、排水沟、排尿沟等。增加粪尿清除次数，粪尿沟撒吸附剂，如石灰、草木灰等，降低舍内湿度。

（3）冬季应注意兔舍保温和供暖，使舍内温度保持在0℃以上，防止水汽凝结，可缓解高湿的不良影响。

（4）通风换气，这是将多余湿气排出舍外的有效途径。

（三）通风

1. 对通风的要求

冬季兔舍通风以笼架附近气流速度0.1~0.2m/s为宜，最高风速不应超过0.25m/s。

2. 控制措施

通风分自然通风和动力通风两种。自然通风简便经济，主要依靠有活门装置设置的。为使舍内各部位空气排出通畅，兔舍不应过宽，理想宽度8m，最大不超过12m。屋顶有一定坡度。排气孔面积为地面面积的2%~3%，并有活门装置。动力通风适合大规模集约化兔场。动力通风是由通风机造成的压力差而进行的，分为负压通风和正压通风。兔舍换气量一般要求每千克活重2~3m²/h，夏季炎热时应为3~4m²/h，冬季为1~2m²/h。

（四）光照

1. 对光照的要求

家兔不需要强烈光照。目前对兔舍光照控制着重在光照时数，繁殖母兔每日14~

16h，种公兔 8~12h，育肥兔 8~10h。一般每天不超过 16h。

2. 控制措施

兔舍光照控制包括光照时间长短和光照强度两方面。一般养兔多采用自然光照，兔舍窗、门采光面积占地面面积 15%，射入角不低于 20°~30°。冬季日照短时，仅靠自然光照不能满足兔的需要，要用人工光照来补充，每平方米兔舍面积安装 10~25W 白炽灯，光照强度为每平方米兔舍面积 2~4W，强度均匀。

（五）噪声的控制

家兔胆小怕惊，一定要保持环境安静。据试验，突然的噪声可引起妊娠母兔流产，哺乳母兔拒绝哺乳，甚至残食仔兔等后果。噪声对兔许多器官系统都有不良影响。控制舍内噪声有以下几方面。

（1）修建兔场时，场址选在远离铁路、公路、码头、工矿企业及繁华闹市等声音嘈杂的地方。

（2）兔舍附近不要安装大型机器或停放拖拉机等。

（3）禁止兔舍附近燃放鞭炮。

（4）饲料加工车间远离养兔生产区。

（5）选购通风机及换气扇时注意噪声大小。

（6）日常饲养人员操作时动作要轻，不要发出刺耳或突然的响声。

（六）有害气体的控制

1. 兔舍内有害气体允许浓度含量标准

硫化氢<10mg/kg，氨<30mg/kg，二氧化碳<3 500mg/kg。

2. 控制措施

（1）及时清除兔舍中的粪尿，粪尿是有害气体的主要来源。

（2）消除粪尿在兔舍中进行分解的条件。

（3）适当通风换气，以保证兔舍内良好的空气环境。

（七）灰尘的控制

兔舍内灰尘除由大气带进一部分外，其他主要是由饲养管理操作引起的，如打扫地面、翻动垫草、分发干草和饲料等。所以，打扫笼舍及分发饲料等操作尽量轻巧，避免尘土飞扬，将粉状饲料改为颗粒饲料，同时注意通风换气，减少尘埃危害。在现代养兔生产中，已把改善环境作为提高家兔生产力与养兔经济效益的重要手段之一。人工控制环境，模拟和创造家兔最佳环境条件，就可实现兔业均衡生产，提高经济效益。

二、兔场优化设计与布局

（一）选址

兔场场址选择直接影响到家兔生产的经济效益，所以应着重考虑地缘条件和家兔的生物学特性，做到科学、合理、高效。

1. 地势

兔场场址选在地势高、有适当坡度、兔场地面平坦或稍有坡度的地方；要求背风向阳，地下水位要求在 2m 以下，排水良好；可利用自然地形和地物如林带、山岭、河川、沟河等作为场界和天然屏障。

2. 水源

水质好，水量不足将直接限制家兔生产，而水质差，达不到应有的卫生标准，同样也是家兔生产的一大隐患。但地下水位不宜太高，以防止湿度过大。

3. 土壤

土壤的透气性、吸湿性、毛细管特性及土壤化学成分等不仅直接和间接影响养兔场的空气、水质和地上植被等，还影响土壤的净化作用。土质最好是沙壤土，土粒大，易渗水，既有利于防病，又有利于人的操作。但在一些客观条件受到限制的地方，选择理想的土壤条件很不容易，需要在规划设计、施工建造和日常使用管理上，设法弥补土壤缺陷。

4. 交通

交通既要方便又要远离居民点。必须选择僻静处，远离工矿企业、交通要道、闹市区及其他动物养殖场等。从卫生防疫角度考虑，兔场距交通主干道应在 300m 以上，距一般道路 100m 以上，以便形成防疫缓冲带。兔场与居民区之间应有 200m 以上的间距，并且处在居民区的下风口，尽量避免兔场成为周围居民区的污染源。

5. 电力

要保障电力供应，靠近输电线路，同时自备电源。

（二）布局

1. 生产区

生产区是养兔场的核心部分，包括种兔舍、繁殖舍、育成舍、育肥舍或幼兔舍等。其排列方向应面对该地区的长年风向。为了防止生产区的气味影响生活区，生产区应与生活区并列排列并处偏下风位置。生产区内部应按核心群种兔舍—繁殖兔舍—育成兔舍—幼兔舍的顺序排列，种兔舍应置于环境最佳的位置，育肥舍和幼兔舍应靠近兔场一侧的出口处，以便于出售，并尽可能避免运料路线与运粪路线的交叉。

2. 辅助区

辅助区必须设在生产区、管理区和生活区的下风，以保证整个兔场的安全。至于各个区域内的具体布局，则本着利于生产和防疫、方便工作及管理的原则，合理安排。

3. 管理区

管理区是办公和接待来往人员的地方，通常由办公室、接待室、陈列室和培训教室组成。其位置应尽可能靠近大门口，使对外交流更加方便，也减少对生产区的直接干扰。

4. 生活区

生活区主要包括职工宿舍、食堂等生活设施。其位置可以与生产区平行，但必须在生产区的上风。为了防疫，应与生产区分开，并在两者入口连接处设置消毒设施。

（三）建筑

1. 建筑朝向

兔舍建筑朝向的选择与当地的地理纬度、地段环境、局部气候特征及建筑用地条件等因素有关。适宜的朝向一方面可以合理地利用太阳辐射能，避免夏季过多的热量进入舍内，而冬季则最大限度地允许太阳辐射能进入舍内以提高舍温。另一方面，可以合理利用主导风向，改善通风条件，从而为获得良好的畜舍环境提供可能。兔舍设置一般采取坐北向南，亦可南北向偏东或偏西，但不宜超过15°。

2. 建筑间距

养兔场的生产区内都有一定数量不同用途的畜舍。排列时兔舍与兔舍之间均有一定的距离要求。若距离过大，则会造成占地太多、浪费土地，而且会增加道路、管线等基础设施长度，增加投资，管理也不方便。但若距离过小，会加大各舍间的干扰，对兔舍采光、通风防疫、防火等不利。兔舍间距为9~10m。

3. 道路

兔场的道路分清洁道和污染道。其中清洁道是运送饲料的道路，污染道是运送粪便和污物的道路，二者不可混用和交叉。在总体布置中就将道路以最短路线合理安排，有利防疫，方便生产。兔场应重视防疫设施建设，场界是兔场的第一道防线，应有较高的围墙或有天然防疫屏障；兔场的大门及各区域入口处，特别是生产区入口处以及各兔舍的门口处，应有相应的消毒设施，便于进出场内的车辆和人员的消毒。

三、生态兔舍常用设备与应用

（一）兔笼设计要求

兔笼设计一般应符合兔的生物学特性，造价低廉，经久耐用，便于操作管理。兔笼规格、兔笼大小，按兔的品系类型和性别、年龄等的不同而定。一般以种兔体长为尺度，笼长为体长的1.5~2.0倍，笼宽为体长的1.3~1.5倍，笼高为体长的0.8~1.2倍。大小应以保证兔能在笼内自由活动，便于操作管理为原则。

（二）兔笼结构

1. 笼门

应安装于笼前，要求启闭方便，能防兽害、防啃咬。可用竹片、打眼铁皮、镀锌冷拔钢丝等制成。一般以右侧安转轴，向右侧开门为宜。为提高工效，草架、食槽、饮水器等均可挂在笼门上，以增加笼内使用面积，减少开门次数。

2. 笼壁

一般用水泥板或砖、石等砌成，也可用竹片或金属网钉成，要求笼壁保持平滑，坚固防啃，以免损伤兔体和钩脱兔毛。如用砖砌或水泥预制件，需预留承粪板和笼底板的搁肩

（3～5cm）；如用竹木栅条或金属网条，则以条宽1.5～3.0cm，间距1.5～2.0cm为宜。

3. 承粪板

宜用水泥预制件，厚度为2.0～2.5cm，要求防漏防腐，便于清理消毒。在多层兔笼中，上层承粪板即为下层的笼顶。为避免上层兔笼的粪尿、冲刷污水溅污下层兔笼内，承粪板应向笼体前伸3～5cm，后延5～10cm，前后倾斜有一定的角度，以便粪尿经板面自动落入粪沟，并利于清扫。

4. 笼底板

一般用竹片或镀锌冷拔钢丝制成，要求平而不滑，坚固而有一定弹性，宜设计成活动式，以利清洗、消毒或维修。如用竹片钉成，要求条宽2.5～3.0cm，厚0.8～1.0cm，间距1.0～1.2cm。竹片钉制方向应与笼门垂直，以防打滑，兔脚形成向两侧的划水姿势。

（三）笼层高度

目前国内常用的多层兔笼，一般由3层组装排列而成。为便于操作管理和维修，兔笼以3层为宜，总高度应控制在2m以下。最底层兔笼的离地高度应在25cm以上，以利通风、防潮，使底层兔亦有较好的生活环境。

第二节　生态养兔饲养管理

一、生态饲料的利用

饲料是养兔的物质基础，对养兔的成功与否、效益高低起到至关重要的作用。饲料是提供家兔生长发育、繁殖等生命活动所需的营养物质，占养殖成本的70%左右。了解家兔常规饲料原料的营养特点及饲用价值，提高其营养物质的利用率，研究开发和综合利用非常规饲料资源，为家兔配制符合不同条件下的营养需要的配合饲料，是提高生态养兔效益的关键技术之一，是降低饲养成本，获得较高经济效益的重要保证。

（一）家兔饲料的种类

家兔是单胃草食动物，食谱广，饲料种类繁多，根据国际饲料分类的原则，以饲料干物质中的化学成分含量及饲料性质基础，将饲料分成粗饲料、青绿饲料、青贮饲料、能量饲料、蛋白质饲料、矿物质饲料、维生素饲料、饲料添加剂八大类。

（二）各类饲料的特点及利用

1. 粗饲料

（1）营养特性。水分含量在45%以下，干物质中粗纤维含量在18%以上的饲料均属粗饲料。主要包括青干草、作物秸秆和秕壳、树叶及其他农副产品等。这类饲料的共同特点是体积大而养分含量低，粗纤维含量高达25%~50%，含有较多的木质素难以消化，消化率一般为6%~45%。粗蛋白含量低且差异大，为3%~19%。维生素中除维生素D含量丰富外，其他维生素含量低。除优质青干草含有较多的胡萝卜素外，秸秆和秕壳类饲料几乎不含胡萝卜素。矿物质中含磷少、钙多。

家兔属于草食动物，盲肠极为发达，长度与体长相等，容积约为消化道容积的42%，其功能类似于反刍动物的瘤胃，含有大量的微生物和原虫，对粗纤维具有一定的消化能力，并且粗纤维是家兔最重要的不可替代的营养素之一。在我国的饲养条件下，特别是在冬、春季，粗饲料是养兔场（户）的主要饲料来源，同时也是全价颗粒饲料的重要组成部分。一般家兔的全价饲料中，粗饲料的比例达到40%~45%。如果使用优质牧草，其比例甚至达到50%。

（2）常见的粗饲料。

①青干草和干草粉：青干草是青绿饲料在尚未结籽以前割下来，经过日晒或人工干燥除去大量水分而制成的。青干草是家兔的最基本、最主要的饲料。干草的营养价值取决于原料的种类、生长阶段与调制方法。干草叶多、适口性好、养分较平衡；蛋白质含量较高，禾本科干草为7%~13%，豆科干草为10%~21%，品质较完善；胡萝卜素、维生素D、维生素E及矿物质丰富。

在家兔的配合饲料中，干草粉是一种必需的原料，可占20%~30%。与传统的青干草比较，利用草粉作为家兔的饲料原料具有加工过程简便易行；占地面积较少，便于储存；饲喂方便，饲料适口性好，日粮结构稳定，营养全面，养分利用率高等很多优点。使用草粉饲料应注意储存的草粉要防潮、防霉变，保证草粉质量，禁止使用发霉变质的饲草加工草粉，草粉粗细要适宜。

②秸秆和秕壳：成熟的农作物收获籽实后的秸秆和秕壳，其特点是质地粗糙、适口性差、消化率低、营养价值不高。秸秆饲料营养价值取决于其化学物质含量、可消化物质的进食量和已消化物质的利用效率。秸秆粗纤维含量高，可达30%~45%，其中木质素比例大，一般为6%~12%。有效能值低，蛋白质含量低且品质差。钙、磷含量及利用率低，含有大量的硅酸盐。一般秕壳的营养价值较秸秆高。

秸秆和秕壳饲料来源广，常用的主要有玉米秸秆、谷子秸秆、大豆秸秆、荚壳、薯秧、花生蔓、花生壳、小麦秸、麦糠、稻草、稻壳、高粱秆和秕壳等。除了常规的秸秆以外，谷草、稻草、油葵等都具有一定的开发价值。尤其是谷草，粗蛋白含量为5%左右，高于其他禾本科牧草，其饲料价值接近豆科牧草，用来喂兔效果良好。

用玉米秸、豆秸时，最好经过粉碎后饲喂。地瓜秧喂幼兔时，用量不可过多，因为地瓜秧含有较多的糖分，在家兔胃肠道内发酵产酸，既容易导致酸中毒，又会使幼兔肠壁变薄、通透性增强，容易被微生物感染。

③树叶和林业副产品类：一些树叶的蛋白质含量丰富，质量优良，是资源极其丰富的粗饲料。如槐树叶、榆树叶、松树针和桑树叶等，蛋白质含量占干物质的15%~25%，

同时还含有大量的维生素。树叶可作为日粮的一部分，应晒至半干后再喂，最好不用鲜叶，以防水分过多导致拉稀，鲜喂需控制用量。为了不影响树的生长，也可收集霜刚打下来的落叶，将其阴干保持暗绿或淡绿色饲喂，不要暴晒。果园在全国各地的多年兴建，果树叶资源也很丰富，均是家兔良好的粗饲料。由于劳动力成本和采集的困难，除了少数贫困地区，目前多数林地树叶资源没有得到很好的开发利用。

柠条是锦鸡儿属植物栽培种的通称，属多年生落叶灌木，具有抗旱、耐热、耐风沙、喜生于固定或半固定沙地等特性，是防风固沙和保持水土的优良树种，也是目前我国北方地区退耕还林（草）种植的重要的树种之一。研究表明，家兔对柠条中粗蛋白、粗纤维、粗脂肪的消化率均较高，可作为家兔用饲料资源进行开发。

锯末，特别是榆、柳、杨树等阔叶树锯末，含有一定量的蛋白质、碳水化合物、纤维素和维生素等养分，通过煮沸法、发酵法、碱化法等方法调制，可用于饲喂家兔。但由于锯末的粗纤维含量较高，家兔对其消化率低，适口性较差，因此，用锯末喂兔在饲料中所占的比例不可过高，最好多补喂一些青绿多汁饲料，以提高其食欲。

（3）粗饲料的合理利用。粗饲料尤其是秸秆类主要成分是粗纤维，适口性较差，营养价值低，消化率低。粗饲料一般主要通过物理加工（粉碎）直接喂兔，其利用率较低。试验证明，粗饲料经过发酵后，具有质地松软，适口性好，易于消化吸收的优点，同时由于微生物在繁殖的过程中，本身也含有并产生丰富的营养，对家兔正常生长发育能起到很好的作用。发酵饲料喂兔的效果，优于一般的粗饲料。

粗饲料的发酵有自然发酵法和微生物发酵法两种。

①自然发酵法：将粗饲料粉碎后，用30℃左右的温水以1:（1~5）的比例与饲料拌匀后，压紧填装入池。上压重物并封口，经5~7d饲料会发出酵曲香味，即可用于饲喂家兔。该方法可广泛应用于农副产品和野生饲料。

②微生物发酵法：首先将干粗饲料粉碎，加入2.5倍左右的温水，水温控制在50~60℃，以微微烫手为宜，然后加入3%~5%的酵曲种（或者1%的白酒），酵曲先用水化开，加在粗饲料中拌和均匀后，松散地放在发酵地面或水泥地面上，表面用粗粉料或尼龙袋子密封，在室温10~20℃条件下，经1~2d发酵即可喂兔。

在燃料充足时，也可以用沸水浸泡干粉料，以利粗饲料的软化，但一定要待温度降低到50~60℃时方可加入酵曲种。为了提高发酵效果，可在干粉料中加10%的精饲料粉，以利微生物的活动。如果在每100kg粗粉料中加入2kg麦芽，则发酵作用更快。发酵完成的粗饲料即可喂兔，喂多少取多少，取后立即封严袋（池）口。注意不能单独用粗饲料喂兔，因为饲料中粗纤维含量过高时，可消化吸收的营养物质减少，影响家兔的生长速度。

2. 青绿饲料

青绿饲料指天然水分含量60%及其以上的青绿多汁植物性饲料。这类饲料是家兔的基础饲料，其营养特性是水分含量高达70%~90%，单位重量所含的养分少，粗蛋白较丰富。按干物质计，禾本科为 13%～15%，豆科为 18%～20%；含有丰富的维生素，特别是维生素 A 原（胡萝卜素），矿物质中钙、磷含量丰富，比例适当，还富含铁、锰、锌、铜、硒等必需的微量元素。青绿饲料柔软多汁、鲜嫩可口，还具有轻泻、保健作用。

青绿饲料种类繁多，资源丰富，主要包括天然牧草、栽培牧草、青饲作物、树叶、田边野草野菜及水生饲料等。

（1）天然牧草。天然牧草主要有禾本科、豆科、菊科和莎草科四大类。按干物质计，无氮浸出物含量为 40%～50%，粗蛋白含量为豆科 15%～20%，莎草科 13%～20%，菊科和禾本科为 10%～15%。粗纤维含量以禾本科较高，约为 30%，其他为 20%～25%。菊科牧草有异味，家兔不喜欢采食。

（2）栽培牧草。栽培牧草是指人工栽培的青绿饲料，主要包括豆科和禾本科两大类。这类饲料的共同特点是富含多种氨基酸、丰富的矿物质元素、多种胡萝卜素以及维生素，产量高，通过间套混种、合理搭配，可保证兔场常年供应，是家兔优质高效生产中重要的青饲料，对满足家兔的青饲料四季供应有重要意义。主要有紫花苜蓿、白三叶、聚合草、黑麦草等。

（3）青饲作物。青饲作物是利用农田栽种农作物，在其结籽前或结籽期割除为青饲料饲用，是解决青饲料供应的一个重要途径。常见的有青玉米、青大麦、青燕麦、青大豆苗等。青绿作物柔嫩多汁，适口性好，营养价值高，尤其是无氮浸出物含量丰富，一般用于直接饲喂、干制或青贮。

（4）树叶。多数树叶均可作为家兔的饲料，如槐树叶、杨树叶、榆树叶、桑树叶、松针等，是很好的蛋白质和维生素来源。树叶的营养价值随产地、季节、部位、品种而不同。青干叶营养价值较高，青落叶、枯黄干叶较低。槐、榆、杨树等叶子，按干物质计，粗蛋白可高达 20%。

（5）野草、野菜。野草、野菜类饲料种类繁多，是目前我国广大农村喂兔的主要饲料。家兔最喜欢吃的野草、野菜有蒲公英、车前草、苦荬菜、荠菜、艾蒿等。在采集时，要注意毒草，以防家兔误食中毒。

（6）水生饲料。水生饲料在我国南方种植较多，主要有水浮莲、水葫芦、水花生、绿萍等，都是家兔喜吃的青绿饲料。水生饲料生长快，产量高，具有不占耕地和利用时间长等特点。其茎叶柔软，适口性好，含水率高达 90%～95%，干物质较少。在饲喂时，要洗净并晾干表面的水分后再喂。将水生饲料打浆后拌料喂给家兔效果也很好。

3. 青贮饲料

青贮饲料指将新鲜的青绿多汁饲料在收获后直接或经适当处理后，切碎、压实、密封于青贮窖、壕或塔内。在厌氧环境下，通过乳酸发酵而成的饲料。

青贮饲料的特点包括能有效保存青绿饲料的营养成分，尤其能减少蛋白质和维生素的损失；有酸香味，适口性好；能杀死青绿饲料中的病菌、虫卵，破坏杂草种子的再生能力，扩大饲料来源是经济而安全保存饲料的一种有效方法；在任何季节为任何家畜所利用。

为补充维生素，可用青贮饲料饲喂家兔。为防止引起酸中毒，用量要控制在日粮总量的 5%～10%。另外尽量不要给怀孕母兔饲喂青贮饲料，防止引起流产。对于能否用青贮饲料饲喂家兔目前存在争议。有人认为给兔喂酸性的青贮饲料，直接影响兔盲肠内微生物的生长繁殖，造成兔消化不良，生长发育受阻，酸中毒。另外，家兔对发霉变质饲料特别敏感，青贮起窖后，青贮饲料暴露在空气中，极易发霉变质，家兔采食发霉的青贮饲料影响健康，甚至造成死亡。

4. 能量饲料

能量饲料指干物质中粗纤维含量在 18%以下，粗蛋白含量在 20%以下的饲料。该类饲料是为家兔提供能量的主要精饲料，在家兔的饲养中占有极其重要的地位。主要包括谷实类及其加工副产品（糠麸类）、块根、块茎类、瓜果类及油脂类饲料等。

（1）谷实类饲料。谷实类饲料大多是禾本科植物成熟的种子，是家兔能量的主要来源。主要特点是干物质含量高，容重大，无氮浸出物含量高，一般占干物质的 66%～80%，其中主要是淀粉，粗纤维含量低，一般在 10%以下，因而适口性好，可利用能量高，粗蛋白含量低，一般在 10%以下。缺乏赖氨酸、蛋氨酸、色氨酸，粗脂肪含量在 3.5%左右，主要是不饱和脂肪酸，可保证家兔必需脂肪酸的供应。维生素 A、维生素 D 含量不能满足家兔的需要，维生素 B_1、维生素 E 含量较多，维生素 B_2、维生素 D 较少，不含维生素 B_{12}。钙少磷多，但磷多为植酸磷，利用率低，钙、磷比例不当。

谷实类饲料主要包括玉米、小麦、大麦、高粱、燕麦、稻谷等。家兔的适口性顺序为燕麦、大麦、小麦、玉米。玉米含能最高，但蛋白质含量低，品质差，特别是缺乏赖氨酸、蛋氨酸等。粉碎的玉米水分高于 14%时易发霉，产生黄曲霉毒素，家兔很敏感。另外，玉米含有较多的不饱和脂肪酸，易酸败变质，不宜久贮，饲喂时应注意。玉米含大量淀粉，是高能、低纤维的饲料，食用过多会造成腹泻、脱水。玉米在家兔日粮中不宜超过 35%。

大麦和燕麦适口性优于玉米，在精料中比例可超过玉米，特别是燕麦可作为家兔的主要能量饲料。小麦可占日粮的 10%～30%。

稻谷由于有坚硬的外壳，其利用价值不如玉米，使用时应适当控制用量，可占日粮的 10%～20%。

高粱含有单宁，适口性差，喂量不宜过多，可占日粮的 5%～15%，断奶仔兔日粮中若加入 5%～10%高粱，可防止拉稀。

（2）糠麸类饲料。糠麸类饲料为谷实类饲料的加工副产品，其共同的特点是有效能值低，粗蛋白含量高于谷实类饲料，含钙少而磷多，磷多为植酸磷，利用率低，含有丰富的 B 族维生素，尤其是硫胺素、烟酸、胆碱等含量较多，维生素 E 含量较少；物理结构松散，含有适量的纤维素，有轻泻作用，是家兔的常用饲料，吸水性强，易发霉变质，不易贮存。

糠麸类饲料主要包括小麦麸（麸皮）和大米糠（稻糠）。另外，小米糠（与稻糠相近）、玉米糠（玉米淀粉厂的副产品）也具有开发价值。

麸皮粗纤维含量较高，属于低能饲料，具有轻泻作用，质地蓬松，适口性较好。母兔产后喂以适量的麦麸粥，可以调养消化道的机能。由于吸水性强，大量干饲易引起便秘，饲喂时应注意。麸皮在日粮中一般用量为 10%~20%。

稻谷在加工过程中，除得到大米外，还得到其副产品——砻糠、米糠及统糠。砻糠即稻壳，坚硬难消化，不宜作饲料用。米糠为去壳稻粒（糙米）制成精米时分离出的副产品，其有效能值变化较大，随含壳量的增加而降低。粗脂肪含量高，易在微生物及酶的作用下发生酸败、发霉。酸败米糠可造成家兔下泻，因此，最好用新鲜的米糠喂兔。为使米糠便于保存，可经脱脂生产米糠饼。经榨油后的米糠饼脂肪和维生素减少，其他营养成分基本被保留下来。稻壳和米糠的混合物称为统糠，其营养价值介于砻糠和米糠之间，因含壳比例不同有较大的差异。统糠在农村中应用很广，是一种质量较差的粗饲料，不适宜喂断奶兔，大兔和肥育兔用量一般应控制在 15% 左右。

（3）块根、块茎及瓜果类饲料。块根、块茎类饲料种类很多，主要包括甘薯、马铃薯、甜菜等。共同的特点是水分含量高达 75%~90%，新鲜状态下营养成分低；按干物质计，淀粉含量高，为 60%~80%，有效能与谷实类相似；粗纤维和粗蛋白含量低，分别为 5%~10% 和 3%~10%，且有一定量的非蛋白态的含氮物质；矿物质及维生素的含量偏低。这类饲料适口性和消化性均较好，是家庭小规模兔场家兔冬季不可缺少的多汁饲料和胡萝卜素的重要来源，对母兔具有促进发情受胎的作用，对泌乳母兔有促进乳汁分泌的作用。鲜喂时由于水分高，容积大，能值低，单独饲喂营养物质不能满足家兔的需要，必须与其他饲料搭配使用。

甘薯又称红薯、白薯、地瓜、山芋等，是我国主要薯类之一，多汁味甜，适口性好，生熟均可饲喂。如果保存不当，易发芽、腐烂或出现黑斑，含毒性酮，对家兔造成危害。贮存在 13℃ 条件下较安全。制成薯干也是保存甘薯的好办法，但胡萝卜素损失达 80% 左右。

马铃薯又称土豆，产量较高，与蛋白质饲料、谷实饲料混喂效果较好。马铃薯贮存不当发芽时，在其青绿皮上、芽眼及芽中含有龙葵素，家兔采食过多会引起胃肠炎，甚至中毒死亡。因此，要注意保存马铃薯，若已发芽，饲喂时一定要清除皮和芽，并进行蒸煮，蒸煮用的水不能用于喂兔。

胡萝卜水分含量高，容积大，含丰富的胡萝卜素，一般多作为冬季调剂饲料，而不作为能量饲料使用。对配种前的空怀母兔、妊娠母兔、泌乳母兔及种公兔有良好的作用。

甜菜按照利用部位的不同分为叶用甜菜（主要利用的部位是叶子）和根用甜菜（主要利用的部位是块根）。甜菜的块根水分占 75%，固形物占 25%。固形物中蔗糖占 16%

~18%，非糖物质占7%~9%。非糖物质又分为可溶性和不溶性两种，不溶性非糖主要是纤维素、半纤维素、原果胶质和蛋白质，可溶性非糖又分为无机非糖和有机非糖。无机非糖主要是钾、钠、镁等盐类，有机非糖可再分为含氮和无氮。无氮非糖有脂肪、果胶质、还原糖和有机酸，含氮非糖又分为蛋白质和非蛋白质。非蛋白非糖主要指甜菜碱和氨基酸。甜菜制糖工业副产品主要是块根内3.5%左右的糖分和7.5%左右的非糖物质以及在加工过程中投入与排出的其他非糖物质。

甜菜根中还含有碘的成分，对预防甲状腺肿以及防治动脉粥样硬化都有一定疗效。甜菜根及叶子含有一种甜菜碱成分，是其他蔬菜所没有的，它具有和胆碱、卵磷脂相同的生化药理功能，是新陈代谢的有效调节剂，能加速机体对蛋白的吸收，改善肝的功能。甜菜根中还含有一种皂角苷类物质，它把肠内的胆固醇结合成不易吸收的混合物质而排出。甜菜根中还含有大量的纤维素和果胶成分，具有多种生理功能。甜菜根是维生素和微量元素的有效来源。据资料介绍，每100克所含营养素如下，热量313.94kJ、蛋白质1.00g、脂肪0.10g、碳水化合物23.50g、膳食纤维5.90g、硫胺素0.05mg、核黄素0.04mg、尼克酸0.20mg、维生素C 8.00mg、维生素E 1.85mg、钙56.00mg、磷18.00mg、钾254.00mg、钠20.80mg、镁38 000mg、铁0.90mg、锌0.31mg、硒0.29μg、铜0.15mg、锰0.86mg。因此，甜菜根是家兔良好的块根类饲料。

（4）制糖副产品。糖蜜、甜菜渣可用作家兔饲料。糖蜜是甘蔗、甜菜制糖的副产品，其含糖量达46%~48%，家兔饲料中加入糖蜜，可提供能量，改善饲料的适口性，有轻泻作用，防止便秘。饲料制粒时加糖蜜可减少粉尘，提高颗粒料质量。家兔日粮中糖蜜比例一般为2%~5%，加工颗粒料时可加入3%~6%糖蜜。

甜菜渣干燥后可用于家兔饲料，其中粗蛋白含量较低，但消化能含量高；粗纤维含量高（20%），但纤维性成分容易消化，消化率可达70%。由于水分含量高，要设法干燥，防止变质。国外的资料显示，家兔日粮中一般可用到16%~30%的甜菜渣。

5. 蛋白质饲料

蛋白质饲料是指干物质中粗纤维含量在18%以下，粗蛋白含量为20%及20%以上的饲料。这类饲料的共同特点是粗蛋白含量高，粗纤维含量低，可消化养分含量高，容重大，是家兔配合饲料的精饲料部分，主要包括植物性蛋白质饲料、动物性蛋白质饲料、单细胞蛋白质饲料及其他。

（1）植物性蛋白质饲料。主要包括豆科籽实、饼粕类及其他加工副产品。

豆科籽实类饲料。粗蛋白含量高，为20%~40%，是禾本科籽实的2~3倍。品质好，赖氨酸含量较禾本科籽实高4~6倍，蛋氨酸高1倍。这类饲料中一般大豆多用作饲料。大豆中含有多种抗营养因子，如胰蛋白酶抑制因子、尿素酶、植物性血凝素、皂素等。长时间地饲喂家兔生大豆可发生胰腺代偿性肿大、肠黏膜损伤，蛋白质消化不良现象，以生长兔最为明显，成年兔则危害较轻。应用时应进行适当的热处理（110℃，3min），使抗营养因子失去活性。近几年，广泛进行了膨化大豆饲喂畜禽的研究。大豆在一定的压力、温度下进行干或湿膨化，使大豆淀粉糊化度（a 值）增加，油脂细胞破裂，抗营养因子受到破坏。生长家兔利用膨化大豆可提高日增重和饲料转化率。

饼粕类饲料。豆科及油料作物籽实制油后的副产品。压榨法制油的副产品称为饼，溶剂浸提法制油后的副产品称为粕。常用的饼粕有大豆饼（粕）、花生饼（粕）、棉籽（仁）饼（粕）、菜籽饼（粕）、芝麻饼、胡麻饼、向日葵饼等。

大豆饼（粕）是目前使用量最多，最广泛的植物性蛋白质饲料。其粗蛋白含量为 42%～47%，且品质较好，尤其是赖氨酸含量，是饼粕类饲料最高者，可达 2.5%～2.8%，是棉仁饼、菜籽饼及花生饼的 1 倍。赖氨酸与精氨酸比例适当，约为 1：1，异亮氨酸、色氨酸、苏氨酸的含量均较高。这些均可弥补玉米的不足，因而与玉米搭配组成日粮效果较好，但蛋氨酸不足。矿物质中钙少磷多，总磷的 2/3 为难以利用的植酸磷。富含铁、锌，维生素 A、维生素 D 含量低。在制油过程中，如果加热适当，大豆中的抗营养因子受到破坏；但如果加热不足，得到的为生豆饼，蛋白质的利用率低，不能直接喂家兔；加热过度，会导致营养物质特别是赖氨酸等必需氨基酸变性而影响利用价值。因此，在使用大豆饼粕时，要注意检测其生熟程度。大豆饼有轻泻作用，不宜饲喂过多，日粮中可占 15%～20%。

棉籽饼（粕）是棉籽榨油后的副产品。由于棉籽脱壳程度及制油方法不同，营养价值差异很大。完全脱壳的棉仁制成的棉仁饼（粕）粗蛋白可达 40%～44%，与大豆饼（粕）相似；而由不脱壳的棉籽直接榨油生产出的棉籽饼粕粗纤维含量达 16%～20%，粗蛋白仅为 20%～30%。带有一部分（原含量的 1/3）棉籽壳的为棉仁（籽）饼粕，其蛋白质含量为 34%～36%。棉籽饼粕蛋白质的品质不太理想，精氨酸高达 3.6%～3.8%，而赖氨酸仅为 1.3%～1.5%，只有大豆饼（粕）的一半，且赖氨酸的利用率较差。蛋氨酸也不足，约为 0.4%，仅为菜籽饼的 55%。矿物质中硒含量低，仅为菜籽饼的 7% 以下。因此，在日粮中使用棉籽饼粕时，要注意添加赖氨酸及蛋氨酸，最好与精氨酸含量低、蛋氨酸及硒含量较高的菜籽饼（粕）配合使用，既可缓解赖氨酸、精氨酸的拮抗，又可减少赖氨酸、蛋氨酸及硒的添加量。

棉籽中含有对家兔有害的棉酚及环丙烯脂肪酸，尤其是游离棉酚的危害很大。棉酚主要存在于棉仁色素腺体内，是一种不溶于水而溶于有机溶剂的黄褐色聚酚色素。在制油过程中，大部分棉酚与蛋白质、氨基酸结合为结合棉酚，在消化道内不被吸收，对家兔无害。另一部分则以游离的形式存在于饼粕及油制品中，家兔如果摄取过量或食用时间过长，导致中毒。棉籽酚对家兔的毒害作用是引起体组织损害，生长缓慢，繁殖性能及生产性能下降，造成流产、死胎、畸形，甚至导致死亡。家兔对棉酚高度敏感，而且毒效可以积累，因此，只能用处理过的棉籽饼粕饲喂家兔。使用没有脱毒的棉籽饼粕，应该控制用量在 5% 以内。棉籽饼粕的脱毒方法有很多种，如加热或蒸煮、化学法、生物发酵法等。其中化学法是加入硫酸亚铁粉末，铁元素与棉酚重量比为 1：1，再用 5 倍于棉酚的 0.5% 石灰水浸泡 2～4h，可使棉酚脱毒率达 60%～80%。

花生饼（粕）的营养价值较高，其代谢能和粗蛋白质是饼粕中最高的，粗蛋白可达44%~48%。但氨基酸组成不好，赖氨酸含量只有大豆饼粕的一半，蛋氨酸含量也较低，而精氨酸含量高达5.2%，是所有动、植物饲料中最高的。维生素及矿物质含量与其他饼粕类饲料相近似。花生饼粕的营养成分随含壳量的多少而有差异，脱壳后制油的花生饼粕营养价值较高，国外规定粗纤维含量应低于7%，我国统计的资料为5.3%。带壳的花生饼粕粗纤维含量为20%~25%，粗蛋白及有效能相对较低。

花生饼（粕）中也含有胰蛋白酶抑制因子，加工过程中120℃可使其破坏，提高蛋白质和氨基酸的利用率。但温度超过200℃，则可使氨基酸受到破坏。另外，花生饼（粕）易感染黄曲霉菌而产生黄曲霉毒素，其中以黄曲霉毒素 B_1 毒性最强。家兔中毒后精神不振，粪便带血，运动失调，与球虫病症状相似，肝、肾肥大。该毒素在兔肉中残留，使人患肝癌。蒸煮或干热不能破坏黄曲霉毒素。

菜籽饼（粕）是油菜籽经取油后的副产品。其有效能较低，适口性较差。粗蛋白含量在34%~38%，氨基酸组成的特点是蛋氨酸、赖氨酸含量较高，精氨酸低，是饼粕类饲料最低者。矿物质中钙和磷的含量均高。磷的利用率较高，特别是硒含量为1.0mg/kg，是常用植物性饲料中最高者。锰也较丰富。

亚麻饼（粕）又称胡麻饼（粕），其代谢能值偏低，粗蛋白与棉籽饼（粕）及菜籽饼（粕）相似，为30%~36%。赖氨酸及蛋氨酸含量低，精氨酸含量高，为3.0%。粗纤维含量高，适口性差。其中含有亚麻苷配糖体及亚麻酶，pH 值5.0，40~45℃及水的存在下，生成氢氰酸，少量氢氰酸可在体内因糖的参与自行解毒，过量即引起中毒，使生长受阻，生产力下降。

芝麻饼（粕）粗蛋白含量40%~45%，最大的特点是蛋氨酸高达0.8%以上，是所有饼粕类饲料中最高者。但赖氨酸不足，精氨酸含量过高。不含对家兔有害的物质，是比较安全的饼粕类饲料。生产中常常发现一些兔场购买生产香油后的芝麻酱渣，其往往含土、含杂（如木屑）高，干燥不及时而霉变，应该格外小心。

葵花籽饼（粕）的营养价值取决于脱壳程度。未脱壳的葵花籽饼（粕）粗纤维含量高达39%，属于粗饲料。我国生产的葵花籽饼粕粗纤维含量为12%~27%，粗蛋白为28%~32%。赖氨酸不足，低于棉仁饼、花生饼及大豆饼。蛋氨酸含量高于花生饼、棉仁饼及大豆饼。葵花籽饼（粕）中含有毒素（绿原酸），但饲喂家兔未发现中毒现象。

糟渣类饲料。酿造、淀粉及豆腐加工行业的副产品，常见的有玉米加工副产物、豆腐渣、酱油渣、粉渣、酒糟、醋糟、果渣、甜菜渣、甘蔗渣、菌糠。

这类饲料的主要特点：一是含水率高，通常可达30%~80%，啤酒糟高达80%，且生产集中、产量较大，易腐败变质；二是糟渣中淀粉在烘干时结成团，易黏结，使干燥难度加大；三是物理形状差异大，有片状、粒状和糊状等多种形态，而糊状形态的含水率均偏高，透气性差，不容易干燥；四是酸碱性差异大，有的偏酸，有的偏碱，如曲酒糟的 pH 值为3.3，偏酸性，对畜禽肠道 pH 值影响较大；五是部分糟渣仍含有抗营养因子，简单的加工工艺无法去除，如豆类制品下脚料中含有抗胰蛋白酶。

豆腐渣、酱油渣及粉渣多为豆科籽实类加工副产品，与原料相比，粗蛋白明显降低，但干物质中粗蛋白的含量仍在20%以上，粗纤维明显增加。维生素缺乏，消化率也较低。酱油渣的含盐量极高（一般7%），使用时一定要考虑这一因素。这类饲料水分含量高，一般不宜存放过久，否则极易被霉菌及腐败菌污染变质。

豆腐渣是家兔爱吃的饲料之一。使用豆腐渣喂家兔时要注意不可直接生喂，要加工成八分熟，否则其中含有的胰蛋白抑制因子阻碍蛋白质的消化吸收；喂量一般控制在20%~25%（鲜）或8%（干）以下，不要过量饲喂；另外要注意和其他饲料搭配使用。

酒糟、醋糟多为禾本科籽实及块根、块茎的加工副产品，无氮浸出物明显减少，粗蛋白及粗纤维含量明显提高。

酒糟除含有丰富的蛋白质和矿物质外，还含有一定数量的乙醇，热性大，有改善消化功能、加强血液循环、扩张体表血管、产生温暖感觉等作用，冬季应用，抗寒应激作用明显。但被称为"火性饲料"，容易引起便秘，喂量不宜过多，并要与其他优质饲料配合使用。一般繁殖兔喂量在15%以下，育肥兔可在20%左右。

啤酒糟是制造啤酒过程中滤除的残渣。啤酒糟含粗蛋白25%、粗脂肪6%、钙0.25%、磷0.48%，且富含B族维生素和未知因子。生长兔、泌乳兔日粮中啤酒糟可占15%，空怀兔及妊娠前期可占30%。

鲜醋糟含水分在65%~75%，风干醋糟含水分10%，粗蛋白9.6%~20.4%，粗纤维15%~28%，并含有丰富的矿物质，如铁、铜、锌、锰等。醋糟有酸香味，兔喜欢吃。少量饲喂，有调节胃肠、预防腹泻的作用。大量饲喂时，最好和碱性饲料配合使用，如添加小苏打等，以防家兔中毒。一般育肥兔在日粮中添加20%，空怀兔15%~25%，妊娠、泌乳兔应低于10%。

菌糠疏松多孔，质地细腻，一般呈黄褐色，具有浓郁的菌香味。在家兔饲料中添加20%~25%菌糠（棉籽皮栽培平菇后的培养料）可代替家兔饲料中部分麦麸和粗饲料。不影响家兔的日增重和饲料转化率。若发现蘑菇渣长有杂菌，则不可喂兔，以防兔中毒。

麦芽根为啤酒制造过程中的副产品，是发芽大麦去根、芽后的产品。麦芽根为淡黄色，气味芳芬，有苦味。其营养成分为粗蛋白24%~28%，粗脂肪0.4%~1.5%，粗纤维14%~18%，粗灰分6%~7%，B族维生素丰富。另外还有未知生长因子。麦芽根因其含有大麦芽碱，味苦，喂量不宜过大，在兔饲料中可添加到20%。

（2）单细胞蛋白质饲料。单细胞蛋白质饲料也叫微生物蛋白、菌体蛋白，是单细胞或具有简单构造的多细胞生物的菌丝蛋白的统称，主要包括酵母、细菌、真菌及藻类。

酵母菌应用最为广泛，其粗蛋白含量40%~50%，生物学价值介于动物性和植物性蛋白质饲料之间，赖氨酸、异亮氨酸及苏氨酸含量较高，蛋氨酸、精氨酸及胱氨酸较低，含有丰富的B族维生素。常用的酵母菌有啤酒酵母和假丝酵母。

用于生产单细胞蛋白的细菌包括光合细菌等。

真菌菌丝生产慢，易受酵母污染，必须在无菌条件下培养，但是真菌的收获分离容易。目前应用较多的有曲霉和青霉，主要利用糖蜜、酒糟、纤维类农副产品下脚料生产。

藻类是一类分布最广，蛋白质含量很高的微量光合水生生物，繁殖快，光能利用率是陆生植物的十几倍到 20 倍。目前，全世界开发研究较多的是螺旋藻，其繁殖快、产量高，蛋白质含量高达 58.5% ~ 71%，且质量优、核酸含量低，只占干重的 2.2% ~ 3.5%，极易被消化和吸收。

6. 矿物质饲料

矿物质饲料一般指为家兔提供钙、磷、镁、钠、氯等常量元素的一类饲料。常用的有食盐、石粉、磷酸氢钙等。

7. 饲料添加剂

饲料添加剂是指在配合饲料中加入的各种微量成分，其作用是完善饲料的营养性，提高饲料的利用率，促进家兔的生长和预防疾病，减少饲料在贮存期间的营养损失，改善产品品质。

家兔在舍饲条件下，所需的营养物质完全依赖于饲料供给。家兔的配合饲料，一般都能满足家兔对能量和蛋白质、粗纤维、脂肪等的需要。然而，一些微量营养物质常有缺乏，必须另行添加。

我国颁布的《饲料和饲料添加剂管理条例》将饲料添加剂分为营养性饲料添加剂、一般性饲料添加剂和药物饲料添加剂。按照使用效果将添加剂分为营养性饲料添加剂和非营养性饲料添加剂。

（1）营养性饲料添加剂。目的在于弥补家兔配合饲料中养分的不足，提高配合饲料营养上的全价性。包括氨基酸添加剂、微量元素添加剂、维生素添加剂。

①氨基酸添加剂：常用家兔饲料中必需氨基酸的含量与需要量之间存在一定的差距，如蛋氨酸和赖氨酸明显少于需求量，需要直接添加。

一般在家兔的全价配合饲料中添加 0.1% ~ 0.2% 的蛋氨酸，0.1% ~ 0.25% 的赖氨酸可提高家兔的日增重及饲料转化率。

②微量元素添加剂：主要是补充日粮中微量元素的不足。使用这类添加剂必须根据日粮中的实际含量进行补充，避免盲目使用。我国已颁布了 10 种饲料级矿物质添加剂的暂行质量标准，其中有铁、铜、锌、锰、碘、硒、钴 7 种微量元素添加剂。在家兔的生产中使用的有硫酸铜、硫酸亚铁、硫酸锌、硫酸锰、碘化钾、氯化钴等。自然界中存在的一些天然矿物质如稀土、麦饭石、沸石、膨润土等，含有丰富的微量元素，具有营养、吸附、置换、黏合和悬浮作用。可吸收和吸附肠道中的有毒物质和有害微生物，近些年被用于家兔的饲料，一般添加 1% ~ 3%。

③维生素添加剂：在舍饲和采用配合饲料饲喂家兔时，尤其是冬春枯草期，青绿饲

料缺乏时常需补充维生素制剂。家兔有发达的盲肠，其中的微生物可以合成维生素 K 和 B 族维生素，肝、肾可合成维生素 C。一般除幼兔外，不需额外添加，只考虑维生素 A、维生素 D、维生素 E。不喂青绿饲料而以配合饲料为主的情况下。需添加这些维生素制剂，尤其是在维生素消耗较多的夏季和泌乳母兔更为重要。

（2）非营养性饲料添加剂。非营养性添加剂是指为保证或者改善饲料品质、提高饲料利用率而掺入饲料中的少量或微量物质，包括生长促进剂、驱虫保健剂、中草药饲料添加剂、抗氧化剂、防霉剂、饲料调质剂等。

①生长促进剂：指能够刺激动物生长或提高动物的生产性能，提高饲料转化效率，并能防治疾病和增进动物健康的一类非营养性添加剂，包括抗生素、合成抗菌剂等。

抗生素饲料添加剂是微生物（细菌、放射菌、真菌）的发酵产物，以亚治疗量应用于饲料中，保障动物健康，促进生长，提高饲料利用率。抑制与宿主争夺营养物质的微生物，促进消化道的吸收能力，提高生产性能。

酶制剂是通过产酶的特定微生物发酵，经提取、浓缩等工艺加工而成的包含单一酶或混合酶的工业产品。酶制剂主要是蛋白酶、淀粉酶、纤维素酶、植酸酶、非淀粉多糖酶等，以单一酶制剂及复合酶制剂的形式补充幼龄家兔体内酶分泌不足，改善家兔的消化机能，消除饲料中的抗营养因子，促进营养物质的消化吸收，提高家兔的生产性能。

在选择和使用酶制剂时要充分考虑酶制剂的专一性特点，要充分重视动物因素，要科学认识酶制剂的活性，科学选择和正确使用饲用酶制剂，正确确定酶制剂的添加量，应注意酶活性的稳定。

益生素又称微生态制剂或饲用微生物添加剂，是一类可以直接饲喂动物并通过调节动物肠道微生态平衡，达到预防疾病、促进动物生长和提高饲料利用率的活性微生物或其培养物。主要有乳酸菌制剂、芽孢杆菌制剂、真菌及活酵母类制剂。

另外还有一类被称为化学益生素或益生元的物质，在动物体内外能选择性地促进一种或几种有益微生物生长，抑制某些有害微生物过剩繁殖，既不能被消化酶消化，还能提高动物生产性能，如甘露寡糖（MOS）、低聚果糖（FOS）、a-寡葡萄糖（a-GOS）。

酸化剂是一种新型生长促进剂，可降低饲料在消化道中的 pH 值，为动物提供最适消化环境。常用酸化剂有柠檬酸、延胡索酸等，生产中多以由 2 种或 2 种以上的有机酸复合而成的产品为主，以增强酸化效果。

②驱虫保健剂：将兽用驱虫剂在健康家兔的饲料中按预防剂量添加的。其作用是预防体内寄生虫，减少养分消耗，保障家兔的健康，提高生产性能。许多驱虫药物具有毒性，只能短期治疗，不能长期作为添加剂使用。

③中草药添加剂：中草药添加剂的配制多遵循中兽医学理论，运用其整体理念及阴阳平衡，扶正祛邪等辩证原理，调动机体积极因素，增强免疫力和提高生产力。具有益气健脾、养血滋阴、固正扶本、增强体质等功能，符合动物机体脏腑功能的相互协调和整体统一规律。安全性好，无残留。近年来，国内研究开发的中药添加剂种类很多，如

黄芪粉、兔催情添加剂、兔增重添加剂等在家兔生产中发挥着越来越大的作用。

④抗氧化剂：一类添加于饲料中能够阻止或延迟饲料中某些营养物质氧化，提高饲料稳定性和延长饲料贮存期的微量物质。主要用于防止饲料中不饱和脂肪酸、维生素 A、胡萝卜素和类胡萝卜素等物质氧化酸败。目前使用最多的是乙氧喹（山道喹）、二丁基羟基甲苯（BHT）、丁羟基苯甲醚（BHA）、维生素 E 等。

⑤防霉剂：一类具有抑制微生物增殖或杀死微生物、防止饲料霉变的化合物。目前使用最多的是丙酸、丙酸钙、丙酸钠等丙酸类防霉剂。

⑥饲料调质剂：能改善饲料的色和味，提高饲料或畜产品感观质量的添加剂。如着色剂、风味剂（调味剂、诱食剂）、黏合剂、流散剂等。

据报道，在家兔的饲料中添加 8%~10% 的葡萄糖粉，可掩盖饲料的不良气味，刺激兔的食欲，增加采食量，保证在应激条件下仍有足够的采食量，添加 10%~12% 的葡萄糖粉，可增加体能，保护兔体细胞组织不受有害因素侵袭。从而增强机体对传染病、中毒等的抵抗力，使兔群发病率下降 24%~39%。从母兔配种前 8~12d 起，每天喂配合饲料或配种前几小时静脉注射 50% 葡萄糖液 20~40ml，配种后停止使用，可使产仔中雌仔的比例增加 17%~23%。母兔孕后 20~25d 每天在饲料中加 20g 葡萄糖，可以防止怀孕后期母兔顽固性食欲障碍和消化机能紊乱为主的妊娠毒血症。在弱兔饲料中，加入葡萄糖粉，兔的食欲增加，能加快复壮的速度。在育肥群中可比对照提前 7~10d 出栏。

二、家兔生态养殖的管理

（一）仔兔的饲养管理

1. 睡眠期

（1）睡眠期的饲养。这个时期内饲养管理的重点是早吃奶、吃足奶。仔兔出生后 6~10h 内，必须检查母兔哺乳情况，发现没有吃到奶的仔兔，要及时让母兔喂奶，或采取以下措施。

①强制哺乳：对哺乳期护仔性不强的母兔，特别是初产母兔采取强制哺乳措施。

具体做法：将母兔固定在巢箱内，使其保持安静。将仔兔分别安放在母兔的每个乳头旁，嘴顶母兔乳头，让其自由吮乳，每天强制 4~5 次，连续 3~5d，母兔便会自动喂乳。

②调整仔兔：对产仔数过多和产仔数过少的母兔要采取调整仔兔的措施。多产的母兔泌乳量不够供给仔兔，仔兔营养缺乏，发育迟缓，体质衰弱，易患病死亡；少产的母兔泌乳量过剩，仔兔吸乳过量，引起消化不良，甚至腹泻、消瘦而死亡。此时可根据母兔的泌乳能力，对同时分娩或分娩时间先后不超过 2d 的仔兔进行调整。

具体做法：先将仔兔从巢箱内拿出，按体型大小、体质强弱分窝；然后在仔兔身上涂抹被带母兔的尿液，以防被母兔咬伤或咬死；最后把仔兔放进各自的巢箱内，并注意母兔哺乳情况，防止意外发生。

调整仔兔时注意事项：一是母兔和仔兔必须是健康的。二是被调仔兔的日龄和发育大致相同。三是要将被调仔兔身上黏附的兔毛剔除干净。四是在调整前先将母兔离巢，把被调仔兔放进哺乳母兔巢内，1~2h后，再将母兔送回原笼巢内。如母兔拒哺调入仔兔，则应查明原因，采取新的措施，如重调其他母兔或补涂母兔尿液。

③人工哺乳：如果仔兔出生后母兔死亡，无奶或患有乳房方面的疾病，不能喂奶，又不能及时找到寄养母兔时，可以采用人工哺乳的措施。

注意事项：人工哺乳的工具可用玻璃滴管、注射器、塑料眼药水瓶，在管端接一乳胶自行车气门芯即可。喂饲前要煮沸消毒，冷却到37~38℃时喂给，每天1~2次。喂饲时要耐心，在仔兔吮吸时轻压橡胶乳头或塑料瓶体，不要滴入太快，以免误入气管，也不要滴得过多，以吃饱为限。

（2）睡眠期的管理。

①仔兔盖毛：冬春寒冷季节要防冻，夏秋炎热季节要降温、防蚊，平时要防鼠害。要认真做好清洁卫生工作，保持垫草的清洁与干燥。仔兔身上盖毛的数量随天气而定，天冷时加厚，天热时减少。用长毛铺盖巢穴，仔兔颈部和四肢往往会被长毛缠绕，如颈部被缠，可能窒息死亡；足部被缠，使血液不通形成肿胀，甚至缠断足骨。因此，长毛兔的毛垫巢，必须先将长毛剪碎，并且掺杂一些短毛，这样就可避免黏结。裘皮类兔毛短而光滑、蓬松，不会黏结，仔兔匿居毛中，可随意活动，而且保温力也较高。为了节省兔毛，也可以用新鲜棉花拉松后代替褥毛使用。由于兔的嗅觉很灵敏，不可使用被粪便污染的旧棉絮或破布屑。

②防止"吊乳"：如果是母兔乳汁不足引起"吊乳"，应调整母兔日粮，适当增加饲料量，多喂青料和多汁料，补充营养价值高的精料，促进母兔分泌出质好量多的乳汁，满足仔兔的需要。管理不当引起的，应加强管理，为母兔创造安静的哺乳环境。刚发生"吊乳"的仔兔，及时送回巢箱内。

2. 开眼期

这个时期饲养重点放在仔兔的补料和断奶上。

（1）补料。肉用、皮用兔出生后16d，毛用兔生后18d，应开始试吃饲料。这时要喂给少量易消化且富有营养的饲料，并在饲料中拌入少量的矿物质、抗生素等，以增强体质，减少疾病。在喂料时要少喂多餐，均匀饲喂，逐渐增加。一般每天喂给5~6次，每次分量要少一些，在补饲初期以哺乳为主，饲料为辅。到30日龄时，则转变为以饲料为主，哺乳为辅，直到断奶。过渡期间，要特别注意缓慢转变的原则，使仔兔逐步适应。

（2）断奶。小型仔兔40~45日龄体重达500~600g，大型仔兔40~45日龄体重达1 000~1 200g，就可断奶。过早断奶，仔兔的肠胃等消化系统还没有充分发育，对饲料的消化能力差，生长发育会受影响，甚至引起死亡。一般在30日龄时断奶，成活率为60%；40日龄时断奶，成活率为80%；45日龄断奶，成活率为88%；60日龄断奶，成活率可达92%。但断奶过迟，仔兔长时间依赖母兔营养，消化道中各种消化酶的形成缓慢，会引起仔兔生长缓慢，还直接影响母兔的健康和繁殖次数，所以仔兔断奶应以40~45日龄为宜。

仔兔断奶时具体工作：兔舍、食具、用具等，事先进行洗刷与消毒；仔兔断奶要根据全窝仔兔体质强弱而定，若全窝仔兔生长发育均匀，体质强壮，可采用一次断奶法，即在同一日将母仔分开饲养；离乳母兔在断奶2~3d内，只喂青料，停喂精料，使其停奶；如果全窝仔兔体质强弱不一，生长发育不均匀，可采用分期断奶法。即先将体质强的仔兔断奶，体弱者继续哺乳，经数日后，视情况再行断奶。如果条件允许，可采取移走母兔的办法断奶；避免环境骤变，对仔兔不利。

（3）开食。母仔分笼饲养，但必须每隔12h给仔兔喂一次奶，要常换垫草，并清洗或更换巢箱，要经常检查仔兔的健康情况。

（二）幼兔的饲养管理

（1）饲养在温暖、清洁、干爽的地方，做好分群工作，按身体强弱，公母分开饲养，以笼养为佳，每笼3~4只，若群养8~10只组成一群，温度不得低于10℃。

（2）仔兔断奶后1~2d，仍喂给断奶前饲料，掌握少喂多餐定时定量原则，青草每天3次，每天100~400g，早、午、晚喂；精料每天2次，每天30~50g，早晚喂给。变换饲料应逐渐过渡，饲料应营养丰富，易消化。

（3）加强运动。60日龄后，每天活动2~3h，防止互相咬斗、兽害及冷热的侵袭。幼兔每15~30d称重一次，以选出优秀个体，留作后备种兔。

（4）认真预防疾病。幼兔阶段是易发病的年龄，特别是球虫病发病率较高。因此，断奶后应注射兔瘟、巴氏杆菌、魏氏梭菌疫苗，饲料中可加入磺胺类、氯苯胍药物及大蒜和洋葱等。

（5）及时编刺耳号。40日龄时可用耳号钳刺号，编号后分群。

（三）青年兔的饲养管理

（1）以青粗饲料为主，精料为辅，饲喂定时定量，一日4餐。夏秋季每天每只喂青饲料500~650g，精料30~50g；冬春季干草粉100~150g，块根类200g，精料45~80g，5月龄后控制精料，防止兔体过肥。

（2）公母兔分开饲养，以防早配、乱配。一兔一笼或小群饲养，每群2~3只。6~7月龄时，进行全面检查，留种的公母兔进行个别饲养；不作种用的公兔应去势和非种母兔进行育肥，作商品兔。

（四）种公兔的饲养管理

种公兔质量的好坏，直接影响兔群的质量。种公兔一定要发育良好，体质健壮，性欲旺盛，才能完成配种任务，提高母兔受胎率、产仔率及仔兔的生活力。

1. 科学饲养

提供营养全价的饲料可增强种公兔体质，改善精液品质，增强性欲。必须供给种公兔富含蛋白质、矿物质、维生素，且易消化、适口性好的优质饲料，除注意营养全价外，还注意营养长期性，配种前20d调整成种公兔饲料，每天每只喂料70g，青绿饲料不少于500g，配种旺季，日粮还可增加蛋白饲料，以提高精液品质，切忌过肥或过瘦，常年保持中等以上膘情。

2. 加强管理

（1）加强运动，多晒太阳，每日运动1~2h，任其自由活动，注意气候的变化及兽类侵扰及互相的争斗。

（2）1兔1笼，笼要坚固，以防公兔外逃、斗殴造成损伤。公母兔笼保持一定距离，以避免异性气味刺激，造成公兔消耗精力或性欲降低。

（3）使用要合理，一要适时配种，二要掌握配种次数，成年公兔每天配1次，连配6d休息1d；如每天配2次，连续2d休息1d，青年公兔每天配1次休息1d。过度配种，会造成精液品质下降，公兔早衰，缩短使用年限。如公兔长期不配种，性欲降低，精液品质变差，受胎率降低。

（4）夏季要采取防暑措施，提高母兔胎率，保持兔舍、笼通风，干燥，清洁卫生。平时多观察公兔的精神状态、生殖器官情况、采食状态等。

（五）种母兔的饲养管理

1. 空怀母兔的饲养管理

（1）饲养方面。一要加强营养，恢复体力，保证再次正常配种繁殖。二要多喂一些优质的青绿和多汁饲料及精料，但切忌过肥，以防造成母兔不孕。三要适当减少精料，增加青绿饲料量，并加强运动。

（2）管理方面。一要随时观察母兔发情情况，及时配种。二要检查母兔生殖器官状况，发现疾患及时治疗。对不发情的母兔还可把母兔放入公兔笼内，让其追逐，每次15~20min，休息片刻，这样连续进行1~2次，直到母兔发情。还可注射雌激素来促进发情。

2. 怀孕母兔的饲养管理

（1）加强营养，保证母体的健康和胎儿的正常发育。母兔怀孕后的前20d称为怀孕前期，此期间胎儿生长缓慢，需要营养较少；从20d到分娩称为怀孕后期，该期胎儿生长迅速，其增长量约为初生重的90%。因此，在怀孕前期营养水平稍高于空怀即可，后期应采用富含蛋白质、维生素、矿物质的饲料。夏秋季每天每只精料80~100g，青草700~1 000g；冬春季精料100~130g，多汁料200~250g，干草150~200g。临产前3d，减少精料量，多喂青绿饲料，以防乳腺炎。

（2）保证饲料质量。饲料要清洁、新鲜，不喂过夜的湿草、露水草、冰冻及发霉变质的饲料。冬季最好饮用清洁的温水。

（3）加强管理，防止流产。流产多发生在怀孕后 15~25d，母兔流产如正常分娩，也要衔草营巢，产出未形成的胎儿后多被母兔吃掉。所以首先不要无故捕捉，不要随意摸胎，保持环境安静，不要放出笼外活动，另外发现疾病及时治疗。

3. 哺乳母兔的饲养管理

（1）饲养方面。分娩后 1~2d，食欲不佳，体质虚弱，多喂些青绿饲料，少喂精料，3d 后逐渐增加精料量，并且富含蛋白质、维生素、矿物质。夏秋季每天每只青料量 1~1.2kg，精料 100~120g；冬春季干草 200~250g，块根类 300g，精料 120~150g。保证有充足，清洁的饮水。

（2）管理方面。笼舍清洁干燥，通风良好，保持安静，经常检查母兔的乳房，是否有红肿或破损。母兔产仔 3d 内，每天喂给磺胺类药物。

三、生态养兔场废弃物的管理

随着社会的发展，环境保护日益得到重视，养殖场废弃物对环境的污染被列为继工业污染、城市废水污染之后的第三大污染源，畜禽养殖污染防治已迫在眉睫。粪、尿是畜禽代谢产物，粪便中所含的污染物主要包括粪尿本身及其分解物所含的恶臭成分、大量的病原微生物、部分重金属和兽药等。兔场粪便如果随意堆放，会引起空气、土壤、水的污染，兔场产生的有毒有害气体、粉尘、病原微生物等排入大气后，可随大气扩散并传播。当这些物质的排放量超过大气的自净能力时，将对人和畜禽造成危害。

（一）家兔粪便的价值

家兔白天排出硬粪，夜间排出软粪。软粪含干物质 31%，硬粪含干物质 53%，软粪来源于盲肠，包括受微生物作用过的食糜和大量未被吸收的蛋白质、维生素，特别是维生素 B 族更为丰富。家兔借助于"食粪"的生理功能，使软粪中的营养物质再消化、再吸收，通常所指兔粪是硬粪部分。

1. 营养价值

风干兔粪含水 7.9%、干物质 92.1%。家兔硬粪含粗蛋白 9.2%、粗脂肪 1.7%、粗纤维 28.9%、无氮浸出物 52.0%、总灰分 8.2%、磷 1.3%、钠 0.11%、钾 0.5 7%。每 100g 硬粪干物质中含天门冬氨酸 0.97g、苏氨酸 0.54g、丝氨酸 0.45g、谷氨酸 1.006g、脯氨酸 0.54g、甘氨酸 0.62g、丙氨酸 0.58g、缬氨酸 0.63g、蛋氨酸 0.3g、冬亮氨酸 0.53g、酪氨酸 0.24g、苯丙氨酸 0.54g、赖氨酸 0.60g、组氨酸 0.25g、亮氨酸 0.89g。每克硬粪含烟酸 39.7μg、核黄素 9.1μg、泛酸 8.4μg、维生素 B_{12} 0.9μg。研究证明，3kg 新鲜兔粪所含粗蛋白、粗脂肪和无氮浸出物等营养成分与 1kg 麸皮相当。

2. 肥效价值

兔粪约含氮 3.7%、磷 1.6%、钾 3.5%，分别比牛粪高 0.8 个百分点、0.9 个百分点和 1.4 个百分点；比鸡粪高 1.0 个百分点、0 个百分点和 2.5 个百分点。1 只成年兔年积粪 100~150kg，相当于化肥 23~34.5kg，其中相当于硫酸铵 11~16.5kg，过磷酸钙 10~

15kg，硫酸钾 2~3kg，且能改良土壤团粒结构，提高土壤肥力，对作物增产效果明显。

3. 其他价值

何正寅（1986）用兔粪烟熏治僵蚕菌，效果显著。张文举（1989）在田间施用兔粪，能消灭或减少蝼蛄和红蜘蛛等；把兔粪堆积，用水浸沤3周左右，施于番茄、白菜、豆角等蔬菜的根旁，可防治地下害虫咬啮幼苗根部。兔粪可用于发酵产生沼气等。

（二）家兔粪便的利用

1. 兔粪用于喂猪

甘肃武威市的一些农民，将兔粪晒干、粉碎后混合在饲料中喂猪，适口性好，生长快，无不良反应。辽宁新金县养兔户刘素芬，用180只家兔的粪便作饲料喂90头猪，216日龄出栏，平均每头重105kg，日增重525g，每头肥猪节省精料15%~20%。于玉群（1983）报道，将102头猪分为对照组和试验组，进行3个月兔粪喂饲试验，试验第一个月、第二个月、第三个月分别在日粮中添加10%、20%、30%的兔粪，结果试验组每千克增重耗粮（大麦）2.37kg，而对照组为3.33kg，每增重1kg毛重，试验组比对照组少用大麦0.96kg。姚命旦等（1985）用新鲜兔粪代替麸皮，对照组在基础日粮中加31%的麸皮，试验组按3∶1折算加鲜兔粪，结果试验组料肉比为1.91∶1，对照组为2.81∶1。新鲜兔粪喂猪，猪肉的色、香、味、嫩4项指标与对照组无差异，说明对猪肉食用价值无不良影响。

2. 兔粪用于饲喂肉用仔鸡

美国科技人员将120只1日龄肉用仔鸡雏分为4组，用兔粪代替日粮中的玉米，分别配成含兔粪0%、10%、15%和20%的试验日粮，所有试验组日粮中能量、蛋白质含量相同。饲喂8周后，各组只均重分别为2 131g、2 139g、2 135g和2 032g，料重比为1.85、2.10、2.14和2.29，无显著差异（$P>0.05$），多次试验表明，兔粪的代谢能或许低些，但可能是良好的蛋白源。

3. 兔粪用作农作物肥料

用兔粪尿等堆积的粪肥，可使粮食亩产增收200kg，皮棉亩产增加60kg左右。用兔粪液喷施农作物，可有利于叶面吸收和提高农作物总产量。据报道，将兔粪碾碎，按1∶7的比例与开水混合，冷却后过滤，然后将小麦种浸在兔粪水中，24h后播种，可明显提高小麦产量。

4. 兔粪用于生产沼气

瞿伯以（1988）用84个笼位的兔粪为沼气原料，建筑6m³投料发酵池和1m³的出料池，两池相通，发酵池与兔舍的粪沟相连，出料池把多余的粪水溢出。11—12月每天产气约0.18m³，可用于沼气灯、炉、红外线辐射等。江苏东台市唐洋种兔场养兔112只，建一座兔粪沼气池，供全场照明、烧饭，沼气渣还田肥田。

5. 其他用途

用兔粪的粪床内生产蚯蚓，但粪床不可放在兔笼的下面及兔舍内。兔粪也可用于防治农作物某些病虫害、蚕的僵蚕病菌等病害，鱼塘放以兔粪，能增加磷素，提高水产品的产量。

（三）兔粪用作畜禽饲料的加工

1. 新鲜兔粪喂猪

当天的新鲜兔粪可直接拌到饲料中饲喂，冬季将当天新鲜兔粪和落地饲料混合煮沸10min后，加入60%~80%的配合料，加入配合料比例由多到少。

2. 自然干燥法

利用太阳光晒干后碾成粉末，再铺成薄层，暴晒3h以上，按比例拌入饲料中饲喂。将晒干的兔粪粉碎后装入缸、盆等中，加沸水，调成糊状投喂。

3. 发酵法

夏季将收集的新鲜兔粪去掉泥土杂物，搓碎后拌入青料中，再加水，加水量以手握紧兔粪不滴水、松手后兔粪不散为度，然后装入水泥窖（或缸）里踏实，表面撒2cm厚的麸皮、稻糠或草糠，将窖口用塑料薄膜和土封严，经1~2d发酵，即有酸香味，适口性好，猪爱吃。将兔粪及抛撒料暴晒干后碾碎，堆积干燥处喷洒开水（以捏团不出水为宜），冷却装入塑料袋或缸内，压实封严，厌氧发酵；或堆积在地面上，堆高30cm左右，经数小时后温度达40℃即散堆。夏季需2~3d，冬季更长一些。

4. 化学处理法

将晒干后的兔粪碾成粉末，每千克加入0.1%甲醛溶液20ml混匀，喂时晒干即可。把干燥粉碎后的兔粪装入缸中，每50kg兔粪加入4%苛性钠水溶液100kg浸泡过夜，饲用时沥干苛性钠溶液并加清水。

（四）兔粪用作农作物肥料的加工

兔粪中未被消化的蛋白质不能被植物直接利用，须经发酵腐熟后才能吸收。

1. 兔粪堆肥

把兔粪尿连同残剩草料一并堆积（或窖贮），每加一层兔粪覆盖一层细土，最后用土封顶，半月后即可使用。

2. 兔粪液

将兔粪及水按1:9的比例备料，加入锅内文火煮沸半小时后，装缸密封贮藏7~10d，发酵腐熟后即成兔粪液。使用时滤去杂质，再加适量水，用喷雾器施于农作物叶面上。

第三节　生态养兔典型案例解析

一、生态养兔概况

（一）国外生态养兔业的现状

相对养牛业、养羊业、养猪业和养鸡业，养兔业发展相对滞后。世界养兔业发达国家集中在欧洲,成为生态养殖的引导者,其主要特点如下。

1. 规模化

尽管欧洲兔业也是以家庭农场为主体,但是,兔场的数量逐渐减少,单位兔场的规模逐渐扩大。一个劳动力饲养基础母兔 800 只左右,因此,规模化兔场基础母兔多在 1 000 只以上。而规模化兔场建设符合生态环保的要求,建立在秀美的田野或林地果园周边。

2. 集约化

由于劳动力成本的增加,发达国家以较高的设备和环境控制能力提高自动化水平,减少劳动力的使用,因此,集约化程度非常高。在日常管理中,饲养人员主要工作是人工授精、接产、断奶和疫苗注射,而喂料、饮水、消毒、清粪、通风、温度和光照控制等,全部实现自动化。在集约化生产的全过程中,体现了生态养兔的基本理念。

3. 规范化

养兔的科技含量较高,技术比较成熟而规范,包括品种(配套系)、饲料、繁殖技术、管理、防疫,以及断奶到育肥出栏,均有相应的操作规范和标准,实现了产品规格化。尤其是在粪便的处理、饲料的质量控制和药物的使用方面,执行严格的质量标准。

4. 专业化

发达国家的家兔产业体现了社会化大生产的理念,育种、繁殖和育肥,饲料、设备、屠宰加工和销售,均有专门公司负责,整个社会形成一个大的产业链条,各链条之间以合同的形式建立供销合作,以销定产,产销挂钩,环环相扣,有机结合。

(二) 我国生态养兔业现状

我国养兔处于起步阶段,基本上是属于"传统生态"养殖的范畴。所谓传统生态养殖,是指以原始的养殖技术为基础,自然饲料(青草)、地下洞穴、自然交配、"自我"(兔子本身)管理,基本上没有使用现代药物和配合饲料。随着养殖规模的扩大,养殖方式改变(笼养),配合饲料逐渐普及,疾病控制力度加大,药物使用普遍。尤其是规模扩张迅速,规划不合理,设施不到位,环境污染和疾病发生成为限制发展的重要因素,也由于药物残留导致我国兔肉产业多次遭受发达国家"绿色壁垒"的拒绝。

顺应时代潮流,中国兔业在前进中不断探索和创新,在生态养殖方面取得了一定进展。

1. 抗生素替代品的开发

抗生素的滥用已经成为食品安全和生态安全的重大隐患,受到政府和人们的普遍关注。因此,抗生素替代品的开发是生态养殖发展中的重大课题。多年来,我国科技工作者在养兔生产中开展了卓有成效的工作。尤其是中草药和微生态制剂的开发效果显著。这不仅有效地预防和治疗家兔疾病,而且克服了药物残留和环境污染问题,同时具有明显的提高生产性能的作用。近年来抗菌肽的开发展示出其巨大的发展前途。

2. 粪便的无害化处理

目前多数规模化兔场重视粪便的无害化处理，避免对环境的污染。一般通过以下途径。一是粪便堆积发酵，作为有机肥料。二是生产沼气，作为新的生物能源。三是生物处理，作为再生饲料，养殖蚯蚓、地鳖（土元）、蝇蛆、草鱼甚至饲喂猪和家兔等。

3. 洞穴仿生养兔技术开发

模仿野生洞穴兔的生活行为，利用地下洞穴光线黯淡、环境安静和温度恒定的特点，人工建造地下洞穴，采取地上养殖、地下繁育相结合的办法，为家兔生活和生产创造了良好的条件，节约了能源，显著提高了繁殖力、成活率和经济效益。该技术是目前我国北部地区中、小型兔场低碳养殖技术的典型，也是提高养兔效益和效率的重大措施。

4. 家兔生态放养技术开发

野生条件下家兔的祖先自己打洞，穴居生活，采食野草、野菜。有机养殖，必须采取放养的基本条件，在适当的地区，采取两种方式进行家兔野养。第一种是种兔笼养，育肥兔放养。即将断奶后免疫的育肥兔，放入牧草丰富的草地，增设一定防范措施，用围栏隔离。根据生态平衡的原理，控制一定饲养密度。待育肥到一定体重，统一捕捉出栏。第二种是全部放养。在条件适宜的荒山荒坡，周边设置围栏，放一定数量的基础母兔和公兔，可以人工建造洞穴，设置固定补料和饮水场所，让兔子自然繁殖和生长。一定时期，捕捉达到出栏标准的商品兔。

生态放养需要一定的场地，野外环境恶劣，需要防范天敌（鹰、犬、蛇等），需要设置隔离带，防止疾病的传入。缺青季节需要补充饲料。这种模式适宜在牧草丰富、气候比较干燥而温暖的地区。由于条件的限制和技术尚未成熟，因此，开展生态放养成功的例子不多。

中国是世界第一养兔大国，也是养兔业发展速度最快的国家。由于我国家兔商品生产的起步是以外向型经济为主，因此，与国际市场接轨和技术交流有着优良的传统和广泛的基础。结合中国国情，借鉴发达国家的先进经验，形成有中国特色的养兔业。特别是近几年国家对生态养殖业的提倡和支持，人们在观念上普遍接受，市场对绿色产品的迫切期待，这些都将对中国生态养殖业，包括生态养兔业快速发展产生积极的推动作用。

二、生态养兔典型模式分析

（一）种草养兔生态模式

1. 种草养兔的意义

家兔是单胃草食动物，日粮中必须有足够的粗饲料，一般家兔的全价饲料中粗饲料的比例达到40%~60%。优质粗饲料尤其是优质牧草的需求量大。随着规模养兔的发展，全价颗粒饲料的应用，导致饲料资源的不足，种草养兔是解决饲料资源短缺的好途径，

（1）解决家兔饲养中粗饲料短缺的问题。目前我国养兔多利用秸秆、花生秧（壳）等农副产品，其营养价值低，同时生产中还存在霉菌感染的问题。兔霉菌毒素中毒时有发生，给养兔产业造成巨大损失，大力发展青粗饲料的生产和供应，才能保证兔业的健康发展。

（2）降低饲料成本，提高经济效益。通过种植优质牧草，采取"青饲草+精料"饲养模式，可以降低饲料成本，提高肉兔饲养经济效益。家兔规模养殖时，要获得优质兔产品和较高的经济效益，也必须有足够的优质饲草资源，才能保证家兔的营养均衡和产品的安全，所以必须种植优质饲草。

（3）生产绿色、安全的兔产品。优质牧草蛋白质含量较常见的粗饲料高，各种维生素全面、含量高，粗纤维质量好，按饲草操作规程处理后作为饲料使用，可以保证兔群安全，并生产出绿色、安全的兔产品。

2. 种植牧草的种类

种植时应选择家兔喜食、适应当地自然条件和生产种植条件、有较高的产量和优良品质的牧草，如墨西哥玉米、苏丹草、冬牧70黑麦、一年生黑麦草、苦荬菜、菊苣和紫花苜蓿等都是适宜在我国种植且家兔喜食的优质牧草。可以利用中低产田、荒山荒坡进行牧草种植，也可利用冬闲田进行耐寒牧草的种植。

3. 种植方式

种草养兔，通过合理安排牧草种植模式，保证牧草的四季均衡供应，提高牧草和青绿饲料的供应量。如在土地资源丰富或闲置土地较多的地方，可以长期利用土地种植牧草，建立牧草地养兔。一般每亩牧草年产鲜草5 000kg左右，可常年养兔100只左右。采用牧草与粮食作物复合种植，通过轮作或套种的栽培方式，既可以生产牧草养兔，也可生产粮食。也可以利用林地、果园进行树下种草养兔，不仅解决草料来源问题，也减低饲料成本，提高收益。兔粪作肥，又可防止土壤板结，促进果林生长。牧草可采用单播、混播、间作、套种、轮作等方式。

（二）林地果园生态养兔模式分析

利用林地、果园的空隙作为养兔的场所进行家兔生态养殖，主要有生态放养、林下生态高效养兔等方式。

1. 林地、果园生态养兔模式的优点

（1）林下、果园、荒山荒坡等作为养兔的场所，空气新鲜，通风条件良好，兔的生长环境好，兔患病少，繁殖快，肉质好。

（2）利用林地、果园内的青草作为养兔的青饲料，可降低饲料成本。如果进行种草养兔，更可以节约饲料费用。

在果园、林地内搭棚养兔，不仅草料来源方便，成本低，见效快。同时在果园、林地内搭棚养兔采用笼养，占地少，易管理。如在果园内搭棚养兔，大量的树叶、嫩枝以及果渣等，经过适当处理可以作为兔的饲料，也可在果园的行间和株间，尤其是幼树期，种植各种低矮作物如豆类，其茎叶都是良好的粗饲料，收获的种子籽实及其加工下脚料，又是优质的蛋白饲料。在合理添加精料的条件下，饲养一般肉兔月平均增重在500g以上，饲养优质良种兔月平均增重可达750g以上，经济效益好。

（3）林木、果树夏季可以起到荫蔽的作用，防暑降温效果好，冬季树木落叶后阳光充足，满足兔的光照。

（4）兔粪是良好的肥料，施用到林地既节约林地施肥费用，有利于树木的生长，还可减少对环境的污染。

将兔粪收集就地堆积，用塑料薄膜或土覆盖发酵，可成为林木、果树的优质肥料。经发酵过的兔粪能有效地防止土壤板结，促进果树生长，提高果实品质。

2. 林地、果园生态养兔关键技术

（1）放养模式。

①种兔笼养，育肥兔放养：将断奶后免疫的育肥兔、放入牧草丰富的草地。增设一定防逃措施，用围栏隔离，根据生态平衡的原理，控制一定饲养密度。待育肥到一定体重，统一捕捉出栏。

②全部放养：在条件适宜的荒山荒坡，周边设置围栏，放入一定数量的基础母兔和公兔，可以人工建造洞穴，设置固定补料和饮水场所。让家兔自然繁殖和生长。一定时期，捕捉达到出栏标准的商品兔。

生态放养需要一定的场地，野外生存环境恶劣，需要防范天敌（鹰、犬、黄鼬、蛇等），需要设置隔离带，防止疾病的传入。缺青季节需要补充饲料。适宜在牧草丰富、气候比较干燥而温暖的地区。

（2）放养关键技术。

①兔舍建造：根据林地、果园具体条件，选择适宜的地点建兔舍、搭兔笼。生态放养时的兔舍，可为兔提供夜间宿营、防止敌害侵袭的场所，并遮风挡雨。兔舍可采用砖瓦结构，也可采用塑料大棚。

②放养场地建设：放养场地设置围墙、铁丝网，并注意保护树干。为防止兔外逃及阻挡兽类入侵，在兔的放养场地周边，应建围墙，或埋设 1.5～2m 高的铁丝网或尼龙网；也可密埋树枝篱笆等。树干用铁笼围好，使兔啃不到树皮，不会对树木造成伤害。

③选养适宜兔种：生态放养时要选养优良的地方品种，这些品种适应性强、耐粗饲、抗病力强，如虎皮黄兔、哈白兔、青紫蓝兔、大耳白兔等。

兔的放养技术尚未成熟，需进一步总结。

3. 林地、果园生态养兔模式的管理

（1）林地、果园生态养兔的管理措施。

①避开农药喷洒期采剪果枝：用于喂兔的修剪果枝，要避开农药喷洒期。最好使用生物农药或高效低毒农药，并在其安全期剪枝。采用诱虫灯、捕食螨等器具对病虫害进行生物防治更好。

②注意贮备干叶和干草：在果实收获后，可适当采集果叶，晒干后贮存待冬季饲用。收集青草，及时晒干，贮藏备用。

③适当补充精料：利用果园的生态条件进行养兔，除充分利用果园的果叶、辅助农作物及杂草作为家兔的营养来源以外，还应适当添加精料，特别是在冬季野外可采食的牧草短缺期，应适当补充人工配合饲料，以满足家兔的正常生长需要。

（2）林地养兔的管理措施

①重视兽害：林地养兔，野生动物老鹰、狐狸、蛇、老鼠等较多，除一般的防范措施以外，可考虑饲养和训练猎犬护兔。

②林下种草：为了给家兔提供丰富的营养，在林下植被不佳的地方，可人工种植牧草。

③注意饲养密度和小群规模：根据林下饲草资源情况，合理安排饲养密度和小群规模，饲养密度不可太大，以防林地草场退化。

4. 林地生态养兔模式实例（杨树+獭兔养殖模式）

林地生态养兔案例摘自国家林业局发展规划与资金管理司编写的《林地立体开发实务指南》（中国林业出版社，2012），案例包括林地生态养兔的模式及各地的自然条件、林地条件、养殖与管理技术、经济效益等情况。

（1）自然条件。该模式在河北南宫市，年降水量 463.8cm，年日照 2 461.9h。年均气温 13.2℃，年积温（≥10℃）为 4 519℃，年最低温 18.1℃，年最高温 41.5℃，全年无霜期 194d。

（2）林地条件。海拔为 27.5m、土壤为沙壤土、土层厚度 20cm、土壤 pH 值 7.0 的杨树林下，林内株行距为 3m，郁闭度为 0.6。

（3）养殖与管理技术。獭兔以林下多层笼养为主，笼子大小根据种兔体型大小而设计。根据獭兔的生物学特性，饲养管理遵守以下原则：青饲料为主，精料为辅；定时定量，少给勤添；加喂夜草，自动饮水；饲料调制，注意品质；保持安静，注意卫生；分群管理，适当运动；防暑降温，防寒保暖；综合防治，健康成长。獭兔 4 个月可出栏。

（4）经济效益。建设 4 亩该基地，总投入 20 万元，亩均 5 万元，年出栏量为 6 800 只，市场价为 65 元/只，该模式年收入可达 44 万元，年利润达 24.4 万元，每年亩均约为 6 万元。

（三）规范化生态养兔模式

1. 模式特点

兔场布局和兔舍设计合理，饲养优良的品种，饲养技术规范。兔场粪污采用资源化、无害化的处理措施。

2. 基本要求

这种模式通常用于养殖规模较大的大、中型兔场，技术水平要求高，投资较大，适合规模化养兔场采用。

可采用"公司+合作社+基地+农户"的产业链结合带动的方式，把养殖户联结起来，进行生态养殖。

兔场还可以在林间、果园等地选址建场，利用林木、果树等将场内不同功能区自然隔离，兔粪可直接为林地、果园利用，或利用兔粪发酵生产有机肥，供本场或区域内的果蔬使用，生产有机产品，带动当地生态、循环农业的发展。

3. 模式评价

规模化的生态养兔模式，综合考虑兔场的环境安全，兼顾兔场对周围环境的污染，采用综合的养殖技术、手段和途径，最后生产出安全、优质的兔产品，同时又做好环境保护的工作。

（四）发酵床生态养兔模式

家兔有爱干净，喜欢干燥怕潮湿的特性，家兔在兔舍里排粪尿，通常是在放饲料的另一边角落，传统的养兔模式需要经常给家兔清理粪尿，兔尿非常臭，量又多，清理不勤就会影响养兔经济效益。而发酵床生态养兔模式有效避免了这种情况的出现。

1. 发酵床养兔模式的优点

（1）除臭环保。发酵床养兔不需要每天清理兔舍，粪便和垫料在发酵床功能微生物菌群的作用下，一部分被转化成无臭气体被排放掉，例如水蒸气和 CO_2；另一部分转化为粗蛋白、菌体蛋白和维生素等营养物质。同时发酵功能菌群抑制降解蛋白质的异化细菌，阻止蛋白分解产生吲哚等臭味物质。从源头上消除了对生态环境的污染，圈内变得卫生干净，人、畜工作环境和生活环境得到大大改善，达到零排放，实现了养殖业与环境的和谐发展。

（2）节能省粮。兔的粪便在发酵床上一般只需 3d 就会被微生物分解，粪便给微生物提供了丰富营养，促使有益菌不断繁殖，形成菌体蛋白，兔子吃了这些菌体蛋白不但补充了营养，还能提高免疫力，且发酵床表层温度不管春夏秋冬均保持在20℃左右，发酵产生的热量使兔舍内供暖的煤电使用大大减少，一般可节省一半以上。

（3）抗病促长。发酵床养兔，因发酵层内升温发酵，能杀灭多种虫卵与病原菌，而且舍内干燥舒服，使兔子不易生病、少生病、增重快、肉质好，水分少。

（4）废物利用。发酵后的垫料与兔子粪尿混合物是高档优质生物有机肥或粗饲料，营养丰富、疏松通气、无臭味、外观漂亮、不烧根不烧苗，可广泛用于苗木、花卉、经济作物、果树、蔬菜营养土或其他动物粗饲料等。

2. 制作发酵床关键技术

（1）准备垫料。发酵床垫料最好用锯末，如果锯末少或者价格高，也可以用刨花、稻壳、花生壳、玉米芯及各种农作物秸秆部分代替，禁止使用发霉和有毒的垫料，垫料中的塑料类杂物一定要拣干净。每平方米兔舍发酵床大约需垫料 0.4 立方米。

（2）稀释菌种。将发酵剂按 1：（5~10）倍比例与玉米面、麸皮或米糠混合均匀，每千克发酵剂可以做 15~20m² 床。

（3）铺垫料和菌种。将垫料原料分 4 层铺填，每铺一层，上面就均匀撒一层菌种，这样操作比较省力。也可以先将垫料与菌种混合均匀后一次铺成，发酵床垫料厚度为 40cm。

（4）放兔入床。垫料铺成后可立即饲养。如果垫料铺成后空置一段时间才放兔，只要时间不是太长（一两个月内），发酵床发酵功能基本不受影响。发酵菌种在混有兔子粪便的垫料中会迅速启动发酵。在未掺和兔子粪便的干垫料中菌种保持休眠状态。注意的是母兔繁殖时要将母兔放置于笼子内，避免母兔在发酵床上打洞生育仔兔后，洞塌陷，仔兔窒息而死。兔子密度要掌握好，密度大导致家兔粪尿排量太多，发酵床超负荷运转，不能有效分解粪便，每平方米养 3~4 只青年家兔为宜。

思考题

1. 什么叫生态养兔？

2. 简述国内外生态养兔的现状和发展趋势。

3. 简述生态养兔的意义。

4. 简述如何组织实施生态养兔。

5. 简述生态养兔的主要模式有哪些。

6. 生态兔场的设计选址应该注意哪些问题？

7. 兔场布局的基本原则是什么？

8. 兔场设计和建筑的要求有哪些？

9. 兔场需要哪些设备？

10. 环境控制包括哪些内容？

11. 简述我国养兔业发展的特点。

12. 简述我国养兔业取得的成就及存在的主要问题。

13. 家兔饲料资源开发的重点是什么？

14. 家兔对营养物质的需要特点是什么？

15. 浅谈提高生态养殖效益的关键技术。

16. 兔场的防疫措施有哪些？

17. 生态养兔应该树立怎样的防疫理念？

18. 兔场的疫病发生规律与特点是什么？

19. 如何将兔场的废弃物进行无害化处理？

20. 粪污对环境的危害有哪些？

参考文献

曹洪战，2013. 规模化生态养猪技术［M］. 北京：中国农业大学出版社．

陈凯凡，程阳生，2005. 生态安全畜牧业及其技术途径和有效措施［J］. 湖南畜牧兽医（4）：1-3.

陈梦林，方杰元，2004. 生态养殖产业链发展模式探讨［J］. 中国农业科技导报，6（1）：49-53.

陈岩锋，谢喜平，2008. 我国畜禽生态养殖现状与发展对策［J］. 家畜生态学报，29（5）：110-112.

陈豫，杨改河，冯永忠，等，2010. 沼气生态农业模式综合评价［J］. 农业工程学报，36（2）：274-279.

狄继芳，张玉，何江，等，2009. 呼和浩特地区农田畜禽粪便负荷量调查研究［J］. 农业环境与发展（2）：88-90.

范光勤，2001. 工厂化养兔新技术［M］. 北京：中国农业出版社．

冯仰廉，2004. 反刍动物营养学［M］. 北京：科学出版社.

高腾云，付彤，廉红霞，等，2011. 奶牛福利化生态养殖技术［J］. 中国畜牧杂志，47（22）：53-57.

高迎春，苏梅，魏秀丽，2006. 奶业现状及规范化生态养殖模式的探讨［J］. 中国畜牧兽医，33（5）：24-27.

谷子林，2002. 家兔饲料配方与配制［M］. 北京：中国农业出版社．

谷子林，2015. 规模化生态养兔技术［M］. 北京：中国农业大学出版社．

韩建国，2007. 草地学［M］. 第三版．北京：中国农业出版社.

何俊，2014. 果园山地生态养鸡实用技术［M］. 长沙：湖南科学技术出版社.

何树红，闫希辉，张好治，2007. 新农村建设中循环经济模式初探［J］. 经济问题探索（7）：42-82.

黄炎坤，2010. 生态养鹅实用技术［M］. 郑州：河南科学技术出版社.

加拿大阿尔伯特农业局畜牧处，1988. 养猪生产［M］. 刘海良译，北京：中国农业出版社.

贾保中, 张玉, 何江, 等, 2010. 利用健康养殖技术生产优质原料乳 [J]. 中国乳业 (5): 46-48.

贾保中, 张玉, 何江, 等, 2010. 未来的畜牧生产与动物福利的发展方向 [J]. 畜牧与饲料科学 (3): 148-150.

江建斌, 2011. 天然牧场生态养羊 [J]. 福建农业 (3): 27.

蒋艾青, 郑亚平, 2002. 生态养殖专业教改浅探 [J]. 中国农业教育 (4): 42-44.

蒋爱国, 2002. 高效生态养殖技术 [M]. 南宁: 广西科学技术出版社.

李建国, 2003. 田树军肉羊标准化生产技术 [M]. 北京: 中国农业出版社.

李建国, 高艳霞, 2013. 规模化生态奶牛养殖技术 [M]. 北京: 中国农业大学出版社.

李如治, 2003. 家畜环境卫生学 [M]. 第三版. 北京: 中国农业出版社.

李绍钰, 2014. 生猪标准化生态养殖关键技术 [M]. 郑州: 中原农民出版社.

李顺鹏, 何健, 崔中利, 2003. 沼气发酵在生态农业中的应用 [C]//农村沼气发展与农村小康建设研讨会论文选编. 北京: 中国农业出版社: 122-124.

李铁坚, 2013. 生态高效养猪技术 [M]. 北京: 化学工业出版社.

李拥军, 2010. 肉羊健康高效养殖 [M]. 北京: 金盾出版社.

廖静, 2011. 我国畜禽生态养殖发展对策 [J]. 北京农业 (12): 77-78.

廖新俤, 陈玉林, 2009. 家畜生态学 [M]. 北京: 中国农业出版社.

林长请, 阎守政, 张鸣, 2009. 绿色消费模式与循环经济相关性的探讨 [J]. 环境保护科学, 35 (1): 134-136.

林代炎, 叶美锋, 2010. 规模化养猪场粪污循环利用技术集成与模式构建研究 [J]. 农业环境科学学报 (2): 386-391.

刘长灏, 2009. 对循环经济概念及内涵的再思考 [J]. 环境保护科学, 35 (1): 130-133.

刘继军, 贾永全, 2008. 畜牧场规划设计 [M]. 北京: 中国农业出版社.

刘建钗, 张鹤平, 2014. 生态高效养鸭实用技术 [M]. 北京: 化学工业出版社.

刘建钗, 张鹤平, 2015. 肉牛生态高效养殖实用技术 [M]. 北京: 化学工业出版社.

刘健, 2010. 生态养鸭实用技术 [M]. 郑州: 河南科学技术出版社.

刘浏, 2010. 发展生态养殖业促进农业循环经济发展 [J]. 农业经济 (1): 18-19.

刘益平, 2008. 果园林地生态养鸡技术 [M]. 北京: 金盾出版社.

刘振湘, 2015. 养禽与禽病防治 [M]. 北京: 中国农业大学出版社.

龙玉洲, 2009. 生态养羊的技术及其效果观察 [J]. 养羊与饲料 (1): 6-8.

路明, 2005. 现代生态农业 [M]. 北京: 中国农业出版社.

马巧芸, 李学贵, 2011. 如何保障畜禽生态养殖业发展 [J]. 畜禽业 (10): 56-57.

乔海运，张鹤平，2015. 生态高效养兔实用技术 ［M］. 北京：化学工业出版社 .

秦建春，杜志敏，张佳成，1999. 浅谈生态养殖的经济与环境效益 ［J］. 现代化农业 （1）：24-25.

任克良，2002. 现代獭兔养殖大全 ［M］. 太原：山西科学技术出版社 .

施正香，李保明，2012. 健康养猪工程工艺模式 ［M］. 北京：中国农业大学出版社.

宋素芳，2011. 鸭鹅健康高产养殖手册 ［M］. 郑州：河南科学技术出版社 .

邰胜萍，陶宇航，2012. 畜禽生态养殖产业的发展与对策 ［J］. 农技服务，29 （2）：247，249.

覃龙华，王会肖，2011. 生态农业原理与典型模式 ［J］. 安徽农业科学，56 （11）：46-47.

汪爱国，2009. 现代实用养猪技术 ［M］. 北京：中国农业出版社 .

王长平，2005. 猪福利问题概述 ［J］. 中国畜牧兽医，32 （12）：62-64.

王惠生，2008. 肉牛生产实用技术 ［M］. 北京：科学技术文献出版社 .

王惠生，2009. 奶牛生产实用技术 ［M］. 北京：科学技术文献出版社 .

王建平，刘宁，2014. 生态肉牛规模化养殖技术 ［M］. 北京：化学工业出版社.

王清义，王占彬，2008. 中国现代畜牧业生态学 ［M］. 北京：中国农业出版社.

王远远，刘荣厚，2007. 沼液综合利用研究进展 ［J］. 安徽农业科学，35 （4）：1089-1091.

吴启发，2012. 发展生态畜牧业加速推进畜牧业升级 ［J］. 安徽农学通报，18 （3）：18-20，39.

邢军，2012. 养猪与猪病防治 ［M］. 北京：中国农业大学出版社 .

熊慧欣，赵秀兰，徐轶群，2004. 规模化畜禽养殖污染的防治 ［J］. 家畜生态，25 （4）：249-254.

熊远，2007. 中国养猪业的发展道路 ［J］. 北京：今日畜牧兽医 （11）：1-4.

徐汉涛，2005. 高效益养兔法 ［M］. 第三版 . 北京：中国农业出版社 .

徐立德，1994. 家兔生产学 ［M］. 北京：中国农业出版社 .

徐立德，2002. 蔡流灵 . 养兔法 ［M］. 第三版 . 北京：中国农业出版社 .

薛庆玲，王惠生，刘艳敏，2009. 以沼气为纽带的生态养牛模式的构建 ［J］. 中国牛业科学，35 （3）：77-81.

杨风，2002. 动物营养学 ［M］. 第二版 . 北京：中国农业出版社 .

杨公社，2002. 猪生产 ［M］. 北京：中国农业出版社 .

杨军香，2007. 建设建康型奶牛养殖小区——粪污处理 ［J］. 中国奶牛 （11）：49-52.

杨宁，2002. 家禽生产学 ［M］. 北京：中国农业出版社 .

杨正，1999. 现代养兔［M］. 北京：中国农业出版社.

杨宗禄，邱佑乾，梁正文，2013. 发展生态养殖确保畜禽产品质量安全［J］. 农技服务，30（9）：1000，1004.

余建明，2006. 发展生态养殖是大势所趋［J］. 山西农业（10）：23.

张成虎，2011. 节能减排在畜禽生态养殖中的应用研究［J］. 甘肃科学学报，23（3）：52-55.

张响英，唐现文，2008. 控制环境污染，建设生态奶牛养殖场［J］. 中国畜牧兽医，35（8）：77-79.

张玉，2009. 生态畜牧业理论与应用［M］. 第二版. 呼和浩特：远方出版社.

张玉，何江，张建明，等，2010. 奶牛粪便污染对呼和浩特地区农田的影响［J］. 中国奶牛（7）：57-60.

张玉，王洪斌，何江，等，2009. 论畜牧业生产与动物福利［J］. 家畜生态学报（2）：4-6.

张玉，宋翠艳，2010. 关于发展中国特色生态畜牧业的探讨［C］//2010年家畜环境与生态学术研讨会论文集（7）：228-231.

张贞明，李善堂，2008. 甘肃牧区草原生态现状及保护建设的思考［J］. 草原与草坪（2）：19.

张子仪，2000. 中国饲料学［M］. 北京：中国农业出版社.

赵兴波，2011. 动物保护学［M］. 北京：中国农业大学出版社.

赵有璋，2011. 羊生产学［M］. 第三版. 北京：中国农业出版社.

周英海，夏淑艳，周闯，2018. 用循环经济理念发展生态养殖业［J］. 内蒙古科技与经济（8）：13-15.

朱建勇，2015. 我国生态养殖的发展现状存在问题与对策［J］. 农业与技术，35（4）：175-176.

TENDENCIA E A，DELA PEÑA M R，CHORESCA J C H，2006. Effect of shrimp biomass and feeding on the anti-Vibrio harveyi activity of *Tilapia* sp. in asimulated shrimp-tilapia polyculture system［J］. Aquaculture，253（1-4）：154-162.

附录一 中华人民共和国国家标准 《中小型集约化养猪场建设》 （GB/T 17824.1—1999）

1. 定义

本标准采用下列定义。

（1）集约化养猪场。采用先进的科学技术和生产工艺，实行高密度、高效率、连续均衡生产的专业化养猪场。

（2）自繁自养的商品猪场。种公猪及后备公猪从种猪场引进，后备母猪可从本场所产仔猪中选留培育，其主要任务是生产商品肥育猪。

2. 建设规模

（1）集约化养猪场的建设规模以该场年出栏商品猪头数表示。中小型集约化养猪场的饲养量按 GB/T 17824.2 执行。

①生产建筑：配种猪舍（含种公猪），妊娠猪舍，分娩哺乳猪舍，培育猪舍，育成猪舍，肥育猪舍和装卸猪斜台。

②辅助生产建筑：更衣、沐浴消毒室，兽医、化验室（含病猪隔离间），饲料加工间，变配电室，水泵房，锅炉房，仓库，维修间，污水粪便处理设施及焚烧炉。

③生活管理建筑：办公室，生活用房，门卫值班室，场区厕所，围墙，大门等。

（2）养猪场的生产建筑面积按年出栏一头肥育猪需 $0.8 \sim 1.0 m^2$ 计算。

（3）养猪场的辅助生产及生活管理建筑面积应符合表 1 的规定。

表 1 养猪场辅助生产及生活管理建筑面积参数

项目	面积参数（m²）	项目	面积参数（m²）
更衣、沐浴消毒室	30.0~50.0	锅炉房	100.0~150.0
兽医、化验室	50.0~80.0	仓库	60.0~90.0
饲料加工间	300.0~500.0	维修间	15.0~30.0
变配电室	30.0~45.0	办公室	30.0~60.0
水泵房	15.0~30.0	门卫值班室	15.0~30.0

生活用房按劳动定员人数每人 $4m^2$ 计。

3. 场址选择

（1）根据节约用地、不占良田、不占或少占耕地的原则，选择交通便利，水、电供应可靠，便于排污的地方建场。

（2）在城镇周围建场时，场址用地应符合当地城镇发展规划和土地利用规划的要求。

（3）禁止在旅游区、自然保护区、水源保护区和环境公害污染严重的地区建场。

（4）场址应选择在位于居民区常年主导风向的下风向或侧风向处，以防止因猪场气味的扩散、废水排放和粪肥堆置而污染周围环境。

（5）养猪场总占地面积参数应按年出栏一头肥育猪不超过 $2.4 \sim 2.5m^2$ 计算。

4. 总体布局

（1）猪场生产区按夏季主导风向布置在生活管理区的下风向或侧风向处，污水粪便处理设施和病死猪焚烧炉按夏季主导风向设在生产区的下风向或侧风向处，各区之间用绿化带或围墙隔离。

（2）养猪场生产区四周设围墙，大门出入口设值班室、人员更衣消毒室、车辆消毒道和装卸猪斜台。

（3）猪舍朝向一般为南北向方位，南北向偏东或偏西不超过 $30°$，保持猪舍纵向轴线与当地常年主导风向呈 $30° \sim 60°$。

（4）猪舍间距一般为 $7 \sim 9m$，猪舍排列顺序依次为配种猪舍、妊娠猪舍、分娩哺乳猪舍、培育猪舍、育成猪舍和肥育猪舍。

（5）场区清洁道和污染道分开，利用绿化带隔离，互不交叉。

5. 猪舍建筑

（1）猪舍建筑形式可选用开敞式或有窗式两种。开敞式自然通风猪舍的跨度不应大于 $15m$。

（2）猪舍的饲养密度用每头猪占猪栏面积表示，各类猪群饲养密度均不应超出表 2 的规定。

表 2　每头猪需栏面积参数

猪群类别	每头猪占猪栏面积（m^2）	猪群类别	每头猪占猪栏面积（m^2）
空怀、妊娠母猪	1.8~2.5	培育仔猪	0.3~0.4
哺乳母猪	3.7~4.2	育成猪	0.5~0.7
后备母猪	1.0~1.5	肥育猪	0.7~1.0
种公猪	5.5~7.5	配种栏	5.5~7.5

（3）猪舍的猪栏面积利用系数用猪栏总面积与猪舍总面积之比表示，各类猪舍的猪栏面积利用系数应不低于下列参数：配种、妊娠猪舍，65%；分娩哺乳猪舍，50%；培育猪舍，70%；育成、肥育猪舍，75%。

（4）猪舍围护结构应能防止雨雪侵入，保温隔热，能避免内表面凝结水汽。猪舍内表面应耐酸碱等消毒药液清洗消毒。

（5）猪舍屋面必须设隔热保温层，猪舍屋面的传热系数应不小于 0.23W/（m^2·K）。

（6）各类猪舍内小气候环境按 GB/T 17824.4 执行。

（7）猪场防火等级按我国民用建筑防火规范等级三级设计。

6. 饲养设施

（1）饲养管理设备的选型配套应符合 GB/T 17824.3 的要求。

（2）为提高劳动生产率和最大限度降低人为传染的危险，应尽量选用机械化、自动化程度较高的饲喂设备。

（3）任何种类的猪舍，都必须设有通风换气设备。

7. 劳动定员

（1）养猪场的劳动定员按每人每年平均可生产商品猪头数确定，小型猪场为 225～250 头/（人·年）。

（2）养猪场一般可按年每出栏 2 500 头商品猪配备一辆机动装载车计算全场需配备机动车的数量。

8. 公用工程

（1）养猪场可选用水塔、蓄水池或压力罐给自来水管网供水，保证供水压力为 1.5～2.0kg/cm^2。

（2）养猪场平均日供水量按表3给出的参数估算。

表3　每头猪平均日耗水量参数

猪群类别	总耗水量［L/（头·d）］	其中饮用水量［L/（头·d）］
空怀及妊娠母猪	15.0	10.0
哺乳母猪（带仔猪）	30.0	15.0
培育仔猪	5.0	2.0
育成猪	8.0	4.0
肥育猪	10.0	6.0
后备猪	15.0	6.0
种公猪	25.0	10.0

注：总耗水量包括猪饮用水量、猪舍清洗用水量和饲料调制用水量，炎热地区和干燥地区总耗水量参数可增加 25%。

（3）场区内的生产和生活污水采用暗沟排放，雨雪等自然降水采用明沟排放。

（4）养猪场粪尿排泄量计算按日饲养的繁殖母猪总头数乘以 48kg/（头·d），即为全场平均日排泄量的估算值；计算每栋猪舍平均日排泄量按该舍养猪总活重乘以 0.065kg/d 估算。

（5）养猪场电力负荷等级为民用建筑供电等级三级。电力负荷计算采用需用系数法，需用系数为 0.4~0.75，功率因数为 0.75~0.9。

9. 防疫设施

猪场防疫设施按 GB/T 1782.3 执行。

附录二 无公害食品 畜禽饮用水 水质（NY 5027—2001）

1 范围

本标准规定了生产无公害畜禽产品养殖过程中畜禽饮用水水质要求和配套的检测方法。

本标准适用于生产无公害食品的集约化畜禽养殖场、畜禽养殖区和放牧区的畜禽饮用水水质。

2 规范性引用文件

下列文件中的条款通过本标准的引用而成为本标准的条款。凡是注日期的引用文件，其随后所有的修改单（不包括勘误的内容）或修改版本均不适用于本标准，然而，鼓励根据本标准达成协议的各方研究是否可使用这些文件的最新版本。凡是不注日期的引用文件，其最新版本适用于本标准。

GB/T 5750 生活饮用水标准检验法

GB/T 6920 水质 pH 值的测定 玻璃电极法

GB/T 7467 水质 六价铬的测定 二苯碳酰二肼分光光度法

GB/T 7468 水质 总汞的测定 冷原子分光光度法

GB/T 7475 水质 铜、锌、铅、镉的测定 原子吸收分光光谱法

GB/T 7480 水质 硝酸盐氮的测定 酚二磺酸分光光度法

GB/T 7483 水质 氟化物的测定 茜素磺酸锆目视分光光度法

GB/T 7485 水质 总砷的测定 二乙基二硫代氨基甲酸银分光光度法

GB/T 7486 水质 氰化物的测定 第一部分：总氰化物的测定

GB/T 7492 水质 六六六和滴滴涕的测定 气相色谱法

GB/T 11896 水质 氯化物的测定 硝酸银滴定法

GB/T 13192 水质 有机磷农药的测定 气相色谱法

GB 14878 食品中百菌清残留量的测定方法

GB/T 17331 食品中有机磷和氨基甲酸酯类农药多种残留的测定

3 术语和定义

下列术语和定义适用于本标准。

3.1 集约化畜禽养殖场 intensive animal production farm

进行集约化经营的养殖场。集约化养殖是指在较小的场地内，投入较多的生产资料和劳动，采用新的工艺与技术措施，进行专业化管理的饲养方式。

3.2 畜禽养殖区 animal production zone

多个畜禽养殖个体集中生产的区域。

3.3 畜禽放牧区 pasturingarea

采用放牧的饲养方式，并得到省、部级有关部门认可的牧区。

4 水质要求

4.1 畜禽饮用水水质不应大于表1的规定。

4.2 当水源中含有农药时，其浓度不应大于附录 A 的限量。

表1 畜禽饮用水水质标准

项目			标准值	
			畜	禽
感官性状及一般化学指标	色（°）	≤	色度不超过30°	
	混浊度（°）	≤	不超过20°	
	臭和味	≤	不得有异臭、异味	
	肉眼可见物	≤	不得含有	
	总硬度（以 $CaCO_3$ 计）（mg/L）	≤	1 500	
	pH 值	≤	5.5~9	6.8~8.0
	溶解性总固体（mg/L）	≤	4 000	2 000
	氯化物（以 Cl^- 计）（mg/L）	≤	1 000	250
	硫酸盐（以 SO_4^{2-} 计）（mg/L）	≤	500	250
细菌学指标≤	总大肠菌群（个/100ml）	≤	成年畜10，幼畜和禽1	
毒理学指标	氟化物（以 F^- 计）（mg/L）	≤	2.0	2.0
	氰化物（mg/L）	≤	0.2	0.05
	总砷 L（mg/L）	≤	0.2	0.2
	总汞（mg/L）	≤	0.01	0.001
	铅（mg/L）	≤	0.1	0.1
	铬（六价）（mg/L）	≤	0.1	0.05
	镉（mg/L）	≤	0.05	0.01
	硝酸盐（以 N 计）（mg/L）	≤	30	30

5　检验方法

5.1　色：按 GB/T 5750 执行。

5.2　浑浊度：按 GB/T 5750 执行。

5.3　臭和味：按 GB/T 5750 执行。

5.4　肉眼可见物：按 GB/T 5750 执行。

5.5　总硬度（以 $CaCO_3$ 计）：按 GB/T 5750 执行。

5.6　溶解性总固体：按 GB/T 5750 执行。

5.7　硫酸盐（以 SO_4^{2-} 计）：按 GB/T 5750 执行。

5.8　总大肠菌群：按 GB/T 5750 执行。

5.9　pH 值：按 GB/T 6920 执行。

5.10　铬（六价）：按 GB/T 7467 执行。

5.11　总汞：按 GB/T7468 执行。

5.12　铅：按 GB/T 7475 执行。

5.13　镉：按 GB/T 7475 执行。

5.14　硝酸盐：按 GB/T 7480 执行。

5.15　氟化物（以 F^- 计）：按 GB/T 7483 执行。

5.16　总砷：按 GB/T 7485 执行。

5.17　氰化物：按 GB/T 7486 执行。

5.18　氯化物（以 Cl^- 计）：按 GB/T 11896 执行。

附录 A

（规范性附录）

畜禽饮用水中农药限量与检验方法

A.1　当畜禽饮用水中含有农药时，农药含量不能超过表 A.1 中的规定。

表 A.1　畜禽饮用水中农药限量指标

项目	限值（mg/L）
马拉硫磷	0.25
内吸磷	0.03
甲基对硫磷	0.02
对硫磷	0.003
乐果	0.08
林丹	0.004
百菌清	0.01
甲萘威	0.05
2，4-D	0.1

A.2 畜禽饮用水中农药限量检验方法如下：

A.2.1 马拉硫磷按 GB/T 13192 执行。

A.2.2 内吸磷参照《农药污染物残留分析方法汇编》中的方法执行。

A.2.3 甲基对硫磷按 GB/T 13192 执行。

A.2.4 对硫磷按 GB/T 13192 执行。

A.2.5 乐果按 GB/T 13192 执行。

A.2.6 林丹按 GB/T 7492 执行。

A.2.7 百菌清参照 GB 14878 执行。

A.2.8 甲萘威（西维因）参照 GB/T 17331 执行。

A.2.9 2,4-D 参照《农药分析》中的方法执行。

附录三　畜禽规模养殖污染防治条例

第一章　总　则

第一条　为了防治畜禽养殖污染，推进畜禽养殖废弃物的综合利用和无害化处理，保护和改善环境，保障公众身体健康，促进畜牧业持续健康发展，制定本条例。

第二条　本条例适用于畜禽养殖场、养殖小区的养殖污染防治。

畜禽养殖场、养殖小区的规模标准根据畜牧业发展状况和畜禽养殖污染防治要求确定。

牧区放牧养殖污染防治，不适用本条例。

第三条　畜禽养殖污染防治，应当统筹考虑保护环境与促进畜牧业发展的需要，坚持预防为主、防治结合的原则，实行统筹规划、合理布局、综合利用、激励引导。

第四条　各级人民政府应当加强对畜禽养殖污染防治工作的组织领导，采取有效措施，加大资金投入，扶持畜禽养殖污染防治以及畜禽养殖废弃物综合利用。

第五条　县级以上人民政府环境保护主管部门负责畜禽养殖污染防治的统一监督管理。

县级以上人民政府农牧主管部门负责畜禽养殖废弃物综合利用的指导和服务。

县级以上人民政府循环经济发展综合管理部门负责畜禽养殖循环经济工作的组织协调。

县级以上人民政府其他有关部门依照本条例规定和各自职责，负责畜禽养殖污染防治相关工作。

乡镇人民政府应当协助有关部门做好本行政区域的畜禽养殖污染防治工作。

第六条　从事畜禽养殖以及畜禽养殖废弃物综合利用和无害化处理活动，应当符合国家有关畜禽养殖污染防治的要求，并依法接受有关主管部门的监督检查。

第七条　国家鼓励和支持畜禽养殖污染防治以及畜禽养殖废弃物综合利用和无害化处理的科学技术研究和装备研发。各级人民政府应当支持先进适用技术的推广，促进畜禽养殖污染防治水平的提高。

第八条 任何单位和个人对违反本条例规定的行为，有权向县级以上人民政府环境保护等有关部门举报。接到举报的部门应当及时调查处理。

对在畜禽养殖污染防治中作出突出贡献的单位和个人，按照国家有关规定给予表彰和奖励。

第二章 预 防

第九条 县级以上人民政府农牧主管部门编制畜牧业发展规划，报本级人民政府或者其授权的部门批准实施。畜牧业发展规划应当统筹考虑环境承载能力以及畜禽养殖污染防治要求，合理布局，科学确定畜禽养殖的品种、规模、总量。

第十条 县级以上人民政府环境保护主管部门会同农牧主管部门编制畜禽养殖污染防治规划，报本级人民政府或者其授权的部门批准实施。畜禽养殖污染防治规划应当与畜牧业发展规划相衔接，统筹考虑畜禽养殖生产布局，明确畜禽养殖污染防治目标、任务、重点区域，明确污染治理重点设施建设，以及废弃物综合利用等污染防治措施。

第十一条 禁止在下列区域内建设畜禽养殖场、养殖小区

（一）饮用水水源保护区，风景名胜区；

（二）自然保护区的核心区和缓冲区；

（三）城镇居民区、文化教育科学研究区等人口集中区域；

（四）法律、法规规定的其他禁止养殖区域。

第十二条 新建、改建、扩建畜禽养殖场、养殖小区，应当符合畜牧业发展规划、畜禽养殖污染防治规划，满足动物防疫条件，并进行环境影响评价。对环境可能造成重大影响的大型畜禽养殖场、养殖小区，应当编制环境影响报告书；其他畜禽养殖场、养殖小区应当填报环境影响登记表。大型畜禽养殖场、养殖小区的管理目录，由国务院环境保护主管部门商国务院农牧主管部门确定。

环境影响评价的重点应当包括：畜禽养殖产生的废弃物种类和数量，废弃物综合利用和无害化处理方案和措施，废弃物的消纳和处理情况以及向环境直接排放的情况，最终可能对水体、土壤等环境和人体健康产生的影响以及控制和减少影响的方案和措施等。

第十三条 畜禽养殖场、养殖小区应当根据养殖规模和污染防治需要，建设相应的畜禽粪便、污水与雨水分流设施，畜禽粪便、污水的贮存设施，粪污厌氧消化和堆沤、有机肥加工、制取沼气、沼渣沼液分离和输送、污水处理、畜禽尸体处理等综合利用和无害化处理设施。已经委托他人对畜禽养殖废弃物代为综合利用和无害化处理的，可以不自行建设综合利用和无害化处理设施。

未建设污染防治配套设施、自行建设的配套设施不合格，或者未委托他人对畜禽养殖废弃物进行综合利用和无害化处理的，畜禽养殖场、养殖小区不得投入生产或者使用。

畜禽养殖场、养殖小区自行建设污染防治配套设施的，应当确保其正常运行。

第十四条 从事畜禽养殖活动，应当采取科学的饲养方式和废弃物处理工艺等有效措施，减少畜禽养殖废弃物的产生量和向环境的排放量。

第三章 综合利用与治理

第十五条 国家鼓励和支持采取粪肥还田、制取沼气、制造有机肥等方法，对畜禽养殖废弃物进行综合利用。

第十六条 国家鼓励和支持采取种植和养殖相结合的方式消纳利用畜禽养殖废弃物，促进畜禽粪便、污水等废弃物就地就近利用。

第十七条 国家鼓励和支持沼气制取、有机肥生产等废弃物综合利用以及沼渣沼液输送和施用、沼气发电等相关配套设施建设。

第十八条 将畜禽粪便、污水、沼渣、沼液等用作肥料的，应当与土地的消纳能力相适应，并采取有效措施，消除可能引起传染病的微生物，防止污染环境和传播疫病。

第十九条 从事畜禽养殖活动和畜禽养殖废弃物处理活动，应当及时对畜禽粪便、畜禽尸体、污水等进行收集、贮存、清运，防止恶臭和畜禽养殖废弃物渗出、泄漏。

第二十条 向环境排放经过处理的畜禽养殖废弃物，应当符合国家和地方规定的污染物排放标准和总量控制指标。畜禽养殖废弃物未经处理，不得直接向环境排放。

第二十一条 染疫畜禽以及染疫畜禽排泄物、染疫畜禽产品、病死或者死因不明的畜禽尸体等病害畜禽养殖废弃物，应当按照有关法律、法规和国务院农牧主管部门的规定，进行深埋、化制、焚烧等无害化处理，不得随意处置。

第二十二条 畜禽养殖场、养殖小区应当定期将畜禽养殖品种、规模以及畜禽养殖废弃物的产生、排放和综合利用等情况，报县级人民政府环境保护主管部门备案。环境保护主管部门应当定期将备案情况抄送同级农牧主管部门。

第二十三条 县级以上人民政府环境保护主管部门应当依据职责对畜禽养殖污染防治情况进行监督检查，并加强对畜禽养殖环境污染的监测。

乡镇人民政府、基层群众自治组织发现畜禽养殖环境污染行为的，应当及时制止和报告。

第二十四条 对污染严重的畜禽养殖密集区域，市、县人民政府应当制定综合整治方案，采取组织建设畜禽养殖废弃物综合利用和无害化处理设施、有计划搬迁或者关闭畜禽养殖场所等措施，对畜禽养殖污染进行治理。

第二十五条 因畜牧业发展规划、土地利用总体规划、城乡规划调整以及划定禁止养殖区域，或者因对污染严重的畜禽养殖密集区域进行综合整治，确需关闭或者搬迁现有畜禽养殖场所，致使畜禽养殖者遭受经济损失的，由县级以上地方人民政府依法予以补偿。

第四章　激励措施

第二十六条　县级以上人民政府应当采取示范奖励等措施，扶持规模化、标准化畜禽养殖，支持畜禽养殖场、养殖小区进行标准化改造和污染防治设施建设与改造，鼓励分散饲养向集约饲养方式转变。

第二十七条　县级以上地方人民政府在组织编制土地利用总体规划过程中，应当统筹安排，将规模化畜禽养殖用地纳入规划，落实养殖用地。

国家鼓励利用废弃地和荒山、荒沟、荒丘、荒滩等未利用地开展规模化、标准化畜禽养殖。

畜禽养殖用地按农用地管理，并按照国家有关规定确定生产设施用地和必要的污染防治等附属设施用地。

第二十八条　建设和改造畜禽养殖污染防治设施，可以按照国家规定申请包括污染治理贷款贴息补助在内的环境保护等相关资金支持。

第二十九条　进行畜禽养殖污染防治，从事利用畜禽养殖废弃物进行有机肥产品生产经营等畜禽养殖废弃物综合利用活动的，享受国家规定的相关税收优惠政策。

第三十条　利用畜禽养殖废弃物生产有机肥产品的，享受国家关于化肥运力安排等支持政策；购买使用有机肥产品的，享受不低于国家关于化肥的使用补贴等优惠政策。

畜禽养殖场、养殖小区的畜禽养殖污染防治设施运行用电执行农业用电价格。

第三十一条　国家鼓励和支持利用畜禽养殖废弃物进行沼气发电，自发自用、多余电量接入电网。电网企业应当依照法律和国家有关规定为沼气发电提供无歧视的电网接入服务，并全额收购其电网覆盖范围内符合并网技术标准的多余电量。

利用畜禽养殖废弃物进行沼气发电的，依法享受国家规定的上网电价优惠政策。利用畜禽养殖废弃物制取沼气或进而制取天然气的，依法享受新能源优惠政策。

第三十二条　地方各级人民政府可以根据本地区实际，对畜禽养殖场、养殖小区支出的建设项目环境影响咨询费用给予补助。

第三十三条　国家鼓励和支持对染疫畜禽、病死或者死因不明畜禽尸体进行集中无害化处理，并按照国家有关规定对处理费用、养殖损失给予适当补助。

第三十四条　畜禽养殖场、养殖小区排放污染物符合国家和地方规定的污染物排放标准和总量控制指标，自愿与环境保护主管部门签订进一步削减污染物排放量协议的，由县级人民政府按照国家有关规定给予奖励，并优先列入县级以上人民政府安排的环境保护和畜禽养殖发展相关财政资金扶持范围。

第三十五条　畜禽养殖户自愿建设综合利用和无害化处理设施、采取措施减少污染物排放的，可以依照本条例规定享受相关激励和扶持政策。

第五章　法律责任

第三十六条　各级人民政府环境保护主管部门、农牧主管部门以及其他有关部门未依照本条例规定履行职责的，对直接负责的主管人员和其他直接责任人员依法给予处分；直接负责的主管人员和其他直接责任人员构成犯罪的，依法追究刑事责任。

第三十七条　违反本条例规定，在禁止养殖区域内建设畜禽养殖场、养殖小区的，由县级以上地方人民政府环境保护主管部门责令停止违法行为；拒不停止违法行为的，处 3 万元以上 10 万元以下的罚款，并报县级以上人民政府责令拆除或者关闭。在饮用水水源保护区建设畜禽养殖场、养殖小区的，由县级以上地方人民政府环境保护主管部门责令停止违法行为，处 10 万元以上 50 万元以下的罚款，并报经有批准权的人民政府批准，责令拆除或者关闭。

第三十八条　违反本条例规定，畜禽养殖场、养殖小区依法应当进行环境影响评价而未进行的，由有权审批该项目环境影响评价文件的环境保护主管部门责令停止建设，限期补办手续；逾期不补办手续的，处 5 万元以上 20 万元以下的罚款。

第三十九条　违反本条例规定，未建设污染防治配套设施或者自行建设的配套设施不合格，也未委托他人对畜禽养殖废弃物进行综合利用和无害化处理，畜禽养殖场、养殖小区即投入生产、使用，或者建设的污染防治配套设施未正常运行的，由县级以上人民政府环境保护主管部门责令停止生产或者使用，可以处 10 万元以下的罚款。

第四十条　违反本条例规定，有下列行为之一的，由县级以上地方人民政府环境保护主管部门责令停止违法行为，限期采取治理措施消除污染，依照《中华人民共和国水污染防治法》、《中华人民共和国固体废物污染环境防治法》的有关规定予以处罚：（一）将畜禽养殖废弃物用作肥料，超出土地消纳能力，造成环境污染的；（二）从事畜禽养殖活动或者畜禽养殖废弃物处理活动，未采取有效措施，导致畜禽养殖废弃物渗出、泄漏的。

第四十一条　排放畜禽养殖废弃物不符合国家或者地方规定的污染物排放标准或者总量控制指标，或者未经无害化处理直接向环境排放畜禽养殖废弃物的，由县级以上地方人民政府环境保护主管部门责令限期治理，可以处 5 万元以下的罚款。县级以上地方人民政府环境保护主管部门作出限期治理决定后，应当会同同级人民政府农牧等有关部门对整改措施的落实情况及时进行核查，并向社会公布核查结果。

第四十二条　未按照规定对染疫畜禽和病害畜禽养殖废弃物进行无害化处理的，由动物卫生监督机构责令无害化处理，所需处理费用由违法行为人承担，可以处 3 000 元以下的罚款。

第六章　附　则

第四十三条　畜禽养殖场、养殖小区的具体规模标准由省级人民政府确定，并报国务院环境保护主管部门和国务院农牧主管部门备案。

第四十四条　本条例自 2014 年 1 月 1 日起施行。